U0342205

国家重点建设冶金技术专业高等职业教学改革成果系列教材

炉 外 精 炼

主　编　李茂旺　胡秋芳
副主编　张邹华

北 京
冶 金 工 业 出 版 社
2022

内 容 提 要

本书系统介绍了合成渣洗精炼法、钢包精炼法、真空脱气法、氩气精炼和氩氧精炼法、喷粉及合金元素特殊添加精炼、炉外精炼技术应用等内容。阐述了炉外精炼常用的五种精炼手段的原理，重点介绍了由不同精炼手段组合形成的常用的炉外精炼方法的基本工艺及应用。

本书可作为高职高专院校钢铁冶金技术专业的教材，也可作为钢铁企业职工的培训教材。

图书在版编目(CIP)数据

炉外精炼/李茂旺，胡秋芳主编．—北京：冶金工业出版社，2016. 2 (2022. 1 重印)

国家重点建设冶金技术专业高等职业教学改革成果系列教材

ISBN 978-7-5024-7188-0

Ⅰ. ①炉…　Ⅱ. ①李…　②胡…　Ⅲ. ①炉外精炼—高等职业教育—教材　Ⅳ. ①TF114

中国版本图书馆 CIP 数据核字(2016)第 049046 号

炉外精炼

出版发行	冶金工业出版社	**电　　话**	(010)64027926
地　　址	北京市东城区嵩祝院北巷 39 号	**邮　　编**	100009
网　　址	www. mip1953. com	**电子信箱**	service@ mip1953. com

责任编辑　曾　媛　美术编辑　吕欣童　版式设计　孙跃红

责任校对　郑　娟　责任印制　禹　蕊

北京虎彩文化传播有限公司印刷

2016 年 2 月第 1 版，2022 年 1 月第 3 次印刷

787mm × 1092mm　1/16；15. 75 印张；376 千字；237 页

定价 39. 00 元

投稿电话　(010)64027932　投稿信箱　tougao@cnmip. com. cn

营销中心电话　(010)64044283

冶金工业出版社天猫旗舰店　yjgycbs. tmall. com

(本书如有印装质量问题，本社营销中心负责退换)

编写委员会

前　　言

自2011年起江西冶金职业技术学院启动钢铁冶金专业建设以来，先后开展了“国家中等职业教育改革发展示范学校建设计划”项目钢铁冶炼重点支持专业建设；中央财政支持“高等职业学校提升专业服务产业发展能力”项目冶金技术重点专业建设；省财政支持“重点建设江西省高等教育专业技能实训中心”项目现代钢铁生产实训中心建设，并开展了现代学徒试点。与新余钢铁集团有限公司人力资源处、技术中心以及下属5家二级单位进行有效合作。按照基于职业岗位工作过程的“岗位能力主导型”课程体系的要求，改革传统教学内容，实现“四结合”，即“教学内容与岗位能力”“教室与实训场所”“专职教师与兼职老师（师傅）”“顶岗实习与工作岗位”结合，突出教学过程的实践性、开放性和职业性，实现学生校内学习与实际工作相一致。

按照钢铁冶炼生产工艺流程，对应烧结与球团生产、炼铁生产、炼钢生产、炉外精炼生产、连续铸钢生产各岗位在素质、知识、技能等方面的需求，按照贴近企业生产，突出技术应用，理论上适度、够用的原则，校企合作建设“烧结矿与球团矿生产”“高炉炼铁”“炼钢生产”“炉外精炼”“连续铸钢生产”5门优质核心课程。

依据专业建设、课程建设成果我们编写了《烧结矿与球团矿生产》《高炉炼铁》《炼钢生产》《炉外精炼》《连续铸钢》以及相配套的实训指导书系列教材，适用于职业院校钢铁冶炼、冶金技术专业、企业员工培训使用，也可作为冶金企业钢铁冶炼各岗位技术人员、操作人员的参考书。

本系列教材以国家职业技能标准为依据，以学生的职业能力培养为核心，以职业岗位工作过程分析典型的工作任务，设计学习情境。以工作过程为导向，设计学习单元，突出岗位工作要求，每个学习情境的教学过程都是一个完整的工作过程，结束了一个学习情境即是完成了一个工作项目。通过完成所有项目（学习情境）的学习，学生即可达到钢铁冶炼各岗位对技能的要求。

本系列教材由宋永清设计课程框架。在编写过程中得到江西冶金职业技术学院领导和新余钢铁集团有限公司领导的大力支持，新余钢铁集团人力资源处组织其技术中心以及5家生产单位的工程技术人员、生产骨干参与编写工作并提供大量生产技术资料，在此对他们的支持表示衷心感谢！

由于编者水平所限，书中不足之处，敬请读者批评指正。

江西冶金职业技术学院教务处 宋永清

2016年2月

目　录

学习情境1

走进炉外精炼

学习任务：

(1) 理解炉外精炼的概念；
(2) 了解炉外精炼技术的发展；
(3) 理解炉外精炼的任务；
(4) 理解炉外精炼的手段；
(5) 了解炉外精炼方法的分类；
(6) 熟悉炉外精炼技术的特点。

任务1.1 认识炉外精炼

随着现代科学技术的进步和工业的迅猛发展，各行各业对钢材质量的要求日趋提高。为此，必须提高钢的纯净度，最大限度地降低钢中杂质含量并对杂质的组成形态进行控制，而用普通炼钢炉（转炉、电炉）冶炼出来的钢水已经难以满足质量的要求；为了提高生产率，缩短冶炼时间，希望能把炼钢的一部分任务移到炉外去完成；连铸技术的发展，对钢水的成分、温度和气体的含量等也提出了更严格的要求。这几方面的因素，促使炼钢工作者去寻求一种新的炼钢工艺，于是就产生了各种炉外精炼方法。经实践经验证明，炉外精炼是改善冶炼效果、提高钢材质量的重要环节和扩大品种的重要手段，近十年来我国炉外精炼技术获得了迅速发展。

所谓炉外精炼，就是把常规炼钢炉（转炉、电炉）初炼的钢液倒入钢包或专用容器内，进行脱氧、脱硫、脱碳、去气、去除非金属夹杂物和调整钢液成分及温度，以达到进一步冶炼目的的炼钢工艺。亦即是将在常规炼钢炉中完成的精炼任务，如去除杂质（包括不需要的元素、气体和夹杂）和夹杂变性、成分与温度的调整和均匀化等任务，部分或全部地移到钢包或其他容器中进行，把一步炼钢法变为二步炼钢法，即初炼加精炼。国外也称之为二次精炼（secondary refining）、二次炼钢（secondary steelmaking）和钢包冶金（ladle metallurgy）。

1.1.1 炉外精炼技术的发展原因

氧气转炉炼钢、炉外精炼和连铸这三项技术，被誉为现代炼钢生产的三大关键技术，也有人称其为冶金史上的三大技术革命。目前氧气转炉炼钢和连铸普及面比较广，已具备了相当的规模；而炉外精炼起始于20世纪50年代，进入80年代以后直到现在，炉外精炼和铁水预处理技术水平已成为现代钢铁生产流程水平与钢铁产品高质量水平的标志，它的发展也朝着功能更全、效率更高、冶金效果更佳的方向迅速完善。早在1986年，日本转炉钢的炉外精炼比都达到70.8%，特殊钢生产的炉外精炼比高达94%。目前日本、欧美等先进的钢铁生产国家，炉外精炼比都超过90%。2004年，日本转炉钢真空处理比达到72.7%；而新建的电炉短流程钢厂和转炉钢厂100%采用炉外精炼。

炉外精炼起初仅限于生产特殊钢和优质钢，后来扩大到普通钢的生产上，现在已基本成为炼钢工艺中必不可少的环节。它是连接冶炼与连铸两大工序的桥梁，用以协调炼钢和连铸的正常生产。未来的钢铁生产将向着近终形连铸（如薄板坯）和后步工序高度一体化的方向发展。这就要求浇注出的钢坯无缺陷，并且能在操作上实现高度连续化作业。因此，要求钢水具有更高的质量特性，就必须进一步发展炉外精炼技术，使冶炼、浇注和轧制等工序能实现最佳衔接，进而达到提高生产率、降低生产成本、提高产品质量的目的。

炉外精炼技术的发展原因主要有两个：第一，适应了连铸生产对优质钢水的严格要求，大大提高了铸坯的质量，而且在温度、成分及时间节奏的匹配上起到了重要的协调和完善作用，可定时、定温、定品质地提供连铸钢水，成为稳定连铸生产的因素；第二，与调整产品结构、优化企业生产的专业化进程紧密结合，可以提高产品的市场竞争力。

1.1.2 我国炉外精炼技术的发展与完善

我国炉外处理技术的开发应用始于20世纪50年代中后期，至70年代，我国特钢企业和机电、军工行业钢水精炼技术的应用和开发有了一定的发展，并引进了一批真空精炼设备，还试制了一批国产的真空处理设备，钢水吹氩精炼在首钢等企业首先投入生产应用。20世纪80年代，国产的钢包精炼炉、合金包芯线喂线设备与技术、钢水喷粉精炼技术等得到了初步的发展。这期间，宝钢引进了现代化的大型RH装置，并实现了RH-OB和KIP喷粉装置的生产应用；首钢引进了KTS喷粉装置；齐齐哈尔钢厂引进了SL喷射冶金技术和设备。在开发高质量的钢材品种和优化钢铁生产中，这些设备发挥了重要的作用。20世纪90年代，与世界发展趋势相同，我国炉外精炼技术随着现代电炉流程的发展以及连铸生产的增长和对钢铁产品质量要求的提高得到了迅速的发展，不仅装备数量增加，处理量也由过去的占钢水量的2%以下，持续增长到1998年达20%以上。此外，经吹氩、喂线处理的钢水已占65%。2000年，冶金系统不包括吹氩和喂线的钢水精炼比为28%。到2002年，我国已拥有不包括吹氩装置在内的各种炉外精炼设备275台。

1991年召开的全国首次炉外精炼技术工作会议，明确了“立足产品、合理选择、系统配套、强调在线”的发展炉外处理技术的基本方针。

立足产品，是指在选择炉外精炼方法时，最根本的是从企业生产的产品质量要求（主要是用户要求）为基本出发点，确定哪些产品需要进行何种炉外处理，同时认真分析工艺特点，明确基本工艺流程。

合理选择，是指在选择炉外处理方法时，首先要明确各种炉外处理方法所具备的功能，结合产品要求，做到功能对口。其次是考虑企业炼钢生产工艺方式与生产规模，衔接匹配的合理性、经济性。还要根据产品要求和工艺特点分层次选择相应的炉外精炼方法，并合理做好工艺布置。

系统配套，是指严格按照系统工程的要求，确保设计和施工中，主体设备配套齐全，装备水平符合要求；严格按各工序间的配套要求，使前后工序配套完善，保证炉外处理功能的充分发挥；一定要重视相关技术和原料的配套要求，确保炉外处理工序的生产过程能正常、持续地进行。

强调在线，是指在合理选择炉外处理方法的前提下，一定要从加强经营管理入手，把炉外精炼技术纳入分品种的生产工艺规程中去，保证在生产中正常运行；也是指在加强设备维修的前提下，确保设备完好，保证设计规定的要求，确保作业率；还意味着要充分发挥设备潜力，达到或超过设计能力。

这些方针，对我国炉外精炼技术从“八五”开始直至现在的发展起到了重要推动作用。

1992 年初召开的炼钢连铸工作会议，明确了连铸生产的发展必须实现炼钢、炉外精炼与连铸生产的组合优化。1992 年底，还召开了首次炉外精炼学术工作会议，深入研究了我国炉外处理技术发展的方向和重点。

1998 年的炼钢轧钢工作会议，又明确提出要把发展炉外精炼技术作为一项重大的战略措施，放到优先位置上，促进流程工艺结构和装备的优化。

进入 21 世纪以后，为适应连铸生产和产品结构调整的要求，炉外精炼技术得到迅速发展。钢水精炼中 RH 多功能真空精炼发展迅速，另外 LF 炉不但在电炉厂而且在转炉厂也被大量采用，并配套有高效精炼渣工艺。到 2003 年，包括 RH、LF 在内的主要钢水精炼技术，均具备了完全立足国内并可参与国际竞争的水平。

50 多年来，我国炉外精炼技术发展取得了显著的成绩：

（1）广大钢铁企业领导和技术人员对炉外精炼技术在钢铁生产中的作用和地位逐渐提高了认识，将炉外精炼技术作为企业技改和生产组织工作的重点。这种认识源于企业流程优化、生产顺行、高效低耗，尤其是市场对钢材产品的品种质量日益提高的要求，因而是深刻的，也是下一步发展的重要前提。

（2）已形成一支有一定水平的科研、设计、生产与设备制造的工程技术队伍，有一大批具有自主知识产权并达到相当水平的科技成果，具备了各种炉外精炼技术深入开发研究和工程总承包的能力。

（3）炉外精炼技术相关配套设备、材料同步发展，基本满足了国内各类炉外精炼设备不同层次的需要。

（4）已形成了一批高炉—铁水预处理—复吹转炉—钢水精炼—连铸/超高功率电弧炉—钢水精炼—连铸的现代工艺流程，具有典型示范作用。

（5）已经在产品结构优化调整、促进洁净钢及高附加值产品的生产中，起到了不可替代的重要作用，是优质高效、节能降耗、降低生产成本的可靠保证。

虽然成绩显著，但还有很多问题，如钢水精炼比仍较低，与发达国家相比，有较大差距，而且也与我国连铸生产飞速发展的形势不适应，已明显影响了连铸生产的优化与完善；又如在我国特有的中小冶金炉占较大比例的条件下，中小钢厂炉外精炼的难题还没有从根本取得突破；还有引进的高水平炉外精炼装备，因软件技术的消化吸收与自主开发和国外相比存在明显的差距，不能充分发挥其功能与生产效率；对环境友好的炉外精炼技术开发尚未引起足够的重视等，这些都有待进一步解决。

1.1.3　炉外精炼技术的发展趋势

炉外处理技术本身的发展和相关技术的完善，对于钢铁生产流程的整体优化及钢铁产品质量的影响十分重要。在完善钢铁生产系统工艺和炉外处理技术中，钢液温度补偿技术——加热方法，炉外处理设备所用的耐火材料的质量和使用，防止处理后钢液再氧化，以及小型炼钢车间炉外处理方法的最佳选择等问题，还需要进一步研究。

（1）钢水降温后的温度补偿技术。精炼过程中钢水温度降低，需要热补偿。若采用电弧加热，会使耐火材料寿命降低，增加钢中夹杂物含量；电阻加热升温速度慢，且电耗量大；采用化学加热方法，如CAS-OB，向钢液中加铝（或硅），同时吹氧保证处理后的钢液温度符合连铸要求，会增加铝和其他合金的消耗量，而且适用的钢种有限。目前用于炉外处理的加热方法，其加热速度不快，为2~6℃/min，不利于提高生产率，不能适应生产需要。所以，温度补偿技术是炉外精炼存在的一个难题，有待研究解决。

（2）耐火材料使用寿命。炉外精炼设备用耐火材料寿命较低；电磁搅拌要求炉衬要薄，为此炉龄一般只能为200~300炉，修炉频繁，造成精炼成本高。尤其是局部损坏较多，有待开发新型耐火材料。

钢包作为精炼容器，浇注完毕温度降低，内衬温度急变使抵抗性能欠佳，容易剥落。此外，滑动水口滑板的工作条件恶劣，需要在红包条件下更换，换后立即烘烤。

吹氧、吹氩后，钢水的成分和温度均匀化了，但钢包内衬侧壁的不均匀冲刷，影响其使用寿命。炉外精炼一般用高铝质耐火材料，如渣线等部位用镁碳砖，又存在钢水增碳的可能，并需经常修补等。

（3）精炼后期钢水再污染。精炼处理时间越长，过程中的二次氧化、吸气越严重；洁净度越高，污染越厉害。

（4）老厂改造困难大。由于精炼设备的投资、布置、设备容量等因素的限制，老厂技术改造困难较大。

当前炉外精炼技术的主要发展趋势是：

（1）多功能化。多功能化是指由单一功能的炉外精炼设备发展成为多种处理功能的设备，并将各种不同功能的装置组合到一起，建立综合处理站，如LF-VD、CAS-OB、IR-UT、RH-OB、RH-KTB。上述装置中分别配了喂合金线（铝线、稀土线）、合金包芯线（Ca-Si、Fe-B、C芯等）等。这种多功能化的特点，不仅适应了不同品种生产的需要，提高了炉外精炼设备的适应性，还提高了设备的利用率、作业率，缩短了流程，在生产中发挥了更加灵活、全面的作用。

（2）提高精炼设备生产效率和炉外精炼比。表1-1给出了常用炉外精炼设备生产效率的比较。影响炉外精炼设备生产效率的主要因素是：钢包净空高度、吹氩强度和混匀时间、升温速度和容积传质系数以及冶炼周期和包衬寿命。

显然，RH和CAS-OB是生产效率比较高的精炼设备，一般与生产周期短的转炉匹配使用。

为了提高炉外精炼的生产效率，近几年国外采用以下技术：

1）提高反应速度，缩短精炼时间。如RH通过提高吹Ar强度，扩大下降管直径，顶吹供氧等技术，使容积传质系数从0.15cm^3/s提高到0.3cm^3/s，可缩短脱碳时间3min。

AOD 采用顶供氧技术后，升温速度从 7℃/min 提高到 17.5℃/min，脱碳速度从 0.055%/min 上升到 0.087%/min；平均降低电炉电耗 78kW·h/t。

表 1-1　常用炉外精炼设备的生产效率

精炼设备	钢包净空高度/mm	吹 Ar 流量 $/L\cdot(min\cdot t)^{-1}$	混匀时间 /s	升温速度 $/℃\cdot min^{-1}$	容积传质系数 $/cm^3\cdot s^{-1}$	精炼周期 /min	钢包寿命/次
CAS-OB	150～250	6～15	60～90	5～13		15～25	60～100
LF	500～600	1～3	200～350	3～4		45～80	35～70
VD	600～800	0.25～0.50	300～500	—		25～35	17～35
VOD	1000～1200	2.4～4.0	160～400	2.36（平均）		60～90	40～60
RH	150～300	5～7	120～180	—	0.05～0.50	15～25	底部槽 420～740 升降管 75～120 钢包 80～140

2）采用在线快速分析钢水成分，缩短精炼辅助时间。将元素的分析周期从 5min 降至 2.5min，一般可节约辅助时间 5～8min。

3）提高钢包寿命，加速钢包周转。炉外精炼钢包的寿命和炉容量有关。美国 WPSC 钢厂，290t 转炉配 CAS-OB 生产 LCAK 钢板采用以下技术提高钢包寿命：①包衬综合砌筑，根据熔损机理对易熔损部位选择合适的耐火材料；②关键部分采用高级耐火材料，如包底钢流冲击区采用高铝砖（$w(Al_2O_3)\geqslant 96.3\%$），寿命可提高 20～30 炉；③每个包役对侵蚀严重部位（如渣线和钢水冲击区）进行一次修补。采用上述工艺后，平均包龄从 60 炉提高到 120 炉，最高包龄到达 192 炉，降低耐火材料总成本的 20%。

4）采用计算机控制技术，提高精炼终点命中率。炉外精炼的自动化控制系统，通常包括以下功能：①精炼过程设备监控与自动控制；②精炼过程温度与成分在线预报；③数据管理与数据通信；④车间生产调度管理。

5）扩大精炼能力。北美新建的短流程钢厂，年生产能力一般为 120～200 万吨，多数采用一座双炉壳电炉或竖炉电炉，平均冶炼周期为 45～55min。为了提高车间的整体生产能力，采用 1 台电炉配 2 台 LF（或 1 台 LF、1 台 CAS），使平均精炼周期达到 20min，以保证炼钢车间的整体能力。

（3）炉外精炼技术的发展不断促进钢铁生产流程优化重组、不断提高过程自动控制和冶金效果在线监测水平。例如，LF 钢包精炼技术促进了超高功率电弧炉生产流程的优化，AOD、VOD 实现了不锈钢生产流程优质、低耗、高效化的变革等。

50 多年来，炉外处理技术已发展成为门类齐全、功能独到、系统配套、效益显著的钢铁生产主流技术，发挥着重要的作用。但炉外处理技术仍处在不断完善与发展之中。未来炉外处理技术将在以下几个重点方面取得进展：

（1）以转炉作为主要手段的全量铁水预处理，不仅将大大提高铁水预处理的生产效率，而且还将为现有冶金设备的功能优化重组开辟新的方向。

（2）中间包冶金及结晶器冶金技术将逐渐显示其对最终钢铁产品质量优化的重要意义。

（3）电磁冶金技术对炉外处理技术的发展将起到积极的推动作用。

（4）中小型钢厂炉外处理技术。

（5）配套同步发展辅助技术，包括冶炼炉准确的终点控制技术、工序衔接技术智能化等。

（6）无污染的处理技术及过程的环保技术。

任务1.2 炉外精炼的任务

在现代化钢铁生产流程中，炉外精炼的任务主要如下：

（1）承担初炼炉原有的部分精炼功能，在最佳的热力学和动力学条件下完成部分炼钢反应，提高单体设备的生产能力。

（2）均匀钢水，精确控制钢种成分。

（3）精确控制钢水温度，适应连铸生产的要求。

（4）进一步提高钢水纯净度，满足成品钢材性能要求。

（5）作为炼钢与连铸间的缓冲，提高炼钢车间整体效率。

为完成上述精炼任务，一般要求炉外精炼设备具备以下功能：

（1）熔池搅拌功能，均匀钢水成分和温度，促进夹杂物上浮和钢渣反应。

（2）钢水升温和控温功能，精确控制钢水温度，最大限度地减小包内钢水的温度梯度。

（3）精炼功能，包括脱气、脱碳、脱硫、去除夹杂和夹杂物变性处理等。

（4）合金化功能，对钢水实现窄成分控制，并使其分布均匀。

（5）生产调节功能，均衡炼钢—连铸生产。

完成上述任务，就能达到提高质量、扩大品种、降低消耗和成本、缩短冶炼时间、提高生产率、协调好炼钢和连铸生产的配合等目的。但是到目前为止，还没有任何一种炉外精炼方法能完成上述所有任务，某一种方法只能完成其中一项或几项任务。各厂根据自身条件和冶炼钢种的不同，一般是根据不同需要配备一至两种炉外精炼设备。

任务1.3 炉外精炼的手段

1.3.1 对精炼手段的要求

作为一种精炼方法的精炼手段，必须满足以下要求：

（1）独立性。精炼手段必须是一种独立的手段，它不能依附于其他冶金过程，成为伴随其他冶金过程而出现的一种现象。例如，出钢过程中，由于钢流的冲击会导致钢包内钢液的搅拌。但是不能认为出钢是一种搅拌手段，因为这种搅拌是伴随出钢而出现的，一旦出钢过程完成，这种搅拌很快就停止，不可能按照搅拌的要求来改变出钢过程，所以出钢时造成的搅拌是从属的、非独立的。又如VOD、AOD在精炼低碳钢种时，钢中碳的氧化放热可使钢液温度升高，但是这种加热是伴随脱碳过程出现的，它从属于吹氧氧化这个冶金过程，同样也不能根据钢液升温的要求来规定脱碳过程。所以，化学热法虽是加热手段中的一种方法，但是在 VOD、AOD 精炼低碳钢的过程中，这种化学热的释放，不能认为是一种加热的手段。只有为了加热钢液的目的，有意识地添加一些易氧化的元素，然后吹氧氧化，这才是独立的加热手段，如 CAS-OB 法。

（2）作用时间可以控制。作为一种手段其作用时间必须可以根据该手段的目的而控制。例如，在许多精炼方法中都应用了真空手段，主要是为了脱气、脱氧或脱碳。作为手段，就应该能满足根据脱气等精炼过程所要求的真空的建立和真空维持的时间。又如搅拌，如要求整个精炼过程中自始至终地一直搅拌钢液，则作为搅拌手段，就应该充分满足这点。电磁搅拌和吹氩搅拌之所以被认为是搅拌手段，原因之一就是它们的作用时间可以人为地控制。

（3）作用能力可以控制。精炼手段的能力或强度，如真空的真空度，搅拌的搅拌强度，加热的升温速度等，必须是可以按照精炼的要求进行控制和调节的。例如，真空吹氧脱碳时，为了防止钢中其他元素的氧化和碳氧反应过分剧烈而引起的喷溅，要求在吹氧过程中随着碳含量的降低，逐渐提高真空度，在 VOD 精炼中，就可以逐级启动蒸汽喷射泵，以控制和调节真空度在冶炼要求的范围内。

（4）精炼手段的作用能力再现性要强。也就是影响精炼手段能力的因素不宜太多，这样才能保证能力的再现性。例如出钢过程所造成的搅拌，影响其搅拌强度的因素比较复杂，且不能有效控制，所以再现性较差。而吹氩搅拌或电磁搅拌的搅拌强度影响因素就比较单一，分别控制吹氩量或工作电流，就能对应地调节搅拌强度，具有较强的再现性。

（5）便于与其他精炼手段组合。一种精炼手段的装备和工艺过程，应该尽可能地不阻碍其他精炼手段功能的发挥，这样才能为几种手段组合使用创造条件。例如，燃料燃烧可以加热钢液，但是一般不用它作为加热手段，特别是同时应用真空手段时，因为燃烧产生的大量烟气，将会妨碍真空冶金功能的发挥。

（6）操作方便，设备简单，基建投资和运行费用低。

1.3.2　精炼手段的种类

各种炉外精炼技术的出现，都是为了解决厂家所要求解决的具体问题，同时又密切结合着该厂的厂房、设备、工艺等具体条件。虽然各种炉外精炼方法各不相同，但是无论采用哪种方法，都应力争创造完成某种精炼任务的最佳热力学和动力学条件，使得现有的各种精炼方法在采用的精炼手段方面有共同之处。到目前为止，人们所采用的主要精炼手段有渣洗、真空（或气体稀释）、搅拌、喷吹和加热（调温）等五种。当今名目繁多的炉外精炼方法，都是这五种精炼手段的不同组合，综合一种或几种手段便构成为一种方法（见图 1-1）。

（1）渣洗。这是获得洁净钢并能适当进行脱氧、脱硫的最简便的精炼手段。将事先配好（可在专门炼渣炉中熔炼）的合成渣倒入钢包内，借出钢时钢流的冲击作用，使钢液与合成渣充分混合，从而完成脱氧、脱硫和去除夹杂等精炼任务。

（2）真空。将钢水置于真空室内，由于真空作用使反应向生产气相方向移动，达到脱

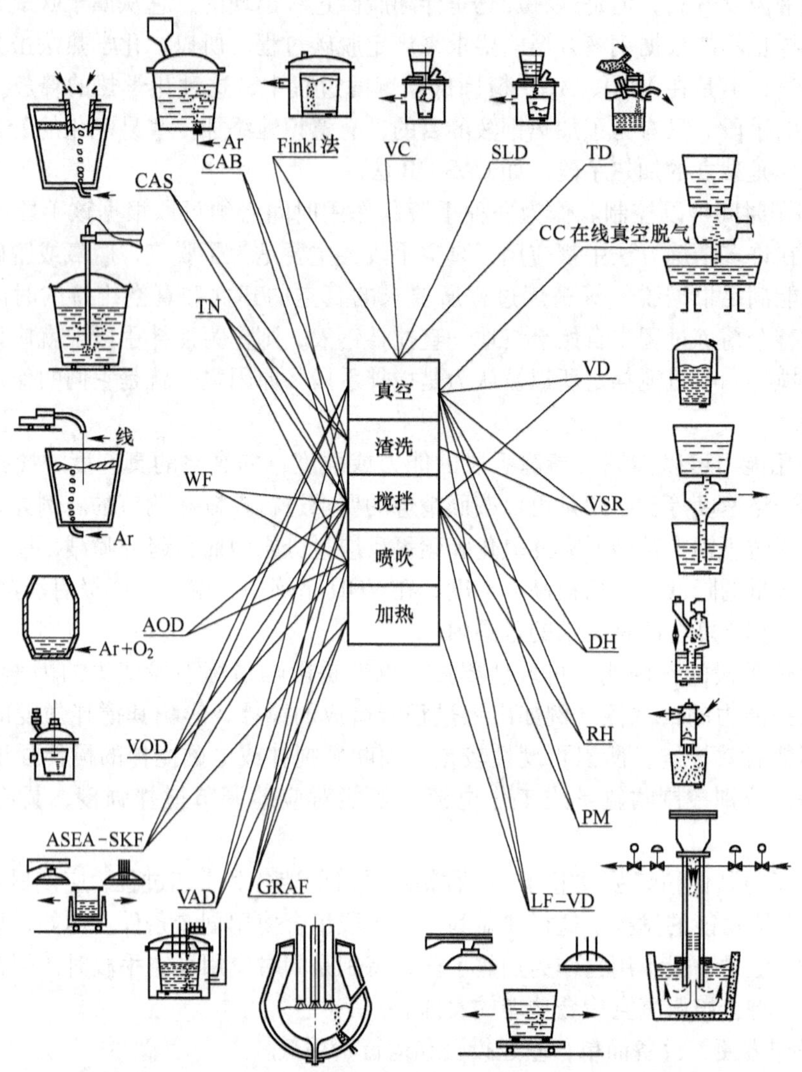

图1-1　各种炉外精炼法示意图

气、脱氧、脱碳等的目的。

（3）搅拌。通过搅拌扩大反应界面，加速反应过程，提高反应速度。搅拌方法主要有吹氩搅拌、电磁搅拌等。

（4）加热。这是调节钢水温度的一项重要手段，使炼钢与连铸更好地衔接。加热方法主要有电弧加热，化学热法等。

（5）喷吹。这是将反应剂加入钢液内的一种手段，喷吹的冶金功能取决于精炼剂的种类，可完成脱碳、脱硫、脱氧、合金化和控制夹杂物形态等精炼任务。

上述五种精炼手段是当前技术水平的反映，随着技术的进步，完全有可能出现一些新的精炼手段，使精炼钢的质量和精炼的效率进一步提高，精炼的费用降低。过滤作为一种新的精炼手段，如利用陶瓷过滤器将钢中悬浮的氧化物夹杂等过滤掉，用于炼钢，目前还只限于连铸的中间包。精炼方式的选择可参见表 1-2。

表 1-2　各种炉外精炼法所采用的手段与目的

名　称	精炼手段					主要冶金功能							
	造渣	真空	搅拌	喷吹	加热	脱气	脱氧	去除夹杂	控制夹杂物形态	脱硫	合金化	调温	脱碳
钢包吹氩			√					√				√	
CAB	+		√				√	√		+	√		
DH		√				√							
RH		√				√							
LF	+	①	√		√	①	√	√		+	√	√	
ASEA-SKF	+	√	√	+	√	√	√	√		+	√	√	+
VAD	+	√	√	+	√	√	√	√		+	√	√	+
CAS-OB			√	√	√		√	√			√	√	
VOD		√	√	√		√	√	√					√
RH-OB		√		√		√							√
AOD				√		√							√
TN				√			√			√			
SL				√			√		√	√	√		
喂线							√		√	√	√		
合成渣洗	√		√				√	√	√	√			

注：符号“+”表示在添加其他设施后可以取得更好的冶金功能。

① LF 增设真空装置后被称为 LFV，具有与 ASEA-SKF 相同的精炼功能。

任务 1.4　炉外精炼方法的分类

从图 1-1 可以看出，精炼设备通常分为两类：一类是基本精炼设备，在常压下进行冶金反应，可适用于绝大多数钢种，如 LF、CAS-OB、AOD 等，另一类是特种精炼设备，在真空下完成冶金反应，如 RH、VD、VOD 等，只适用于某些特殊要求的钢种。目前广泛使用并得到公认的炉外精炼方法是 LF 法与 RH 法，一般可以将 LF 与 RH 双联使用，可以加热、真空处理，适于生产纯净钢，也适合与连铸机配套。为了便于认识至今已出现的 40 多种炉外精炼方法，表 1-3 给出了主要炉外精炼方法的大致分类情况。

表 1-3　主要炉外精炼方法的分类、名称、开发与适用情况

分　类	名　称	开发年份，国别	适　用
合成渣精炼	液态合成渣洗（异炉）	1933，法国	脱硫，脱氧，去除夹杂物
	固态合成渣洗		

续表 1-3

分　类	名　称	开发年份，国别	适　用
钢包吹氩精炼	GAZAL（钢包吹氩法）	1950，加拿大	去气，去夹杂，均匀成分与温度。CAB、CAS 还可脱氧与微调成分，如加合成渣，可脱硫，但吹氩强度小，脱气效果不明显。CAB 适合 30～50t 容量的转炉钢厂。CAS 法适用于低合金钢种精炼
	CAB（带盖钢包吹氩法）	1965，日本	
	CAS 法（封闭式吹氩成分微调法）	1975，日本	
真空脱气	VC（真空浇注）	1952，德国	脱氢，脱氧，脱氮。RH 精炼速度快，精炼效果好，适于各钢种的精炼，尤适于大容量钢液的脱气处理。现在 VD 法已将过去脱气的钢包底部加上透气砖，使这种方法得到了广泛的应用
	TD（出钢真空脱气法）	1962，德国	
	SLD（倒包脱气法）	1952，德国	
	DH（真空提升脱气法）	1956，德国	
	RH（真空循环脱气法）	1958，德国	
	VD 法（真空罐内钢包脱气法）	1952，德国	
带有加热装置的钢包精炼	ASEA-SKF（真空电磁搅拌、电弧加热法）	1965，瑞典	多种精炼功能。尤其适于生产工具钢、轴承钢、高强度钢和不锈钢等各类特殊钢。LF 是目前在各类钢厂应用最广泛的具有加热功能的精炼设备
	VAD（真空电弧加热法）	1967，美国	
	LF（埋弧加热吹氩法）	1971，日本	
不锈钢精炼	VOD（真空吹氧脱碳法）	1965，德国	能脱碳保铬，适于超低碳不锈钢及低碳钢液的精炼
	AOD（氩、氧混吹脱碳法）	1968，美国	
	CLU（汽、氧混吹脱碳法）	1973，法国	
	RH-OB（循环脱气吹氧法）	1969，日本	
喷粉及特殊添加精炼	IRSID（钢包喷粉）	1963，法国	脱硫，脱氧，去除夹杂物，控制夹杂物形态，控制成分。应用广泛，尤其适于以转炉为主的大型钢铁企业
	TN（蒂森法）	1974，德国	
	SL（氏兰法）	1976，瑞典	
	ABS（弹射法）	1973，日本	
	WF（喂线法）	1976，日本	

任务 1.5　炉外精炼技术的特点及选择

1.5.1　炉外精炼技术的特点

各种炉外精炼技术都是为了解决常规炼钢设备的某些不足和缺陷而开发出来的。为了提高钢的质量、产量，降低成本，虽然在冶金功能、设备结构、操作方法等方面都各不相同，但是所有炉外精炼技术至少有以下三个共同点：

（1）炉外精炼，在不同程度上完成脱碳、脱磷、脱氧、脱硫、去除气体、去除夹杂，调整温度和成分等冶金任务。

（2）创造良好的冶金反应的动力学条件，如真空、吹氩、脱气、喷粉、增大界面积，应用各种搅拌增大传质系数，扩大反应界面。

(3) 炉外精炼容器具有浇注功能。为了防止精炼后的钢液再次氧化和吸气，一般精炼容器（主要是钢包）除可以盛放和传送钢液外，还有浇注功能（使用滑动水口），精炼后钢液不再倒出，直接浇注，避免精炼好的钢液再被污染。

图 1-2 表示从初炼炉起到二次炼钢法的精炼作用。炉外精炼可以与电弧炉、转炉配合，现在已成为炼钢工艺中不可缺少的一个环节（如日本五大钢铁公司所有转炉钢水都经过 RH 处理，以提高质量）。尤其与超高功率电弧炉（UHP）配合，更能发挥高功率技术的优越性，提高超高功率电弧炉的功率利用率。超高功率电弧炉的出现，显著提高了废钢的熔化速度，从而提高了生产率。但是，按照传统工艺冶炼，在炉内经过长时间氧化和还原才出钢，使得超高功率缩短融化期的效果被冲淡，并且使大功率变压器长时间低负荷运行，降低了功率利用率。这显然是不合理的。所以，为了发挥 UHP 优越性，应将还原精炼移至炉外进行，尽量提高熔化时间占整个冶炼时间的比例。

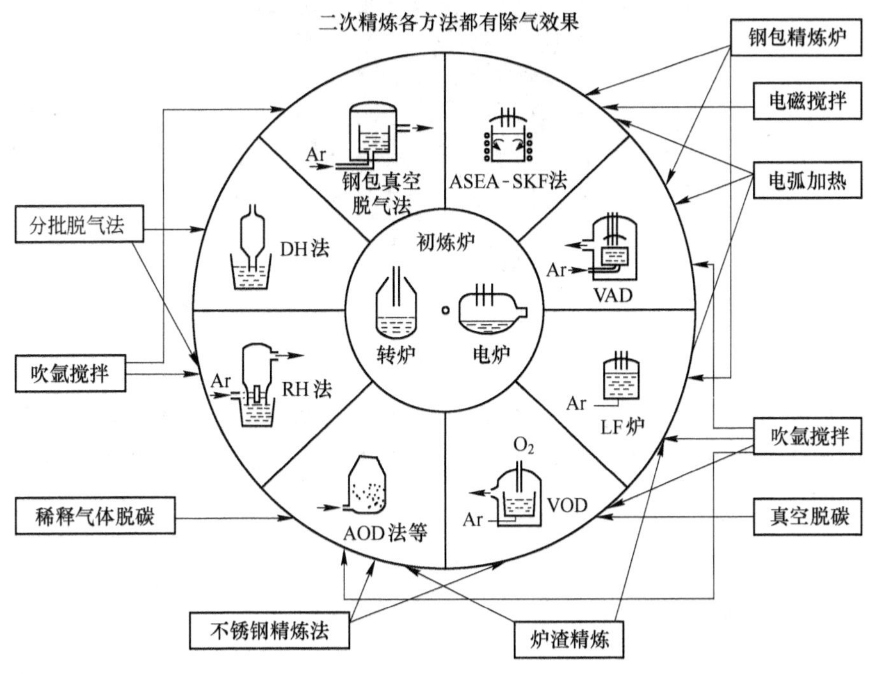

图 1-2　二次炼钢法的精炼作用

1.5.2　炉外精炼技术的选择

现代钢铁冶金生产应从整体优化出发，对冶炼、精炼、浇铸、轧制各工序，按照各自的优势进行调整、组合，从而形成专业分工更加合理、流程匹配更加科学、经济效益更加明显的整体优势。炉外精炼技术的应用，必须结合品种和质量的要求，做到炉外精炼功能对口，工艺方法和生产规模的匹配经济合理，还要注意主体设备与辅助设备配套齐全，才能获得工艺稳定和良好的经济效益。

(1) 炉外精炼的设备选型。以钢种为中心，正确选择精炼设备；注意生产节奏，提高精炼设备作业率；注意与初炼炉匹配，降低生产成本；结合工厂实际情况选择精炼设备，尽可能降低投资额成本；努力提高炉外精炼比。

（2）炉外精炼设备的合理匹配。为满足钢种冶炼的质量要求，可将不同功能的精炼设备组合起来，共同完成精炼任务，图1-3表示出了目前几乎所有的冶金操作功能，包括气体搅拌、真空处理、电弧加热、感应搅拌、氩氧精炼、喷粉及喂线等。

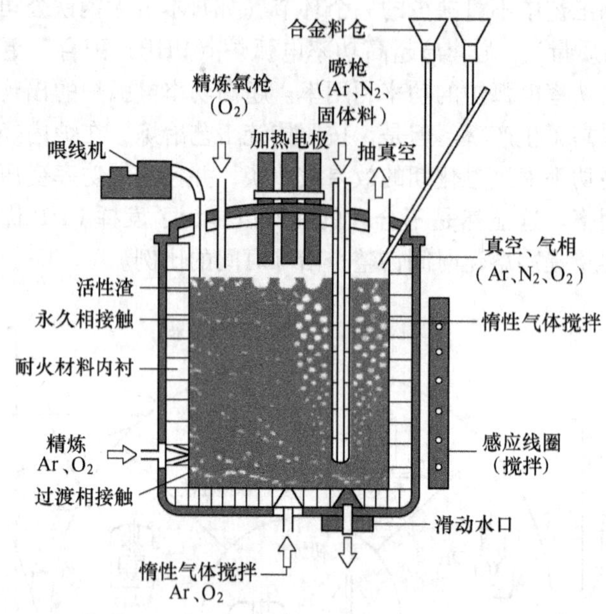

图1-3 钢液炉外精炼功能装置图

炉外精炼技术是一项系统工程。采用任何一种炉外精炼技术，首先要认真分析市场对产品质量的要求，明确基本生产工艺路线，再确定应选择的炉外精炼设备。做到炉外精炼功能对口，在工艺方法、生产规模以及工序间的衔接、匹配经济合理。

思考题

（1）何谓炉外精炼，炉外精炼技术的主要发展原因是什么？

（2）炉外精炼的任务是什么，一般要求炉外精炼设备具有哪些功能？

（3）对精炼手段有何要求，炉外精炼常用的手段有哪些？

（4）精炼设备通常可分为哪几类？

（5）炉外精炼钢技术有何特点？

学习情境 2

合成渣洗精炼法

学习任务：

（1）理解合成渣洗的概念和合成渣的性质；

（2）理解合成渣洗的精炼作用；

（3）理解顶渣控制技术及挡渣技术。

任务 2.1　合成渣洗

2.1.1　合成渣洗概念

合成渣洗，就是由炼钢炉初炼的钢水再在钢包内通过钢液对合成渣进行冲洗，以进一步提高钢水质量的一种炉外精炼方法。作为提高转炉和电炉钢纯净度的措施，早在 1933 年法国人就提出了派林（Perrin）法，之后被其他一些国家采用并得到一定的发展。渣洗是一种比较廉价的炉外精炼方法，适合于处理用于制造高强度钢板、钢管、航空及耐寒和深冲变形部件的钢种。

合成渣洗类似于还原精炼，但对钢液只进行洗涤而无合金化作用，因此又有别于还原精炼。根据钢种和质量要求的不同，被渣洗的钢液可以是还原性的，也可以是氧化性的，前者叫还原性渣洗，后者叫氧化性渣洗。氧化性渣洗炼钢时间短，成本消耗低，因而应用较为广泛。

合成渣洗的主要目的是降低钢中的氧、硫和非金属夹杂物含量，可以把 $w[O]$ 降至 0.002%、$w[S]$ 降至 0.005%。

合成渣有固态渣和液态渣，一般电炉钢水多用液态合成渣，转炉钢水多用固态合成渣。根据合成渣炼制的方式不同，渣洗工艺可分为异炉渣洗和同炉渣洗。所谓异炉渣洗，就是设置专用的炼渣炉（一般使用电弧炉），将配比一定的渣料炼制成具有一定温度、成分和冶金性质的液渣，出钢时钢液冲进事先盛有这种液渣的钢包内，实现渣洗。同炉渣洗，就是渣洗的液渣和钢液在同一座炉内炼制，并使液渣具有合成渣的成分与性质，然后通过出钢，最终完成渣洗钢液的任务（适用于传统电弧炉“老三期”冶炼工艺，出钢时大口深坑，钢渣混出）。异炉渣洗效果比较理想，适用于许多钢种，然而工艺复杂，生产调度不便，且需一台炼渣炉相配合。为了弥补这一不足，出现了同炉渣洗工艺。但同炉渣洗效果不如异炉渣洗好，只宜用于碳钢或一般低合金钢上，因此在生产上还是应用异炉渣洗的情况较多，而通常所说的渣洗也是指异炉渣洗。此外，为了简化工艺，可将固体的合成渣料在出钢前或在出钢过程中加入钢包，这就是所谓的固体渣渣洗工艺。固体合成渣虽然能够简化工艺与操作，但效果不稳定，且温度损失大，如使用不当会降低钢包的使用寿命，特别是过量的 CaF_2 更能加速包衬的损坏。

用预熔合成渣对转炉（或电弧炉）出钢过程的钢水进行渣洗，有比较有效的简易脱硫方法。国内外实践证明，不同操作条件下，转炉出钢渣洗的脱硫率可以达到 30% ~50% 。包钢（210t 转炉）、宝钢（150t EAF—LF）的生产试验证明，预熔型精炼合成渣的脱硫效果优于传统精炼渣。试验用预熔精炼渣主要成分见表 2-1。预熔型精炼渣具有熔化温度低、成渣速度快、脱硫效果十分稳定等特点。脱硫剂提前加在烘烤后的钢包底部或在出钢过程中加入。在出钢过程中用固体预熔合成渣对钢水渣洗，能提前把固体合成渣熔化或使其处于半熔融状态，为钢水渣洗脱硫、夹杂物改性、渣洗产物吸附钢水中的脱氧（包括脱硫）产物和后续精炼（如 LF）创造比较好的条件。

表 2-1　试验预熔精炼渣理化指标

企　业	化学成分/%							熔点/℃
	CaO	SiO_2	Al_2O_3	CaF_2	FeO	MgO	Na_2O	
包　钢	51.20	5.96	36.25	1.78	0.50	1.58	—	1355
宝　钢	56.09	5.53	15.43	1.71	—	9.62	2.16	

合成渣洗过程：出钢前，将准备好的合成渣倒入钢包内并移至炼钢炉下；在出钢过程中，钢液流冲击合成渣，充分搅拌，使钢液与合成渣充分接触得到渣洗。钢流有一定的高度（混冲高度一般为 3 ~4m）和速度，钢水很快出净，因此钢水有一定的冲击力，能使钢-渣充分搅拌接触。偏心炉底出钢的电弧炉可做到无渣出钢（或留钢留渣操作），转炉则要挡渣出钢。氧化性渣洗钢液成分的调整应是炉中和包中相结合进行。锰铁一般加入炉中，硅铁和终脱氧铝可随钢流加入包中。为使乳化的渣滴充分上浮，钢液在包中的镇静时间要比常规工艺略长些。

合成渣的使用温度和用量是影响渣洗效果的重要因素，也与钢液的温度和成分有关。现已发现，在 1500℃时，熔渣和钢液的内聚功都大于渣钢的黏附功。但是当升高温度至 1600℃时，渣和钢的黏附功接近于渣滴的内聚功。因此渣洗精炼时，温度过高有可能使渣钢黏附功大于渣滴的内聚功，因而渣滴可能悬浮于钢液中而不能排除。这一点对于那些尺寸较小的渣滴来说，危害更大。为使渣洗能够获得满意的效果，渣量一般为钢液重量的 6% ~7% 。

2.1.2　合成渣的物理化学性能

为了达到精炼钢液的目的，合成渣必须具有较高的碱度、高还原性、低熔点和良好的流动性；此外要具有合适的密度、扩散系数、表面张力和导电性等。

2.1.2.1　*成分*

一般说来，合成渣可由 CaO、Al_2O_3、CaF_2、SiO_2、MgO 组合而成，其他还有 Na_2CO_3 等。合成渣主要有 $CaO\text{-}Al_2O_3$ 系，$CaO\text{-}SiO_2\text{-}Al_2O_3$ 系，$CaO\text{-}SiO_2\text{-}CaF_2$ 系等。目前常用的合

成渣系主要是 $CaO\text{-}Al_2O_3$ 碱性渣系，化学成分大致为：50% ~ 55% CaO、40% ~ 45% Al_2O_3、≤5% SiO_2、≤0.10% C、<1% FeO。由此可知，$CaO\text{-}Al_2O_3$ 合成渣中，$w(CaO)$ 很高，(CaO) 是合成渣中用于达到冶金反应目的的化合物，其他化合物多是为了调整成分、降低熔点而加入。$w(FeO)$ 较低，因此对钢液的脱氧、脱硫有利。除此之外，这种渣的熔点较低，一般波动在 1350 ~ 1450℃ 之间，当 $w(Al_2O_3)$ 为 42% ~ 48% 时最低。这种熔渣的黏度随着温度的改变变化也较小。当温度为 1600 ~ 1700℃ 时，黏度约为 0.16 ~ 0.32Pa · s；当温度低于 1550℃ 时仍保持良好的流动性。这种熔渣与钢液间的界面张力较大，容易携带夹杂物分离上浮。但当渣中 $w(SiO_2)$ 和 $w(FeO)$ 增加时，将会降低熔渣的脱硫能力，然而 (SiO_2) 是一种很好的液化剂，如不超过 5%，对脱硫的影响不大。表 2-2 列出了几种常用合成渣的成分。

表 2-2　渣洗用合成渣的成分

渣类型	主要成分/%								$w(CaO)_u$/%	B
	CaO	MgO	SiO_2	Al_2O_3	FeO	Fe_2O_3	CaF_2	S		
石灰-黏土质渣	51.0	1.88	19.0	18.3	0.6	0.12	3.0	0.48	11.54	3.64
石灰-氧化铝合成渣	48.94	4.0	6.5	37.83	0.74	—	—	0.63	21.66	2.02
自熔性渣系①	46 ~ 50	—	3 ~ 12	22 ~ 26	—	—	—	—	17.87	3.8 ~ 6.1

① 还含有 5% ~ 6% 的 Na_2O，5% ~ 7% 的 Fe 和 3.8% ~ 6.1% 其他杂质。

对固体合成渣渣洗工艺，根据使用的目的不同，选用的固体合成渣系也不同：为了脱氧、脱硫多选用 $CaO\text{-}CaF_2$ 碱性渣系，成分为 45% ~ 55% CaO、10% ~ 20% CaF_2、5% ~ 15% Al 和 0 ~ 5% SiO_2；如果不需脱硫，只需去除氧化物夹杂，合成渣可以有较多的 Al_2O_3 和 SiO_2；对于有特殊要求的还可以选用特殊的合成渣系，如 $CaO\text{-}SiO_2$ 中性渣等。

当无化渣炉时也可以使用发热固态渣代替液态合成渣，其配方为：12% ~ 14% 铝粉，21% ~ 24% 钠硝石，20% 萤石，其余为石灰。混合物的用量为金属量的 4%。

因所列各合成渣中 SiO_2 含量差别较大，各种渣碱度 B 的定义如下：

用于石灰-黏土渣：

$$B = \frac{n\mathrm{CaO} + n\mathrm{MgO} - 2n\mathrm{Al_2O_3}}{n\mathrm{SiO_2}} \tag{2-1}$$

用于石灰-氧化铝渣：

$$B = \frac{n\mathrm{CaO} + n\mathrm{MgO} - 2n\mathrm{SiO_2}}{n\mathrm{Al_2O_3}} \tag{2-2}$$

用于自溶性渣系：

$$B = \frac{w(\mathrm{CaO})_{\%} + 0.7w(\mathrm{MgO})_{\%}}{0.94w(\mathrm{SiO_2})_{\%} + 0.18w(\mathrm{Al_2O_3})_{\%}} \tag{2-3}$$

式中，$w(X)_{\%}$ 值的下标用以表明此值为质量百分数。除用碱度表示合成渣的成分特点外，还可用游离氧化钙 $w(CaO)_{u\%}$ 来表示能参与冶金反应的氧化钙的数量（见表 2-2），其计算式如下：

$$w(\mathrm{CaO})_{u\%} = w(\mathrm{CaO})_{\%} + 1.4w(\mathrm{MgO})_{\%} - 1.86w(\mathrm{SiO_2})_{\%} - 0.55w(\mathrm{Al_2O_3})_{\%} \quad (2\text{-}4)$$

2.1.2.2　熔点

在钢包内用合成渣精炼钢水时，渣的熔点应当低于被渣洗钢液的熔点。合成渣的熔点可根据渣的成分利用相应的相图来确定。

在 $CaO\text{-}Al_2O_3$ 渣系中，当 $w(Al_2O_3)$ 为 48% ~56% 和 $w(CaO)$ 为 52% ~44% 时，其熔点最低（1450 ~1500℃）。这种渣当存在少量 SiO_2 和 MgO 时，其熔点还会进一步下降。SiO_2 含量对 $CaO\text{-}Al_2O_3$ 系熔点的影响不如 MgO 明显。该渣系不同成分合成渣的熔点见表 2-3。当 $w(CaO)/w(Al_2O_3) = 1.0 \sim 1.15$ 时，渣的精炼能力最好。

表 2-3　不同成分的 $CaO\text{-}Al_2O_3$ 渣系合成渣的熔点

成分/%				熔点/℃
CaO	Al_2O_3	SiO_2	MgO	
46	47.7		6.3	1345
48.5	41.5	5	5	1295
49	39.5	6.5	5	1315
49.5	43.7	6.8		1335
50	50			1395
52	41.2	6.8		1335
56 ~57	43 ~44			1525 ~1535

当 $CaO\text{-}Al_2O_3\text{-}SiO_2$ 三元渣系中加入 6% ~12% 的 MgO 时，就可以使其熔点降到 1500℃ 甚至更低一些。加入 CaF_2、$NaAlF_6$、Na_2O、K_2O 等，也能降低熔点。

$CaO\text{-}SiO_2\text{-}Al_2O_3\text{-}MgO$ 渣系具有较强的脱氧、脱硫和吸附夹杂的能力。当黏度一定时，这种渣的熔点随渣中 $w(CaO + MgO)$ 总量的增加而提高（见表 2-4）。

表 2-4　不同成分的 $CaO\text{-}SiO_2\text{-}Al_2O_3\text{-}MgO$ 渣系合成渣的熔点

成分/%						熔点/℃
CaO	MgO	CaO + MgO	SiO_2	Al_2O_3	CaF_2	
58	10	68.0	20	5.0	7.0	1617
55.3	9.5	65.8	19.0	9.5	6.7	1540
52.7	9.1	61.8	18.2	13.7	6.4	1465
50.4	8.7	59.1	17.4	17.4	6.1	1448

2.1.2.3　流动性

用作渣洗的合成渣，要求有较好的流动性。在相同的温度和混冲条件下，提高合成渣的流动性，可以减小乳化渣滴的平均直径，从而增大渣钢接触界面。

在炼钢温度下，不同成分的 $CaO\text{-}Al_2O_3$ 渣的黏度如表 2-5 所示。有研究认为，温度为 1490 ~1650℃，$w(CaO)$ 为 54% ~56%，$w(CaO)/w(Al_2O_3) = 1.2$ 时，该渣系合成渣的黏度最小，加入不超过 10% 的 CaF_2 和 MgO，也能降低渣的黏度。对于大部分合成渣，在炼钢温度下，其黏度小于0.2Pa·s。

表2-5 不同成分的 $CaO-Al_2O_3$ 渣的黏度

成分/%			不同温度下渣的黏度/Pa·s					
SiO_2	Al_2O_3	CaO	1500℃	1550℃	1600℃	1650℃	1700℃	1750℃
—	40	60	—	—	—	0.11	0.08	0.07
—	50	50	0.57	0.35	0.23	0.16	0.12	0.11
—	54	46	0.60	0.40	0.27	0.20	0.15	0.12
10	30	60	—	0.22	0.13	0.10	0.08	0.07
10	40	50	0.50	0.33	0.23	0.17	0.15	0.12
10	50	40	—	0.52	0.34	0.23	0.17	0.14
20	30	50	—	—	0.24	0.18	0.14	0.12
20	40	40	—	0.63	0.40	0.27	0.20	0.15
30	30	40	0.92	0.61	0.44	0.38	0.24	0.19

对于 $CaO-MgO-SiO_2-Al_2O_3$ 渣系（20%～25% SiO_2；5%～11% Al_2O_3；$w(CaO)/w(SiO_2)=2.4\sim2.5$），在1600℃，黏度与 $w(CaO+MgO)$ 总量之间有着明显的对应关系（见图2-1）。当 $w(CaO+MgO)$ 为63%～65%和 $w(MgO)$ 为4%～8%时，渣的黏度最小（0.05～0.06Pa·s）。随着MgO含量的增加，渣的黏度急剧上升，当 $w(MgO)=25\%$ 时，黏度达0.7Pa·s。

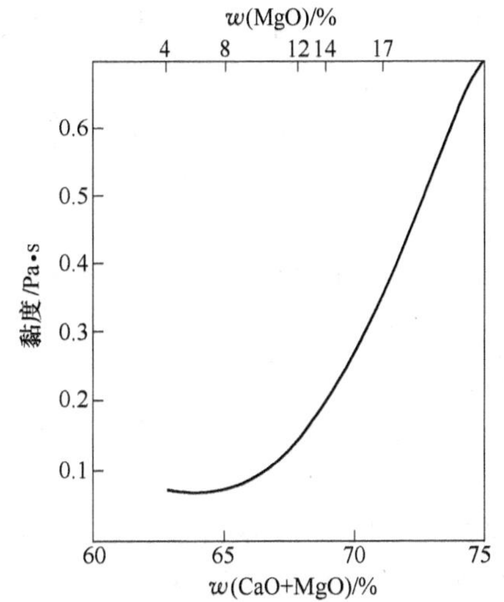

图2-1 1600℃时 $CaO-MgO-SiO_2-Al_2O_3$ 渣系的黏度与 $w(CaO+MgO)$ 的关系

对于炉外精炼，推荐采用下述成分的渣：50%～55% CaO，6%～10% MgO，15%～20% SiO_2，8%～15% Al_2O_3，5.0% CaF_2。其中 SiO_2、Al_2O_3、CaF_2 三组元的总量控制在35%～40%之间。

2.1.2.4 表面张力

表面张力也是影响渣洗效果的一个较为重要的参数。在渣洗过程中，虽然直接起作用的是钢-渣之间的界面张力和渣与夹杂之间的界面张力（如钢-渣间的界面张力决定了乳化渣滴的直径和渣滴上浮的速度，而渣与夹杂间的界面张力的大小影响着悬浮于钢液中的渣滴吸附和同化非金属夹杂的能力），但是界面张力的大小是与每一相的表面张力直接有关的。渣中常见氧化物的表面张力见表2-6。

表2-6 渣中常见氧化物的表面张力

氧化物	CaO	MgO	FeO	MnO	SiO_2	Al_2O_3	CaF_2
表面张力/$N\cdot m^{-1}$	0.52	0.53	0.59	0.59	0.40	0.72	0.405

通常熔渣都是由两种以上氧化物组成，其表面张力可按式（2-5）估算：

$$\sigma_s = \sigma_1 \cdot N_1 + \sigma_2 \cdot N_2 + \cdots \tag{2-5}$$

式中 σ_s——熔渣的表面张力；

σ_1 和 σ_2 ——组元 1 和 2 的表面张力；

N_1 和 N_2——组元 1 和 2 的摩尔分数。

熔渣的表面张力受温度的影响，随着温度升高，表面张力减少。此外，还受到成分的影响。在合成渣的组成中，SiO_2 和 MgO 会降低渣的表面张力。当 w(MgO) 不超过 3% 时，这种影响不很明显。在 CaO(56%)-Al_2O_3(44%) 渣中含有 9% 的 MgO 时，表面张力由原来的 0.600 ~ 0.624N/m 降低到 0.520 ~ 0.550N/m。SiO_2 对表面张力的影响就更为明显。例如，在上述组成的 CaO-Al_2O_3 渣中，当 w(SiO_2) 为 3% 时，σ = 0.575 ~ 0.585N/m；当 w(SiO_2) 为 9% 时，σ = 0.440 ~ 0.484N/m。

钢液的表面张力也受温度和成分的影响，随着温度的提高，表面张力下降。在炼钢温度下，一般为 1.1 ~ 1.5N/m。

熔渣与钢液之间的界面张力可按式（2-6）求得：

$$\sigma_{m-s} = \sigma_m - \sigma_s \cdot \cos\theta \tag{2-6}$$

式中 σ_{m-s}——熔渣与钢液之间的表面张力，N/m；

σ_m，σ_s——分别代表钢液和熔渣的表面张力，N/m；

$\cos\theta$——钢渣之间润湿角的余弦。

选用的合成渣系要求 σ_{m-s} 要小。σ_{m-s} 的值取决于温度和钢、渣的成分。如 40CrNiMoA 钢与含 CaO 56%、Al_2O_3 44% 的合成渣之间的界面张力，在 1500℃ 时为 0.92N/m，而 1600℃ 时为 0.60N/m。在相同温度下（如 1560℃），不同钢种与上述组成的合成渣之间 σ_{m-s} 值分别为：GCr15，1.05N/m；30CrMnSiA，0.74 N/m；40CrNiMoA，0.61N/m。除炼钢炉渣中常见的氧化物，如 FeO、Fe_2O_3、MnO 等会降低 σ_{m-s} 值外，其他一些氧化物如 Na_2O、K_2O 等也会降低渣钢间的界面张力。

$\cos\theta$ 值由实验测定，其数值取决于钢和渣的成分与温度，并且温度的影响强于成分。例如，30CrMnSiA 钢与 CaO(56%)-Al_2O_3(44%) 渣的 $\cos\theta$ 由 1500℃ 的 0.5577 升到 1580℃ 的 0.9553。而在相同温度下，不同钢种或不同成分的熔渣间的 $\cos\theta$ 的差别一般不超过 5%。

2.1.2.5 还原性

要求渣洗完成的精炼任务决定了渣洗所用的熔渣都是高碱度（$B > 2$），低 w(FeO)，一般 w(FeO) ≤ 0.4% ~ 0.8%。

任务 2.2 合成渣洗的精炼作用

合成渣是为了达到一定的冶金效果而按一定成分配制的专用渣料。使用合成渣可以到达以下效果：强化脱氧、脱硫、脱磷；加快钢中夹杂的排除，部分改变夹杂物形态；防止钢水吸气；减少钢水温度散失；形成泡沫性渣，达到埋弧加热的目的。

目前使用的合成渣主要是为提高夹杂物的去除速度，降低溶解氧含量，提高脱硫率，加快反应速度而配制的。渣洗精炼作用的基础理论如下。

2.2.1 合成渣的乳化和上浮

盛放在钢包中的合成渣在钢流的冲击下，被分裂成细小的渣滴，并弥散分布于钢液中。粒径越小，与钢液接触的表面积越大，渣洗作用越强。这必然使所有在钢渣界面进行的精炼反应加速，同时也增加了渣与钢中夹杂物接触的机会。乳化的渣滴随钢流紊乱搅动的同时，不断碰撞合并长大上浮。

在钢包内，钢液中已乳化的渣滴随钢流紊乱搅动的同时，不断碰撞、合并、长大和上浮。用斯托克斯公式描述渣滴上浮的速度显得过于粗糙。E. B. Koctioiehko 提出计算乳化渣滴在平静介质中上浮速度的公式：

$$v_D = \frac{\pi \cdot d(\rho_m - \rho_s) \cdot g}{\sigma_{m-s} \cdot \psi} \tag{2-7}$$

式中 d——乳化渣滴的直径；

$\rho_m - \rho_s$——钢渣密度差；

g——重力加速度；

ψ——介质阻力系数，它由雷诺数查相应的曲线而确定。

在保证脱氧和去除夹杂的前提下，适当增大渣滴直径，有利于提高乳化渣滴的上浮速度。

2.2.2 合成渣脱氧

由于熔渣中的 $w(FeO)$ 远低于钢液中 $w[O]$ 平衡的数值，即 $w[O]_{\%} > a_{FeO}L_O$，因而钢液中的 [O] 经过钢-渣界面向熔渣滴内扩散，而不断降低，直到 $w[O]_{\%} = a_{FeO}L_O$ 的平衡状态。

当还原性的合成渣与未脱氧（或脱氧不充分）的钢液接触时，钢中溶解的氧能通过扩散进入渣中，从而使钢液脱氧。

渣洗时，合成渣在钢液中乳化，使钢渣界面成千倍地增大，同时强烈的搅拌，都使扩散过程显著地加速。

根据氧在钢液与熔渣间的质量平衡关系，即钢液中排出的氧量等于进入熔渣的氧量，可得：

$$100(w[O]_{0\%} - w[O]_{\%}) = [w(FeO)_{\%} - w(FeO)_{0\%}] \times \frac{16}{72} \times m$$

式中 $w[O]_{0\%}$，$w(FeO)_{0\%}$——分别为钢液中的氧及熔渣中的 FeO 的初始质量百分数；

m——渣量，%（钢液质量的百分数）。

$$w(FeO)_{\%} = \frac{w[O]_{\%}}{(f_{FeO}L_O)}$$

解以上方程，可得出脱氧所需的合成渣量

$$m = \frac{(w[O]_{0\%} - w[O]_{\%}) \times 7200 \times f_{FeO}L_O}{16\{w[O]_{\%} - f_{FeO}w(FeO)_{0\%}L_O\}} \tag{2-8}$$

式中 f_{FeO}——渣中 FeO 的活度系数；

L_O——氧在钢液与熔渣中的分配系数，$\lg L_{O(\%)} = -\frac{6320}{T} + 0.734$（当（FeO）采用质量1%溶液标准态时）。

合成渣脱氧过程速率的限制环节是钢液中［O］的扩散：

$$-\frac{\mathrm{d}w[\mathrm{O}]_{\%}}{\mathrm{d}t} = \beta_{\mathrm{O}} \cdot \frac{A}{V} \cdot \{w[\mathrm{O}]_{\%} - a_{\mathrm{FeO}}L_{\mathrm{O}}\} \tag{2-9}$$

式中 $-\frac{\mathrm{d}w[\mathrm{O}]_{\%}}{\mathrm{d}t}$——钢液中氧含量的变化速率；

β_O——氧在钢液中的传质系数；

A——渣钢界面积；

V——钢液的体积。

a_{FeO}可用 $w[\mathrm{O}]_{\%}$ 的函数式表示：

$$a_{\mathrm{FeO}} = \{w(\mathrm{FeO})_{0\%} + (w[\mathrm{O}]_{0\%} - w[\mathrm{O}]_{\%}) \times \frac{7200}{16m}\} \cdot f_{\mathrm{FeO}}$$

将上式代入式（2-9），分离变量后，积分得

$$\lg\frac{w[\mathrm{O}]_{0\%} - b/a}{w[\mathrm{O}]_{\%} - b/a} = \frac{at}{2.3} \tag{2-10}$$

式中，$a = \beta_{\mathrm{O}} \cdot \frac{A}{V} \cdot \left(1 + \frac{7200 f_{\mathrm{FeO}} L_{\mathrm{O}}}{16m}\right)$；$b = \beta_{\mathrm{O}} \cdot \frac{A}{V} \cdot f_{\mathrm{FeO}} L_{\mathrm{O}} \cdot \left\{w(\mathrm{FeO})_{0\%} + \frac{7200}{16m} w[\mathrm{O}]_{0\%}\right\}$。由式（2-10）可计算脱氧 t 秒后，钢液中的氧含量；也可由欲将钢液中的氧降到要求的水平，求出需要多长的时间。

由上述分析可知，降低熔渣的 a_{FeO}及增大渣量，可提高合成渣的脱氧速率。

2.2.3 夹杂物的去除

渣洗过程中夹杂物的去除，主要靠两方面的作用。

（1）钢中原有的夹杂物与乳化渣滴碰撞，被渣滴吸附、同化而随渣滴上浮排除。渣洗时，乳化了的渣滴与钢液强烈搅拌，这样渣滴与钢中原有的夹杂，特别是大颗粒夹杂接触的机会就急剧增加。由于渣与夹杂间的界面张力 σ_{s-i} 远小于钢液与夹杂间的界面张力 σ_{m-i}，所以钢中夹杂很容易被与它碰撞的渣滴所吸附。渣洗工艺所用的熔渣均是氧化物熔体，而夹杂大都是氧化物，所以被渣吸附的夹杂比较容易溶解于渣滴中，这种溶解过程称为同化。夹杂被渣滴同化而使渣滴长大，加速了渣滴的上浮过程。图 2-2 所示为钢中夹杂物在钢液-熔渣界面排入熔渣而被吸收溶解的示意图。渣洗精炼时，乳化的渣滴对钢中夹杂物的吸收溶解作用，由于渣滴分布在整个钢液内部而大大加速。

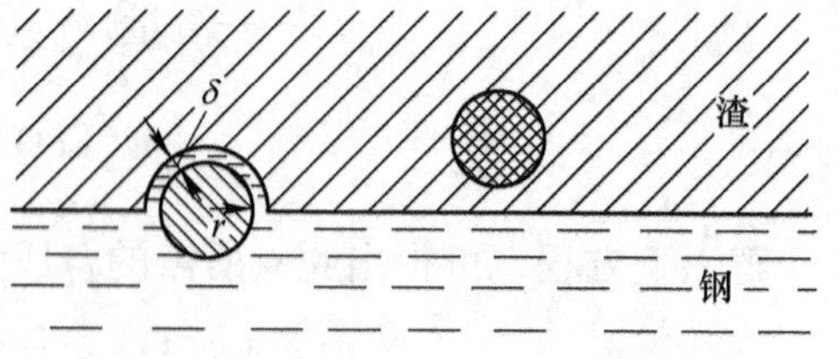

图 2-2 钢中夹杂物排入熔渣示意图

（2）促进了脱氧反应产物的排出，使钢中的夹杂数量减少。在出钢渣洗过程中，乳化渣滴表面可作为脱氧反应新相形成的晶核，形成

新相所需要的自由能增加不多，所以可以在不太大的过饱和度下脱氧反应就能进行。此时，脱氧产物比较容易被渣滴同化并随渣滴一起上浮，使残留在钢液内的脱氧产物的数量明显减少。这就是渣洗钢液比较纯净的原因。

2.2.4　合成渣脱硫

脱硫是合成渣操作的重要目的。如果操作得当，一般可以去除［S］50%～80%。在渣洗过程中，脱硫反应可写成：

$$[S] + (CaO) \Longleftrightarrow (CaS) + [O]$$

钢包精炼渣中，脱硫产物与钢水之间硫的分配系数 $L_S = w(S)/w[S]$ 可用式（2-11）计算得到：

$$\lg L_S = \lg C_S + \lg f_S - \frac{1}{3}\lg a_{Al_2O_3} + \frac{2}{3}\lg w[Al]_{S\%} + \frac{21168}{T} - 5.703 \qquad (2\text{-}11)$$

式中　C_S——熔渣的硫容量，它是熔渣中 $w(S)_{\%}$ 与脱硫反应中氧分压和硫分压平衡的关系式；

f_S——钢水中硫的活度系数；

$a_{Al_2O_3}$——脱硫产物（包括脱氧产物）中 Al_2O_3 的活度；

$w[Al]_{S\%}$——脱氧、脱硫后钢水中的酸溶铝百分含量；

T——钢水渣洗温度，K。

渣的成分对硫的分配系数有很大的影响。表 2-7 为在石灰-氧化铝渣中，游离氧化钙含量对硫分配系数的影响。有研究指出，当 $w(FeO) \leqslant 0.5\%$ 和 $w(CaO)_u$ 为 25%～40% 时，硫的分配系数最高（120～150）。随着 $w(FeO)$ 的增加，硫的分配系数大幅度降低。

表 2-7　在 $CaO-Al_2O_3$ 渣中，不同 $w(CaO)_u$ 对应的 L_S 值

渣成分/%				$w(CaO)_u$/%	L_S
CaO	Al_2O_3	MgO	SiO_2		
56.00	44.00			31.80	180
55.45	43.50	0.99		32.84	204
52.83	41.51	5.62		37.93	223
50.00	39.28	10.72		43.40	210
54.37	42.72		2.91	25.47	162
52.83	41.51		5.66	19.43	133
51.37	40.37		8.26	13.77	70
50.00	39.28		10.72	8.50	52

在钢包中用合成渣精炼钢液时，渣中 $w(SiO_2 + Al_2O_3)$ 对 L_S 有明显的影响（见表2-8），由表 2-8 可见，当 $w(SiO_2 + Al_2O_3) = 30\% \sim 34\%$，$w(FeO) < 0.5\%$，$w(MgO) < 12\%$ 时，可达到较高的 L_S 值。

表 2-8 不同的 $w(SiO_2 + Al_2O_3)$ 总量时 L_S 值

其他组元	分 类	$w(SiO_2+Al_2O_3)/\%$			
		<28(26.5)	28~29.9(29)	30~32(31)	>32(34.03)
$w(MgO)_{\%} \leqslant 12(10.78)$	炉数 L_S(包中)	15(80.6)	16(86.6)	17(107.3)	8(120.0)
$w(MgO)_{\%} > 12(17.0)$	炉数 L_S(包中)	32(61.2)	37(68.4)	13(73.8)	6(65.7)
$w(FeO)_{\%} \leqslant 0.5(0.38)$	炉数 L_S(包中)	7(74)	12(82)	7(122)	4(100)
$w(FeO)_{\%} > 0.5(0.63)$	炉数 L_S(包中)	4(54)	5(65)	6(91)	2(94)

注：括号内数字系平均值。

对铝脱氧钢水，脱硫反应为

$$3(CaO) + 2[Al] + 3[S] = (Al_2O_3) + 3(CaS)$$

随着钢中铝含量的增高，硫的分配系数 L_S 增大。这是因为钢中只有强脱氧物质如铝及钙存在时，才能保证钢水的充分脱氧，而只有钢水充分脱氧时，才能保证合成渣脱硫的充分进行。加铝量的多少对 L_S 的影响极大。例如当 $w(CaO)=40\%$ 时，$w[Al]=0.01\%$，$w(S)/w[S]=10$，而当 $w[Al]=0.05\%$，$w(S)/w[S]\geqslant 60$。当 $w(CaO)=50\%$ 时，$w[Al]=0.01\%$，$w(S)/w[S]\geqslant 60$，当 $w[Al]=0.05\%$ 时，$w(S)/w[S]=600$。这个结果表明，渣成分不同，用不同的铝量可以使脱硫有很大的差别，为了达到钢液充分脱硫，需要残余铝量在 0.02% 以上。

应尽量减少下渣量，因渣中的（FeO）能明显降低脱硫率。可采用挡渣出钢，或先除渣再出钢，或采用炉底出钢技术。用脱氧剂（如硅铁、硅锰合金、硅铝钡合金）进行钢水沉淀脱氧，用脱硫精炼渣进行出钢过程炉渣改质和渣洗脱硫，若转炉终渣没有进入钢包，脱硫剂对钢水有很强的脱硫作用。若转炉炉后下渣控制手段比较简单（如投放挡渣球挡渣），转炉下渣不可避免，这部分高氧化性炉渣与先期渣洗脱硫和脱氧的产物融合后，成为钢包顶渣。钢包顶渣与脱硫后的钢水持续接触，会降低钢水的酸溶铝含量，使顶渣中 $a_{Al_2O_3}$ 发生改变，顶渣碱度明显降低，造成出钢渣洗过程达到的平衡状态发生改变，使渣-钢之间硫的分配系数大幅度下降，这将导致已经进入渣相的硫重新向钢水释放。因此，必须在后续精炼（如 LF）工位进行变渣操作，迅速降低渣中氧化铁含量，提高炉渣碱度，重新提高顶渣与钢水之间硫的分配系数。

如果要求 $w[S]<0.01\%$，为了取得最好的脱硫效果，包衬不应使用黏土砖，应使用白云石碱性包衬。

炉渣的流动性对实际所能达到的硫的分配系数也有影响，如向碱度为 3.4~3.6 的炉渣中加入 13%~15% 的 CaF_2，可将 L_S 值提高到 180~200。在常用的合成渣中，CaF_2 仅作为降低熔点的成分加入渣内，而 Al_2O_3、SiO_2 等成分除了可以降低熔点外，可使熔渣保持与钢中上浮夹杂物相似的成分，减少夹杂与渣之间的界面张力，使之更易于上浮。采用较高的温度保证硫在渣中能较快地传质更有意义。

加强精炼时的搅拌（如钢包吹氩），可以加快脱硫、脱氧速度，将合成渣吹入钢液中可以使脱氧、脱硫反应大大加快。通过喷粉将合成渣吹入钢液加快脱硫反应主要是合成渣与钢液瞬间接触的结果。

脱硫时合成渣的用量及时间的计算式与前述的脱氧的相同，可导出：

$$m = \frac{(w[\mathrm{S}]_{0\%} - w[\mathrm{S}]_{\%}) \times 100}{w(\mathrm{S})_{\%} - w(\mathrm{S})_{0\%}} \tag{2-12}$$

式中　$w(\mathrm{S})_{\%}$——熔渣内硫的质量百分数，可由熔渣的硫容量求出；

$w(\mathrm{S})_{0\%}$——合成渣最初硫的质量百分数。

任务 2.3　顶渣控制及挡渣技术

2.3.1　顶渣控制技术

相当一段时间内，冶金工作者认为炉外精炼就是真空、加热及搅拌等的组合，低估了钢包中顶渣的作用。近年来，人们重视了它不可忽视的作用（如对极低硫、氧钢生产的作用）。但迄今为止，通过顶渣与钢反应，仅能控制硫、磷、氧三个元素。

对于不同精炼目的，应有其最佳顶渣成分。例如，为了深度脱氧及脱硫，应该使渣碱度 B 达到 3～5（$B = w(\mathrm{CaO})/w(\mathrm{SiO_2})$），$w(\Sigma(\mathrm{FeO})) < 0.5$，而且使渣的曼内斯曼指数 $M = B : w(\mathrm{Al_2O_3}) = 0.25 \sim 0.35$。对于低铝镇静钢，采用 CaO 饱和的顶渣与低铝（$w[\mathrm{Al}] \leqslant 0.005\%$）钢水进行搅拌，使最终的氧活度不大于 0.0005%。最佳顶渣成分见表 2-9。

表 2-9　炉外精炼的最佳顶渣成分

精炼目的	炉外精炼最佳顶渣成分/%				
	CaO	Al_2O_3	SiO_2	MgO	FeO
脱　硫	50～55	20～25	10～15	≤5	<0.5
脱　氧	50～55	10～15	10～15	≤5	<0.5
脱　磷	455	(MnO) 6	$(SiO_2 + P_2O_5)$ 6～10	Na_2O ≥2，约 4	30～40

2.3.2　挡渣技术

做好出钢时的挡渣操作，尽可能地减少钢水初炼炉的氧化渣进入钢包内是发挥精炼渣精炼作用的基本前提。因为钢渣中含有诸如 FeO、SiO_2、P_2O_5 和 MnO 等氧化物，这些氧化物不稳定，当与脱氧的钢水接触时，尤其在搅拌操作过程中与脱氧钢水充分混合时，这些氧化物对钢中溶解的铝有氧化作用，会降低钢水的酸溶铝含量，易造成钢水回磷现象。此外，这些活性氧化物会增加钢水中的氧化度，从而阻碍其他精炼过程，如脱硫等，为消除或把带入钢包内的渣量降至最低，目前已经出现了许多种用于工业生产的挡渣技术：

（1）挡渣球。此项技术简单易行，但由于受出钢口形状和挡渣球停留位置的影响，一般挡渣球效果不够理想。

（2）浮动塞挡渣。由于在塞的下端带有尾杆，可以随钢液引入出钢口内，挡渣塞停留位置较准，效果要优于挡渣球。

（3）气动吹气挡渣塞。主要利用气缸快速推动塞头，使之对准出钢口，利用从塞头喷射出的高速气体切断渣流并靠气体动压托住炉内残留炉渣。由于不受出钢口形状变化影响并对位较准，因而该法挡渣效果较好。

（4）虹吸出钢口挡渣。此种出渣方式存在着出钢口的维护和更换问题，但其效果优于前述几种形式。不仅挡渣效果极好，而且还可以基本消除开始出钢时的溢渣和出钢终了短时间下渣现象。

（5）偏心炉底出钢。此种方式主要用于电炉，由于很类似钢包的下注水口，故而挡渣效果比较好，目前已在电弧炉上广泛应用。

思考题

（1）何谓渣洗，其目的是什么?

（2）合成渣的种类和渣洗工艺的种类有哪些?

（3）为了达到精炼钢液的目的，合成渣必须具有哪些性质?

（4）渣洗有何精炼作用?

（5）何谓顶渣，如何控制顶渣?

学习情境3

钢包精炼法

学习任务：

（1）理解搅拌的精炼作用；

（2）理解加热的精炼作用；

（3）理解真空的精炼作用；

（4）理解 LF 的精炼工艺；

（5）理解 VAD 的精炼工艺；

（6）理解 VOD 的精炼工艺；

（7）理解 ASEA-SKF 的精炼工艺。

任务3.1 搅 拌

3.1.1 搅拌方法

一般地说，搅拌就是向流体系统供应能量，使该系统内产生运动。为达到此目的，可以借助于气体搅拌、电磁搅拌和机械搅拌等几类，而以气体搅拌和电磁搅拌较为常见。如图 3-1 所示。最常用的是在钢包底部装一个或几个透气砖（多孔塞），通过它可以吹入气体。另外，因为浸入式喷枪可靠，所以也常常采用。

3.1.1.1 气体搅拌

喷吹气体搅拌是一种应用较为广泛的搅拌方法。氩气是用来搅拌钢水的最普通的气体，氮气的使用则取决于所炼钢种。因此喷吹气体搅拌主要是各种形式的吹氩搅拌。应用这类搅拌的炉外精炼方法有：钢包吹氩、CAB、CAS、VD、LF、GRAF、VAD、VOD、AOD、SL、TN 等方法。下面结合钢包吹氩工艺重点介绍钢包吹氩搅拌方法。

A 钢包吹氩精炼原理

氩气是一种惰性气体，吹入钢液内的氩气既不参与化学反应，也不溶解，纯氩内含氢、氮、氧等量很少，可以认为吹入钢液内的氩气泡对于溶解在钢液内的气体来说就像一个小的真空室，在这个小气泡内其他气体的分压力几乎等于零。根据西华特定律，在一定的温度下，气体的溶解度与该气体在气相中分压力的平方根成正比。钢中的气体不断地向氩气泡内扩散（特别是钢液中的氢在高温下扩散很快），使气泡内的分压力增大，但是气

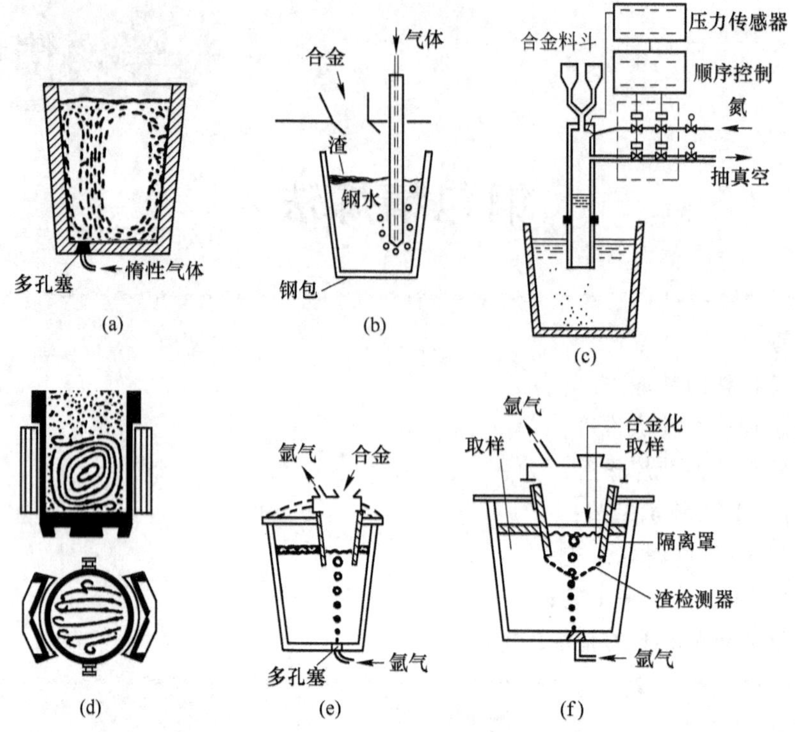

图 3-1　常用的搅拌清洗操作方法

（a）钢包底部气体搅拌；（b）浸入枪搅拌；（c）脉动搅拌（PM）；（d）电磁感应搅拌；（e）加盖氩气搅拌（CAB）；（f）密封氩气搅拌（CAS）

泡在上浮过程中受热膨胀，因而氮气和氢气的分压力仍然保持在较低的水平，继续吸收氢和氮，最后随氩气泡逸出钢液而被去除。

如果钢液未完全脱氧，有相当数量的溶解氧时，那么吹氩还可以脱除部分钢中的溶解氧，起到脱氧和脱碳的作用。

如果加入石灰、萤石混合物（$CaO\text{-}CaF_2$）等活性渣，同时以高速吹入氩气加剧渣-钢反应，可以取得明显的脱硫效果。

未吹氩前，钢包上、中、下部的钢水成分和温度是有差别的。氩气泡在上浮过程中推动钢液上下运动，搅拌钢液，促使其成分和温度均匀。钢液的搅拌可促进夹杂物的上浮排除，同时可加速脱气过程的进行。

钢包底吹氩条件下钢液中夹杂物的去除主要依靠气泡的浮选作用，即夹杂物与气泡碰撞并黏附在气泡壁上，然后随气泡上浮而被去除。将一个夹杂物颗粒与气泡碰撞的概率定义为碰撞率 P_c，夹杂物颗粒与气泡碰撞后黏附于气泡上的概率定义为黏附率 P_A，黏附于气泡上的夹杂物重新脱离气泡的概率为 P_D。夹杂物颗粒被气泡捕获的总概率 P 为：

$$P = P_c \cdot P_A(1 - P_D) \tag{3-1}$$

水模研究结果表明：当固体颗粒与液体的接触角 θ 大于 90°时，几乎所有到达气泡表面的固体颗粒都能被气泡捕获，而且与接触角的大小无关。钢液中常见的脱氧产物 Al_2O_3

和 SiO_2与钢液的接触角分别为144°和115°，因此，像 Al_2O_3和 SiO_2这样的夹杂物很容易黏附在气泡上，其过程属于自发过程。它们的去除效率仅取决于夹杂物与气泡的碰撞概率 P_c。

钢包弱搅拌和适当延长低强度吹氩时间，更有利于去除钢中夹杂物颗粒；对于大钢包，可以使用双透气砖甚至多透气砖，以达到低搅拌功率和短时间精炼的目的。

底吹氩去除钢中夹杂物的效率主要取决于氩气泡和夹杂物的尺寸以及吹入钢液的气体量。大颗粒夹杂物比小颗粒夹杂物更容易被气泡捕获而去除。小直径的气泡捕获夹杂物颗粒的概率比大直径气泡高。增加底吹透气砖的面积和透气砖的数量（或在有限的吹氩时间内成倍地增加吹入钢液的气泡数量）可以降低透气砖出口处氩气表观流速，从而减少透气砖出口处氩气泡的脱离尺寸。

钢包吹氩的主要作用如下：

（1）利用氩气泡清洗钢水，能使钢中的氢、氮含量降低，并能使钢中的氧含量进一步下降。

（2）利用氩气的搅拌作用，清除夹杂和夹渣，均匀温度和成分，减少偏析，提高脱氧剂和金属材料的收得率。

（3）利用氩气的保护作用，可进一步避免或减少钢液的二次氧化。

生产实践证明，脱氧良好的钢液经钢包吹氩精炼后，可去除钢中的氢15%～40%，氧30%～50%，夹杂总量可减少50%，尤其是大颗粒夹杂降低更明显；而钢中的氮含量虽然也降低，但不是特别稳定。钢包吹氩能够减少因中心疏松与偏析、皮下气泡、夹杂等缺陷造成的废品，同时提高钢的密度及金属收得率等。

有资料介绍，去氮和去氢所需的吹氩量是相当大的。用多孔透气砖在较短的时间内吹入能够满足要求的氩气量是比较困难的，但是如果抽真空与吹氩相结合，就可以收到十分显著的效果。这是因为吹氩量与系统总压力成正比，抽真空可使系统总压力降低，吹氩量显著减少。

B　吹氩方式

（1）顶吹方式：从钢包顶部向钢包中心位置插入一根吹氩枪吹氩。吹氩枪的结构比较简单，中心为一个通氩气的钢管，外衬为一定厚度的耐火材料。氩气出口有直孔和侧孔两种，小容量钢包用直孔型，钢包用侧孔型，插入钢液的深度一般在液面深度的2/3左右。顶吹方式可以实现在线吹氩，缩短时间，但效果比底吹差。

（2）底吹方式：在钢包底部安装供气元件（透气砖、细金属管供气元件），氩气通过底部的透气砖吹入钢液，形成大量细小的氩气泡，透气砖除有一定透气性能外，还必须能承受钢水冲刷，具有一定的高温强度和较好的耐急冷急热性，一般用高铝砖。透气砖的个数依据钢包的大小可采用单个和多个布置，透气孔的直径为0.1～0.26mm。底吹氩时，在出钢过程及运送途中都要通入氩气。一般设有两个底吹氩操作点，一个在炼钢炉旁，便于出钢过程中控制；一个在处理站，便于控制处理过程。这两点之间，送氩气管路互相联锁和自动切换，以保证透气砖不被堵塞。采用底吹氩比顶吹氩设备投资费用高，但可以随时（全程）吹氩，钢液搅拌好，操作方便，特别是可以配合其他精炼工艺，因此一般采用底部吹氩的方法。顶吹只用来作为备用方式（底吹出故障时）。吹氩站主体设备安装在钢水接受跨，通常一座转炉配一台吹氩设备。

C 影响钢包吹氩效果的主要因素

钢包吹氩精炼应根据钢液和熔炼状态、精炼目的、出钢量等选择合适的吹氩工艺参数，如氩气耗量、吹氩压力、流量与吹氩时间及气泡大小等。

a 吹氩工艺参数的影响

（1）氩气耗量的影响。从理论计算和生产实践得知，当吹氩量低于0.3m^3/t钢时，氩气在包中只起搅拌作用，而脱氧、去气效率低且不够稳定，对改善夹杂物的污染作用不大。根据不同目的考虑耗氩量，一般选择0.2～0.4m^3/t。

（2）吹氩压力的影响。吹氩压力越大，搅动力越大，气泡上升越快。但吹氩压力过大，氩气流涉及范围会越来越小，甚至形成连续气泡柱，容易造成钢包液面剧烈翻滚，钢液大量裸露与空气接触，造成二次氧化和降温，钢渣相混，被击碎乳化的炉渣入钢水深处，使夹杂物含量增加，所以最大压力应以不冲破渣层露出液面为限；压力过小，搅拌能力弱，吹氩时间延长，甚至造成透气砖堵塞。所以压力过大过小都不好。理想的吹氩压力是使氩气流遍布整个钢包，氩气泡在钢液内呈均匀分布。如能人为地造成氩气流在钢包中压力分布不均，使气泡流在包中呈涡流式的回旋，不仅可增加反应的接触面积，延长氩气流上升的路程和时间，更主要是在中心造成一个负压，使钢液中的有害气体及夹杂能够自动流向氩气流的中心，并被卷升到渣面上，无疑可提高精炼效果。必须指出，一般吹氩压力是指钢包吹氩时的实际操作表压，它不代表钢包中压力，但它应能克服各种压力损失及熔池静压力。通常，氩气气源压力应稳定在0.5～0.8MPa。其实氩气的精炼作用是由钢包内氩气流本身的流量、压力决定的，这中间还存在温度因素的作用，因为氩气处于低温，从管道通过透气砖进入包中，温度剧增几百倍，这时氩气的压力和体积均发生很大的变化，极易造成猛烈的沸腾与飞溅，会加大对耐火材料的冲刷、钢温的下降、钢液的二次氧化等。因此还要注意开吹压力不宜过大，以防造成很大的沸腾和飞溅。压力小一些，氩气经过透气砖形成的氩气泡小一些，可增加气泡与钢液接触面积，有利于精炼。由此也可以认为，为了提高氩气精炼钢液效果，加大氩气压力不如在保持一定的低压氩气水平下，尽量加大氩气流量，如增加透气砖个数、加大透气砖截面积等更行之有效。一般要根据钢包内的钢液量、透气砖孔洞大小或塞头孔径大小和氩气输送的距离等因素，来确定开吹的初始压力。然后再根据钢包液面翻滚程度来调整，以控制渣面有波动起伏、小翻滚或偶露钢液为宜。

（3）流量和吹氩时间的影响。在系统不漏气的情况下，氩气流量是指进入包中的氩气量，它与透气砖的透气度、截面积等有关。因此，氩气流量既表示进入钢包的氩气消耗量，又反映了透气砖的工作性能。在一定的压力下，如增加透气砖个数和尺寸，氩气流量就大，钢液吹氩处理的时间可缩短，精炼效果反而增加。根据不同的冶金目的，可采用不同的氩气流量：

1）吹氩清洗。均匀温度和成分，同时促进脱氧产物上浮，80～130L/min。

2）调整成分、化渣。促进钢包加入物的熔化，300～450L/min。

3）氩气搅拌。加强渣-钢反应，在钢包中脱硫，450～900L/min。

4）氩气喷粉，氩气作载气吹入脱硫剂，Ca-Si粉等，900～1800L/min。

吹氩时间通常为5～12min，主要与钢包容量和钢种有关。吹氩时间不宜太长，否则温降过大，对耐火材料冲刷严重。但一般不得低于3min，若吹氩时间不够，碳-氧反应未能充分进行，非金属夹杂物和气体不能有效排除，吹氩效果不显著。

（4）氩气泡大小的影响。在吹氩装置正常的情况下，当氩气流量、压力一定时，氩气泡越细小、均匀及在钢液中上升的路程和滞留的时间越长，它与钢液接触的面积也就越大，吹氩精炼效果也就越好。氩气泡是氩气通过多孔透气砖获得的，透气砖内的气孔越大，原始氩气泡就越大，因此希望透气砖的孔隙要适当的细小。据资料介绍，孔隙直径在0.1～0.26mm范围时为最佳，如孔隙再减小，透气性变差、阻力变大。在实际生产中往往出现透气砖组合系统漏气现象，这时氩气有可能不通过透气砖而由缝隙直接进入钢中。在这种情况下，钢包里的钢液就要冒大气泡，后果是精炼作用下降，而得不到预期的脱氧、去气、去除夹杂等效果。因此，应及时检修或完善组合系统的密封问题。除此之外，氩气泡的大小还与吹氩的原始压力有关，在装置不漏气的情况下，一般是吹氩的原始压力越高，氩气泡的直径越大。在操作过程中，为了获得细小、均匀的氩气泡，吹氩的压力一定要控制。

b 脱氧程度的影响

钢液的脱氧程度对钢包吹氩精炼的效果影响很大，不经脱氧，只靠包中吹氩来脱氧去气，钢中的残存氧可达0.02%，也就是说，钢液仅靠吹氩不能达到完全脱氧的目的，后果是影响浇注的顺利进行。因此，钢包吹氩精炼以经过良好的脱氧处理后进行为宜。

3.1.1.2 电磁感应搅拌

利用电磁感应的原理使钢液产生运动称为电磁搅拌（EMS）。为进行电磁感应搅拌，靠近电磁搅拌线圈的部分钢包壳应由奥氏体不锈钢制造。由电磁感应搅拌线圈产生的磁场可在钢水中产生搅拌作用。各种炉外精炼方法中，ASEA-SKF钢包精炼采用了电磁搅拌，美国的ISLD（真空电磁搅拌脱气法）也采用了电磁搅拌。

采用电磁搅拌可促进精炼反应的进行，均匀钢液温度及成分，可以将非金属夹杂分离，提高钢液洁净度。电磁感应搅拌可提高工艺的安全性、可靠性，且调整和操作灵活、成本低。但是仅用合成渣脱硫时电磁搅拌效果不好，因为其渣-钢混合不够。另外，电磁感应搅拌不如氩气搅拌的脱氢效果好，因此在本质上电磁感应搅拌的应用是有限的。

3.1.2 气体搅拌钢包内钢液的运动

很多研究者对气体搅拌钢包内的钢液混合现象进行了研究，试图建立相应的模型，以定量描述钢包内钢液运动的规律。萧泽强等人提出全浮力模型（plume model），是至今最接近实际的模型。钢包底部中心位置吹气时，包内钢液的运动可用图3-2描述。根据钢包内钢液的循环流动情况，喷吹钢包内大致可划分为以下几个主要流动区域：

（1）位于喷嘴上方的气液两相流区，是气泡推动钢液循环的启动区。在此区内气泡、钢液（若喷粉时还有粉料）充分混合和并进行复杂的冶金反应。由于钢包喷粉或吹气搅拌的供气强度较小（远小于底吹转炉或AOD），因此可以认为，在喷口处气体的原始动量可忽略不计。当气体流量较小时（小于10L/s），气泡在喷口直接形成，以较稳定的频率（10个/s）脱离喷口而上浮；当气体流量较大时（约100L/s），在喷口前形成较大的气泡或气袋。实验观察指出，这些体积较大的气泡或气袋，在流体力学上是不稳定的。在金属中，必定在喷口上方不远处破裂而形成大片气泡。Sano等人测量了氮气喷入水银中气泡上升时的尺寸分布，指出气泡在喷口上方12cm范围内形成。在液体中能稳定存在的、理论上最大尺寸d_{max}与液体的表面张力σ和密度ρ存在如下的比例关系：

$$d_{max} \propto \sqrt{\frac{\sigma}{\rho}} \tag{3-2}$$

因此可以认为，在喷口附近形成的气泡很快变成大小不等的蘑菇状气泡以一定的速度上浮，同时带动该区钢液的向上流动，故该区的气相分率是不大的。

在该区内尺寸不同的气泡大致按直线方向上浮。大气泡产生的紊流将小气泡推向一侧，且上浮过程中气泡体积不断增大。这样，流股尺寸不断加大，气泡的作用向外缘扩大，所以该区呈上大下小的喇叭形。每一个气泡依浮力的大小有力作用于钢液上，使得该区的钢液随气泡向上流动，从而推动了整个钢包内钢液的运动。

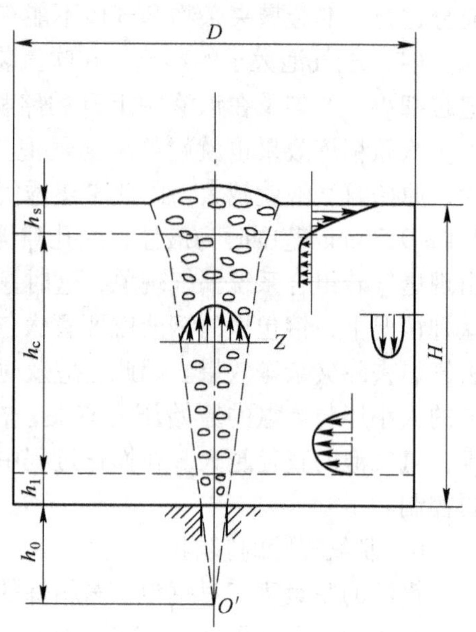

图3-2　钢包底部吹气时钢包内钢液运动的示意图

（2）顶部水平流区。气液流股上升至顶面以后，气体溢出而钢液在重力的作用下形成水平流，向四周散开。成放射形流散向四周的钢液与钢包中顶面的浮渣形成互不相溶的两相液层，渣层与钢液层之间以一定的相对速度滑动。由于渣钢界面的不断更新，使所有渣钢间的冶金反应得到加速。

该区流散向四周的钢液，在钢包高度方向的速度是不同的，图3-2给出该区速度的分布状况，与渣相接触的表面层钢液速度最大，向下径向速度逐渐减小，直到径向速度为零。

（3）钢包侧壁和下部的金属液流向气液区的回流区。水平径向流动的钢液在钢包壁附近转向下方流动，由于钢液向四周散开，且在向下流动过程中又不断受到轴向气液两相流区的力的作用，所以该区的厚度与钢包的半径相比是相当小的。图3-2给出了该区速度的径向分布。在包壁不远处，向下流速达到最大值后，随r（至钢包中心线的距离）的减小而急剧减小。沿钢包壁返回到钢包下部的钢液以及钢包中下部在气液两相流区附近的钢液，在气液两相流区抽引力的作用下，由四周向中心运动，并再次进入气液两相流区，从而完成液流的循环。

3.1.3　搅拌对混匀的影响

考虑到钢液的搅拌是外力做功的结果，所以单位时间内，输入钢液内引起钢液搅拌的能量愈大，钢液的搅拌愈剧烈。常用单位时间内，向1t钢液（或$1m^3$钢液）提供的搅拌能量作为描述搅拌特征和质量的指标，称为能量耗散速率，或称比搅拌功率，用符号$\dot{\varepsilon}$表示，单位是W/t或W/m^3。一般认为电磁搅拌器的效率是较低的，用于搅拌的能量通常不超过输入搅拌器能量的5%。

完全混匀是指成分或温度在精炼设备内处处相同，但这几乎是做不到的。一般说来，成分均匀时，温度也一定是均匀的，可以通过测量成分的均匀度来确定混匀时间。混匀时间 τ 是另一个较常用来描述搅拌特征的指示。它是这样定义的：在被搅拌的熔体中，从加入示踪剂，到它在熔体中均匀分布所需的时间。如设 C 为某一特定的测量点所测得的示踪剂浓度，按测量点与示踪剂加入点相对位置的不同，当示踪剂加入后，C 逐渐增大或减小，设 C_∞ 为完全混合后示踪剂的浓度，则当 $C/C_\infty=1$ 时，就达到了完全混合。实测发现当 C 接近 C_∞ 时，变化相当缓慢，为保证所测混匀时间的精确，规定 $0.95<C/C_\infty<1.05$ 为完全混合，即允许有 ±5% 以内的不均匀性。允许的浓度偏差范围是人为的，所以也有将允许的偏差范围标在混匀时间的符号下，如上述偏差记作 τ_5。

可以设想，熔体被搅拌得愈剧烈，混匀时间就愈短。由于大多数冶金反应速率的限制性环节都是传质，所以混匀时间与冶金反应的速率会有一定的联系。如果能把描述搅拌程度的比搅拌功率与混匀时间定量地联系起来，那么就可以比较明确地分析搅拌与冶金反应之间的关系。

不同研究人员得到的研究结果之间有很大差别，这主要是因为钢液的混匀除了受搅拌功率的影响之外，还受熔池直径、透气元件个数等因素的影响。

中西恭二总结了不同搅拌方法混匀时间（单位为 s，见图 3-3），并提出了统计规律，即

$$\tau = 800 \cdot \dot{\varepsilon}^{-0.4} \tag{3-3}$$

式（3-3）是一个喷嘴条件下的结果，多个喷嘴时，根据水模型实验，τ 与 N（喷嘴个数）的 1/3 次方成正比：

$$\tau = 800 \cdot \dot{\varepsilon}^{-0.4} N^{1/3}$$

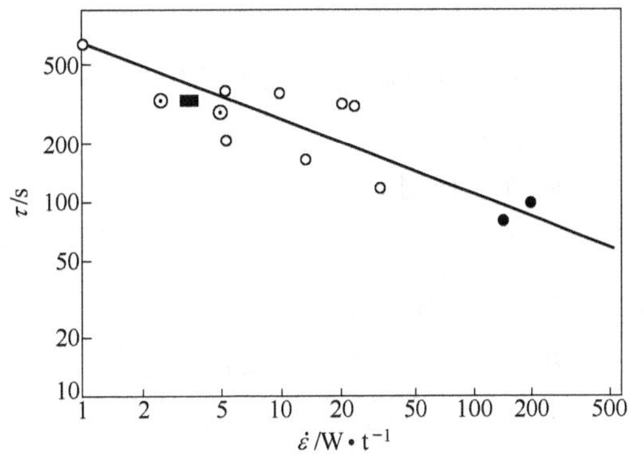

图 3-3　混匀时间 τ 与比搅拌功率 $\dot{\varepsilon}$ 之间的关系

○—50t 吹氩搅拌的钢包；●—50t SKF 钢包精炼炉；■—200t RH；⊙—65kg 吹氩搅拌的水模型

由式（3-3）可知，随着 $\dot{\varepsilon}$ 的增加，混匀时间 τ 缩短，加快了熔池中的传质过程。可以推论，所有以传质为限制性环节的冶金反应，都可以借助增加 $\dot{\varepsilon}$ 的措施而得到改善。式（3-3）中的系数会因 $\dot{\varepsilon}$ 的不同计算方法和实验条件的改变而有所变化。

由图 3-3 可以看出，一般在 1～2min 内钢液即可混匀，而对于 20min 以上的精炼时间来说，混匀时间所占的精炼时间是很短的一段。

混匀时间实质上取决于钢液的循环速度。循环流动使钢包内钢水经过多次循环达到均匀。循环流动钢液达到某种程度的均匀所需要的时间为：

$$\tau_i = \tau_c \ln\left(\frac{1}{i}\right) \tag{3-4}$$

式中　τ_c——钢液在钢包内循环一周的时间；

i——混合的不均匀程度。

当浓度的波动范围为 ±0.05 时，

$$\tau_{0.05} = 3\tau_c \tag{3-5}$$

即经过三次循环就可以达到均匀混合。

τ_c可用式（3-6）计算：

$$\tau_c = V_m/\dot{V}_Z \tag{3-6}$$

式中　V_m——钢液体积，m^3；

$\dot{V}_Z$——钢液的环流量，m^3/s。

在非真空条件下

$$\dot{V}_Z = 1.9(Z+0.8)\left[\ln\left(1+\frac{Z}{1.46}\right)\right]^{0.5} Q^{0.381} \tag{3-7}$$

式中　Z——钢液深度，m；

Q——气体流量，m^3/min。

由吹入气体与抽引的钢水量之比为抽引比（m_s）：

$$m_s = \dot{V}_Z/Q = 1.9(Z+0.8)\left[\ln\left(1+\frac{Z}{1.46}\right)\right]^{0.5} Q^{-0.619} \tag{3-8}$$

当 $Z=1.5m$ 时，$Q=0.1m^3/min$，$m_s=192$；当 $Q=0.5m^3/min$ 时，$m_s=71$；当 $Q=1.0m^3/min$ 时，$m_s=46$。

佐野等人得到式（3-9）：

$$\tau = 100\left[(D^2/H)/\dot{\varepsilon}\right]^{0.337} \tag{3-9}$$

式中　D——熔池半径；m；

H——透气元件距钢液表面的距离，m。

由式（3-9）可以看出，熔池直径太大是不易混匀的。

3.1.4　气泡泵起现象

用喷吹气体所产生的气泡来提升液体的现象称为气泡泵起现象。目前，气泡泵起现象已广泛应用于化工、热能动力、冶金等领域。气泡泵也称气力提升泵。气泡泵的原理如图3-4所示。设在不同高度的给水罐和蓄水罐由连通管连接，组成一U形连通器。在上升管底部低于给水罐处设有一气体喷入口。当无气体喷入时，U形连通器的两侧水面是平的，即两侧液面差 $h_r=0$。一旦喷入气体，气泡在上升管中上浮，使上升管中形成气液两相混合物，由于其密度小于液相密度，所以气液混合物被提升一定高度（h_r），并保持成立：

$$\rho' g(h_s + h_r) = \rho g h_s \tag{3-10}$$

式中　ρ'——气液两相混合物的密度，kg/m^3；

ρ——液相的密度，kg/m^3；

h_s——给水罐液面与气体喷入口之间的高度差，m；

g——重力加速度，$9.81m/s^2$。

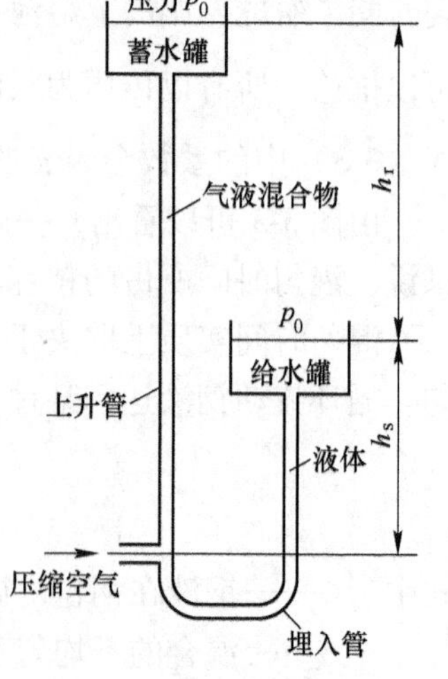

图3-4　气泡泵原理图

当气体流量大于某临界流量（称为下临界流量）时，液体将从上升管顶部流出，产生抽吸作用。上述液体被提升的现象，也可以理解为上升气泡等温膨胀所做的功，使一部分液体位能增加 Mgh_r。

目前炉外精炼中常用的钢包吹氩搅拌，实际上是变型的“气泡泵”，它在喷口上方造成了一低密度的气液混合物的提升区，推动了钢包中钢液的循环流动。

事实上，真空循环脱气法（RH 法）的循环过程具有类似于“气泡泵”的作用原理。图 3-5 是 RH 循环原理。当真空室的插入管插入钢液，启动真空泵，真空室内的压力由 P_0 降到 P_2 时，处于大气压 P_0 下的钢液将沿两支插入管上升。钢液上升的高度取决于真空室内外的压差。若以一定的压力 P_1 和流量 V_1 向一支插入管（习惯上称上升管）输入驱动气体（Ar 或其他惰性气体），因为驱动气体受热膨胀以及压力由 P_1 降到 P_2 而引起等温膨胀，即上升管内钢液与气体混合物密度降低，从而对上升管内的钢液产生向上的推力，使钢液以一定的速度向上运动喷入真空室内。为了保持平衡，一部分钢液从下降管回到钢包，就这样周而复始，实现钢液循环。实际上钢液和气体混合物克服上升过程中摩擦阻力所做的功很小，气体由室温升至钢液温度所做的膨胀功也很小，均可忽略不计，因此可得：

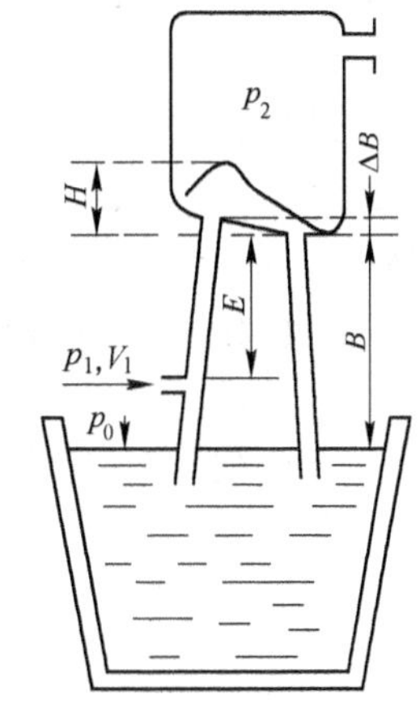

图 3-5 RH 循环原理示意图

$$MgH = P_1 V_1 \ln P_1 / P_2 \tag{3-11}$$

式中 M——被提升钢液的质量，当吹入气体使用体积流量时，M 则为 RH 的循环流量；
g——重力加速度；
H——钢液被提升的高度；
P_1——驱动气体的压力；
V_1——在 P_1 压力下，驱动气体的体积；
P_2——真空室内的工作压力。

若 M 规定为循环流量，Q 为 P_1 压力下吹入气体的体积流量，则式（3-11）可改写为：

$$M = \left(\frac{p_1}{gH}\right) Q \ln\left(\frac{p_1}{p_2}\right) \tag{3-12}$$

因为 $P_1 = P_2 + \rho g E$，而 $P_2 \ll \rho g E$，所以可得：

$$M = \frac{E}{H} \rho Q \ln \frac{p_1}{p_2} \tag{3-13}$$

式中 ρ——钢液的密度；
E——驱动气体的进入高度（见图 3-5）。

Pickert 用水力学模型研究了不同 E/H 条件下，提升的水量（M）与驱动气体量（V）之间的关系。结果如图 3-6 所示。由图可见，在一定的 E/H 条件下，随吹入气量增加而增加的提升水量有一极限值。达到此极限值后，再增大吹入气量，提升水量基本维持不变。但是，如果提高 E/H 比值，相同的吹入气体量所提升的水量将随之增大。气泡泵的这种特性表明，为了用较少的吹入气体量获得足够大的提升钢水量，应该提高 E/H 比值。实际上，通过降低驱动气体进气管的位置可获得此效果。

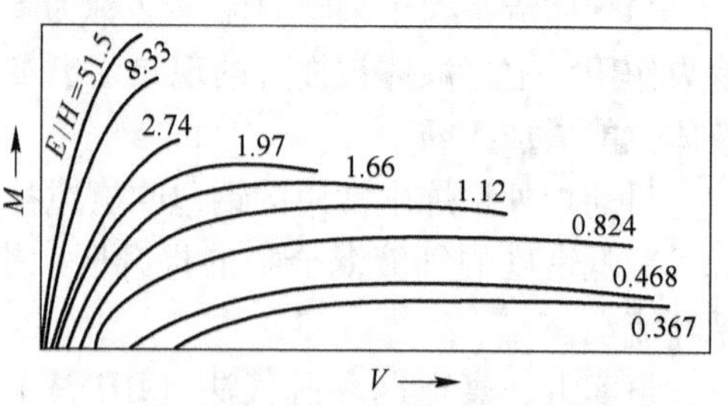

图3-6　"气泡泵"的特性曲线

钢液在进入真空室后，钢液内的气体迅速逸出脱气，钢液沉积在真空室底部形成一定深度 ΔB 的熔池。ΔB 的大小决定了钢液流出下降管的速度。较大的流出速度有利于钢包中钢液的混合，从而可以加速脱气过程。钢液流出速度不是很大时，流出速度与真空室底部钢液的深度的关系可表示为：

$$u = \sqrt{2g\Delta B} \tag{3-14}$$

式中　u——钢液流出下降管时的线速度。

任务3.2　加　　热

钢包精炼炉需要加热功能的原因是：(1) 钢液从初炼炉到精炼炉过程钢液产生温降；(2) 熔化造渣材料和合金材料需要热量；(3) 真空脱气时的温降和吹氩搅拌时氩气吸热；(4) 需要保证足够充裕的精炼时间和钢液温度；(5) 需要保证钢液具有合适的浇注温度。

在炉外精炼过程中，若无加热措施，则钢液不可避免地会逐渐冷却。影响冷却速率的因素有钢包的容量（即钢液量）、钢液面上熔渣覆盖的情况、添加材料的种类和数量、搅拌的方法和强度，以及钢包的结构（包壁的导热性能，钢包是否有盖）和使用前的烘烤温度，等等。在生产条件下，可以采取一些措施以减少热损失，但是如没有加热装置，要使钢包中的钢液不降温是不可能的。

无加热手段的炉外精炼装置精炼过程中钢液的降温常用两种办法来解决：一种是提高出钢温度，另一种是缩短炉外精炼时间。但是，这两种办法都不理想。虽然氧气转炉和电弧炉可以在一定范围内提高出钢温度，但是它受到炉体耐火材料和钢质量的限制，同时还会降低某些技术经济指标；而缩短炉外精炼时间，使一些精炼任务不能充分完成。因此，目前在设计新的炉外精炼装置时，都考虑采用加热手段。

至今，选用各种不同加热手段的炉外精炼方法有 SKF、LF、LFV、VAD、CAS-OB 等。所用的加热方法主要是电弧加热，以及后来发展起来的化学加热，即所谓化学热法。在加热钢水时，必须同时进行吹氩搅拌，使在钢包内的钢液进行良好的循环流动，确保钢包内的钢液温度均匀。

为了完成钢液精炼作业，使钢液精炼项目多样化，增强对精炼不同钢种的适应性及灵活性，使精炼前后工序之间的配合能起到保障和缓冲作用，以及能精确控制浇注温度，要求精炼装置的精炼时间不再受到钢液温降的限制。炉外精炼装置加热手段有以下几种。

3.2.1　燃烧燃料加热

利用矿物燃料，例如较常用的煤气、天然气、重油等，以燃烧发热作为热源，有其独特的优点。如设备简单，很容易与冶炼车间现有设备配套使用；投资省、技术成熟；运作费用较低。但是，燃料燃烧加热也存在以下方面的不足：

（1）由于燃烧加热的火焰是氧化性的，而炉外精炼时总是希望钢液处在还原性气氛下，这样钢液加热时，必然会使钢液和覆盖在钢液面上的精炼渣的氧势提高，不利于脱硫、脱氧精炼反应的进行。

（2）用氧化性火焰预热真空室或钢包炉时，会使其内衬耐火材料处于氧化、还原反复交替作用，从而使内衬的寿命降低。

（3）真空室或钢包炉内衬上不可避免会粘上一些残钢，当使用氧化性火焰预热时，这些残钢的表面会被氧化，而在下一炉精炼时，这些被氧化的残钢就成为被精炼钢液二次氧化的来源之一。

（4）火焰中的水蒸气分压将会高于正常情况下的水蒸气分压，特别是燃烧含有碳氢化合物的燃料时，这样将增大被精炼钢液增氢的可能性。

（5）燃料燃烧之后的大量烟气（燃烧产物），使得这种加热方法不便于与其他精炼手段（特别是真空）配合使用。

尽管这种加热方法有上述种种不足，但是由于它简便、廉价，人们还是利用它来直接加热被精炼的钢液。瑞典一家钢厂首先在工业生产上推出了钢包内钢液的氧-燃加热法。图3-7所示为装有氧-燃烧嘴的钢包炉实例。在炉外精炼的整个过程中某些工序也应用了这种加热，如真空室或钢包炉的预热烘烤。

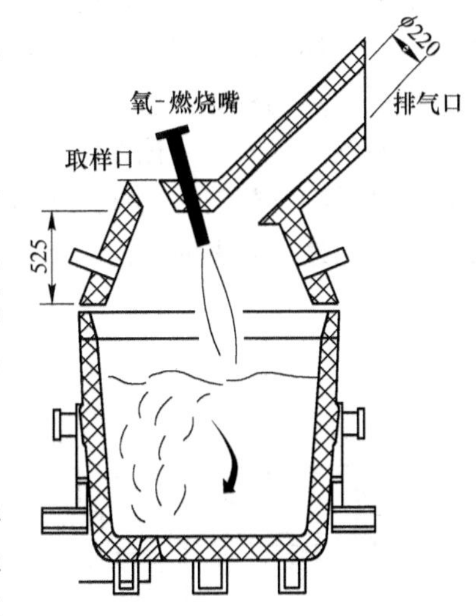

图3-7 装有氧-燃烧嘴的钢包炉

燃料油与纯氧发生燃烧反应时，所获得的火焰温度，其理论最高值可达3023K（2750℃），实际火焰温度可达2773K，而被加热的钢液一般是1873K左右。这个温差可以使火焰与钢液之间实现有效的热传递。当用两支功率各为5MW的氧-燃烧嘴加热50t的钢液时，平均升温速度可达1.0℃/min，而平均热效率可达35%。与电弧加热一样，加热速度是随时间递增的。在加热初期，由于钢包系统相对较冷，要吸收较多的热量，所以钢液升温速度较慢。加热一定时间之后，钢包系统的吸热逐渐减少而使加热速度加快。按应用厂的经验，当加热12min后，热效率可提高到45%以上，与电弧加热的热效率大致相等。这种加热方法对普碳钢的钢质量尚未发现有太大的危害。试验研究了硅的氧化损失，发现含硅量为0.20%～0.30%的钢，加热8～15min后，硅的氧化损失约为0.5%，这与大气下电弧加热时相当。

这种加热方法的基建和设备投资只有电弧加热的1/6，运行费用也低，只有电弧加热的1/2。

3.2.2 电阻加热

利用石墨电阻棒作为发热元件，通以电流，靠石墨棒的电阻热来加热钢液或精炼容器的内衬。DH法及少部分的RH法就是采用这种加热方法。石墨电阻棒通常水平地安置在真空室的上方，由一套专用的供电系统供电。

电阻加热的加热效率较低，这是因为这种加热方法是靠辐射传热。DH法使用电阻加热后，可减缓或阻止精炼过程中钢液的降温，希望通过这种加热方法能获得有实用价值的提温速率是极为困难的。在炉外精炼方法中，应用电阻加热已有 40 多年的历史。这种加热方法基本上没有得到发展和推广，没有竞争力。

3.2.3　电弧加热

图 3-8 所示为钢包电弧加热站示意图。在钢包盖上有 3 个电极孔、添加合金孔、废气排放孔、取样和测温孔，如果有必要，还需装设喷枪孔。它由专用的三相变压器供电。整套供电系统、控制系统、检测和保护系统，以及燃弧的方式与一般的电弧炉相同，所不同的是配用的变压器单位容量（平均每吨被精炼钢液的变压器容量）较小，二次电压分级较多，电极直径较细，电流密度大，对电极的质量要求高。

通常，钢包内的钢水用合成脱硫渣覆盖。加热时将电极降到钢包内，给电加热，同时进行气体搅拌（或电磁搅拌）。在再次加热过程中，加入调整成分用的脱氧剂和合金。

电弧加热的精炼方法，如 LF、VAD、ASEA-SKF 等，加热时间应尽量缩短，以减少钢液二次吸气的时间。应该在耐火材料允许的情况下，使精炼具有最大的升温速度。表 3-1 给出三种具有加热装置的精炼炉升温速度的数据。图 3-9 为典型的钢包加热器的时间-温度曲线。加热速度随着时间的增加而逐渐增加。

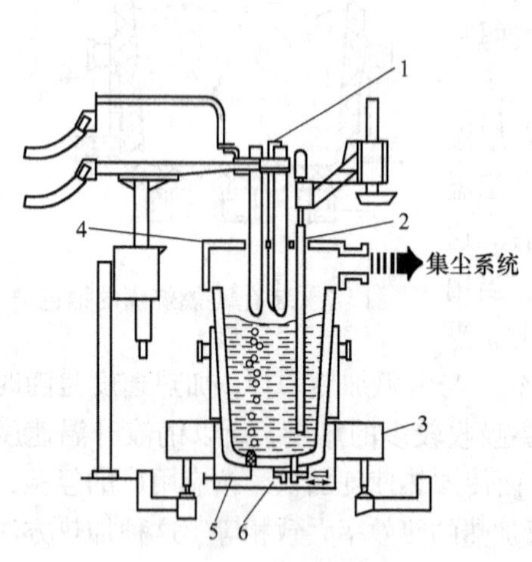

图 3-8　带有喷枪和氩气搅拌的钢包电弧加热设备

1—电极；2—喷枪；3—钢包车；4—钢包盖；5—氩气管；6—滑动水口

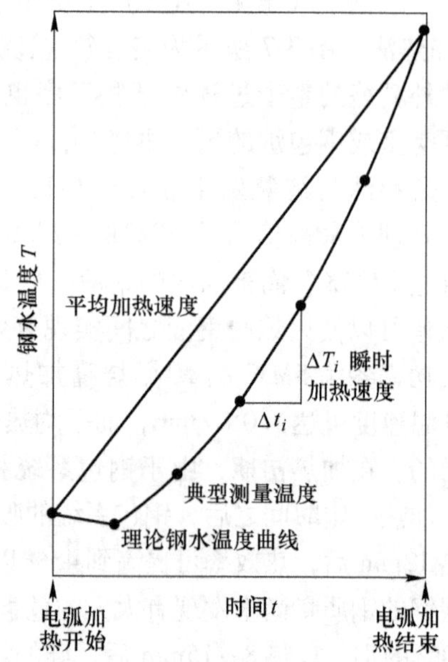

图 3-9　在电弧加热过程中的时间-温度关系

表 3-1　几种电弧加热的精炼炉的升温速度

精炼炉类型	ASEA-SKF	VAD	LF
升温速度/℃ · min	2.5 ~ 3.5（50t） 2 ~ 4（一般）	3 ~ 4（30t） 0.9 ~ 8 （抚钢 30t/60tVAD 的设计升温速度）	2.5 ~ 4（55t） 3 ~ 5 （国内 70 ~ 120t）

在每次加热过程中，钢液的升温速度不是恒定的，开始时由于钢包炉炉壁吸热快，钢液升温速度比较小。提高加热前期的升温速度不能依靠增大变压器的输出功率来达到，这是因为炉壁的烧损系数 R_E 与电弧功率 P_h 存在以下关系：

$$R_E = \frac{P_h \cdot U_h}{a^2} \tag{3-15}$$

式中 P_h—— 一相的电弧功率，MW；

U_h——该相的电弧电压，V；

a——电弧与炉壁间的距离，m。

有学者认为 R_E 的安全值大约为 450MW · V/ m^2，超过该值，炉衬将急剧损坏。通常用埋弧电极加热使钢包炉耐火材料的磨损减至最小，并最有效地回收利用热量。为提高加热前期的升温速度，应该加强钢包炉的烘烤，提高烘烤温度，保证初炼炉在正常的温度范围内出钢，减少钢液在运输途中的降温等。这些措施对于提高加热前期钢液的升温速度是有效的，也是经济的。

加热功率可用下列经验公式（3-16）估算，然后用钢包炉的热平衡计算与实测的钢液升温速度来校验：

$$W' = C_m \cdot \Delta t + S \cdot W_s + A \cdot W_A \tag{3-16}$$

式中 W'——精炼 1t 钢液，理论上所需补偿的能量，kW · h/t；

C_m——每吨钢液升温 1℃所需要的能量，kW · h/(t · ℃)；

Δt——钢液的温升，按精炼工艺的要求确定，一般为 50 ~ 80℃；

S——渣量，造渣材料的用量与钢液总量的百分比，通常为 1.5%；

W_s——熔化 10kg 渣料和过热到钢液温度所需的能量，一般 W_s = 5.8kW · h/(1% · t)；

A——合金料的加入量占钢液总量的百分比，%，通常为 1%；

W_A——熔化 10kg 合金料和过热到钢液温度所需的能量，一般取 W_A = 7kW · h/(1% · t)。

精炼炉的热效率 η 一般为 30% ~45%。因此，实际需要的能量为：

$$W = \frac{w'}{\eta} \tag{3-17}$$

选取加热变压器容量时，还应考虑到电效率。所配变压器的额定单位容量一般是 120kV · A/t 左右。

精炼炉冶炼过程温度控制的原则如下：

(1) 初期：以造渣为主，宜采用低级电压，中档电流加热至电弧稳定。

(2) 升温：采用较高电压，较大电流。

(3) 保温：采用低级电压，中小电流。

(4) 降温：停电，吹氩。

利用钢包加热站有许多益处，如钢水可以在较低的温度下出钢，从而节省炉子的耐火材料和钢水在炉内的加热时间，并且可以更精确地控制钢水温度、化学成分和脱氧操作；由于使用流态化合成渣和延长钢水与炉渣的混合时间，可额外从钢水中多脱硫。此外，还可把钢包加热站作为炼钢炉操作和连铸机运转之间的一个缓冲器来加以使用。由于钢水的精炼是在钢包内进行而不是在炼钢炉内进行的，因此可以提高生产率。

尽管目前有加热手段的炉外精炼装置大多采用电弧加热，但是电弧加热并不是一种最理想的加热方式。对电极的性能要求太高，电弧距钢包炉内衬的距离太近，包衬寿命短，常压下电弧加热时促进钢液吸气等，都是电弧加热法难以彻底解决的问题。

3.2.4 化学热法

化学热法的基本原理是：利用氧枪吹入氧气，与加入钢中的发热剂发生氧化反应，产生化学热，通过辐射、传导、对流传给钢水，借助氩气搅拌将热传向钢水深部。

一般在化学加热法中多采用顶吹氧枪，常见吹氧枪为消耗型，用双层不锈钢管组成。外衬高铝耐火材料（$w(Al_2O_3) \geq 90\%$），套管间隙一般为2～3mm，外管通以氩气冷却，氩气量大约占氧量的10%左右。氧枪的烧损速度大约为50mm/次，寿命为20～30次。

发热剂主要有两大类，一类是金属发热剂，如铝、硅、锰等；另一类是合金发热剂，如Si-Fe、Si-Al、Si-Ba-Ca、Si-Ca等。铝、硅是首选的发热剂。发热剂的加入方式，一般采用一次加入或分批加入；连续加入。连续加入方式优于其他方式。

钢液的铝-氧加热法（AOH）是化学热法的一种，它是利用喷枪吹氧使钢中的溶解铝氧化放出大量的化学热，从而使钢液迅速升温。该法具有很多优点：由于吹氧时喷枪浸在钢水中，很少产生烟气；由于氧气全部与钢水直接接触，可以准确地预测升温结果；对钢包寿命没有影响；能获得高洁净度的钢水。类似的方法还有CAS-OB和RH-OB等。这类加热方法的工艺安排主要由以下三个方面组成：

（1）向钢液中加入足够数量的铝，并保证全部溶解于钢中，或呈液态浮在钢液面上。加铝方法可通过喂线，特别是喂薄钢皮包裹的铝线。通过控制喂线机，可以定时、定量加入所需的铝量。CAS-OB法是通过浸渍罩上方的加料口加入块状铝的。

（2）向钢液吹入足够数量的氧气。伯利恒钢公司取得专利的AOH法是使用耐火陶瓷制成的多孔喷枪插入钢液熔池中，向钢液供氧。可根据需要定量地控制氧枪插入深度和供氧量，使吹入的氧气全部直接与钢液接触，氧气利用率高，产生的烟尘少，由此可准确预测铝的氧化量和升温的结果。CAS-OB供氧是由氧枪插入浸入罩内向钢液面顶吹氧。由于浸入罩内钢液面上基本无渣，而且加入的铝块迅速熔化浮在钢液面上，所以吹入的氧气仍有较高的利用率。RH-OB供氧采用双重套管喷嘴，埋在真空室底部侧墙上，喷嘴通氩气保护。

（3）钢液的搅拌是均匀熔池温度和成分、促进氧化产物排出必不可少的措施。因为吹入的氧气不足以满足对熔池搅拌的要求，所以采用吹氩搅拌。CAS-OB在处理全程一直进行底吹氩。

吹氧期间，铝首先被氧化，但是随着喷枪口周围局部区域中铝的减少，钢中的硅、锰等其他元素也会被氧化。硅、锰、铁等元素的氧化物会与钢中剩余的铝进行反应，大多数氧化物会被还原；未被还原的氧化物一部分变成烟尘，另一部分留在渣中。这种加热方法的氧气利用率很高，几乎全部氧都直接或间接地与铝作用，通常可较为准确预测钢中铝含量的控制情况。不过当高氧化性的转炉渣进入钢包过多时，会增加铝的损失和残铝量的波动。吹氧前后，钢中碳含量的变化不大，对高碳钢（例如$w[C]=0.8\%$），碳的损失也不超过0.01%。当钢中硅含量较高时，钢中锰的烧损不大。钢中硅的减少约为硅含量的

10%左右。钢种中磷含量平均增加0.001%，这是加铝量大，使渣中（P_2O_5）被还原所致。钢中硫含量平均增加0.001%，这是因为吹氧期间，提高了钢和渣的氧势，从而促进硫由渣进入钢中。加热期间氮含量的变化范围为 -0.0015% ~ +0.0013%。由于钢中硅的氧化，使熔渣的碱度降低。钢中锰的氧化，使熔渣的氧势增加。这些都能导致钢液纯净度的下降，所以在操作过程中，应创造条件促进铝的氧化，抑制硅和锰的氧化。为此，要求有一定强度的钢液搅拌，即存在着一个最小的吹氩强度，顶吹氧气流股对钢液的穿透深度越大，越能促进钢中铝的氧化。

一般采用铝-氧加热法。加热一炉260t钢水时，如果升温速度为5.6℃/min，那么升温5.6℃需要68kg的铝和48.14m^3的氧气，热效率为60%。

3.2.5　其他加热方法

可以加热精炼钢液的其他方法还有直流电弧加热、电渣加热、感应加热、等离子弧加热、电子轰击加热等。这些加热方法在技术上都是成熟的，移植到精炼炉上并与其他精炼手段相配合，也不会出现难以克服的困难。但是，这些加热方法会在不同程度上使设备复杂化，增加投资。其中研究较多、已处于工业性试验中的有直流钢包炉、感应加热钢包炉和等离子弧加热钢包炉。

直流电弧加热应用于钢包炉，将会因炉衬与电弧之间的距离加大而使炉衬寿命提高。因熔池的深度方向通过工作电流，所以升温速度可能高于同功率的三相电弧加热，因此可以提高热效率、降低能耗。但其底电极的结构和寿命是一个技术难点。世界上第一台直流钢包炉（15t）已于1986年投产。

1986年，在瑞典和美国各有一台感应加热的精炼装置投产。这种加热方式可控性优于电弧加热，还可避免电弧加热时出现的增碳和增氮（在大气中加热时）现象。

等离子弧加热钢液热效率高、升温速度快，枪的结构较复杂、技术要求高。美国的两家公司已在两座大容量（100~200t）的钢包炉中应用了这种加热方法。

3.2.6　精炼加热工艺的选择

表3-2给出了不同精炼工艺热补偿技术的比较。正确选择精炼加热工艺，应结合工厂的实际情况（钢包大小、初炼炉特点、生产节奏和钢种要求等），重点考虑以下4个因素。

表3-2　不同精炼工艺热补偿技术的比较

精炼设备	加热原理	加热功率 /kW·t^{-1}	升温速度 /℃·min^{-1}	控温精度 /℃	升温幅度 /℃	热效率 /%	元素的烧损量
LF	电弧加热	130~180	3~4	±5	40~60	25~50	加热15min，增碳0.0001%~0.00015%，增氮小于0.0004%，增氢小于0.0001%，回磷0.0005%~0.005%，Al烧损0.005%，Si烧损0.02%
CAS-OB	铝氧化升温	120~150	5~13	±5	15~20	50~76	C烧损0.02%，Mn烧损0.032%，Fe烧损0.019%；钢中Al_2O_3夹杂增加

续表 3-2

精炼设备	加热原理	加热功率 /kW·t^{-1}	升温速度 /℃·min^{-1}	控温精度 /℃	升温幅度 /℃	热效率 /%	元素的烧损量
AOD	脱碳升温		7~17.5	±10			C、Si、Mn、Fe、Cr大量烧损
VOD	脱碳升温	69~74	0.7~1.0	±5	70~80	23	C烧损0.53%、Si烧损0.15%、Mn烧损0.5%、Fe和Cr各烧损0.1%
RH-KTB	脱碳二次燃烧(还可以加铝升温)	94.6	2.5~4	±5	15~26	80	C烧损0.03%，当$w[Al]\geqslant 0.05\%$时，C、Si、Mn基本不烧损；当$w[Al]\leqslant 0.01\%$时，元素烧损严重。钢中Al_2O_3略有增加
RH-OB	铝氧化升温		3~4	±5	40~100	68~73	

（1）加热功率，即能量投入密度$\dot{\varepsilon}$(kW/t)。一般来说，$\dot{\varepsilon}$越大升温越快，加热效果越好。但由于钢包耐火材料熔损指数、吹炼强度、排气量和脱碳量的限制，$\dot{\varepsilon}$不可能很高。如何进一步提高加热功率是值得进一步研究的课题。

（2）升温幅度越大，精炼越灵活。通常，脱碳加热的升温幅度受脱碳量的限制，不可能很大。对于电弧加热，由于炉衬的熔损，一般限制加热时间不大于15min，升温幅度在40~60℃之间。

（3）从降低成本出发，化学加热法的升温幅度不宜过大。

（4）对钢水质量的影响应越小越好。

任务3.3 真 空

真空是炉外精炼中广泛应用的一种手段。目前采用的40余种炉外精炼方法中，将近2/3配有抽真空装置。随着真空技术的发展，真空设备的完善和抽空能力的扩大，在炼钢中应用真空将越来越普遍。

使用真空处理的目的包括：脱除氢和氧，并将氮气含量降至较低范围；去除非金属夹杂物，改善钢水的清洁度；生产超低碳钢（超低碳钢的碳含量没有一个公认的严格标准，近年来认为$w[C]<0.015\%$、甚至$w[C]<0.005\%$的钢种为超低碳钢）；使一种元素比其他元素优先氧化（如碳优先于铬）；化学加热；控制浇注温度等。

真空对以下冶金反应产生影响：气体在钢液中的溶解和析出；用碳脱氧；脱碳反应；钢液或溶解在钢液中的碳与炉衬的作用；合金元素的挥发；金属夹杂及非金属夹杂的挥发去除。由于具备真空手段的各种炉外精炼方法，其工作压力均大于50Pa，所以炉外精炼所应用的真空只对脱气、碳脱氧、脱碳等反应产生较为明显的影响。

3.3.1 真空技术概述

3.3.1.1 真空及其度量

A 真空

在工程应用上，真空是指在给定的空间内，气体分子的密度低于该地区大气压的气体分子密度的状态。要获得真空状态，只有靠真空泵对某一给定容器抽真空才能实现。

目前所能获得的真空状态，从标准大气压向下延伸达到 19 个数量级。随着真空获得和测量技术的进步，其范围的下限还会不断下降。

为了方便起见，人们通常把低于大气压的整个真空范围划分成几段。划分的依据主要为：真空的物理特性，真空应用以及真空泵和真空计的使用范围等。随着真空技术的进步，划分的区间也在变化。真空区域的划分国际上通常采用如下方法：

粗真空　　$<(760\sim1)\times133.3$Pa

中真空　　$<(1\sim10^{-3})\times133.3$Pa

高真空　　$<(10^{-3}\sim10^{-7})\times133.3$Pa

超高真空　　$<10^{-7}\times133.3$Pa

处于真空状态下的气体的稀薄程度称为真空度，通常用气体的压强来表示。压强值的单位很多，国际单位制中压强的基本单位是 Pa（帕），即 $1m^2$ 面积上作用 1N 的力。

真空系统是真空炉外精炼设备的重要组成部分。目前真空精炼的主要目的是脱氢、脱氮、真空碳脱氧和真空氧脱碳。对于真空处理工序来说，必须尽快达到真空精炼所需真空度，在尽可能短的时间内完成精炼操作。这与真空设备的正确选择及组合关系密切。

精炼炉内的真空度主要是根据钢液脱氢的要求来确定。通常钢液产生白点时的氢含量是大于 0.0002% 的，而将氢脱至 0.0002% 的氢分压是 100Pa 左右。若处理钢液时氢占放出气体的 40%（未脱氧钢的该比例要小得多），折算成真空室压力约为 700Pa，但从真空碳脱氧的角度来说，高的真空度更为有利。因此，目前炉外精炼设备的工作真空度可以在几十帕，而其极限真空度应该具有达到 20Pa 左右的能力。

B　真空度的测量

真空计是测量真空度的仪器。它的种类很多，根据与真空度有关的物理量直接计算出压强值的真空计称为绝对真空计，如 U 形管和麦氏真空计；通过与真空度有关的物理量间接测量，不能直接计算出压强值的称为相对真空计，如热传导真空计、电离真空计。

真空计要求有较宽的测量范围和较高的测试精度，但两者之间往往有矛盾，各种真空计在某一精度范围内有相应的测量压强范围。就钢液真空处理来说，属于低真空区域，一般使用 U 形管和压缩式真空计来测量。各种真空计测量范围见表 3-3。

表 3-3　各种真空计测量范围

真空计名称	测量范围/Pa	真空计名称	测量范围/Pa
水银压力计	$(760\sim1)\times133.3$	隔膜真空计	$(10\sim10^{-4})\times133.3$
油压力计	$(20\sim10^{-2})\times133.3$	电阻真空计	$(100\sim10^{-4})\times133.3$
麦氏计	$(0\sim10^{-5})\times133.3$	热偶真空计	$(1\sim10^{-3})\times133.3$
单簧管真空计	$(760\sim10)\times133.3$		

3.3.1.2　真空泵

控制真空度的关键是选择合适的真空泵。真空泵基本上可以分为两大类，即气体输送泵和气体收集式泵。气体输送泵又分为机械泵和流体传输泵，气体收集式泵又可以分为冷凝泵和吸附泵。不同的真空泵有不同的使用范围。

选择合适真空泵的一种简便有效的方法，是参照国内外有关设备进行真空泵选型。实际上，钢水中的含气量、脱氧量及脱碳量的差别是很大的，而真空系统所配置的精炼炉的工作状态也可能有很大差别，真正准确的计算是没有的。目前真空精炼系统所采用的真空泵一般是蒸汽喷射泵。

A　真空泵的主要性能

真空泵的主要性能包括：

（1）极限真空：真空泵在给定条件下，经充分抽气后所能达到的稳定的最低压强。

（2）抽气速度：在一定温度和压强下，单位时间内真空泵从吸气口截面积抽除的气体容积（L/s）。

（3）抽气量：在一定温度下，单位时间内泵从吸气口（截面）抽除的气体量。因为气体的流量与压强和体积有关，所以用“压强×容积/时间”来表示抽气量单位，即 $Pa \cdot m^3/s$。

（4）最大反压强：在一定的负荷下运转时，其出口反压强升高到某一定值时，泵会失去正常的抽气能力，该反压强称为最大反压强。

（5）启动压强：泵能够开启工作时的压强。

对于真空精炼来说，选用泵的抽气能力时应考虑两方面的要求；其一，要求真空泵在规定时间内（通常 3～5min）将系统的压力降低到规定的要求（一般为 30～70Pa，工作真空度通常设定为 67Pa），所规定的真空度根据精炼工艺确定；其二，要求真空泵有相对稳定且足够大的抽气能力，以保持规定的真空度。

B　蒸汽喷射泵的结构特点

蒸汽喷射泵是由一个至几个蒸汽喷射器组成，工作原理是用高速蒸汽形成的负压将真空室中的气体抽走，结构如图 3-10 所示。其中 P_P、G_P、W_P 分别表示工作蒸汽进入喷嘴前的压力、蒸汽流量、速度；P_H、G_H、W_H 分别表示吸入气体（一级喷射器吸入气体来自盛放钢水的真空室）进入真空室前的压力、流量、速度。蒸汽喷射泵由喷嘴、扩压器和混合室 3 个主要部分组成。

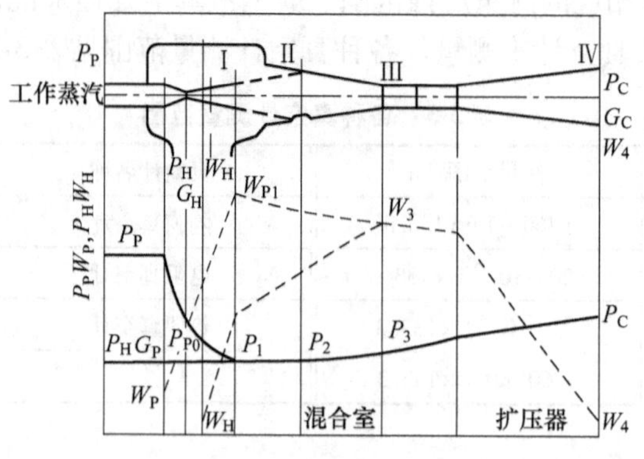

图 3-10　蒸汽喷射泵的结构

喷射泵的工作过程基本上可以分为三个阶段：第一阶段，工作蒸汽在喷嘴中膨胀；第二阶段，工作蒸汽在混合室中与被抽气体混合；第三阶段，混合气体在扩压器中被压缩。

概括地说，具有一定压力的工作蒸汽，经过拉瓦尔喷嘴在其喉口（F_0）达到声速，在喷嘴的渐扩口膨胀；压力继续降低，速度增高。以超声速度喷出断面（F_1），并进入混合室的渐缩部分。根据物体冲击时的动量守恒定律，工作蒸汽与被抽气体进行动量交换，其速度与压力的关系可用式（3-18）表示：

$$G_P W_P + G_H W_H = (G_P + G_H) W_3 \tag{3-18}$$

在动量交换过程中，两种气体进行混合，混合气流在混合室的喉部（F_3）达到临界速度（W_3），继而由于扩压器的渐扩部分的截面积逐渐增大速度降低，压力升高，即被压缩到设计的出口压力 P_C。

C 蒸汽喷射泵的优点

蒸汽喷射泵的工作压强范围为 1.33Pa ~ 0.1MPa，不能在全部真空范围内发挥作用。它抽吸水蒸气及其他可凝性气体时有突出的优点。蒸汽喷射泵具有下列优点：

（1）在处理钢液的真空度下具有大的抽气能力。

（2）适于抽出含尘气体，这一点对于钢液处理特别重要。

（3）构造简单，无运动部件，容易维护。喷嘴、扩压器及混合室均无可动部分，不必像机械真空泵那样需要考虑润滑的问题。与其他同容量的真空泵相比，重量和安装面积都小。

（4）设备费用低廉。

（5）操作简单。打开冷却水及蒸汽的管路上阀门能立即开始工作。

D 蒸汽喷射泵的压缩比和级数

蒸汽喷射泵的排除压力和吸入压力的比值（即 P_C/P_H）称为压缩比，定义为β。一级蒸汽喷射泵的压缩比只能达到一定的限度，多级蒸汽喷射泵最后一级的排出压力应稍高于大气压。每级的β与总压缩比（ξ）以及压缩级数（n）之间的关系为：

$$\beta = \sqrt[n]{\xi} \tag{3-19}$$

压缩比和吸入气体量成反比，考虑到经济效果，一般认为一级蒸汽喷射泵的压缩比取 3 ~ 12 之间比较适宜。当然，具体数值随不同进口压力而不同，当需要更大的压缩比时，要串联两个以上的蒸汽喷射泵，图 3-11 为带中间冷凝器的四级蒸汽喷射器。蒸汽与被抽气体（炉气）成为混合气体进入扩压器后（如图 3-11 中的第二级泵位），减速增压，并进入冷凝器内，在冷却水的喷淋冷却作用下，高温状态的水蒸气与冷却水进行热交换，水蒸气被冷却水冷凝成为冷凝水，并随冷却水一起由冷却器底部的下水口流至水封池内（水池应保持在高水位，并处于少量溢流的状

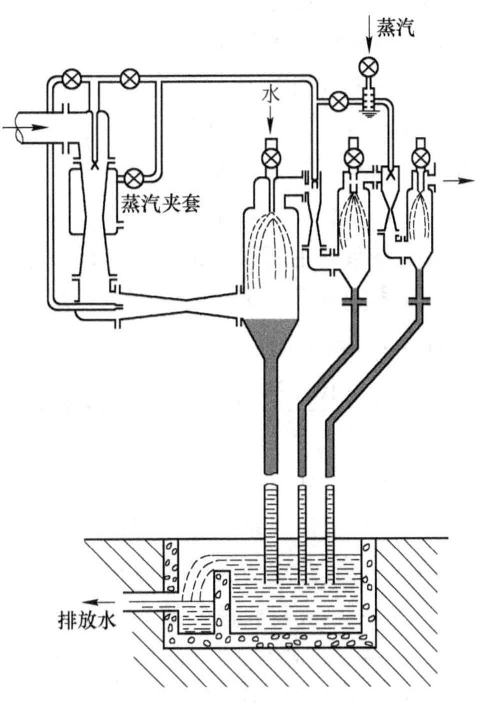

图 3-11 带中间冷凝器的四级蒸汽喷射泵

态），而被抽炉气则由冷凝器上方的出口排至下一级喷射泵或大气中。表3-4表示给定的工作压强与极限压强所必需的蒸汽喷射泵的级数。

表3-4　给定的工作压强或极限压强所必需的蒸汽喷射泵级数

蒸汽喷射泵级数	工作压强/Pa	极限压强/Pa	蒸汽喷射泵级数	工作压强/Pa	极限压强/Pa
6	0.67～13	0.26	3	400～4000	200
5	6.7～133	2.6	2	2670～26700	1330
4	67～670	26	1	13300～100000	1330

从前级喷射泵喷出的气体，不仅有被抽气体，而且含有工作蒸汽，因此下级喷射泵的工作负荷比前级增加，蒸汽耗量也增加。当某一级喷射泵排出的压强比水蒸气的饱和蒸气压高时，就会凝结成一部分水，这些凝结水与冷却水接触，使部分水蒸气被冷却水带走，从而降低了下一级喷射泵的负荷，这就降低了蒸汽的消耗量。为了这种目的采用的水蒸气水冷系统称为冷凝器。直接接触式气压冷凝器是蒸汽喷射泵广泛采用的冷却器。冷却水量的大小及温度对泵的操作具有很大影响。水量、水温低会大大降低蒸汽消耗量。

真空泵应使用过热10～20℃的蒸汽，较低温度的湿蒸汽容易引起喷射器的腐蚀、堵塞。

E　喷射泵的维护

抽气能力很大的增压喷射泵，特别是靠近真空室的1号、2号增压喷射泵，由于急剧绝热膨胀，泵体的扩散部分会有冻结现象，使增压泵的性能变坏，要采取保温措施。

由于从钢水中产生的气体含有SO_2等，容易腐蚀排气系统的管网，喷射泵和冷凝器的内壁必须采取防腐措施。

真空系统的漏气量指该系统处于真空工作状态时，从大气一侧向真空系统漏入的空气量，单位为L/s或kg/h。真空泵系统的检漏是蒸汽喷射泵现场调试和维护以及定检以后测试的主要内容，泄漏量的大小显示了真空泵系统设备状况的好坏。检漏有两个目的：寻找泄漏点和确定漏气量。在实际生产中，寻找漏气点是一个麻烦费时的工作。

F　工艺参数的确定

真空泵系统由两部分组成：启动真空泵和工作真空泵。

启动真空泵是在规定的时间内将真空室内压力降低到所需值。因此启动泵的抽气能力（S，kg/h）为：

$$S = \left(\frac{101.3 - p_1}{101.3}V_1 + \alpha V_2\right) \times 1.293 \times \frac{60}{t} \times \frac{1}{0.95} = \frac{82}{t}\left(\frac{101.3 - p_1}{101.3}V_1 + \alpha V_2\right) \quad (3\text{-}20)$$

式中　p_1——启动泵应抽到的压力，kPa；

V_1——被抽空系数总容积，m^3；

V_2——真空室耐火材料体积，m^3；

α——耐火材料放气量，m^3/m^3；

t——达到预定真空度所需的时间，min；

101.3——大气压力，kPa；

1.293——空气密度，kg/m^3；

0.95——被抽空系数的漏气系数。

耐火材料放气量由两部分组成：一是耐火材料所吸附的气体；二是钢水中碳与耐火材料中的氧反应而生成CO。但在较低真空度时，这两部分与真空处理时大量排出的气体量相比是很少的，所以式（3-20）可写成：

$$S=\frac{82}{t}\left(\frac{101.3-p_1}{101.3}V_1\right) \tag{3-21}$$

工作泵工作时抽去的气体包括三部分：一是钢液反应生成的气体，如氢、氮、一氧化碳等；二是钢中碳与耐火材料反应产生的气体；三是向钢液中吹入的惰性气体。这些抽气量的计算式很复杂。一般钢包中钢水内反应生成的气体呈指数减少；钢水中的碳与耐火材料的反应随真空度的提高将增强；随真空度的提高向钢包内吹入的惰性气体量将减少，以防止钢水喷溅。可以只考虑在确定的工作真空度下的抽气能力。这时，可将钢水中的碳与耐火材料反应生成的CO量和向钢液中吹入的惰性气体量看成恒定；钢水在恒定工作压力下处理时，可按式（3-22）计算抽气能力：

$$S=\frac{82}{t}\left(mC_0\eta+\frac{p_1-p_2}{101.3}V_1\right)+S_{气} \tag{3-22}$$

式中　m——被处理的钢水量，t；

C_0——钢液放气量（对于脱氧程度不同的钢水差别可能较大，大致在0.2～0.6m^3/t，未脱氧钢应取上限），m^3/t；

$S_{气}$——单位时间内输入的惰性气体或反应气体，kg/h；

p_1——起始真空度，kPa；

t——从起始真空度达到预定真空度所需的时间，min；

η——钢液放气系统，随处理的钢种、压力降范围、处理时间及实际操作经验而定。

为了适应钢水处理时的放气特点，一般设计几个特定的真空度，并根据所设定的真空度确定不同的抽气能力。

3.3.2　钢液的真空脱气

钢的真空脱气可分为3类：

（1）钢流脱气。下落中的钢流被暴露给真空，然后被收集到钢锭模、钢包或炉内。

（2）钢包脱气。钢包内钢水被暴露给真空，并用气体或电磁搅拌。

（3）循环脱气。在钢包内的钢水由大气压力压入抽空的真空室内，暴露给真空，然后流出脱气室进入钢包。

真空脱气系统的选择由许多因素决定，除真空脱气的主要目的外，还包括投资、操作费用、温度损失、处理钢水、场地限制和周转时间等。

3.3.2.1　钢液脱气的热力学

氧、氢、氮是钢中主要的气体杂质，真空的一个重要目的就是去除这些气体。但是，氧是较活泼的元素，它与氢不一样，通常不是以气体的形态被去除，而是依靠特殊的脱氧反应形成氧化物而被去除。所以在真空脱气中，主要讨论脱氢和脱氮。

氢和氮在各种状态的铁中都有一定的溶解度，溶解过程吸热（氮在 γ-Fe 中的溶解例外），故溶解度随温度的升高而增加。气态的氢和氮在纯铁液或钢液中溶解时，气体分子先被吸附在气-钢界面上，并分解成两个原子，然后这些原子被钢液吸收。因而其溶解过程可写成下列化学反应式

$$\frac{1}{2}H_2(g) \longrightarrow [H], \qquad \frac{1}{2}N_2(g) \longrightarrow [N]$$

氢和氮在铁中的溶解度 $K^{\ominus}$ 不仅随温度变化，而且与铁的晶型及状态有关。1984 年日本学术振兴学会推荐的数据为：

$$\begin{aligned} &\alpha\text{-Fe}: && \lg K_H^{\ominus} = -1418/T - 2.369, && \lg K_N^{\ominus} = -1520/T - 1.04 \\ &\gamma\text{-Fe}: && \lg K_H^{\ominus} = -1182/T - 2.369, && \lg K_N^{\ominus} = -450/T - 1.995 \\ &\delta\text{-Fe}: && \lg K_H^{\ominus} = -1418/T - 2.369, && \lg K_N^{\ominus} = -1520/T - 1.04 \\ &\text{Fe(l)}: && \lg K_H^{\ominus} = -1909/T - 1.591, && \lg K_N^{\ominus} = -518/T - 1.063 \end{aligned} \tag{3-23}$$

氢和氮在铁液中有较大的溶解度，1873K 时，$w[H] = 0.0026\%$，$w[N] = 0.044\%$。氮的溶解度比氢高一个数量级，但在铁的熔点及晶型转变温度处，溶解度有突变。

在小于 10^5Pa 的压力范围内，氢和氮在铁液（或钢液）中的溶解度都符合平方根定律，用通式表示为：

$$\frac{1}{2}X_{2(g)} = [X]$$

$$a_{[X]} = f_X w[X]_{\%} = K^{\ominus}\sqrt{p_{x2(g)}} \tag{3-24}$$

式中　$X_{2(g)}$——H_2、N_2 气体；

$a_{[X]}$——表示（氢或氮）在铁液中的活度；

f_X——气体的活度系数；

$w[X]_{\%}$——气体在铁液中的质量百分数；

$K^{\ominus}$——气体（氢或氮）在铁液中溶解的平衡常数，其数值可按式（3-23）计算；

$p_{x2(g)}$——气相中氢、氮的量纲一的分压（等于以“atm”（大气压）计算的数值）：

$$p_{x2(g)} = p'_{x2(g)}/p^{\ominus}$$

$p'_{x2(g)}$——X_2的分压，Pa；

$p^{\ominus}$——标准态压力，100kPa。

温度和压力的增加，气体的溶解度增大，其他溶解元素 j 的影响可一级近似地利用相互作用系数表示：

$$\lg f_X = \Sigma e_X^j w[j]_{\%} \tag{3-25}$$

在 1600℃第三组元对气体在铁中溶解的相互作用系数列于表 3-5。

表 3-5　j 组元对氢（或氮）在铁中溶解的相互作用系数

j	C	S	P	Mn	Si	Al	Cr	Ni	Co	V	Ti	O
e_H^j	0.06	0.008	0.011	−0.0014	0.027	0.013	−0.0022	0	0.0018	−0.0074	−0.019	−0.19
e_N^j	0.13	0.007	0.045	−0.02	0.047	−0.028	−0.047	0.011	0.011	−0.093	−0.53	0.05

钢中气体可来自于与钢液相接触的气相，所以它与气相的组成有关。氮气在空气中约占 79%，而在炉气中氮的分压力，由于 CO 等反应产物逸出，稍低于正常空气，在 0.77 ×

$10^5 \sim 0.79 \times 10^5$Pa 之间。空气中氢的分压很小，为 5.37×10^{-2}Pa 左右，与此相平衡的钢中含氢量是 0.02×10^{-4}%。由此可见，决定钢中含氢量的不是大气中氢的分压，而应该是空气中的水蒸气的分压和炼钢原材料的干燥程度。空气中水蒸气的分压随气温和季节而变化，在干燥的冬季可低达304Pa，而在潮湿的梅雨季节可高达6080Pa，相差20倍。至于实际炉气中水蒸气分压有多高，除取决于大气的湿度外，还受到燃料燃烧的产物、加入炉内的各种原材料、炉衬材料（特别是新炉体）中所含水分多少的影响，其中主要是原材料的干燥程度的影响。炉气中的 H_2O 可进行如下反应：

$$H_2O(g) = 2[H] + [O]$$

$$K_{H_2O}^{\ominus} = a_H^2 a_O / p_{H_2O} \approx (w[H]_{\%})^2 \cdot w[O]_{\%} / p_{H_2O}$$

$$\lg K_{H_2O(g)}^{\ominus} = -10850/T + 0.042 \tag{3-26}$$

设氢及氧的活度系数 $f_H \approx 1$，$f_O \approx 1$，则：

$$w[H]_{\%} = K_{H_2O(g)} \sqrt{\frac{p_{H_2O}}{w[O]_{\%}}} \tag{3-27}$$

由此可见，钢液中氢的含量主要取决于炉气中水蒸气的分压，并且已脱氧钢液比未脱氧钢液更容易吸收氢。

真空脱气时，因降低了气相分压，而使溶解在钢液中的气体排出。从热力学的角度，气相中氢或氮的分压为100～200Pa时，就能将气体含量降到较低水平。

3.3.2.2 钢液脱气的动力学

A 脱气反应的步骤

溶解于钢液中的气体向气相的迁移过程是分步进行的，具体由以下步骤组成：

（1）通过对流或扩散（或两者的综合），溶解在钢液中的气体原子迁移到钢液-气相界面；

（2）气体原子由溶解状态转变为表面吸附状态；

（3）表面吸附的气体原子彼此相互作用，生成气体分子；

（4）气体分子从钢液表面脱附；

（5）气体分子扩散进入气相，并被真空泵抽出。

一般认为，在炼钢的高温下，上述（2）、（3）、（4）等步骤速率是相当快的。气体分子在气相中，特别是气相压力远小于0.1MPa的真空中，它的扩散速率也是相当迅速的，因此步骤（5）也不会成为真空脱气速率的限制性环节。所以，真空脱气的速率必然取决于步骤（1）的速率，即溶解在钢中的气体原子向钢-气相界面的迁移的速率。在当前的各种真空脱气的方法中，被脱气的钢液都存在着不同形式的搅拌，其搅拌的强度足以假定钢液本体中气体的含量是均匀的，也就是由于搅动的存在，在钢液的本体中，气体原子的传递是极其迅速的。控制速率的环节只是气体原子穿过钢液扩散边界层时的扩散速率。

B 真空脱气的速率

因为脱气过程的限制性环节是溶解于钢中的气体穿过钢-气相界面的钢液侧的边界层，所以钢液侧边界层中气体的扩散速率就可以当作脱气过程的总速率：

$$-\frac{\mathrm{d}w[X]_{\%}}{\mathrm{d}t}=\beta_X\frac{A}{V}(w[X]_{\%}-w[X]_{s\%}) \tag{3-28}$$

式中 $w[X]_{\%}$——钢液内部某气体 X 的质量百分数；

$w[X]_{s\%}$——钢液表面与气相平衡的 X 的质量百分数，可由气体溶解的平方根定律得出；

β_X——比例系数，称传质系数，m/s；

A——接触面积，m^2；

V——脱气的钢液的体积，m^3。

在大多数真空脱气的条件下，与真空相接触的钢液表面气体的浓度（$w[X]_s$）可以当作常数，再假定 $\beta_X\cdot A/V$ 不是时间的函数，则对式（3-28）积分得：

$$\lg\frac{w[X]_t-w[X]_s}{w[X]_0-w[X]_s}=-\frac{1}{2.3}\times\beta_X\cdot\frac{A}{V}\cdot t \tag{3-29}$$

式中 $w[X]_t$——真空脱气 t 时间后钢液中的气体质量分数,%；

$w[X]_0$——脱气前钢液气体与气相的初始质量分数，即钢液内部 X 的初始含量,%；

t——脱气时间，s。

但是，在真空条件下，$w[X]_s<w[X]<w[X]_0$，$w[X]_s$ 可忽略，故将式（3-29）简化成：

$$\lg\frac{w[X]_t}{w[X]_0}=-\frac{1}{2.3}\times\beta_X\frac{A}{V}t \tag{3-30}$$

式（3-30）反映了脱气 t 时间后钢液中残留的气体分数，实际上也是脱气的速率公式。由此可见，决定脱气效果的是传质系数和比表面积。为了提高 $\beta_X\cdot(A/V)$ 的值，工业上采取了真空提升脱气法（DH 法）、真空循环脱气法（RH 法）、真空罐内钢包脱气法（VD 法）等。

可以在真空脱气过程中，每隔一定时间取样分析 $w[X]_t$，然后以 $\lg(w[X]_t/w[X]_0)$ 对 t 作图，而得一直线关系，求出直线的斜率，除以 $0.434A/V$，就可以算出传质次数 β_X 值。也可用表面更新理论得出：

$$\beta_X=2\sqrt{\frac{D}{\pi\cdot t_e}} \tag{3-31}$$

式中 D——扩散系数，m^2/s；

t_e——熔体内某一体积元在气液界面停留时间，s。

熔体中气体的扩散系数 D 取决于熔体的黏度。随着温度的增加，黏度降低，气体的扩散系数增大。在 1600℃时，$D_N=5.5\times10^{-9}m^2/s$；$D_H=3.51\times10^{-6}m^2/s$；$D_O=2.6\times10^{-9}m^2/s$。$t_e$ 取决于温度、钢液搅动情况等因素，在炼钢条件下，t_e 的数值很小，一般只有 $0.01\sim0.1s$。

由于氮的扩散系数低，所以真空处理时，脱氮速度缓慢；而且氮的原子半径较大，同时气-钢表面又大部分被钢中表面活性元素硫、氧所吸附，因此氮的扩散速率小，氮在钢中的溶解度高，所以钢液脱氮实际效果很差。

C 熔池沸腾时脱气的速率

在脱气的同时若有碳氧反应发生，会有大量 CO 气泡放出和钢液接触，由于气泡中氢和氮的分压很低，近似为零，对钢液溶解的气体，它就相当于小真空室的作用，钢液中［H］、［N］的原子就能自发地进入气泡内，形成 H_2、N_2 分子，随 CO 气泡从钢液中排出。

在脱碳过程中，假设 CO 气泡中气体（X_2）的分压 P_{X_2} 与钢液中溶解气体 $w[X]$ 处于平衡，溶解气体的排出速率可根据从钢液中进入 CO 气泡内气体物质的质量平衡关系，并利用碳的质量平衡关系导出：

$$\frac{\mathrm{d}w[X]_{\%}}{\mathrm{d}t} = \frac{M_{X_2}(w[X]_{\%})^2}{12K_X^2 p_{CO}} \cdot \frac{\mathrm{d}w[C]_{\%}}{\mathrm{d}t}$$

或

$$v_X = \frac{M_{X_2}(w[X]_{\%})^2}{12K_X^2 p_{CO}} \cdot v_C \tag{3-32}$$

式中 M_{X_2}——气体 X_2 的摩尔质量，kg/mol；

p_{CO}——CO 气泡中 CO 的量纲一的分压；

K_X——气体 X_2 在钢液中溶解的平衡常数。

由此可见，在熔池沸腾时，脱气速率与钢中气体含量的平方及脱碳速率成正比。

由式（3-32），可得出氢和氮的排出速率与脱碳速率的关系式：

$$v_{H_2} = \frac{(w[H]_{\%})^2}{6K_H^2 p_{CO,}} \cdot v_c, \qquad v_{N_2} = \frac{7}{3} \times \frac{(w[N]_{\%})^2}{K_N^2 p_{CO}} \cdot v_c$$

利用类似方法还可导出脱碳量与脱气量的关系：

$$w(\Delta[C])_{\%} = w[C]_{0\%} - w[C]_{\%} = \frac{12K_X^2 p_{CO}}{M_{X_2}}\left(\frac{1}{w[X]_{\%}} - \frac{1}{w[X]_{0\%}}\right) \tag{3-33}$$

由式（3-33）可见，增大脱碳量有利于脱气的进行，因为它提供了反应界面及减少 p_{X_2}；降低 p_{CO}（如在真空中或吹氩）时，又可进一步促进钢中气体的去除。

D 吹氩搅拌时脱气的速率

氩气泡通过钢液时，溶解于钢中的气体（［H］、［N］）会以气体分子的形式进入氩气泡中。设钢中溶解的气体向氩气泡解析的反应达到平衡，假定气泡的总压等于外压 p（为量纲一的压力），根据在脱气过程中，钢液内的气体［X］向氩气泡扩散的通量等于氩气泡内增加的 X_2 量，可计算出降低一定的 $w[X]_{\%}$ 需要吹入的氩气量 $V_{Ar}(m^3/t)$。

吹入氩使钢中的气体［X］从 $w[X]_{0\%}$ 下降到 $w[X]_{\%}$ 的方程为：

$$V_{Ar} = \frac{224}{M_{X_2}} \cdot K_X^2 \cdot p\left(\frac{1}{w[X]_{\%}} - \frac{1}{w[X]_{0\%}}\right) \tag{3-34}$$

式（3-33）和式（3-34）都说明，当钢液中有气体排出时，可促进钢液的脱气。但是，在推导它们之间的关系时，作了两项较为重要的假定，一是钢中溶解的气体与气泡达到了平衡，二是气泡内的总压等于外压。在实际生产中钢液脱气，以上两项假设都不会被满足，特别是气泡在钢液内上浮这段时间内不可能达到平衡，也就是实际的气体分压必然小于平衡的分压。这样，为了脱除同量的气体，就必须吹入比按式（3-34）计算值更多的氩气。对于碳氧反应则要有更大的脱碳量。这样就需要引入去气效率 f 以进行修正。由式（3-34）计算出的吹氩量除以 f 的商就是实际需要的吹氩量。去气效率 f 通常由实验确定。当脱氧钢进行吹氩时，f 于 0.44 ~ 0.75 之间；对未脱氧的钢在大气下吹氩时，f 在 0.8 ~ 0.9 之间波动。

氩气搅拌强度必须与炉内真空度相配合。这是因为当钢包炉内真空度提高即炉气压力下降时，氩气的相对压力就高了，其流量就会增大，对钢液的搅拌强度就要增大。所以，随着真空度的上升，要适当降低氩气的压力以确保合适的搅拌强度。

3.3.2.3　降低钢中气体的措施

降低钢中气体的措施主要如下。

（1）使用干燥的原材料和耐火材料。

（2）降低与钢液接触的气相中气体的分压。这可从两方面采取措施：一是降低气相的总压，即采用真空脱气，将钢液处于低压的环境中；也可采用各种减小钢液和炉渣所造成的静压力的措施。二是用稀释的办法来减小 p_{X_2}，如吹氩、碳氧反应产生一氧化碳气体所形成的气泡中，p_{X_2} 就极低。

（3）在脱气过程中增加钢液的比表面积（A/V）。使钢液分散是增大比表面积的有效措施，包括：在真空脱气时使钢液流滴化，如倒包法、真空浇注、出钢真空脱气等；或使钢液以一定的速度喷入真空室，如 RH 法、DH 法等。采用搅动钢液的办法，使钢液与真空接触的界面不断更新，也可起到扩大比表面积的作用，使用吹氩搅拌或电磁搅拌的各种真空脱气的方法都是属于这种类型。

（4）提高传质系数。各种搅拌钢液的方法都能不同程度地提高钢中气体的传质系数。

（5）适当地延长脱气时间。真空脱氢时，钢中氢含量的变化规律如图 3-12 所示，在开始的 10min 内脱氢速率相当显著，然后逐渐减慢。对于那些钢液与真空接触时间不长的脱气方法，如 RH 法或 DH 法，适当地延长脱气时间可以提高脱气效果。

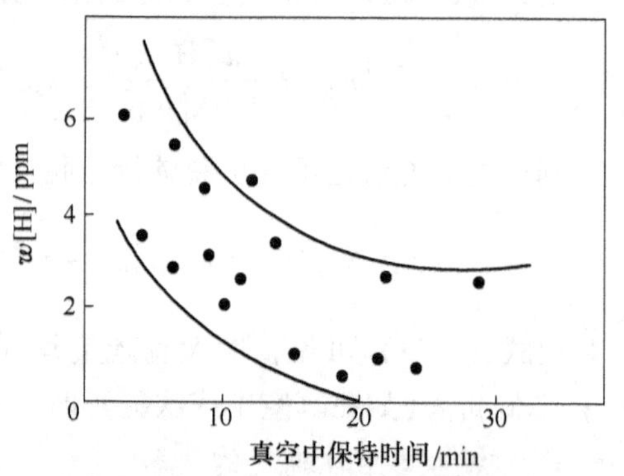

图 3-12　钢中氢含量的变化规律

3.3.3　钢液的真空脱氧

在常规的炼钢方法中，脱氧主要是依靠硅、铝等与氧亲和力比铁大的元素来完成。这些元素与溶解在钢液中的氧作用，生成不溶于钢液的脱氧产物，由于它们的浮出而使钢中含氧量降低。这些脱氧反应全是放热反应，所以在钢液的冷却和凝固过程中，脱氧反应的平衡向继续生成脱氧产物的方向移动，此时形成的脱氧产物不容易从钢液中排出，而以夹杂物的形式滞留在枝晶间。所以，指望用通常的脱氧方法获得完全脱氧的钢，在理论上是不可能的。此外，常规的脱氧反应都是属于凝聚相的反应，所以降低系统的压力，并不能直接影响脱氧反应平衡的移动。

如果脱氧产物是气体或低压下可以挥发的物质，那么就有可能利用真空条件来促使脱氧更趋完全，而且在成品钢中不会留下以非金属夹杂形式存在的脱氧产物。在炉外精炼的真空条件下，有实用价值的脱氧剂主要是碳，故本节主要讨论碳的真空脱氧。

3.3.3.1 氧在钢液中的溶解

氧在钢液中有一定的溶解度，其溶解度的大小首先取决于温度。据启普曼对 Fe-O 系平衡的实验研究，在 1520 ~ 1700℃范围内，纯氧化铁渣下，铁液中氧的饱和度和溶解度与温度的关系式为：

$$\lg w[\mathrm{O}]_{饱和\%} = -\frac{6320}{T} + 2.734 \tag{3-35}$$

由式（3-35）计算可知，温度为 1600℃时，$w[\mathrm{O}] = 0.23\%$；而氧在固体铁中的溶解度很小，一般在 γ-Fe 中氧的溶解度低于 0.003%。所以，如果不进行脱氧，则钢液在凝固过程中，氧会以 CO 气体或氧化物形式大量析出，这将严重影响生产的顺行和钢材质量。当铁液温度由 1520℃升高到 1700℃时，氧的溶解度增加 1 倍，达 0.32%。由此可以认为，提高出钢温度对获得纯洁的钢是不利的。但是在实际的炼钢过程中，钢液中存在一些其他元素，液面覆盖有炉渣，四周又接触耐火材料，所以氧的溶解是极为复杂的。若以实测氧含量与式（3-35）计算结果相比较，可以认为氧在钢中的溶解远未达到平衡。

一般来说，实际的氧含量与炉子类型、温度、钢液成分、造渣制度等参数有关。两种主要炼钢方法氧化精炼末期钢液的含氧量可用以下经验式来估计。

碱性氧气转炉：

$$w[\mathrm{O}]_{\%} \cdot w[\mathrm{C}]_{\%} = \frac{0.00202}{1 + 0.85 w[\mathrm{O}]_{\%}} \tag{3-36}$$

碱性电弧炉：

$$w[\mathrm{O}]_{\%} = \frac{0.00216}{w[\mathrm{C}]_{\%}} + 0.008 \tag{3-37}$$

从电弧炉钢液含氧的情况看来，如果氧化末期 $w[\mathrm{C}] > 0.20\%$，则 $w[\mathrm{O}]$ 含量主要取决于 $w[\mathrm{C}]$，一般在 0.01% ~ 0.08% 之间波动。只有在极低碳钢和超低碳不锈钢冶炼时，氧化终了时的氧含量才大于 0.1%。

此外，钢液中的合金元素对氧在铁中的溶解有影响，这种影响可用相互作用系数 e_{O}^{j} 来定量描述。钢中常见元素对氧和碳活度的相互作用系数列于表 3-6。

表 3-6 钢中常见元素对氧和碳活度的相互作用系数（1600℃）

j	C	Si	Mn	P	S	Al	Cr	Ni	V
e_{O}^{j}	-0.45	-0.131	-0.021	0.07	-0.133	-1.170	-0.04	0.006	-0.3
e_{C}^{j}	0.14	0.08	-0.012	0.051	0.046	0.043	-0.024	0.012	-0.077
j	Mo	W	N	H	O	Ti	Ca	B	Mg
e_{O}^{j}	0.0035	-0.0085	0.057	-3.1	-0.20	-0.6	-271	-2.6	-283
e_{C}^{j}	-0.0086	-0.0056	0.11	0.67	-0.34		-0.097	0.24	

3.3.3.2　碳脱氧的热力学

在真空下，碳脱氧是钢液最重要的脱氧反应：

$$[C] + [O] = \{CO\} \tag{3-38}$$

$$K_C^{\ominus} = \frac{p_{CO}}{a_C \cdot a_O} = \frac{p_{CO}}{f_C \cdot w[C]_{\%} \cdot f_O \cdot w[O]_{\%}} \tag{3-39}$$

式（3-39）可改写成：

$$\lg\left(\frac{p_{CO}}{w[C]_{\%} \cdot w[O]_{\%}}\right) = \lg K_C^{\ominus} + \lg f_C + \lg f_O$$

对于 Fe-C-O 系，有：

$$\lg f_C = e_C^C w[C]_{\%} + e_C^O w[O]_{\%}$$

$$\lg f_O = e_O^O w[O]_{\%} + e_O^C w[C]_{\%}$$

平衡常数和温度的关系：

$$\lg K_C^{\ominus} = \frac{1168}{T} + 2.07 \tag{3-40}$$

温度为 1600℃时，碳氧之间的平衡关系为

$$\lg\left(\frac{p_{CO}}{w[C]_{\%} \cdot w[O]_{\%}}\right) = 2.694 - 0.31w[C]_{\%} - 0.54w[O]_{\%} \tag{3-41}$$

由式（3-41）可以算出不同 $p'_{CO}(p_{CO} = p'_{CO}/p^{\ominus})$ 下碳的脱氧能力。

对于还含有其他元素的 Fe-C-O 系统，碳在真空下的脱氧能力仍可使用式（3-39）。只不过在计算 f_C 和 f_O 时应考虑到其他元素的影响，即通过相互作用系数 e_C^j 和 e_O^j 来计算 f_C 和 f_O。热力学计算和实验都证明，像硅、铝、钛这样一些元素对钢液的碳脱氧有不利的影响。不过，在真空室内，钢液中的过剩的碳可与氧作用发生碳氧反应，而使钢液的氧变成 CO 排除，这时碳在真空下成为脱氧剂，它的脱氧能力随真空度的提高而增强。在炉外精炼常用的工作压力（小于 133Pa）下，碳的脱氧能力就超过了硅或铝的脱氧能力。

但是，实测的结果以及许多研究者的试验都表明：在真空下，包括在高真空（例如真空感应炉熔炼时工作压力为 0.07～0.1 Pa）下，碳的脱氧能力远没有像热力学计算的那样强。并且比较当前应用较普遍的几种真空精炼工艺，发现不同工艺所精炼钢液的氧含量，都降低到几乎同样的水平。该氧含量只与钢中含碳量和精炼前钢液脱氧程度有关。真空精炼后，氧含量的降低程度大约为 50%～86%。真空精炼未脱氧钢，能最大限度地降低钢中氧含量。若将实测的真空精炼后的氧含量标于碳-氧平衡图上（见图 3-13），发现真空精炼后（加入终脱氧剂之前），钢中的

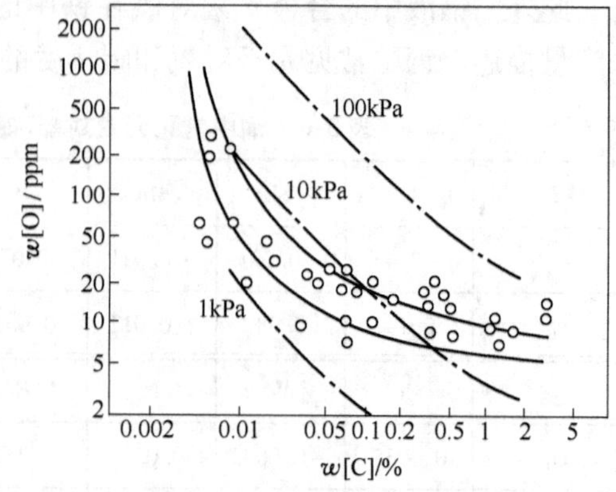

图 3-13　铁液中碳的实际脱氧能力与压力的关系

氧含量聚集在约 10kPa 的一氧化碳分压力的平衡曲线附近。因此，实测值将大大高于与真空精炼的工作压力相平衡的平衡值。

真空下碳氧热力学平衡关系只在气-液交界面上才有效。在气-液相界面上，脱氧产物 CO 能从液面上去除到气相中，此时反应的平衡受气相中 CO 分压力的影响。

在熔池内部，CO 气泡内的压力必然大大超过钢液面上的气相中 CO 的分压。因为生成气泡要克服气相总压力、钢液及熔渣静压力和钢液表面张力形成的附加压力（毛细管压力）作用。在不计入脱碳过程中进入气泡内的 H_2 和 N_2 的分压时，气泡内的 p'_{CO} 必须满足如下关系：

$$p'_{CO} > p'_a + p'_m + p'_s + 2\sigma/r \tag{3-42}$$

式中 p'_{CO}——气泡内 CO 的分压，Pa；

p'_a——钢液面上气相的压力，认为等于真空系统的工作压力，Pa；

p'_m——钢液的静压力，Pa；

p'_s——熔渣的静压力，Pa；

σ——钢液的表面张力，N/m；

r——CO 气泡的半径，m。

很明显，利用真空只能降低 p'_a 的数值。但实际上，式（3-42）右侧的第二项至第四项也有较大的数值，例如，熔池深度（h）每增加 10cm，钢液的静压力（p'_m）就增加 6.67kPa，如果钢包较大，也是个较大的阻力。对于半径较小的气泡，其表面张力形成的附加压力就更为可观，对于 $r=5\times10^{-3}$cm 的气泡，其 $2\sigma/r=60$kPa。所以当 $p'_a \ll p'_m + p'_s + 2\sigma/r$ 时，真空度对碳氧反应的影响就很微弱，而限制碳脱氧能力的主要因素将是钢液及熔渣的静压力和表面张力的附加压力。所以，真空下碳的脱氧能力达不到热力学计算的平衡值。

以上讨论的是均相形核的情况。在实际操作中，由于向钢液吹入惰性气体或在器壁的粗糙的耐火材料表面上形成气泡核，减小了表面张力的附加压力，有利于真空脱氧反应的进行。

向钢液吹入惰性气体后形成很多小气泡，这些小气泡内的 CO 含量很少，钢液中的碳和氧能在气泡表面结合成 CO 而进入气泡内。直到气泡中的 CO 分压达到与钢液中的 $w[C]$、$w[O]$ 相平衡的数值为止。这就是吹氩脱气和脱氧的理论根据。

炉底和炉壁的耐火材料表面是粗糙不平的，钢液与耐火材料的接触是非润湿性的（润湿角在 100°～120°之间），在粗糙的表面上总是有一些微小的缝隙和凹坑，当缝隙很小时由于表面张力的作用，金属不能进入，这些缝隙和凹坑成为 CO 气泡的萌芽点。

从气泡核形成逐渐鼓起，直到半球以前，与［C］和［O］平衡的分压 p'_{CO} 必须大于附着在炉底或炉壁上的气泡内的压力才能使气泡继续发展直到分离浮去。在一定钢液深度下 $w[C]\cdot w[O]$ 越低，CO 的平衡分压 p'_{CO} 越低。

在钢液中自由上浮的气泡随着体积的增大上浮速度将加快。由于气泡大小不同，具有不同的形状。气泡的当量直径小于 5mm 时，由于表面张力的作用，气泡为球形；当气泡的当量直径大于 5mm 小于 10mm 时，由于钢液的静压力而引起的气泡上下压力差，使得气泡成为扁圆形；当气泡当量直径达 10mm 以上时，气泡成为球冠形。

真空下碳氧反应只在气-液相界面有效，碳氧反应在现成的气-液相界面 p'_{CO} 越低，所必须的 r 值越大。在脱氧过程中，由于 $w[C]\cdot w[O]$ 值越来越低，r 值越来越大，所以有越来越多的小缝隙和凹坑不能再起萌芽作用。因而随着 $w[C]\cdot w[O]$ 的降低，产生气泡的深度越来越小。开始时在底部产生气泡，以后就只能在壁上产生，再往后只能在壁的上部产生气泡，最后全部停止。

在真空处理钢液时，启动真空泵降低系统压力，使反应平衡移动，钢液形成沸腾，大量气泡产生（最高峰），然后由于下部器壁停止生成气泡，沸腾又逐渐减弱。这就是在真空下碳脱氧过程中钢液沸腾的产生和停止原理。

钢液面上的气相压力（真空室低压）远比钢液深度造成的静压力和气泡承受的毛细管压力小得多，因此处理后的实际含氧量要比依据真空室压力进行热力学计算所得到的平衡氧含量高得多。在 CO 气泡和钢液的界面上以及液滴和气相之间的交界面上，CO 气体以分子形式直接从液相挥发到气相中去，不受钢液静压力和毛细管压力的作用。因此，在这些界面上的 $w[C]\cdot w[O]$ 值可以降低到热力学值的水平。

3.3.3.3　碳脱氧的动力学

A　碳氧反应的步骤

根据前面的分析，碳氧反应只能在现成的钢液-气相界面上进行。在实际的炼钢条件下，这种现成的液-气相界面可以由与钢液接触的不光滑的耐火材料或吹入钢液的气体来提供。可以认为在炼钢过程中，总是存在着现成的液-气界面。因此，可以认为碳氧反应的步骤是：

(1) 溶解在钢液中的碳和氧通过扩散边界层迁移到钢液和气相的相界面；

(2) 在钢液-气相界面上进行化学反应生成 CO 气体；

(3) 反应产物（CO）脱离相界面进入气相；

(4) CO 气泡的长大和上浮，并通过钢液排出。

步骤（2）、(3)、(4）进行得都很快，控制碳氧反应速率的是步骤（1）。碳在钢液中的扩散系数比氧大（$D_C=2.0\times10^{-8}m^2/s$，$D_O=2.6\times10^{-9}m^2/s$），一般碳含量又比氧含量高，因此氧的传质是真空下碳氧反应速度的限制环节。

B　碳脱氧的速率

在高温条件下，气-液界面上化学反应速率很快。同时，CO 气体通过气泡内气体边界层的传质速率也比较快。所以可以认为，气泡内的 CO 气体与气-液界面上钢中碳和氧的活度处于化学平衡。这样，碳脱氧的速率就由钢液相边界层内碳和氧的扩散速率所控制。碳在钢液中的扩散系数比氧大，钢中碳的浓度一般又比氧的浓度高出 1 到 2 个数量级，因此氧在钢液侧界面层的传质是碳脱氧速率的控制环节，由此可得：

$$-\frac{dw[O]_{\%}}{dt}=\frac{D_O}{\delta}\cdot\frac{A}{V}\cdot(w[O]_{\%}-w[O]_{s\%})$$

式中　$-dw[O]_{\%}/dt$——钢中氧浓度的变化速率；

D_O——氧在钢液中的扩散系数；

δ——气-液界面钢液侧扩散边界层厚度；

D_0/δ——等于 β_0，钢液中氧的传质系数；

$w[O]_{s\%}$ ——在气-液界面上与气相中 CO 分压和钢中碳浓度处于化学平衡的氧含量。

由于 $w[O]_{s\%} \ll w[O]_{t\%} < w[O]_{0\%}$，所以可将 $w[O]_{s\%}$ 忽略，即：

$$\frac{dw[O]_{\%}}{dt} = -\beta_0 \cdot \frac{A}{V} \cdot w[O]_{\%} \tag{3-43}$$

分离变量后积分得：

$$t = -2.3\lg\frac{w[O]_{t\%}}{w[O]_{0\%}} \bigg/ \left(\beta_0 \cdot \frac{A}{V}\right) \tag{3-44}$$

$w[O]_{t\%}/w[O]_{0\%}$ 的物理意义是钢液经脱氧处理 t 秒后的未脱氧率-残氧率（指溶解氧不包括氧化物）。氧的传质系数 β_0 在该状态下取 3×10^{-4}m/s。

假设钢包内径为1.6m，钢包中钢液的高度 $H=1.5$m，所以 A/V 为 0.67m^{-1}，$D_0/\delta=3\times10^{-4}$m/s，相应钢包中的钢液是平静的。将以上假设的数据代入式（3-44），计算结果列于表3-7。

表3-7　脱氧时间的计算值

脱氧率/%	残氧率/%	脱氧时间/s	脱氧率/%	残氧率/%	脱氧时间/s
30	70	1550（约26min）	90	10	11500（约200min）
60	40	4550（约76min）			

由表3-7可见，在钢液平静的条件下，碳脱氧速率不大，所以无搅拌措施的钢包真空处理中，碳的脱氧作用是不明显的。

当使钢液分散地通过真空时，如倒包法、真空浇注、RH等，碳的真空脱氧作用就截然不同。由于钢液在进入真空室后爆裂成无数小液滴，有人估计液滴的直径为0.001～10mm范围内。为了计算方便，假定液滴直径为0.3cm、0.5cm、0.8cm，它们的 A/V 值分别是20cm^{-1}、12cm^{-1}、8cm^{-1}。液滴暴露在真空中的时间大约为0.5～1s。由于液滴是在钢液的剧烈运动下形成的，从而液滴内部的钢液也在运动着，因此 D/δ 值将大于上述计算所采用的数值。对于已脱氧的钢取0.05，未脱氧的钢取0.20。计算的结果列于表3-8。

表3-8　暴露在真空中的液滴脱氧率的计算结果

脱氧状况	液滴直径/cm	液滴在真空中暴露1s		液滴在真空中暴露0.5s	
		残氧率/%	脱氧率/%	残氧率/%	脱氧率/%
已终脱氧钢 $D/\delta=0.05$	0.3	37	63	61	39
	0.5	55	45	74	26
	0.8	69	31	83	17
未脱氧钢 $D/\delta=0.20$	0.3	2	98	14	86
	0.5	9	91	30	70
	0.8	22	78	47	53

由这些计算结果可以看出，在液滴暴露于真空的短时间内，脱氧率是相当可观的，液

滴越小脱氧效果越好。钢液的脱氧程度也明显地影响着脱氧效果。这些结论与实际操作的结果是一致的。

3.3.3.4　有效进行碳的真空脱氧应采取的措施

在大多数生产条件下，真空下的碳氧反应不会达到平衡，碳的脱氧能力比热力学计算值要低得多，而且脱氧过程为氧的扩散所控制，为了有效地进行真空碳脱氧，在操作中可采取以下措施。

（1）进行真空碳脱氧前尽可能使钢中氧处于容易与碳结合的状态，例如溶解的氧或 Cr_2O_3、MnO 等氧化物。为此要避免真空处理前用铝、硅等强脱氧剂对钢液脱氧，因为这样将形成难以还原的 Al_2O_3 或 SiO_2 夹杂，同时还抑制了真空处理时碳氧反应的进行，使真空下碳脱氧的动力学条件变坏。为了充分发挥真空的作用，应使钢液面处于无渣、少渣的状况。当有渣时，还应设法降低炉渣中 FeO、MnO 等易还原氧化物，以避免炉渣向钢液供氧。

（2）为了加速碳脱氧过程，可适当加大吹氩量。

（3）于真空碳脱氧的后期，向钢液中加入适量的铝和硅以控制晶粒、合金化和终脱氧。

（4）为了减少由耐火材料进入钢液中的氧量，浇注系统应选用稳定性较高的耐火材料。

3.3.4　降低 CO 分压时的吹氧脱碳

把未脱氧钢和中等脱氧的钢暴露在真空下将促进［C］、［O］反应。在适当的真空条件下，钢水脱碳可达到低于 0.005% 的水平。

真空处理前后的 $w[C]$、$w[O]$ 关系如图 3-14 所示。可见当降低钢液上气相压力 p'_{CO} 时，$w[C]$ 与 $w[O]$ 的积也相应减小。利用真空条件下的碳氧反应，可使碳氧同时减少。当钢中含氧量降低某一数值 $w(\Delta[O])$ 时，则含碳量也相应降低一定数值，由反应式：$[C]+[O] = \{CO\}$，可知它们之间存在以下关系：

$$w(\Delta[C]_{\%}) = \frac{12w(\Delta[O]_{\%})}{16} = 0.75w(\Delta[O]_{\%}) \tag{3-45}$$

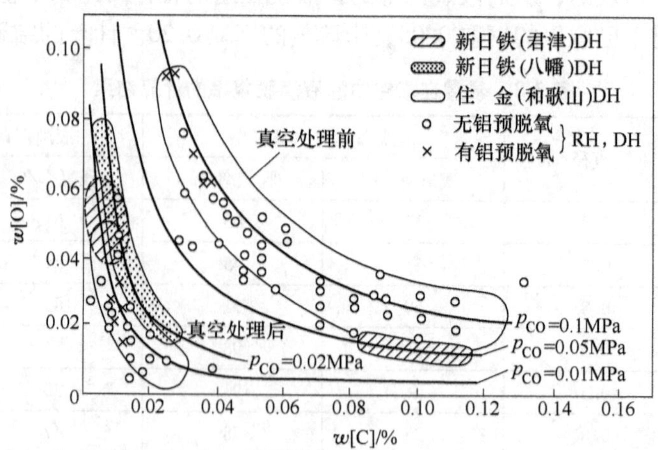

图 3-14　真空处理前后的 $w[C]$、$w[O]$ 关系

当碳的浓度不高，温度为1600℃，$p'_{CO}=100kPa$ 时，$w[C]_{\%}\cdot w[O]_{\%}=2.5\times10^{-3}$，则当原始含碳量为 $w[C]_{0\%}$ 时，其原始含氧量为：

$$w[O]_{0\%}=\frac{2.5\times10^{-3}}{w[C]_{0\%}} \tag{3-46}$$

假定在真空脱碳后，钢液中残余含氧量较之原始含氧量可以忽略不计，则可以认为 $w(\Delta[O]_{\%})$ 与原始含氧量 $w[O]_{0\%}$ 相等，那么最大可能的脱碳量为：

$$w(\Delta[C]_{\%})=0.75w[O]_{0\%}=\frac{0.75\times2.5\times10^{-3}}{w[C]_{0\%}}=\frac{1.875\times10^{-3}}{w[C]_{0\%}} \tag{3-47}$$

由式（3-47）可知，只有当钢液原始含碳量较低时，才有希望大幅度地降低钢液的含碳量（与原始含碳量比较）。

炉外精炼中，采用低压下吹氧大都是为了低碳和超低碳钢种的脱碳。而这类钢又以铬或铬镍不锈钢居多，所以在以下的讨论中，专门分析高铬钢液的脱碳问题。

3.3.4.1 高铬钢液的吹氧脱碳

A “脱碳保铬”的途径

不锈钢中的碳降低了钢的耐腐蚀性能，对于大部分不锈钢，其含碳量都是较低的。近年来超低碳类型的不锈钢日益增多，这样在冶炼中就必然会遇到高铬钢液的降碳问题。为了降低原材料的费用，希望充分利用不锈钢的返回料和含碳量较高的铬铁。在冶炼中希望尽可能降低钢中的碳，而铬的氧化损失要求保持在最低的水平。这样就迫切需要研究Fe-Cr-C-O系的平衡关系，以找到最佳的“脱碳保铬”的条件。

在Fe-Cr-C-O系中，两个主要的反应是：

$$[C]+[O]\longrightarrow\{CO\}$$

$$m[Cr]+n[O]\longrightarrow Cr_mO_n$$

对于铬的氧化反应，最主要的是确定产物的组成，即 m 和 n 的数值。希尔蒂（D. C. Hilty）发表了对Fe-Cr-O系的平衡研究，确定了铬氧化产物的组成有三类。当 $w[Cr]=0\sim3.0\%$ 时，铬的氧化物为 $FeCr_2O_4$；当 $w[Cr]=3\%\sim9\%$ 时，为 $Fe_{0.67}Cr_{2.33}O_4$；当 $w[Cr]>9\%$ 时，为 Cr_3O_4 或 Cr_2O_3。

对于铬不锈钢的精炼过程而言，铬氧化的平衡产物应是 Cr_3O_4（或 Cr_2O_3）。钢液中同时存在［C］、［Cr］时的氧化反应式为：

$$[C]+[O]=\!=\!=\{CO\}$$

$$3[Cr]+4[O]=\!=\!=(Cr_3O_4)$$

为分析熔池中碳、铬的选择性氧化，可以将碳和铬的氧化反应式合并为：

$$4[C]+(Cr_3O_4)=\!=\!=3[Cr]+4\{CO\}$$

$$\Delta_rG_m^{\ominus}=934706-617.22T\ \text{J/mol} \tag{3-48}$$

反应的平衡常数 $K^{\ominus}$ 为：

$$K^{\ominus} = a_{Cr}^{3} \cdot p_{CO}^{4} / (a_{C}^{4} \cdot a_{Cr_3O_4})$$

由于（Cr_3O_4）在渣中接近于饱和，所以可取 $a_{Cr_3O_4}=1$，得：

$$a_C = p_{CO}\sqrt[4]{\frac{a_{Cr}^3}{K^{\ominus}}} \tag{3-49}$$

式（3-49）表明，只要熔池温度升高，$K^{\ominus}$值增大，就可使平衡碳的活度降低，同理降低p'_{CO}（注：$p_{CO}=p'_{CO}/p^{\ominus}$）也可获得较低的碳活度。图3-15表示了$w[Cr]=18\%$时温度和$w[C]$以及$p'_{CO}$的关系。根据D. C. Hilty的数据，按不同的$w[Cr]$和产物作了不同温度下的$w[C]$-$w[Cr]$平衡图（见图3-16）。并发现，在$w[Cr]=3\%\sim30\%$时，$w[Cr]$和$w[C]$的温度关系式如下：

$$\lg\frac{w[Cr]}{w[C]} = -\frac{15200}{T} + 9.46 \tag{3-50}$$

后来又将此实验关系式修正为：

$$\lg\frac{w[Cr]\cdot p_{CO}}{w[C]} = -\frac{13800}{T} + 8.76 \tag{3-51}$$

由此可见，“脱碳保铬”的途径有两个：

（1）提高温度。在一定的p'_{CO}下，与一定含铬量保持平衡的碳含量，随温度的升高而降低。这就是电弧炉用返回吹氧法冶炼不锈钢的理论依据，但是提高温度将受到炉衬耐火度的限制。对18%铬钢在常压下冶炼，如果要碳含量达到0.03%，那么平衡温度要在1900℃以上。由图3-16可见，与铬平衡的碳越低，需要的温度越高。但是在炉内，过高的温度也是不允许的，耐火材料难以承受。因此，采用电炉工艺冶炼超低碳不锈钢是十分困难的，而且精炼期要加入大量的微碳铬铁或金属铬，生产成本高。

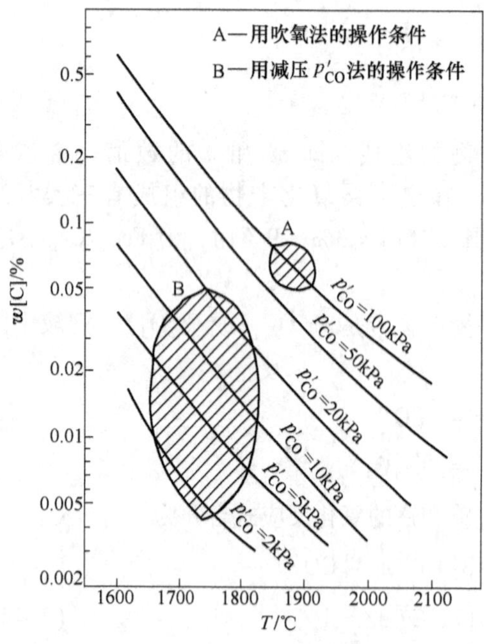

图3-15　18% Cr钢$w[C]$-温度-p'_{CO}的关系

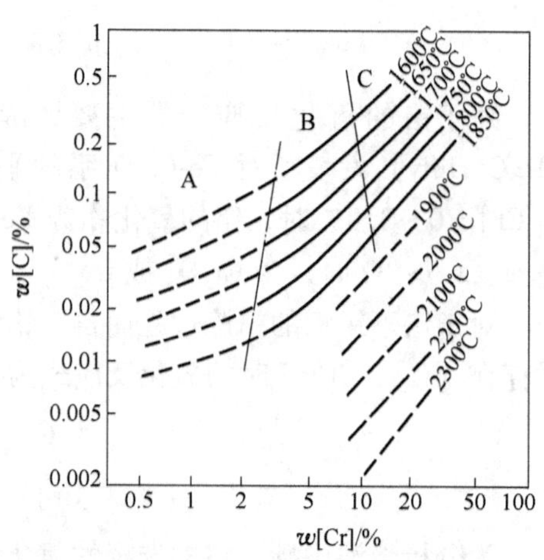

图3-16　含铬钢液在氧化平衡时的$w[C]$、$w[Cr]$关系

A—$FeCr_2O$区；B—尖晶石（$CrO\cdot Cr_2O_3$）区；C—Cr_2O_3区

（2）降低 p'_{CO}。在温度一定时，平衡的碳含量随 p'_{CO} 的降低而降低。这是不锈钢炉外精炼的理论依据。降低 p'_{CO} 的方法有：

1）真空法：即降低系统的总压力，如 VOD 法、RH-OB 等法。利用真空使 p'_{CO} 大大降低进行脱碳保铬。

2）稀释法：即用其他气体来稀释，这种方法有 AOD 法、CLU 法等。吹入氩气或水蒸气等稀释气体来降 p'_{CO} 进行脱碳保铬，从而实现在假真空下精炼不锈钢。

3）两者组合法：如 AOD-VCR 法，VODC 法。

B 深脱碳能力比较

不锈钢液的深脱碳在惰性气体稀释条件下或在真空状态下进行，对于 Ni-Cr 系不锈钢，只考虑钢中元素 C、Cr、Ni 时，根据脱碳保铬的热力学条件，可得如下关系：

$$\lg p_{CO} = 8.06 - \frac{12207}{T} + 0.23w[C]_{\%} - 0.0238w[Cr] + 0.012w[Ni]_{\%} + \lg w[C]_{\%} - 0.75\lg w[Cr]_{\%} \tag{3-52}$$

在稀释法中，碳氧反应生成物的分压取决于吹入氩氧混合气体的体积比 $\varphi(O_2)/\varphi(Ar)_{\%}$。

$$\frac{\varphi(O_2)_{\%}}{\varphi(Ar)_{\%}} = \frac{n_{O_2}}{n_{Ar}} = \frac{2n_{CO}}{n_{Ar}} = \frac{2p_{CO}}{1 - p_{CO}} \tag{3-53}$$

式中，$p_{CO} = p'_{CO}/p^{\ominus}$。以 17Cr 为例，由式（3-52）、式（3-53）计算得到的 CO 分压和理论氩氧比的关系见表 3-9。

表 3-9 理论计算的临界 p'_{CO} 和 $\varphi(O_2)_{\%}/\varphi(Ar)_{\%}$

$w[C]/\%$	1650℃		1700℃	
	p'_{CO}/kPa	$\varphi(O_2)_{\%}/\varphi(Ar)_{\%}$	p'_{CO}/kPa	$\varphi(O_2)_{\%}/\varphi(Ar)_{\%}$
0.25	71	1.17 : 1	101.325	—
0.20	55	1 : 1.67	80	1.88 : 1
0.15	41	1 : 3	58	1 : 1.5
0.10	26	1 : 5.7	38	1 : 3.36
0.05	13	1 : 13.9	18	1 : 9
0.03	7.6	1 : 24.8	11	1 : 16.5
0.01	2.5	1 : 79.4	3.6	1 : 53.6
0.005	1.2	1 : 160.6	1.8	1 : 110.4

在真空条件下，例如在 VOD 中 CO 的分压 p'_{CO}(kPa) 主要取决于体系的真空度：

$$p'_{CO} = 0.122p'_{v} + 1.2 \tag{3-54}$$

式中 p'_{v}——真空度。

按 VOD 典型的操作程序，在相应的［C］范围内，p'_{v} 平均为 3～5kPa，相应的 CO 分压可达到 1.6～2.0kPa，可达到的碳含量为 0.01%～0.005%（见表 3-9）；而用稀释法吹炼时，必须长时间大流量纯氩吹炼才能达到如此低的碳含量。

式（3-54）所表达的 CO 分压与真空度之间的经验关系是普通 VOD 的表达式。在普通

VOD 中，底吹氩搅拌的作用主要是使钢水成分及温度均匀化，因此其吹氩流量只有 100 ~ 300L/min。在强搅拌 VOD（即 SS-VOD）钢包上，透气砖数量增加到 3 ~ 4 块后底吹氩流量可以增加到 1000 ~ 1200L/min，相应地可使 $w[C]$ 大大降低。

C　富铬渣的还原

不锈钢的吹氧脱碳保铬是一个相对的概念，炉外精炼应用真空和稀释法对高铬钢液中的碳进行选择性氧化。所谓选择性氧化，决不意味着吹入钢液中的氧仅仅和碳作用，而铬不氧化；确切地说是氧化程度的选择，即指碳能优先较大程度地氧化，而铬的氧化程度较小。不锈钢的特征是高铬低碳。碳的氧化多属于间接氧化，即吹入的氧首先氧化钢液内的铬，生成 Cr_3O_4，然后碳再被 Cr_3O_4 氧化，使铬还原。因而“脱碳保铬”也可以看成是一个动态平衡过程。在不锈钢吹氧脱碳结束时，钢液中的铬或多或少地要氧化一部分进入渣中。为了提高铬的回收率，除在吹氧精炼时力求减少铬的氧化外，还要在脱碳任务完成后争取多还原些已被氧化进入炉渣中的铬。

VOD、AOD 法等精炼不锈钢，吹氧脱碳精炼后的富铬渣含 Cr_3O_4 达 10% ~25%。富铬渣的还原多采用硅铁（25% 硅）作为还原剂，其还原反应为：

$$(Cr_3O_4) + 2[Si] = 2(SiO_2) + 3[Cr]$$

反应的平衡常数 $K_{Si}^{\ominus}$ 为：

$$K_{Si}^{\ominus} = \frac{a_{SiO_2}^2 \cdot a_{Cr}^3}{a_{Cr_3O_4} \cdot a_{Si}^2}$$

$$a_{Cr_3O_4} = \frac{a_{SiO_2}^2 \cdot a_{Cr}^3}{K_{Si}^{\ominus} \cdot a_{Si}^2} \tag{3-55}$$

有时也使用 Si-Cr 合金作还原剂，其中 Si 作为还原剂，铬作为补加合金。

由上述分析可知，影响富铬渣还原的因素有：

（1）炉渣碱度 B。增大碱度，a_{SiO_2} 降低，$a_{Cr_3O_4}$ 降低。

（2）钢液中的［Si］含量。当钢液中的［Si］含量增加，$a_{Cr_3O_4}$ 降低。

（3）温度的影响。$K_{Si}^{\ominus}$ 是温度的函数，温度升高，硅还原 Cr_3O_4 能力增强。

3.3.4.2　粗真空下吹氧脱碳反应的部位

生产条件下，真空吹氧时高铬钢液中的碳，有可能在不同部位参与反应，并得到不同的脱碳效果。碳氧反应可以在下述三种不同部位进行。

（1）熔池内部：在高铬钢液的熔池内部进行脱碳时，为了产生 CO 气泡，CO 的分压 p'_{CO} 必须大于熔池面上气相的压力 p'_a、熔渣的静压力 p'_s、钢液的静压力 p'_m 以及表面张力所引起的附加压力 $2\sigma/r$ 等项压力之和，见式（3-42）。p'_a 可以通过抽真空降到很低，如果反应在吹入的氧气和钢液接触的界面上进行，那么 $2\sigma/r$ 可以忽略，但是只要有炉渣和钢液，$p'_s + p'_m$ 就会有一确定的值，往往该值较 p'_a 大，这显然就是限制熔池内部真空脱碳的主要因素。它使钢液内部的脱碳反应不易达到平衡，真空的作用不能全部发挥出来。若采用底吹氩增加气泡核心和加强钢液的搅拌，真空促进脱碳的作用会得到改善。

（2）钢液熔池表面：在熔池表面进行真空脱碳时，情况就不一样。这时，不仅没有钢或渣产生的静压力，表面张力所产生的附加压力也趋于零，脱碳反应主要取决于p'_a。所以真空度越高、钢液表面越大，脱碳效果就越好。钢液表面的脱碳反应易于达到平衡，真空的作用可以充分地发挥出来。

（3）悬空液滴：当钢液滴处于悬空状态时，情况就更不一样，这时液滴表面的脱碳反应不仅不受渣、钢静压力的限制，而且由于气液界面的曲率半径 r 由钢液包围气泡的正值（在此曲率半径下，表面张力产生的附加压力与p'_a、p'_m等同方向）变为气相包围液滴的负值（$-r$），结果钢液表面张力所产生的附加压力也变为负值。这样 CO 的分压只要满足：$p'_{CO} > p'_a - |2\sigma/r|$，反应就能进行。由此可见，在悬空液滴的情况下，表面张力产生的附加压力将促进脱碳反应的进行，反应容易达到平衡。

在液滴内部，由于温度降低，氧的过饱和度增加，有可能进行碳氧反应，产生 CO 气体。该反应有使钢液滴膨胀的趋势，而外界气相的压力和表面张力的作用使液滴收缩，当p'_{CO}超过液滴外壁强度后，就会发生液滴的爆裂，而形成更多更小的液滴，这又反回来促进碳氧反应更容易达到平衡。

在生产条件下，熔池内部、钢液表面、悬空液滴三个部位的脱碳都是存在的，真空吹氧后的钢液含碳量取决于三个部位所脱碳量的比例。脱碳终了时钢中含铬量及钢液温度相同的情况下，悬空液滴和钢液表面所脱碳量愈多，则钢液最终含碳量也就愈低。为此，在生产中应创造条件尽可能增加悬空液滴和钢液表面脱碳量的比例，以便把钢中碳的含量降到尽可能低的水平。

真空脱碳时，为了得到尽可能低的含碳量，可采取以下措施：

（1）尽可能增大钢水与氧气的接触面积，加强对钢液的搅拌。

（2）尽可能使钢水处于细小的液滴状态。

（3）使钢水处于无渣或少渣的状态。

（4）尽可能提高真空处理设备的真空度。

（5）在耐火材料允许的情况下适当提高钢液的温度。

3.3.4.3 有稀释气体时的吹氧脱碳

用稀释的办法降低 CO 分压的典型例子是 AOD 法的脱碳。当氩和氧的混合气体吹进高铬钢液时，将发生下列反应：

$$[\mathrm{C}] + 1/2\{\mathrm{O_2}\} \longrightarrow \{\mathrm{CO}\}$$

$$m[\mathrm{Cr}] + n/2\{\mathrm{O_2}\} \longrightarrow \mathrm{Cr}_m\mathrm{O}_n$$

$$x[\mathrm{Fe}] + y/2\{\mathrm{O_2}\} \longrightarrow \mathrm{Fe}_x\mathrm{O}_y$$

$$n[\mathrm{C}] + \mathrm{Cr}_m\mathrm{O}_n \longrightarrow m[\mathrm{Cr}] + n\{\mathrm{CO}\}$$

$$y[\mathrm{C}] + \mathrm{Fe}_x\mathrm{O}_y \longrightarrow x[\mathrm{Fe}] + y\{\mathrm{CO}\}$$

$$\mathrm{Cr}_m\mathrm{O}_n \longrightarrow m[\mathrm{Cr}] + n[\mathrm{O}]$$

$$\mathrm{Fe}_x\mathrm{O}_y \longrightarrow x[\mathrm{Fe}] + y[\mathrm{O}]$$

$$[\mathrm{C}] + [\mathrm{O}] \longrightarrow \{\mathrm{CO}\}$$

根据对 AOD 炉实验结果的分析，可以认为氧气没有损失于所讨论的系统之外，吹入熔池的氧在极短时间内就被熔池吸收。当供氧量少时，［C］向反应界面传递的速率足以保证氧气以间接反应或直接反应被消耗。可是随着碳含量的降低或供氧速率的加大，就来不及供给［C］了，吹入的氧气将以氧化物（Cr_mO_n 和 Fe_xO_y）的形式被熔池所吸收。

在实验中发现，AOD 炉的熔池深度对铬的氧化是有影响的，当熔池浅时，铬的氧化多，反之铬的氧化少。这现象表明，AOD 法的脱碳反应不仅在吹进氧的风口部位进行，而且气泡在钢液熔池内上浮的过程中反应继续进行。另外，当熔池非常浅时，例如 2t 的试验炉熔池深 17cm，吹进氧的利用率几乎仍是 100%。从而可以认为，氧气被熔池吸收，在非常早的阶段就完成了。

由以上的实验事实，可以认为 AOD 中的脱碳是这样进行的：

（1）吹入熔池的氩氧混合气体中的氧，其大部分是先和铁、铬发生氧化反应而被吸收，生成的氧化物随气泡上浮；

（2）生成的氧化物在上浮过程中分解，使气泡周围溶解氧增加；

（3）钢中的碳向气-液界面扩散，在界面进行［C］+［O］→{CO}反应，反应产生的 CO 进入氩气泡中；

（4）气泡内 CO 的分压逐渐增大，由于气泡从熔池表面脱离，该气泡的脱碳过程结束。

任务 3.4　埋弧加热吹氩法（LF 法）

3.4.1　LF、LFV 精炼法的基本含义

LF（ladle furnace）是日本大同特殊钢公司于 1971 年开发的，可以实现在非氧化性气氛下，通过电弧加热、造高碱度还原渣，进行钢液的脱氧、脱硫、合金化等冶金反应，以精炼钢液。为了使钢液与精炼渣充分接触，强化精炼反应，去除夹杂，促进钢液温度和合金成分的均匀化，通常从钢包底部吹氩搅拌。它的工作原理如图 3-17 所示。钢水到站后，将钢包移至精炼工位，加入合成渣料，降下石墨电极插入熔渣中对钢水进行埋弧加热，补偿精炼过程中的降温，同时进行底吹氩搅拌。它可以与电炉配合，取代电炉的还原期；也可以与氧气转炉配合，生产优质合金钢。同时，LF 还是连铸车间尤其是合金钢连铸车间

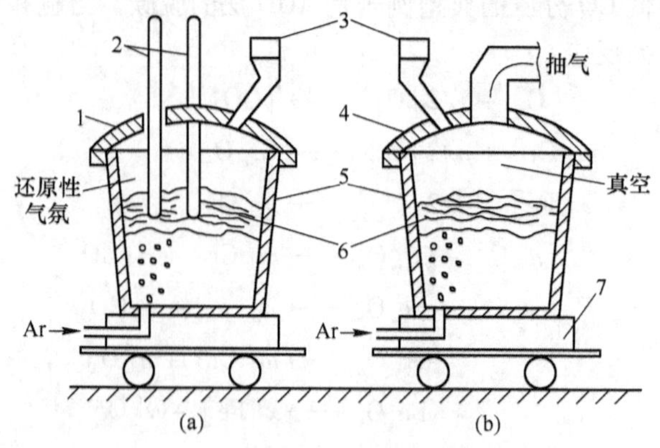

图 3-17　LF(V)原理图

（a）埋弧加热；（b）真空处理

1—加热盖；2—电极；3—加料槽；4—真空盖；5—钢包；6—碱性还原渣；7—钢包车

不可缺少的钢液成分、温度控制及生产节奏调整的设备。

LF 法是目前应用最广泛的炉外精炼技术之一。据不完全统计，2002 年全世界共有 LF 钢包炉 300 多台。20 世纪 90 年代，我国先后建成了 30 ~ 300t 的 LF 炉 59 座（不完全统计），设计年处理能力超过 2800 万吨，其中 200 ~ 300t 的 3 座，年处理能力 430 万吨；100 ~ 150t 的 21 座，年处理能力 1250 万吨；60 ~ 90t 的 30 座，年处理能力 1060 万吨；30 ~ 50t 的 5 座，年处理能力 110 万吨。从 1980 年的西安电炉研究所自行设计的第一台 40t LF 起，至 1999 年重庆钢铁研究院自行设计并成套向宝钢一炼钢提供 1 台 300t LF 的顺利建成投产，我国 LF 的国产化取得了长足的进步。宝钢一炼钢的 300t LF 炉已成为生产低硫管线钢的重要手段。生产的经 LF 处理的 X70 钢，钢中 $w[S] < 0.002\%$。宝钢集团五钢公司，自 1982 年建成 LF 以来，经 LF 处理的轴承钢已达到瑞典 SKF 的实物质量水平，年处理量已超过 10 万吨，处理品种达 30 多个；LF 平均处理时间为 30 ~ 40min，吨钢耗电量在 20kW · h 以下；经 LF 处理的轴承钢 $w[O] < 0.002\%$，还成功利用 LF 精炼生产了超低碳不锈钢。国内典型钢厂 LF 处理的钢种及配置情况见表 3-10。

表 3-10　国内典型钢厂 LF 相关参数和生产的钢种

厂　名	生产钢种	容量/t	变压器容量 /MV · A	电极直径 /mm	升温速度 /℃ · min^{-1}	处理周期 /min
宝钢电炉厂	油井管、高压锅炉管、一般管线钢	150	22 + 20%	457	3 ~ 5	25 ~ 40
武钢一炼钢	硬线钢、弹簧钢、低合金钢、焊丝	100	18	400	4 ~ 5	36
攀　钢	普碳钢、低合金钢、深冲钢	120	20	400	约 2	24 ~ 34
上钢五厂	弹簧钢、调质钢、高压锅炉钢	100	18	400	4 ~ 5	36
包　钢	重轨钢、管线钢、合金结构钢、优碳钢	80 × 2	14 + 20%	400	4 ~ 5	33 ~ 35
鞍钢一炼钢	重轨钢、低合金钢、合金结构钢、优碳钢	100 × 2	16	400	3 ~ 5	37
兴澄钢厂	普碳钢、低合金钢、结构钢、优碳钢	100	—	—	3 ~ 5	—
张家港润忠公司	Q235、20、45、20MnSi	100	13.5	400	3 ~ 5	20 ~ 25
南京钢厂	普碳钢、45、65、70、80、62B 钢	70	12 + 20%	—	3 ~ 5	20 ~ 38

LFV 精炼法是钢包炉（ladle furnace）+ 真空（vacuum）的炉外精炼法。如图 3-18 所示，它是一种集电弧加热、气体搅拌、真空脱气、合成渣精炼、喷吹精炼粉剂及添加合金元素等功能于一体的精炼法，也称多功能 LF 法。

LF（V）精炼法能够通过强化热力学和动力学条件，使钢液在短时间内得到高度净化和均匀，从而达到以下各种冶金目的：

（1）LF 有加热功能，采用电弧加热，能够熔化大量的合金元素，钢水温度易于控制，能满足连铸的工艺要求；

（2）协调初炼炉与连铸机工序，处理时间满足多炉连浇要求；

（3）成分微调能保证产品具有合格的成分及实现最低成本控制；

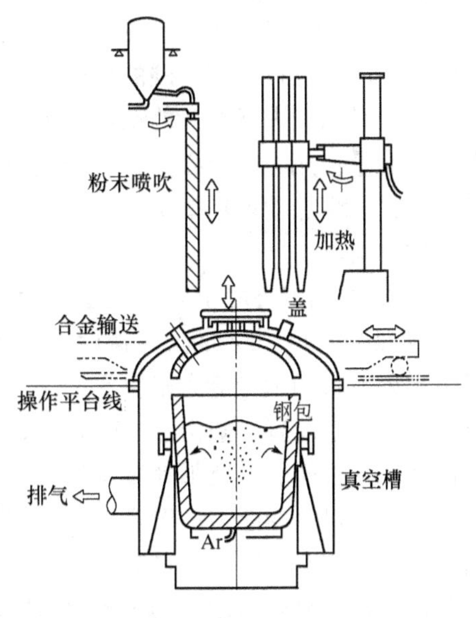

图 3-18　多功能 LF 法

(4) LF具有气体搅拌、精炼、气氛控制及LFV真空脱气等功能，精炼钢水的纯净度高，能减少连铸时水口堵塞，减少铸坯缺陷，满足产品质量要求。

总之，LF的使用有利于节省初炼炉冶炼时间，提高生产率；有利于生产纯净钢；有利于多炉连浇，降低生产成本，协调初炼炉与连铸工序。

3.4.2 LF设备构成

LF主要由以下10个部分组成：(1) 加热电力系统；(2) 钢包；(3) 吹气系统；(4) 测温取样系统；(5) 控制系统；(6) 合金料和合成渣料添加装置；(7) 适应一些初炼炉需要的扒渣工位；(8) 适应一些低硫及超低硫钢种需要的喷粉工位；(9) 为适应脱气钢种需要的真空工位；(10) 用于较大炉体的水冷系统。

LF的加热同电弧炉一样，以石墨电极与钢水之间产生的电弧热为热源，分为交流钢包炉和直流钢包炉，目前国内基本上是用交流钢包炉。LF设备如图3-19所示。

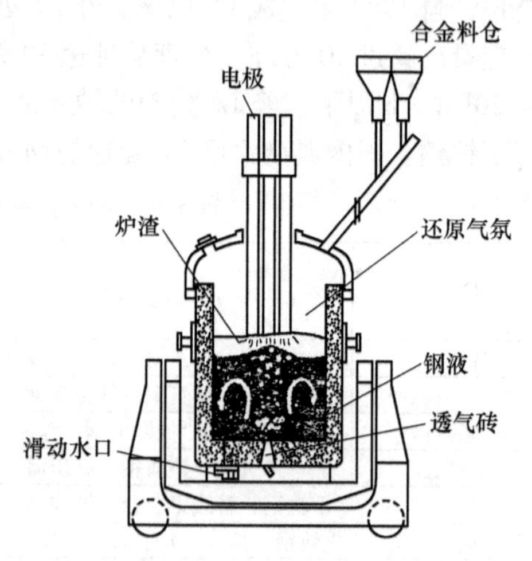

图3-19 LF设备示意图

LF从工作条件来说，要比电弧炉好一些。因为LF没有熔化过程，而且LF大部分加热时间都是在埋弧下进行的，熔化的都是渣料和合金固体料，因此应选用较高的二次电压。

LF精炼时钢液面稳定，电流波动小。如果吹气流量稳定并且采用埋弧加热，便基本上不会引起电流的波动，因此，不会产生很大的因闪烁造成的冲击负荷。所以从短网开始的所有导电部件的电流密度都可以选得比同容量的电弧炉大得多。

LF精炼期，钢水已进入还原期，往往对钢水成分要求较严格。又由于采用埋弧加热，低电压短电弧运行，有增碳的危险性。为了防止增碳，应装备灵敏的电极调节装置。

为了对钢液进行充分的精炼，得到纯净钢，为连铸提供温度和成分合格的钢水，使钢水得到能量补充是十分必要的。但是应当尽量缩短时间，以减少吸气和热损失。提高升温速度，仅靠增加输入功率是不够科学的，还应注意钢包的烘烤，提高烘烤温度，缩短钢包的运输时间。

LF的电耗主要用于以下几个方面：(1) 热散失；(2) 钢水升温；(3) 加热渣料；(4) 加热合金料。LF的加热速度一般要达到2～5℃/min，这主要是根据生产节奏的要求以及耐火材料的承受能力来决定的。

LFV真空装置一般由蒸汽喷射泵、真空管道、充氮罐、真空炉盖（或真空室）、提升机构、提升桥架、真空加料装置等设备组成。

蒸汽喷射泵的能力一般要根据处理钢水量、处理钢种、精炼工艺、真空体积等因素来选择。例如，对于中小容量的LFV（30～50t），处理一般纯净度要求的钢种，采用桶式真空结构，蒸汽喷射泵的能力一般为150kg/h；而对于同样容量的LFV，处理对象相同的，采用罐式真空结构，蒸汽喷射泵的能力为250kg/h。LFV的真空度一般为67～27Pa。我国

LFV的主要技术参数见表3-11。

表3-11 我国LFV的主要技术参数

项目	系列型号					
	LFV-20	LFV-40	LFV-60	LFV-70	LFV-100	LFV-150
钢包容量/t	15/25	30/40	50/60	65/70	95/105	125/160
钢包直径（D）/mm	2200	2900	3100	3200	3400	3900
熔池面直径（ϕ）/mm	1740	2280	2480	2700	2800	3300
熔池深度（h）/mm	1360	1850	2200	2300	2500	3000
钢包高度（H）/mm	2300	3150	3450	3550	3900	4500
D/H	0.957	0.92	0.899	0.901	0.872	0.867
变压器容量/MV·A	3150	5000/6300	6300/10000	6300/10000	10000/12500	12500/16000
升温速度/℃·min^{-1}	约2.5	2.5~3.1	2.1~3.3	1.8~2.8	2.0~2.5	1.7~2.1
抽气能力/kg·h^{-1}	80	200	300	300/350	400	450
极限真空度/Pa	67	67	67	67	67	67
蒸汽耗量/t·h^{-1}	4	8	9	10	12	15
金属重量/t	100	130	135	150	170	200

根据LF容量的不同，钢包底部透气砖的个数一般不相同。大钢包如60t以上的钢包可以安装2个透气砖，更大一些的可以安装3个透气砖。正常工作状态开启2个透气砖，当出现透气砖不透气时开启第3个透气砖。透气砖的合理位置可以根据经验决定，也可以根据水力学模型决定。

3.4.3 LF的工艺制度

LF的工艺制度与操作因各钢厂及钢种的不同而多种多样。LF一般工艺流程为：初炼炉（转炉或电弧炉）挡渣（或无渣）出钢→同时预吹氩、加脱氧剂、增碳剂、造渣材料、合金料→钢包进准备位→测温→进加热位→测温、定氧、取样→加热、造渣→加合金调成分→取样、测温、定氧→进等待位→喂线、软吹氩→加保温剂→连铸。

LF精炼过程的主要操作有：全程吹氩操作、造渣操作、供电加热操作、脱氧及成分调整（合金化）操作等，如图3-20所示为LF常见的操作一例。

要达到更好的精炼效果，应当从各个工艺环节下工夫，主要要抓好以下几个环节。

3.4.3.1 钢包准备

（1）检查透气砖的透气性，清理钢包，保证钢包的安全。

（2）钢包烘烤至1200℃。

（3）将钢包移至出钢工位，向钢包内加入合成渣料。

（4）根据转炉或电弧炉最后一个钢样的结果，确定钢包内加入合金及脱氧剂，以便进行初步合金化并使钢水初步脱氧。

（5）准备挡渣或无渣出钢。

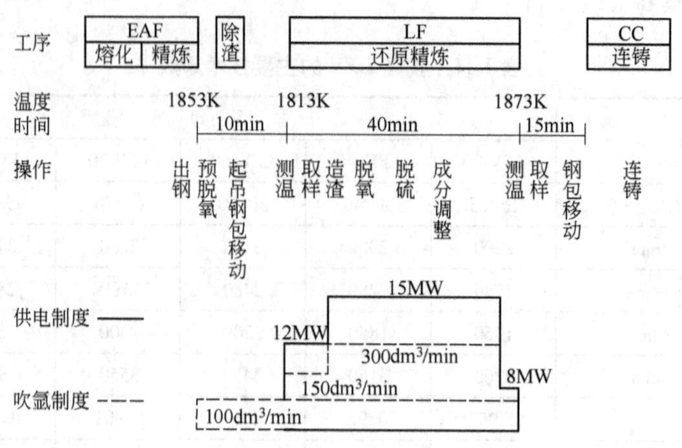

图3-20 LF操作的一例（钢种：SS400）

3.4.3.2 出钢

（1）根据不同钢种、加入渣量和合金确定出钢温度。出钢温度应当在液相线温度基础上减去渣料、合金料的加入引起的温降，再根据炉容的大小适当增加一定的温度，以备运输过程的温降。

（2）要挡渣出钢，控制下渣量不大于5kg/t。

（3）需要深脱硫的钢种在出钢过程中可以向出钢钢流中加入合成渣料。

（4）当钢水出至1/3时，开始吹氩搅拌。一般50t以上的钢包的氩气流量可以控制在200L/min左右（钢水面裸露1m左右），使钢水、合成渣、合金充分混合。

（5）当钢水出至3/4时，将氩气流量降至100L/min左右（钢水面裸露0.5m左右），以防过度降温。

3.4.3.3 造渣

A LF精炼渣的功能组成

LF精炼渣的基本功能：深脱硫；深脱氧，起泡埋弧；去非金属夹杂，净化钢液；改变夹杂物的形态；防止钢液二次氧化和保温。

LF精炼渣根据其功能由基础渣、脱硫剂、发泡剂和助熔剂等部分组成。渣的熔点一般控制在1300~1450℃，渣1500℃的黏度一般控制在0.25~0.6Pa·s。

LF精炼渣的基础渣一般多选用CaO-SiO_2-Al_2O_3系三元相图的低熔点位置的渣系，如图3-21所示。

基础渣最重要的作用是控制渣碱度，而渣的碱度对精炼过程脱氧、脱硫均有较大的影响。

精炼渣的成分及作用：CaO调整渣碱度及脱硫；SiO_2调整渣碱度及黏度；Al_2O_3调整三元渣系处于低熔点位置；$CaCO_3$脱硫剂、发泡剂；$MgCO_3$、$BaCO_3$、Na_2CO_3脱硫剂、发泡剂、助熔；Al粒强脱氧剂；Si-Fe脱氧剂；RE脱氧剂、脱硫剂；CaC_2、SiC、C脱氧剂及发泡剂；CaF_2助熔、调黏度。

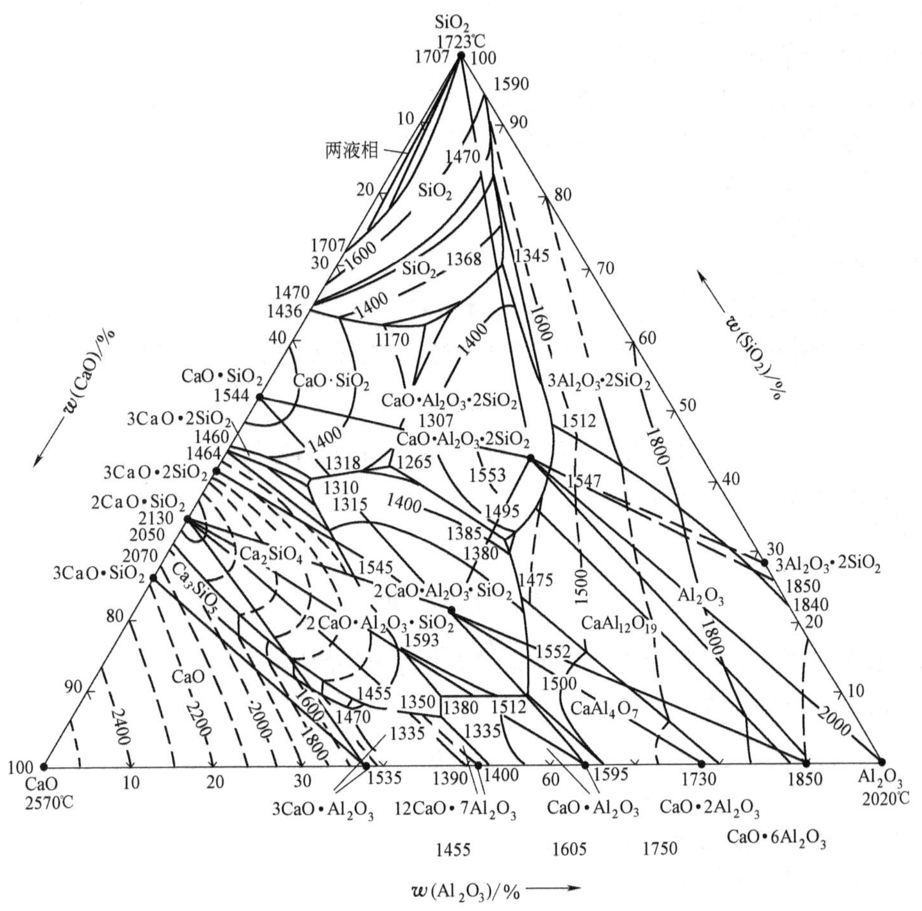

图3-21　$CaO-SiO_2-Al_2O_3$ 渣系相图

在炉外精炼过程中，通过合理地造渣，可以达到脱硫、脱氧、脱磷甚至脱氮的目的；可以吸收钢中的夹杂物；可以控制夹杂物的形态；可以形成泡沫渣（或者称为埋弧渣）淹没电弧，提高热效率，减少耐火材料侵蚀。因此，在炉外精炼工艺中要特别重视造渣。

B　精炼炉熔渣的泡沫化

LF炉用3根电极加热。加热时，将电极插入渣中进行埋弧操作。为使电极能稳定埋在渣中，需调整基础渣以达到良好的发泡性能，使炉渣能发泡并保持较长的埋弧时间。所以精炼渣不仅要有优良的物理化学性质，而且应有良好的发泡性能，以进行埋弧精炼，减少高温电弧对炉衬耐火材料和炉盖的辐射所引起的热损失。

但是在精炼条件下，由于钢水已经进行了深度不同的脱氧操作，钢中的碳和氧含量都较低，不会产生大量的气体，要形成泡沫渣有一定的困难。一般认为，在精炼渣的条件下，熔渣泡沫化性能取决于熔渣的表面张力和黏度，同时与发泡剂的产气效果密切相关。首先造大部分精炼渣作为基础渣，然后再加入一定数量的发泡剂，如碳酸盐、碳化物（SiC）、炭粉等，可使炉渣发泡。基础渣发泡性能的好坏，对整个埋弧渣操作过程非常重要。

a　衡量熔渣发泡效果的指标

可用多种指数来表示熔渣的发泡效果：

（1）相对发泡高度：ε =（熔渣发泡最大高度 - 熔渣原始高度）/熔渣原始高度。

（2）起泡率：η = 熔渣发泡最大高度/熔渣原始高度。

（3）发泡持续时间：τ。

（4）发泡指数：P。

（5）起泡指数：Σ。

熔渣的发泡效果应从发泡高度和持续时间两方面来考虑。ε 和 η 没有持续时间的概念，τ 则没有表明发泡高度。P 既考虑了渣的发泡高度又考虑了持续时间，其定义为：

$$P = \Sigma \Delta H_i \cdot t_i \tag{3-56}$$

式中　ΔH_i——在 t_i 时间内熔渣发泡高度与熔渣原始高度的差值；

　　t_i——达到 ΔH_i 的持续时间。

写成积分式：

$$P = \int_0^t \Delta H \cdot \mathrm{d}t \tag{3-57}$$

在实验室实验中，主要用 P 作为考察熔渣发泡效果的指标。

起泡指数 Σ 的定义如下：

$$\Sigma = \frac{H_\mathrm{f}}{v} \tag{3-58}$$

式中　H_f——熔渣发泡高度，cm；

　　v——气体排出速度，cm/s。

从定义式（3-58）可见，Σ 实际上是气泡在渣中的停留时间。在半工业性实验中，可用 Σ 作为考察熔渣发泡效果的指标。

b　影响熔渣发泡效果的主要因素分析

（1）熔渣碱度。乐可襄等人通过实验研究，认为熔渣碱度低时发泡效果较好。在实验中基础渣 CaO-SiO_2-MgO-Al_2O_3 的碱度（B = 1.0 ~ 2.6）范围内，当碱度较低时，表面张力值较低。熔渣起泡过程中，熔渣表面积增加（ΔS）需要做功。表面张力值低，所做的功小（$\Delta A = \sigma \times \Delta S$），渣容易发泡。另外，通过计算可知，渣的黏度在一定范围内随碱度的降低而提高；渣的黏度适当，可以使渣在气膜上不易流失，气泡在渣中的运动速度变慢。综合这两方面的影响，渣黏度较高可以使泡沫化维持时间较长。

LF 有两种处理模式：1）若转炉与连铸（LD-CC）之间衔接时间较短，则 LF 的加热与精炼须同时进行。此时要求埋弧渣碱度较高，达到既能起泡蔽弧，又能精炼的冶金效果。2）若 LD-CC 之间衔接时间较长，则 LF 处理可以采用先加热、后精炼的双工位操作。此时加热过程中的埋弧渣可以采用低碱度渣，待加热结束后，适当加入一些造渣剂，使其具有精炼效果。鉴于上述考虑，选用碱度 B = 1.0 ~ 3.0 的 CaO-MgO-Al_2O_3 渣系，用 CaF_2 作为熔剂调整渣的表面张力 σ 和黏度。实验研究证明：B = 1.9 左右，最有利于炉渣发泡。主要原因可能是在这样的碱度附近，熔渣中形成了 $2CaO \cdot SiO_2$ 而增大了炉渣黏度的缘故。

碱度过高或过低，对炉渣发泡均不利。但仅用炉渣碱度的大小来衡量炉渣发泡性能是不完全的，还必须同时考虑其他组元含量的多少。

（2）基础渣中 $w(CaF_2)$。实验结果表明：对 $CaO\text{-}SiO_2\text{-}MgO\text{-}Al_2O_3$ 渣而言，CaF_2 是表面活性物质，适当配入一定量 CaF_2，渣容易发泡。$w(CaF_2)=8\%$ 时，熔渣发泡效果最好。但当 CaF_2 过高时，熔渣黏度降低，这不利于泡沫渣的稳定，使发泡持续时间减少。因此，$w(CaF_2)$ 不宜超过10%。

（3）渣中 $w(MgO)$。牛四通等人从实验结果分析认为，$w(MgO)$ 对低碱度精炼渣和高碱度精炼渣的影响情况并不完全相同。对低碱度精炼渣系（$B<2.5$），$w(MgO)$ 在11%时，炉渣具有较好的发泡性能。主要原因是：当炉渣碱度较低时，提高 $w(MgO)$ 可以增加炉渣黏度，改善炉渣发泡性能，但当 $w(MgO)$ 过高时，炉渣的流动性变坏，气体在渣液内会变得不均匀和不稳定，从而影响了炉渣的发泡性能。对高碱度精炼渣系（B 为2.5以上），随着 $w(MgO)$ 的增加，炉渣的发泡性能较为明显地降低。所以，当精炼渣系碱度较高时，$w(MgO)$ 应该低一些对炉渣发泡有利。

（4）渣中 $w(Al_2O_3)$。在较低碱度范围内，当 $w(Al_2O_3)$ 为15%左右时，炉渣相对发泡高度取得最大值。当炉渣碱度较高时，$w(Al_2O_3)$ 对炉渣发泡性能的影响没有发现有明显的规律。$w(MgO)$ 与 $w(Al_2O_3)$ 之和对低碱度渣系发泡性能影响的研究表明，两者之和宜控制在22%～26%。

（5）发泡剂种类和粒度。张东力等人通过实验研究认为：在LF精炼条件下，泡沫渣的形成不仅需要基础渣有好的起泡性能，发泡剂的作用也很关键。各种发泡剂，碳酸盐明显优于碳化物，碳酸钙是价格低廉效果较好的发泡剂。碳酸盐与其他物质组成复合发泡剂，对碳酸盐的发泡效果有所改善。过量增加碳化物的含量对发泡高度作用不大。发泡剂的粒度对发泡过程影响明显，具有一定粒度的发泡剂可使发泡效果得到较长时间的保持，不同粒度发泡剂的混合使用有利于改善发泡效果。

C　LF典型渣系

a　埋弧渣

要达到埋弧的目的，就要有较大厚度的渣层。但是精炼过程中又不允许有过大的渣量，因此就要使炉渣发泡，以增加渣层厚度。要使炉渣发泡，从原理上讲有两种方法：还原渣法和氧化渣法。在炉外精炼工艺中，除了冶炼不锈钢外，精炼过程都需要脱氧和脱硫，因此最好是采用还原性泡沫渣法。采用还原性泡沫渣法不但可以达到埋弧的目的，而且可以同时脱硫。但是还原泡沫渣的工艺目前仍然不很成熟。造还原泡沫渣的基本办法是在渣料中加入一定量的石灰石，使之在高温下分解生成二氧化碳气泡，并在渣中加入一定量的泡沫控制剂如 $CaCl_2$ 等来降低气泡的溢出速度。

LF造氧化性泡沫渣的基本办法是控制渣中（FeO）的活度。在高碱性渣的条件下，如果渣中 a_{FeO} 偏低，可以向钢水中加入一定量的氧化铁皮或者铁矿石；如果偏高，可以向炉中加入铝粒或铝块。

b　脱硫渣

日本某厂通过炉外精炼的有关操作可将钢中硫降到0.0002%的水平。脱硫要保证炉渣的高碱度、强还原性，即渣中自由CaO含量要高；渣中 $w(FeO+MnO)$ 要充分低，一般小于1%是十分必要的。从热力学角度讲，温度高利于脱硫反应，且较高的温度可以造成更好的动力学条件而加快脱硫反应。

要使钢水脱硫，首先必须使钢水充分脱氧。要保证钢中 $a_O \leqslant 0.0002\% \sim 0.0004\%$（其实 a_O 如此低，$f_O = 1$，$a_O = w[O]$）。经常使用的脱硫合成渣组成是：$w(CaO) = 45\% \sim 50\%$，$w(CaF_2) = 10\% \sim 20\%$，$w(Al_2O_3) = 5\% \sim 15\%$，$w(SiO_2) = 0 \sim 5\%$。过多的（$SiO_2$）会降低炉渣的脱硫能力，但却可以降低炉渣的熔点，使炉渣尽快参加反应，起到对脱硫有利的作用。只要 $w(SiO_2)$ 不超过5%就不会对脱硫造成不利影响。

含CaO、SiO_2、Al_2O_3 的三元系钢包精炼脱硫渣的常规组成有 $w(CaO):w(SiO_2):w(Al_2O_3) = 60:10:30$；$(60 \sim 65):(4 \sim 6):(30 \sim 35)$；$65:5:30$。有人提出处理前的组成最好是 $w(CaO):w(SiO_2):w(Al_2O_3) = 70:10:20$，总之，不含（$CaF_2$）的渣，$w(SiO_2) = 5\% \sim 10\%$，CaO 在饱和浓度附近的组成脱硫能力强是大家公认的。另外，$w(MgO)$ 在15%以下对 CaO-SiO_2-Al_2O_3 渣系脱硫能力的影响不大。对铝镇静钢的目标渣系成分，含（Al_2O_3）25%的 CaO-SiO_2-MgO 三元相图如图3-22所示。

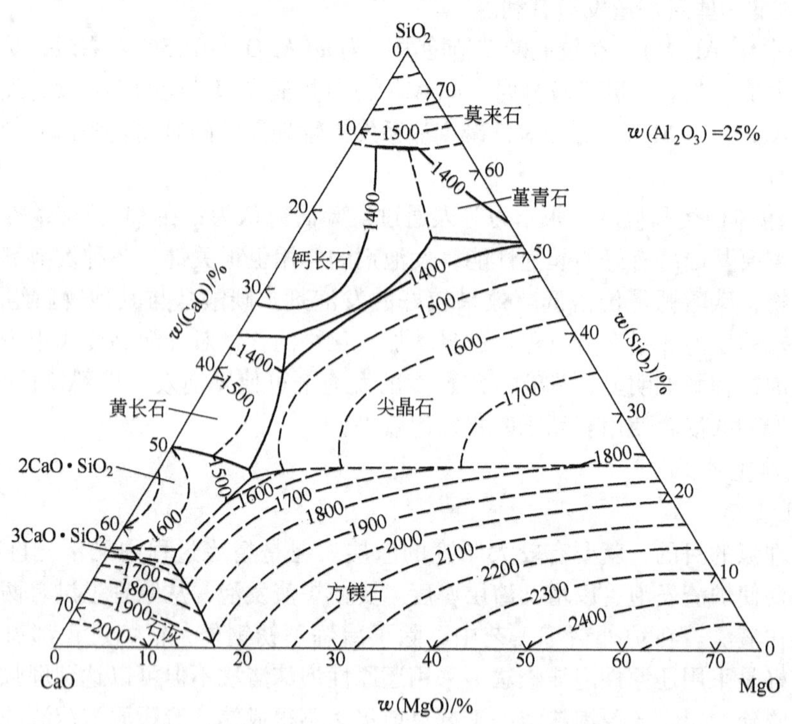

图3-22 含（Al_2O_3）25%的 CaO-SiO_2-MgO 三元相图

对图3-22分析如下：

（1）含(Al_2O_3)25%，(SiO_2)10%，(CaO)60%，(MgO)5%的渣。该渣的熔化温度在1675℃、1600℃时，固相是石灰（CaO），液相成分为：$w(SiO_2)$10.6%，$w(MgO)$5.4%，$w(CaO)$59%，液相与固相的质量比是15.33，液相约占94%。

（2）含(Al_2O_3)25%，(SiO_2)10%，(CaO)55%，(MgO)10%的渣。该渣的熔化温度在1667℃、1600℃时，固相是方镁石（MgO），液相成分：$w(SiO_2)$10.6%，$w(MgO)$8.4%，$w(CaO)$56%，液相与固相的质量比是53，液相约占98%。

（3）含(Al_2O_3)25%，(SiO_2)10%，(CaO)57%，(MgO)8%的渣。该渣的熔化温度在1600℃，在1600℃时全部是液相，温度稍低于1600℃将同时析出固相石灰（CaO）和方镁石（MgO）。

（4）含(Al_2O_3)30%，(SiO_2)10%，(CaO)60%的渣。该渣1600℃的黏度是0.13Pa·s，加入不超过10%的（MgO），黏度还能降低。

两种含CaF_2的渣，成分和熔化温度见表3-12。

表3-12 两种含CaF_2的CaO-SiO_2-Al_2O_3-MgO渣的成分与熔化温度

编号	w(CaO)/%	w(MgO)/%	$w(SiO_2)$/%	$w(Al_2O_3)$/%	$w(CaF_2)$/%	熔点/℃
1	58	10	20	5	7	1617
2	55.3	9.5	19.0	9.5	6.7	1540

硅镇静钢的目标渣系成分与表3-12中的两种渣的成分很接近，因此其熔化温度大致应在1550～1620℃的范围。表3-12中渣1在1600℃的黏度为0.3Pa·s。

根据太田和水渡计算Al_2O_3活度的公式和万谷志郎关于CaO-SiO_2-Al_2O_3-MgO渣系硫容量的实验结果，假定钢液中酸溶铝含量为0.01%，计算出两个组成的渣的硫容量和与钢液之间的硫分配系数，见表3-13。

表3-13 1873K时CaO-SiO_2-Al_2O_3-MgO渣系硫容量和渣与钢液间平衡硫分配系数的计算结果

编号	w(CaO)/%	$w(Al_2O_3)$/%	$w(SiO_2)$/%	w(MgO)/%	$\lg C_s^{2-}$	L_S
1	60	25	10	5	-1.82	1636
2	55	25	10	10	-1.95	1023

表3-13中编号1的渣的脱硫能力比编号2的渣强得多。需要注意的是，上述计算是渣中不含FeO、MnO，实际上由于渣中不可避免地有（FeO+MnO）存在，硫的分配系数将大大降低，根据经验，较好的情况下能达到200～300。

CaO-SiO_2-Al_2O_3-MgO渣系，w(CaO)达到60%即可保证CaO饱和，w(MgO)不要超过8%，$w(Al_2O_3)$取25%较好，$w(Al_2O_3)$太低则渣的熔化温度过高。

Rinboud等对CaO-SiO_2-Al_2O_3-MgO渣系的L_S值进行了详细的热力学计算及试验。结果表明，当钢中w[Al]为0.03%，温度为1600℃时，脱硫渣的组成为w(CaO)=60%～70%，$w(SiO_2)$=5%～10%，$w(Al_2O_3)$=20%～30%，L_S可达500～700。

钢包到达LF工位后，根据脱硫要求加入适量CaO·Al_2O_3合成渣，并对钢包渣进行脱氧，使渣中的w(FeO+MnO)<1%。在LF处理过程中，要控制底吹氩流量。对于深脱硫钢，为了强化渣钢界面的脱硫反应，宜采用较强的搅拌方式。

c 脱氧渣

LF精炼过程，一方面，要用脱氧剂最大限度地降低钢液中的溶解氧，在降低溶解氧的同时，进一步减少渣中不稳定氧化物（FeO+MnO）的含量；另一方面，要采取措施使脱氧产物上浮去除。

用强脱氧元素铝脱氧，钢中的酸溶铝达到0.03%～0.05%时，钢液脱氧完全。这时钢中的溶解氧几乎都转变成Al_2O_3，钢液脱氧的实质是钢中氧化物去除的问题。

因此，考察精炼渣的脱氧性能的优劣，也应该从两个方面来解释，首先，精炼渣的存在应该增强硅铁、铝等脱氧元素的脱氧能力；其次，精炼渣的理化性质应该有利于吸收脱氧产物。实践证明：脱氧产物的活度降低能大大改善脱氧元素的脱氧能力。对于铝镇静钢所用精炼渣，降低 Al_2O_3 的活度有重要的意义。由活度图和铝脱氧的平衡，可以计算不同铝含量的钢水中氧活度。在同样铝含量的情况下，随产物铝酸钙中 CaO 含量的不同，钢水中的氧活度相差一个数量级。当合成渣中的 CaO 含量较高，Al_2O_3 的活度较低时，精炼合成渣有较好的促进脱氧效果。

从 CaO-Al_2O_3 渣系的相图可知：合成渣较低的熔点可以保证熔渣具有良好的高温流动性，CaO-SiO_2-Al_2O_3 系渣中 SiO_2的出现有利于精炼渣熔点的降低。适当增加渣中 CaO 的含量，能更显著地降低 Al_2O_3 的活度。这些因素都有利于渣对钢水中非金属夹杂物（主要是 Al_2O_3）的吸收。

铝（硅）镇静钢中存在的夹杂物主要是 Al_2O_3 型，因此需要将渣成分控制在易于去除 Al_2O_3 夹杂物的范围。渣对 Al_2O_3 的吸附能力可以通过降低 Al_2O_3 活度和降低渣熔点以改进 Al_2O_3 的传质系数来实现。因此，可以通过 CaO-SiO_2-Al_2O_3 三元渣系相图来讨论。

降低 Al_2O_3 活度被认为是更重要的，渣成分应接近 CaO 饱和区域。如果渣成分在 CaO 饱和区，Al_2O_3的活度变小，可获得较好的热力学条件。由于熔点较高，吸附夹杂效果并不好，在渣处于低熔点区域时，吸附夹杂能力增强，但热力学平衡条件恶化。其解决办法是将渣成分控制在 CaO 饱和区，但向低熔点区靠近。具体的措施是控制渣中 Al_2O_3 含量，使 $w(CaO)/w(Al_2O_3)$控制在 1.7～1.8 之间。生产低氧钢的主要工艺措施有：（1）尽可能脱除渣中（FeO）、（MnO），使顶渣保持良好的还原性；（2）使渣碱度控制在较高程度，阻止渣中 SiO_2 还原；（3）采用 CaO-Al_2O_3 合成渣系，并将炉渣成分调整到易于去除 Al_2O_3 夹杂物的范围；（4）合适的搅拌制度，在 LF 处理低氧钢过程中，有一个合理的搅拌强度问题，为防止炉渣卷入和钢水裸露，一般采用较弱的搅拌方式。

结合以上分析，LF 炉白渣精炼工艺要点如下：

（1）出钢挡渣，控制下渣量不大于 5kg/t。

（2）钢包渣改质，控制包渣 $B \geqslant 2.5$，渣中 $w(FeO + MnO) \leqslant 3.0\%$。

（3）白渣精炼，一般采用 CaO-SiO_2-Al_2O_3系炉渣，控制 $B \geqslant 3$，渣中 $w(FeO + MnO) \leqslant 1.0\%$，保持熔渣良好的流动性和较高的渣温，保证脱硫、脱氧效果。LF 钢包炉精炼渣的最终控制目标渣系成分列于表 3-14。

（4）控制 LF 炉内气氛为还原性气氛，避免炉渣再氧化。

（5）适当搅拌，避免钢液面裸露，并保证熔池内具有较高的传质速度。

表 3-14　铝镇静钢和硅镇静钢目标渣系成分　　（%）

项　目	CaO	SiO_2	Al_2O_3	MgO	（FeO + MnO）
铝镇静钢	55～65	5～10	20～30	4～5	<0.5
硅镇静钢	50～60	15～20	15～25	7～10	<1

总之，LF 炉造渣要求“快”、“白”、“稳”。“快”就是要在较短时间内早出白渣，处理周期一定，白渣形成越早，精炼时间越长，精炼效果就越好；“白”就是要求 $w(FeO)$ 降到 1.0% 以下，形成强还原性炉渣；“稳”有两方面含义，一是炉与炉之间渣子的性质

要稳，不能时好时坏；二是同一炉次的白渣造好后，要保持渣中 $w(FeO) \leqslant 1.0\%$，提高精炼效果。

3.4.3.4 LFV 的脱碳

对于一般钢种，在 LFV 的加热工位可进行常压下的氧气脱碳。

对于低碳和超低碳不锈钢或者工业纯铁，在 LFV 真空工位可进行真空吹氧脱碳。对于铁素体不锈钢，可使碳降到 0.008%，而铬的回收率在 97% 以上；对于奥氏体不锈钢，可使碳降低到 0.004%，而铬的回收率在 98% 以上；对于工业纯铁，可使碳降低到 0.003%。

3.4.3.5 LFV 的脱气和脱氧

LFV 采用真空下的吹氩搅拌，可使轴承钢 $w[H]$、$w[N]$ 和 $w(T[O])$ 的含量分别达到 0.000268%、0.0038%、0.001% 的水平，见表 3-15；可使 06CrMoV7 的 $w[H]$ 和 $w(T[O])$ 分别达到 0.00025%、0.0015% 以下。

表 3-15 LFV 精炼 Cr25Ni35 钢的气体含量

钢中气体 w/%	取样阶段				
	原 始	抽真空	浇注前	模 内	成 品
[H]	6.5×10^{-4}	2.5×10^{-4}	2.65×10^{-4}	3.55×10^{-4}	
T[O]	220×10^{-4}		19×10^{-4}	17.3×10^{-4}	
[N]	372×10^{-4}	190×10^{-4}		185×10^{-4}	147×10^{-4}

3.4.3.6 LFV 的成分和温度微调

A LFV 的成分控制和微调

LFV 在真空工位和加热工位都具备合金化的功能，使得钢水中的 C、Mn、Si、S、Cr、Al、Ti、N 等元素的含量都能得到控制和微调，而且易氧化元素的收得率也较高。LFV 控制钢中元素的范围（w/%）如下：

C	Mn	Si	S	Cr	Al	Ti	N
±0.01	±0.02	±0.02	±0.004	±0.01	±0.02	±0.025	±0.0050

B 温度的控制和微调

LFV 的加热工位可使钢水温度得到有效的控制，温度范围可控制在 ±2.5℃ 内。钢水在真空脱气后，在浇注或连铸过程中的温降十分均匀稳定，可使钢锭的表面质量或连铸坯表面质量得到有效保证，而且为全连铸和实现多炉连浇创造十分优越的条件。

LF 加热期间应注意的问题是采用低电压、大电流操作。由于造渣已经为埋弧操作做好了准备，此时就可以进行埋弧加热了。在加热的初期，炉渣并未熔化好，加热速度应该慢一些，可以采用低功率供电。熔化后，电极逐渐插入渣中。此时，由于电极与钢水中氧的作用、包底吹入气体的作用、炉中加入的 CaC_2 与钢水中氧反应的作用，炉渣会发泡，渣层厚度就会增加。这时就可以以较大的功率供电，加热速度可以达到 3～4℃/min。加热的最终温度取决于后续工艺的要求。对于系统的炉外精炼操作来说，后续工艺可能会有喷粉、搅拌、合金化、真空处理、喂线等冶炼操作，所以要根据后续操作确定 LF 加热结束温度。

3.4.3.7 搅拌

LF 精炼期间搅拌的目的是：均匀钢水成分和温度，加快传热和传质；强化钢渣反应；加快夹杂物的去除。均匀成分和温度不需要很大的搅拌功率和吹氩流量，但是对脱硫反应，应该使用较大的搅拌功率，将炉渣卷入钢水中以形成所谓的瞬间反应，加大钢渣接触界面，加快脱硫反应速度。对于脱氧反应来说，过去一般认为加大搅拌功率可以加快脱氧。但是目前在脱氧操作中多采用弱搅拌——将搅拌功率控制在 30 ~ 50W/t 之间。有学者得出在轴承钢的炉外精炼中，更高的搅拌功率不能加快脱氧的结论。

在 LF 的加热阶段不应该使用大的搅拌功率。功率大了，会引起电弧的不稳定。搅拌功率可以控制在 30 ~ 50W/t。加热结束后，从脱硫角度出发，应当使用大的搅拌功率。对于深脱硫工艺，搅拌功率应当控制在 300 ~ 500W/t 之间。脱硫过程完成后，应当采用弱搅拌，使夹杂物逐渐去除。

加热后的搅拌过程会引起温度降低。不同容量的炉子，加入的合金料量不同、炉子的烘烤程度不同，温降亦会不同。总之，炉子越大，温度降低的速度越慢，60t 以上的炉子在 30min 以上的精炼中，温降速度不会超过 0.6℃/min。

LF 精炼结束，在脱硫、脱氧操作完成后，精炼结束之前，要进行合金成分微调。合金成分微调应当尽量争取将成分控制在狭窄的范围内。通过 LF 精炼能够得到 $w[S] < 0.002\%$，$w(T[O]) < 0.0015\%$ 的结果。成分微调结束之后，搅拌约 3 ~ 5min，加入终铝，有一些钢种接着要进行喂线处理。喂线包括喂入合金线以调整成分，喂入铝线以调整终铝量，喂入硅钙包芯线对夹杂物进行变性处理。要达到对夹杂物进行变性处理的目的，必须使钢水深脱氧，使炉渣深脱氧；钢中的硫也必须充分低，钢中的溶解铝含量 $w[Al] > 0.01\%$。对深脱氧钢进行夹杂物变性处理，钢中的钙含量一般要控制在 0.003% 的水平。深脱氧钢的钙的收得率一般为 30% 左右。对于需要进行真空处理的钢种，合金成分微调应该在真空状态下进行，喂线应该在真空处理后进行。

3.4.4 LF 的处理效果

日本大同公司知多钢厂 LF 的自动控制系统于 1985 年投入运行，其主要功能有：(1) 以热模型为基础的电能控制，目的是调整钢液温度。(2) 合金计算，目的是调整化学成分，包括最优化学成分计算、合金添加量计算。(3) 最佳炉渣成分计算和渣料添加量计算。(4) 氩气流量的计算和控制。(5) 排气控制。(6) 打印生产报表，包括 LF 精炼时间、钢水炉号、电能消耗、平均功率因数、气体耗量、钢水重量、钢种、LF 总处理时间、故障时间、添加合金量、渣料量、到达 LF 工位的温度、LF 结束的钢水温度等。(7) 监视，包括操作监视、添加料监视、故障监视等。

经过 LF 处理生产的钢可以达到很高的质量水平：

(1) 脱硫率达 50% ~ 70%，可生产出 $w(S) \leqslant 0.01\%$ 的钢。如果处理时间充分，甚至可达到 $w(S) \leqslant 0.005\%$ 的水平。

(2) 可以生产高纯度钢，钢中夹杂物总量可降低 50%，大颗粒夹杂物几乎全部去除；钢中含氧量可达到 0.002% ~ 0.003% 的水平。

（3）钢水升温可以达到4～5℃/min。

（4）温度控制精度±(3～5)℃。

（5）钢水成分控制精度高，可生产出诸如w[C]±0.01%，w[Si]±0.02%，w[Mn]±0.02%等元素含量范围很窄的钢。

3.4.5 LFV的处理效果

LFV的相关技术对于保证精炼过程的正常进行、精炼钢的质量水平是十分重要的。与LFV密切相关的配套技术主要有挡渣技术、精炼钢包预热技术、真空脱气操作技术、精炼包底吹Ar与滑动水口自动开浇一体化技术等。目前，国内应用的各种挡渣技术很多，主要有电弧炉内机械挡渣法、挡渣塞挡渣法、石灰或白云石挡渣堰挡渣法、滑动水口挡渣法、EBT挡渣法、中间包挡渣法、气体挡渣法、真空吸渣法等。

常见挡渣技术的挡渣对轴承钢w(T[O])的影响如下：

挡渣方法	轴承钢w(T[O])/%
电弧炉内机械挡渣	0.0008～0.002
挡渣堰挡渣	0.0011～0.0017
中间包挡渣	0.0006～0.0014
钢包倾动挡渣	0.0011～0.0015
EBT挡渣	0.0008～0.0012

LFV搅拌所用的气体通常是氩气，也有用N_2的。一般采用精炼钢包底吹。吹气的设置既可以在钢包中心，也可以在(0.5～0.62)R(钢包半径)处。对于大容量(100t以上)的精炼钢包，可采用两个吹气点，以保证搅拌效果。搅拌用的透气砖有直通多孔型和弥散型两种。

LFV的处理效果：

（1）使轴承钢的w[H]达2.68ppm，w[N]达37ppm，w[O]达10ppm。

（2）采用普通工艺可使工业纯铁的w[S]从0.060%下降到0.015%。

（3）采用特殊精炼工艺可使轴承钢中的w[S]从0.030%下降到0.003%以下。

（4）采取特殊的工艺可使轴承钢中的$w[S]+w[H]+w[N]+w[O] \leqslant 70$ppm。

（5）钢中氧化物含量达到0.003%以下，硫化物含量达到0.0246%。

（6）钢水温度范围可控制在±2.5℃内。

过去LF法主要配合电弧炉，用以生产特殊钢。最近几年，在转炉车间装配LF（V）精炼炉，越来越引起人们的兴趣。在转炉与连铸生产线上采用LF（V）精炼法，可使转炉出钢温度和炉渣中氧化铁含量降低，又可提高炉衬寿命和钢的纯净度以及连铸的浇成率。可用氧气转炉配LFV法取代电炉法生产特殊钢。

对于采用连铸生产普通钢的中型转炉车间，也可以只采用电弧加热和底吹氩搅拌两个功能，补偿温度损失，微调及均匀合金成分和温度。

任务3.5 真空电弧加热法（VAD法）

3.5.1 VAD法的特点

VAD法（vacuum arc degassing，钢包真空电弧加热脱气）由美国A. Finkl & Sons公司

1967 年与摩尔公司（Mohr）共同研究开发，又称 Finkl-VAD 法或 Finkl-Mohr 法，前联邦德国又称为 VHD 法（vacuum heating degassing）。这种方法在低真空下进行加热，在钢包底部吹氩搅拌，主要设备如图 3-23 所示。加热钢包内的压力大约控制在 0.2×10^5Pa 左右，因而保持了良好的还原性气氛，使精炼炉在加热过程中可以达到一定的脱气目的。不过，正是 VAD 的这个优点使得 VAD 炉盖的密封很困难，投资费用高，再加上结构较复杂，钢包寿命低。因而 VAD 法自 1967 年发明以来，尤其是近十几年来，几乎没有得到什么发展。VAD 法有以下优点：

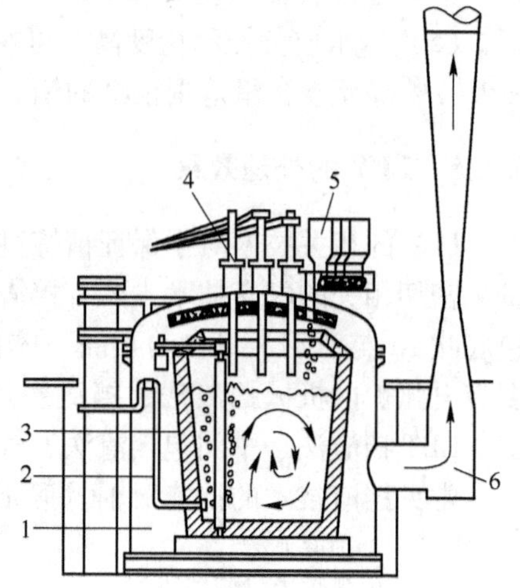

图 3-23　VAD 精炼炉示意图
1—真空室；2—底吹氩系统；3—钢包；4—电弧加热系统；5—合金加料系统；6—抽真空装置

（1）在真空下加热，可形成良好的还原性气氛，防止钢水在加热过程中的氧化，并在加热过程中达到一定的脱气效果。

（2）精炼炉完全密封，加热过程中噪声较小，而且几乎无烟尘。

（3）可以在一个工位达到多种精炼目的，如脱氧、脱硫、脱氢、脱氮；甚至在合理造渣的条件下，可以达到很好的脱磷目的。

（4）有良好的搅拌条件，可以进行精炼炉内合金化；使炉内的成分很快地均匀。

（5）可以完成初炼炉的一些精炼任务，协调初炼炉与连铸工序。

（6）可以在真空条件下进行成分微调。

（7）可以进行深度精炼，生产纯净钢。

优点是明显的，难以解决的电极密封问题也是致命的。这个致命的缺点使得 VAD 法未能得到很快的发展。也许有一天电极密封的问题解决了，VAD 法会得到很快发展。但就目前的情况来看，VAD 不是发展主流。

3.5.2　VAD 法的主要设备与精炼功能

3.5.2.1　VAD 法的主要设备及布置

VAD 精炼设备主要包括真空系统、精炼钢包、加热系统、加料系统、吹氩搅拌系统、检测与控制系统、冷却水系统、压缩空气系统、动力蒸汽系统等。

VAD 炉可与电炉、转炉双联，设备布置可与初炼炉在同一厂房跨内，也可以布置在浇注跨。精炼设备布置有深阱和台车两种形式。抚顺钢厂 VOD/VAD 精炼炉与初炼炉在同一厂房跨内，采用深阱式布置。

为了满足特殊钢多品种精炼需要，VAD 常与 VOD 组合在一起。

3.5.2.2　VAD 法基本精炼功能

VAD 炉具有抽真空、电弧加热、吹氩搅拌、测温取样、自动加料等多种冶金手段，整个冶金过程在一个真空罐内即可完成，不像SKF和LFV那样加热和脱气在两个工位，钢水包需移动。因此，VAD的各种冶金手段可以根据产品的不同质量要求随意组合。VAD法基本精炼功能有：

（1）造渣脱硫；

（2）脱氧去夹杂；

（3）脱气（H、N）；

（4）吹氩改为吹氮时，可使钢水增氮；

（5）合金化。

3.5.3 VAD法操作工艺

实际生产中，通过真空、加热、吹氩、合金化的不同组合，有多种多样的VAD工艺路线，如图3-24所示。

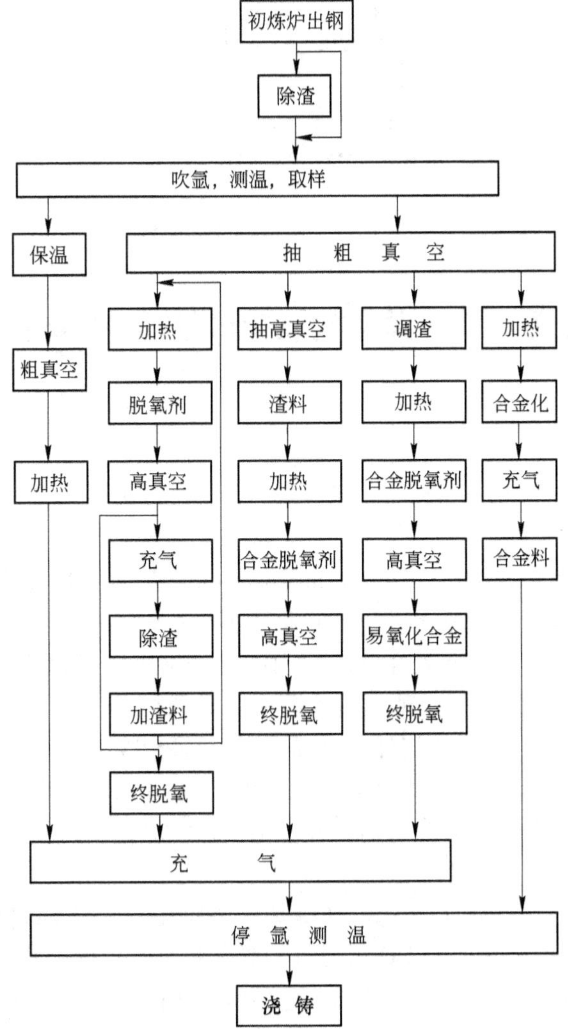

图3-24 VAD法工艺路线图

如果在VAD真空盖上安装一支氧枪，向钢水内吹氧脱碳，就可以形成真空吹氧脱碳精炼法，即VOD（vacuum oxygen decarburization）工艺。用VOD法可冶炼低碳和超低碳不锈钢种。其设备包括钢包、真空室、拉瓦尔喷嘴水冷氧枪、加料罐、测量取样装置、真空抽气系统、供氩装置等，如图3-25所示。往往VAD和VOD两种设备安放在同一车间的相邻位置，形成VAD/VOD联合精炼设备，使车间具备灵活的精炼能力。

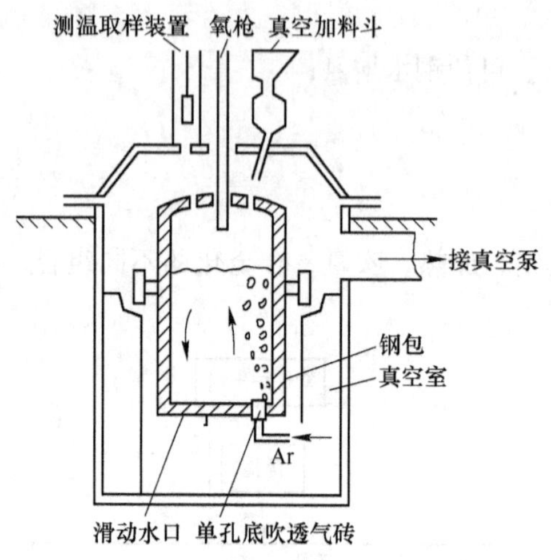

图3-25　VOD装置示意图

任务3.6　真空吹氧脱碳法（VOD法）

3.6.1　VOD法的特点

VOD法就是不断降低钢水所处环境的CO的分压力（p'_{CO}），达到去碳保铬，冶炼不锈钢的方法。

这种方法是由威登特殊钢厂（Edd-stahl-werk Witten）和标准迈索公司（Standard Messo）公司在1967年共同研制成功的，有时也称为Witten法，这是为了冶炼不锈钢所研制的一种炉外精炼方法，其特点是向处在真空室内的不锈钢水进行顶吹氧和底吹氩搅拌精炼，达到脱碳保铬的目的。VOD法实现了不锈钢冶炼必要的热力学和动力学条件——高温、真空、搅拌。据2002年的不完全统计，世界上有70多台VOD。容量最大的是日本新日铁八幡制铁厂的150t VOD，最小容量为5t，中国共有14台（套）VOD。1990年日本住友金属公司鹿岛厂以不锈钢的高纯化为目的，开发出由顶吹氧枪吹入粉体石灰或者铁矿石的方法，称为VOD-PB法。

VOD可以与转炉、电弧炉等配合，初炼炉中将钢熔化，并调整好除碳和硅外的其他成分，将钢水倒至钢包内，送至VOD工位进行脱碳精炼。有时可以在VOD内进行脱磷处理。在进行脱碳处理时，降下水冷氧枪向钢包内吹氧脱碳。在吹氧脱碳的同时从钢包底部向钢包吹氩气进行搅拌。

近年来，不锈钢的主要生产炉型已扩展为顶底复吹转炉、AOD和VOD。VOD法的生产工艺路线也由电炉（或转炉)—VOD演变称为电炉—复吹转炉—VOD，与顶底复吹转炉和AOD相比，VOD设备复杂，冶炼费用高，脱碳速度慢，初炼炉需要进行粗脱碳，生产效率低。优点是在真空条件下冶炼，钢的纯净度高，碳氮含量低，一般 $w([C]+[N])<0.02\%$，而AOD法则在0.03%以上，因此，VOD法更适宜生产［C］、［N］、［O］含量极低的超纯不锈钢和合金。

3.6.2 VOD法的主要设备

3.6.2.1 VOD钢包

钢包应当给钢水留有足够的自由空间，一般为1000～1200mm。VOD处理的钢种都是低碳和超低碳钢种，因此钢水温度一般较高，所以要选用优质耐火材料，尤其渣线部位更应注意。钢包都要安装滑动水口。

3.6.2.2 VOD真空罐

真空罐的盖子上部要安装氧枪、测温取样装置、加料装置。真空罐盖内为防止喷溅造成氧枪通道阻塞和顶部捣固料损坏，围绕氧枪挂一个直径3000mm左右的水冷挡渣盘，通过调整冷却水流量控制吹氧期出水温度在60℃左右，使挡渣盘表面只凝结薄薄的钢渣，并自动脱落。

3.6.2.3 VOD真空系统

用于VOD的真空泵有水环泵+蒸汽喷射泵组两种。水环泵和蒸汽喷射泵的前级泵(6～4级)为预抽真空泵，抽粗真空。蒸汽喷射泵的后级泵（3～1级）为增压泵，抽高真空，极限真空度不大于20Pa。30～60t VOD六级蒸汽喷射泵基本工艺参数见表3-16。

表3-16 30～60t VOD六级蒸汽喷射泵基本工艺参数

项　目	工艺参数	指　标	项　目	工艺参数	指　标
蒸　汽	工作压力/MPa	1.6	真空度/Pa	工作真空度	<100
	过热温度/℃	210			
	最大用汽量/$t \cdot h^{-1}$	10.5		极限真空度	20
冷却水	工作压力/MPa	0.2	抽气能力/$kg \cdot h^{-1}$	133.322Pa时	340
	进水温度/℃	≤32		5332.88Pa时	1800
	最大用水量/$m^3 \cdot h^{-1}$	650		1600Pa时	1800

3.6.2.4 VOD氧枪

早期使用的VOD氧枪一般是自耗钢管。所以在吹炼时必须不断降低氧枪高度，以保证氧气出口到钢水面的一定距离，提高氧气的利用率。如果氧枪下端距离过大，废气中的 CO_2 和 O_2 浓度会增加。经验证明，使用拉瓦尔喷枪可以有效地控制气体成分；可以增强氧气射流压力；当真空室内的压力降至100Pa左右时，拉瓦尔喷枪可以产生大马赫数的射流，强烈冲击钢水，加速脱碳反应而不会在钢液表面形成氧化膜。

VOD 常与 VAD 组合在一起满足精炼多品种特殊钢的需要。不同容量 VAD/VOD 双联设备的技术参数见表 3-17。

表 3-17 VOD/VAD 精炼设备参数

项 目	VOD/VAD-20	VOD/VAD-40	VOD/VAD-60	VOD/VAD-100	VOD/VAD-150
钢包额定容量/t	15	30	50	90	125
钢包最大容量/t	20	40	60	100	150
钢包直径/mm	2200	2900	3100	3400	3900
熔池直径/mm	1740	2280	2480	2800	3300
钢包高度/mm	2300	3150	3450	3900	4500
熔池深/mm	1360	1850	2200	2500	3000
真空罐直径/mm	3800	4800	5200	5600	6300
真空罐高度/mm	4100	5000	5400	5800	6500
极限真空度/Pa	67	67	67	67	67
升温速率(VAD)/℃ · min^{-1}	1.5 ~ 2.5	1.5 ~ 2.5	1.5 ~ 2.5	1.5 ~ 2.5	1.5 ~ 2.5
变压器容量(VAD)/kV · A	3150	5000/6300	6300/10000	10000/12500	12500/16000
变压器二次电压/V	170 ~ 125	210 ~ 170	240 ~ 170	280 ~ 150	320 ~ 210
抽气能力/kg · h^{-1}	150	250	350	450 ~ 500	550 ~ 600
蒸汽消耗量/t · h^{-1}	7 ~ 8	10 ~ 12	13 ~ 15	15 ~ 20	20 ~ 25

上钢三厂 AOD 法的主要特点是为 VOD 配备了喷粉系统。喷粉系统由传动机构、受料斗、供给阀、送料器、电子秤和真空喷粉球阀组成；可以在非真空下喷吹脱硫剂、炭粉和合金粉料；可以作为真空下的喷粉实验。其氧枪设计采用了水冷拉瓦尔喷头，假设氧气流量 $480m^3/h$；氧气进口压强 600kPa；氧气出口马赫数 3.2 ~ 3.8，计算得到喉口直径 13mm，扩张角 50°，扩张段长度 90mm。

3.6.3 VOD 法的基本功能与效果

3.6.3.1 VOD 法的基本功能

VOD 具有吹氧脱碳、升温、吹氩搅拌、真空脱气、造渣合金化等冶金手段，适用于不锈钢、工业纯铁、精密合金、高温合金和合金结构钢的冶炼，尤其是超低碳不锈钢和合金的冶炼。

传统的不锈钢冶炼方法是采用电弧炉的返回吹氧法，依据高温下 C 优先于 Cr 氧化的原理，采用高温吹氧，实现脱碳保铬目的。但是高温将导致炉衬寿命降低，并且在大气压下吹氧精炼，即使温度很高，$w[C]$ 在 0.1% 左右铬也有相当多的氧化，最高达 90%。如果降低 p_{CO}，可以起到与提高温度相同的效果。温度一定时，钢中含 $w[C]$ 只与 p_{CO} 有关，降低 p_{CO} 就可以达到降低含碳量的目的。

在大气压下吹氧，能把 $w[C]$ 降到 1.5%，而铬没有严重氧化损失，再继续吹氧脱碳，Cr 会大量氧化，因而不经济；如 $w[C] < 0.45\%$ 时在减压下吹氧，则能将 $w[C]$ 脱到 0.06%，而 Cr 基本不氧化。

目前降低 p_{CO} 分压的方法有真空法，如 VOD 法；稀释法，如 AOD 法、CLU 法，用 Ar 气和蒸汽分解出来的氢稀释降低 p_{CO}。

VOD 法就是根据真空下脱 C 的理论而研制成功的，再通过钢包底部吹入 Ar 促进钢液的循环，以防止喷嘴附近铬的局部氧化。其基本功能如下：

（1）吹氧升温、脱碳保铬；

（2）脱气；

（3）造渣、脱氧、脱硫、去夹杂；

（4）合金化。

3.6.3.2　VOD 法精炼效果及与 AOD 法比较

VOD 炉和 AOD 炉作为冶炼低碳或超低碳不锈钢的精炼装置，能脱碳保铬，脱气效率高。VOD 法脱氢、脱氮效果比 AOD 法好，精炼效果见表 3-18。

表 3-18　VOD 法与 AOD 法比较

项　目	VOD 法	AOD 法
钢水条件	$w[C]=0.3\%\sim0.5\%$ $w[Si]\approx0.5\%$	$w[C]=0.3\%\sim0.5\%$ $w[Si]\approx0.5\%$
成分控制	真空下只能间接操作	常压下操作方便
温度控制	真空下控制较为困难	用吹气比例及加入冷却剂控制
脱氧	$w[O]=0.004\%\sim0.008\%$	$w[O]=0.004\%\sim0.008\%$
脱硫	$w[S]\approx0.01\%$	$w[S]<0.01\%\sim0.005\%$
脱氢、脱氮	$w[H]<0.0002\%$ $w[N]<0.01\%\sim0.015\%$	$w[H]<0.0005\%$ $w[N]<0.03\%$
铬的总回收率	比 AOD 法低 3% ~4%	96% ~98%
适应性	不锈钢精炼及其他钢种的真空脱气	原则上冶炼不锈钢专用， 也可用于 Ni 基合金的冶炼
操作费用	真空下相当于 AOD 法氩气费用的 1/10 以下	要用昂贵的氩气和大量的 Fe-Si
设备费	比较贵	比 VOD 便宜 1/2
生产率	较低	大约是 VOD 的 2 倍

3.6.4　我国 VOD、VOD/VAD 的发展

目前我国已拥有 VOD、VOD/VAD 精炼装置 10 多台，主要分布在电炉特殊钢厂，一般用于生产不锈钢。1977 年，大连钢厂自行设计制造的 18t VOD 建成投产；抚顺钢厂 1981 年从德国引进了 30t/60t VOD/VAD 钢包炉；1984 年，西安电炉研究所为长城钢厂设计制造了 40t VOD/VAD 钢包炉，1986 年投入运行；1984 年 7 月，太钢 15t/30t VOD 炉开始热试，主要生产不锈钢。1999 年以来，抚顺钢厂 EAF +30t VAD 底吹氮增氮工艺生产气阀钢 5Cr21Mn9Ni4N 取得了重大突破。

3.6.5　VOD/VAD 生产工艺

VOD 精炼法的操作特点是在高温真空下操作，将扒净炉渣、$w[C]$ 为 0.4% ~0.5% 的

钢水注入钢包并送入真空室，从包底边吹氩气、边减压。氧枪从真空室插入进行吹氧脱碳。按钢水鼓泡状况，抽真空程度介于 1 ~ 10kPa 之间。脱碳后继续吹氩进行搅拌，必要时加入脱氧剂与合金剂。VOD 法尤其适用于超低碳钢的精炼。

VOD 精炼过程的关键环节是：

（1）初炼钢水的化学成分（C，Si）和温度。

（2）合适的吹氧真空度、氧流量、氧枪高度和吹氩流量。

（3）准确掌握吹氧终点，减少过吹。

3.6.5.1　原上钢三厂 EAF—VOD 生产工艺

以下是与 5t 电弧炉相配合生产 1Cr18Ni9Ti 的工艺。

（1）电弧炉配料要求：碳约 1.2%；磷不大于 0.03%；铬 18.5% ~ 19.2%；镍 9.6% ~10.6%。

（2）电弧炉冶炼：炉料熔清 90% 以上时吹氧助熔。全熔后加 Fe-Si 5kg，取样。温度高于 1155℃时，扒渣、吹氧，脱碳、脱硅。当温度达 1700℃时，停吹氧，取样。加入石灰 300 ~ 500kg。按每吨钢硅铁 3 ~ 5kg、铝 2kg 和一定量的电石或炭粉加入炉中进行还原。当钢水温度为 1680 ~ 1700℃时出钢，钢水成分为：w[C] 0.4% ~0.6%；w[Si] ≤0.4%；w[Cr] 18.5% ~19.0%；w[Ni] 9.5% ~10.0%；w[S] 0.05%；w[P] 0.03%。

VOD 采用 16t 钢包直接接受钢水，钢包烘烤温度高于 800℃。新包要烘烤 24h 以上。电弧炉出钢后要扒渣。扒渣后加入石灰 50kg。将钢包吊入真空罐，就位后接通钢包底部的吹氩管，按照 20L/min 流量吹氩 2 ~ 3min。将真空罐车从准备位置开进钢水处理位置。盖好真空罐盖。开动 6a、6b 真空泵或者启动 6a、6b + 5a、5b 真空泵，使真空度保持在 20kPa。下降氧枪吹氧，枪位高度约 1100mm。供氧及供氩参数见表 3-19。

表 3-19　15t VOD 供氧、供氩参数

精炼阶段	氧气压力/Pa	氧气流量/$m^3 \cdot h^{-1}$	氩气压力/Pa	氩气流量/$L \cdot min^{-1}$
吹氧前期	6×10^5	约 450	0.5×10^5	20 ~ 30
吹氧后期	4×10^5	约 350	0.2×10^5	30 ~ 40

吹氧后期，增开 4a、4b 真空泵，真空度约控制在 8kPa。当氧浓差电势降至零位时，停止吹氧。按照程序开 3 号、4 号、5 号泵。提高真空度，进行真空脱气。脱气过程中，把氩气流量加大到 45 ~ 50L/min。在高真空度下保持 5 ~ 10min。加入 Si-Mn 6 ~ 10kg/t，Si-Fe 2 ~ 3kg/t，Al 1 ~ 2kg/t，石灰 20kg/t，萤石 5kg/t。当钢水温度达到 1620 ~ 1650℃时，停止吹氩破真空，提升真空罐盖，测温，取样，吊包浇注。

通过 VOD 精炼，钢中氮、氢、氧成分（ppm）数值如下：

	[N]	[H]	T[O]
电弧炉	180 ~ 290	8 ~ 12	50 ~ 120
VOD	130 ~ 230	2 ~ 4	30 ~ 81

使用 VOD 冶炼铬镍钛不锈钢，每吨成本可以降低 190 元。冶炼超低碳不锈钢，每吨成本可以降低 500 ~ 1000 元。

3.6.5.2　大冶钢厂60t VAD精炼工艺

在很多情况下，电弧炉出钢钢水温度已经可以满足精炼的需要，此时钢水不需要加热，只进行真空吹氩搅拌即可。这样的工艺姑且称为VD工艺，也有人称之为VArD，意为真空吹氩搅拌脱气。大冶钢厂60t VAD工艺如下：

（1）要求蒸汽压力达800kPa，温度高于175℃。

（2）氩气压力600～800kPa。

（3）钢包进入精炼罐以前测定钢水温度和渣层厚度。其中GCr15 >1580℃；G20CrNiMoA >1630℃；渣层厚度小于150mm。根据测温情况决定精炼时间。

（4）钢包进入精炼罐后吹氩搅拌2～3min，取全样分析。

（5）盖好真空盖，抽真空。按照以下流量进行吹氩搅拌：

	真空度/kPa	氩气流量/$L \cdot min^{-1}$
入罐		80～120
预真空	100～45	120
粗真空	45～10	40～80
一般真空	10～1	20～50
高真空	1	10～20
低真空加合金	15	120～150
真空下合金化	0.08～0.15	40～100

各类钢精炼时按照以下真空度和真空保持时间要求：

钢　　种	压力/Pa	真空保持时间/min
高碳铬轴承钢	<1300	5～10
渗碳钢	<665	15
其他钢种	<2600	5～10

（6）精炼结束取决于钢水温度：高碳轴承钢时1490～1510℃；$w[C]<0.20\%$时1560～1580℃。

（7）如果钢水温度不能满足上述要求，进行真空下电弧加热，加热温度按照式(3-59)控制：

$$加热时间 = \frac{要求温度 - 入罐温度}{加热速度} \tag{3-59}$$

中高碳加热至1590～1610℃，碳低于0.20%的加热至1630～1650℃。

（8）加热时的真空度和流量控制：加热时真空度一般控制在26kPa，氩气流量控制在50～70L/min。

通过以上精炼过程，可以使轴承钢的总氧量达到8～15ppm。

3.6.6　LF/VD/VOD设备

有些LF/VD精炼设备的VD炉盖上安装了氧枪，用于一些钢种的脱碳处理。原上钢五厂、北满特钢的精炼设备就属于这种类型。姑且将这种设备布置称为LF/VD/VOD。这样命名可更好显示该精炼设备的脱氧精炼特性，而且设备这样布置也不同于传统的 LF 或 LF/VD。使用这种精炼设备不但可以精炼碳含量较高的钢种，而且可以对钢水进行脱碳处理，生产不锈钢等高附加值产品，使精炼工艺具有极大的灵活性。北满特钢有限公司第二电弧炉炼钢车间的工艺布置是：高功率电弧炉初炼钢水——两种精炼方法：（1）加热、脱气；（2）加热，吹氧脱碳—模铸。

精炼炉配备的氧枪采用非自动耗水冷拉瓦尔喷头。当真空度为 6.7 ~ 13.4kPa 时，氧枪氧气射流的马赫数可以达到 3。吹氧喷嘴距离钢液面 1m。氧枪设 1 个上限位置和 3 个下限位置，适应不同钢水量精炼的需要。

真空盖上安装了真空测温和取样系统。测温取样安装在同一系统上，通过更换测温头和取样杯进行不同测量。测温取样杆设 1 个上限位置和 3 个下限位置，可以测量不同容量的钢水。

3.6.7　SS-VOD 法

日本 1977 年在包底装设两个以上的透气砖加大吹氩量后，改为强搅拌真空吹氧脱碳精炼法，即 SS-VOD 法（strongly stirring-VOD）。

传统的 VOD 法的降碳、氮效果均以 0.005%（甚至 0.01%）为界，而强搅拌 SS-VOD 法通过采用多个包底透气砖或 ϕ2 ~ 4mm 不锈钢管吹氩，氩流量可由通常的 40 ~ 150L/min（标态）增大到 1200 ~ 2700L/min（标态）。由于大量用氩，碳含量可达到 0.003% ~ 0.001% 的水平，适于冶炼超低碳不锈钢和超纯铁素体不锈钢。

3.6.8　MVOD 法

MVOD 法在 VAD 法设备基础上增设了水冷吹氧管，进行真空脱碳。由于该法操作与 VOD 法相同，只是比 VOD 法多了电弧加热装置，故称为 MVOD 法。

任务 3.7　真空电磁搅拌-电弧加热法（ASEA-SKF 法）

真空脱气设备基本上解决了钢水的脱气问题。为了进一步扩大精炼功能，改进单纯真空脱气存在的弱点，如去硫、均匀成分、处理过程中温降等，并克服在冶炼轴承钢时电炉钢渣混出而产生的夹杂问题，瑞典滚珠轴承公司（SKF）与瑞典通用电气公司（ASEA）合作，于 1965 年在瑞典的 SKF 公司的海拉斯厂安装了第一台钢包精炼炉，ASEA-SKF 钢包精炼炉具有电磁搅拌功能、真空功能、电弧加热功能。它把炼钢过程分为两步：由初炼炉（转炉、电弧炉等）熔化、脱磷，在碳含量和温度合适时出钢，必要时可调整合金元素成分；在 ASEA-SKF 炉内进行电弧加热、真空脱气、真空吹氧脱碳、脱硫，以及电磁感应搅拌钢液下进一步调整成分和温度、脱氧和去夹杂等。1970 年美国 Allegenry 公司在 ASEA-SKF 炉基础上利用螺旋喷枪进行供氧促进反应，称为 AVR 法。

可以说 ASEA-SKF 炉是电磁搅拌真空脱气设备与电弧炉的结合，第一次完善了现代炉外精炼的三个基本功能：加热、真空、搅拌。今天所使用的炉外精炼设备基本上仍以这三个基本功能为基础。现在这种钢包精炼炉通常称为 ASEA-SKF 炉。

ASEA-SKF 精炼炉的优点：

（1）提高钢的质量；

（2）增加产量；

（3）扩大品种。

日本、美国、英国、意大利、巴西、俄罗斯和中国先后从瑞典引进钢包精炼设备，容量从 20t 到 150t。

3.7.1 ASEA-SKF 炉的搅拌

ASEA-SKF 炉与其他精炼炉最显著的不同点是它的搅拌方法。这种精炼炉采用电磁感应搅拌。产生感应搅拌的设备是由变压器和低频变频器以及感应搅拌器组成。感应搅拌装置用变压器一般采用油浸式自然冷却三相变压器，经过水冷电缆将变压器二次电流送给变频器。

感应搅拌变频器一般采用可控硅式低频变频器，通过自动或手动方式调整频率。搅拌频率一般控制在 0.5 ~ 1.5Hz，钢液运动速度一般控制在 1m/s 左右。通过感应搅拌器的不同布置可以控制钢液的不同流动状态。搅拌器主要有圆筒式搅拌器和片式搅拌器两种。搅拌器的不同布置（类型）可以产生图 3-26 的搅拌效果。

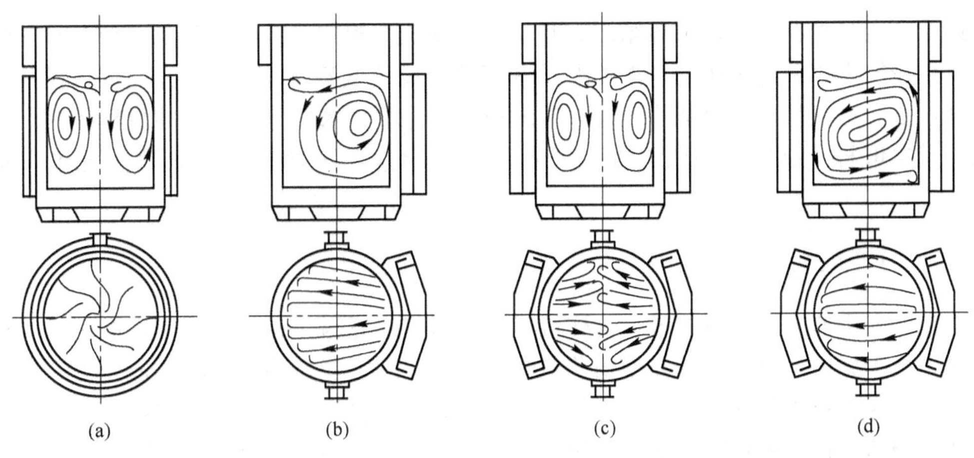

图 3-26 电磁搅拌器的类型和钢水的流动状态

精炼炉外的电磁搅拌线圈可以环绕安装，图 3-26（a）为圆筒式搅拌器产生流动状态，这种搅拌状态的缺点是产生搅拌双回流，增加了流动阻力。也可以单片片状安装，图 3-26（b）为一片单向搅拌器产生的钢液流动状态。这种搅拌状态只产生一个单向循环搅拌力，但是搅拌力较弱。还可以双片对称安装，如图 3-26（c）、图 3-26（d）所示。图 3-26（c）为两个单片搅拌器以同一位相供电时的搅拌状态，使钢水形成双回流股，钢液的流动状态类似于圆筒式搅拌器所产生的搅拌状态；也可以形成单回流股，如图 3-26（d）所示。而两个搅拌器串联后产生的搅拌状态则是一个单向回流，流动阻力较小，没有死角，搅拌力强，搅拌效果较好。较小的钢包可以使用单片搅拌器，而较大的钢包可以使用两个搅拌器。几个感应搅拌器和变频器的有关参数见表 3-20。为了使钢水更好地搅拌，现在设计的钢包精炼炉除电磁搅拌外，一般还配备吹气搅拌系统。

表 3-20　变频器和感应搅拌器设备参数

炉容量/t	30	60	100	150
感应搅拌器型号	ORT34	ORT57	ORT810	ORT1215
感应搅拌器重量/kg	9000	11000	13000	16900
可控硅变频器额定容量（A/V）	1200/310	1200/310	1200/310	1200/310
功率因数补偿设备额定功率（kV · A/V · Hz）	620/460 · 50	620/460 · 50	620/460 · 50	620/460 · 50
变频变压器的额定功率/kV · A	400	400	400	400
冷却水消耗量/L · min^{-1}（24℃，包括炉体、搅拌器、加热装置）	560	665	865	1024

由于钢包需要经常移动，所以搅拌器不能固定在钢包上，而应当有其固定工位。

3.7.2　ASEA-SKF 炉设备

ASEA-SKF 炉可以和电弧炉、转炉配合，承担如还原精炼、脱气、吹氧脱碳、调整温度和成分等炼钢过程所有的精炼任务，及衔接初炼炉和连铸工序关系。因此 ASEA-SKF 炉的结构比较复杂，主要有盛装钢水的钢包、真空密封炉盖和抽真空系统、电弧加热系统、渣料以及合金料加料系统、吹氧系统、吹氩搅拌系统、控制系统。先进的 ASEA-SKF 炉采用计算机控制系统。与之相配合的辅助设备有除渣设备（有无渣出钢设备不必配备）、钢包烘烤设备。尤其是为了保证快速而有效的精炼，保证钢水成分和温度的目标控制，真空测温、真空取样、真空加料设备是十分必要的。但这两个功能的无故障实现仍有很多困难。

3.7.2.1　钢包

钢包外壳由非磁性钢板构成，这样可以防止钢包外壳因交变磁场的作用产生感应电流而发热，至少感应片附近部分要使用非磁性钢。钢包除了能盛装钢水外，还要留有一定的自由空间，因为在进行吹气、真空脱气、真空碳脱氧等操作时，在钢水和炉渣中会形成气液两相混合体，使体积膨胀。根据钢包大小的不同，自由空间的大小也不同，一般要求在 1m 左右，大的钢包要留得大一些。

由于 ASEA-SKF 炉使用感应片对钢水进行搅拌，主要靠电磁场穿透钢包壁和钢水将能量输入到钢水内对钢水进行搅拌。钢包形状设计对搅拌功率输入效率影响是很大的。图 3-27 所示给出了钢包的 D/H 值对电磁搅拌力大小的影响。其中 D 为钢包直径；H 为搅拌线圈的高度。该图说明：随着 D/H 值的增大，搅拌力迅速降低。因此在进行 ASEA-SKF 炉的设计时，一般将钢包直径与线圈高度之比 D/H 设计为 1。这个参数的选择不但考虑了搅拌力的问题，还同时考虑了进行电弧加热时电弧对炉壁的辐射作用。这一点在 LF 一节已

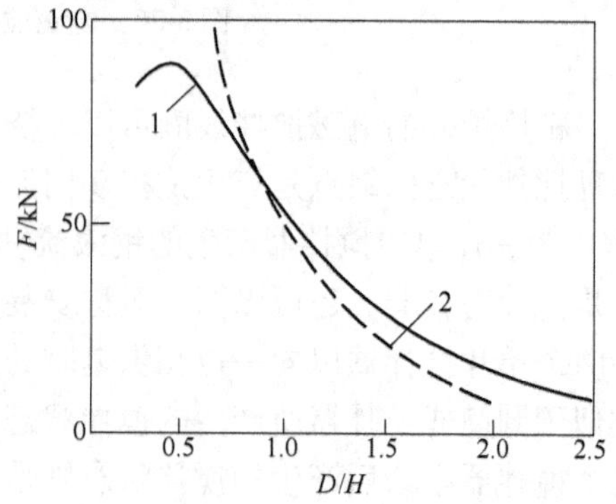

图 3-27　搅拌力大小与 D/H 的关系
1—片式搅拌器，2 × 700kV · A；
2—圆筒式搅拌器，700kV · A

经讨论过。炉壁耐火材料的厚度一般选择230mm。为了减少电磁能量的损耗，搅拌器与钢包之间的距离应当尽可能小。

3.7.2.2　加热系统

一般来说ASEA-SKF炉的加热系统包括变压器、电极炉盖、电极臂、电极及其升降系统。这几乎与LF是相同的。但与电弧炉相比，ASEA-SKF炉所需要的加热功率要低一些。不需要与连铸设备配合的ASEA-SKF炉，加热速度可以低一些，可控制在2.5℃/min左右。对于变压器的参数要求是100kV·A/t。但是，对于要求与连铸配合的钢包精炼炉，加热速度就要高一些，应当具有2.5～2.6℃/min的灵活的加热能力。马鞍山钢铁公司引进的ASEA-SKF炉，加热速度可达到6℃/min，加热功率为150kW/t，使得精炼炉的功能很灵活。在20世纪70年代，ASEA-SKF炉的变压器与炉容量之间的关系见表3-21。ASEA-SKF加热炉盖与真空处理用的炉盖是分别制作的，加热用的炉盖按照普通用的电弧炉盖制作即可。

表3-21　ASEA-SKF炉变压器功率与炉容量的关系

参　数	炉容量/t				参　数	炉容量/t			
	30	60	100	150		30	60	100	150
电极直径/mm	254	254	305	356	耐火材料厚度/mm	230	230	230	230
电极圆/mm	600	600	700	800	耐火材料重量($\gamma=2.9g\cdot cm^{-3}$)/kg	2345	3920	5480	6875
炉盖直径/mm	2060	2650	3155	3555					
拱高/mm	266	343	408	460	炉盖重量/kg	3700	5665	7520	6875

3.7.2.3　真空系统

ASEA-SKF炉的真空系统是由一个密封的炉盖和钢包一起构成的一个真空室。当钢包加热结束后，移开加热炉盖，将钢包连同搅拌器一起移至真空盖下，盖上真空盖进行真空处理，又称瑞典式钢包精炼炉法，如图3-28所示。对于要进行真空碳脱氧的ASEA-SKF炉，应当增添吹氧氧枪机构。使用这种真空盖的好处是不用对电极进行密封，因此真空系统使用的可靠性高，使用寿命也较长。现在的ASEA-SKF炉均已配备真空测温、取样装置，并具有真空加料功能。

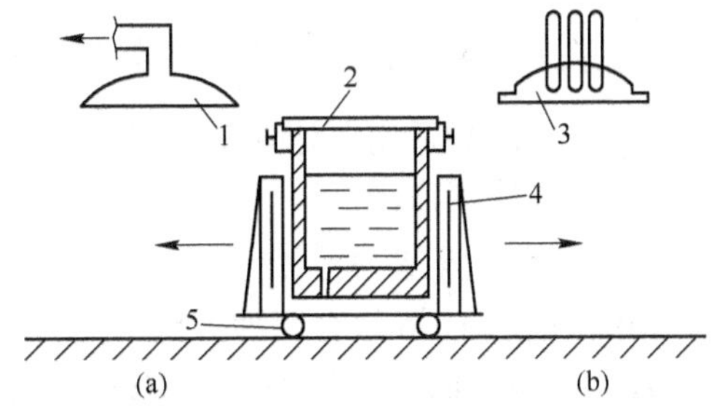

图3-28　ASEA-SKF法

（a）真空脱气工位；（b）电弧加热工位

1—真空室盖；2—钢包；3—加热炉盖；4—电磁搅拌器；5—钢包车

ASEA-SKF炉可在精炼炉内进行脱氧合金化、合金成分微调和深脱硫精炼，因此能够向精炼炉内加铁合金以及合成渣料的加料系统是必不可少的。加料系统主要应包括以下装置：

（1）电磁振动料仓。料仓的数目应当根据精炼时加入的铁合金料的种类和渣料的种类来决定。大量合金的加入一般在非真空条件下进行，但是合金成分微调要在真空条件下进行，因此应当具备真空加料功能。

（2）自动称重系统。能够自动称量从料仓中下来的渣料和合金料，然后送入炉盖上的布料器。

（3）布料器。

3.7.2.4　脱碳氧枪

有时为了生产低碳钢和不锈钢，实现类似于VOD的操作，需预备一支氧枪。

3.7.2.5　除渣

可以采用无渣或挡渣出钢、人工扒渣、机械扒渣、真空吸渣的办法防止氧化性炉渣进入精炼炉。对于容量较大的炉子，不能采用人工扒渣的方法。

3.7.3　精炼工艺及操作

3.7.3.1　ASEA-SKF炉的工艺布置与工艺流程

精炼设备的优点是搅拌可靠、操作费用低。感应搅拌允许使用较短的电弧，电弧长度可以控制在30~50mm；功率因数较大，电弧的热效率较高；而电弧较短，对耐火材料的辐射较小。但是，这种精炼设备的最大缺点是投资太大。再者，由于搅拌状态下钢流稳定，不像吹气搅拌那样可以使钢水和炉渣较好的混合，产生较好的脱硫效果，因此为了进行渣精炼，加快钢渣传质，目前设计使用的ASEA-SKF炉一般配有底吹气搅拌系统，有利于钢水的深脱硫。

ASEA-SKF炉的工艺布置主要有两种：(1)炉身固定式；(2)炉身移动式。炉身固定式是指电磁搅拌片和钢包位置固定，真空炉盖和加热炉盖可以旋转、升降。钢包盖上不同的炉盖进行不同的精炼操作。炉身移动式是指钢包和搅拌片放在一个轨道车上，而真空盖和加热盖在各自的位置固定，且只能升降，不能旋转。采用炉身移动式对整个车间来说比较方便。

根据冶炼钢种的不同，可以把ASEA-SKF炉的精炼工艺分为如图3-29所示的几种流程。

3.7.3.2　ASEA-SKF炉的精炼工艺与操作

ASEA-SKF炉适用于处理碳素钢、合金钢、结构钢和工具钢，利用真空吹氧脱碳也适用于精炼低碳不锈钢。

A　初炼炉熔渣的清除

初炼炉熔渣的清除有四种方法：（1）在电炉翻炉前将熔渣扒去。（2）采用中间包。（3）压力罐撇渣法。（4）在钢包中采用机械装置扒渣。20世纪80年代电弧炉普遍应用于无渣出钢技术，这是适应炉外精炼要求的最佳除渣方法。

B　两种基本精炼操作工艺

初炼钢液从电炉出钢时温度一般控制在1620℃。在ASEA-SKF炉中的精炼方法基本是中性渣和碱性渣两种操作，如图3-30和图3-31所示。需要脱硫时采用高碱度渣。

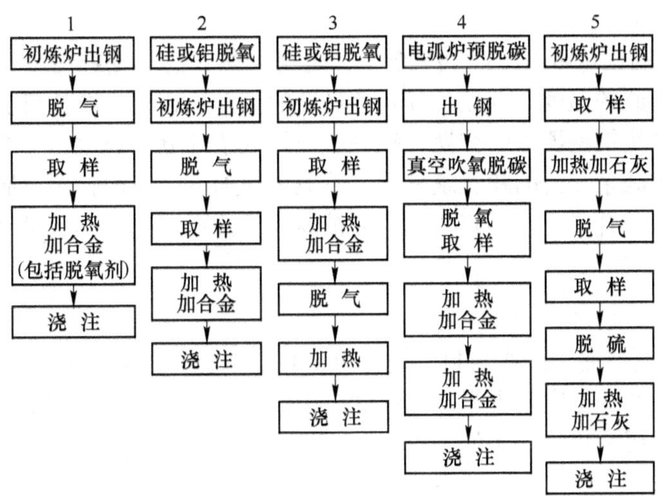

图 3-29　ASEA-SKF 炉的精炼工艺流程

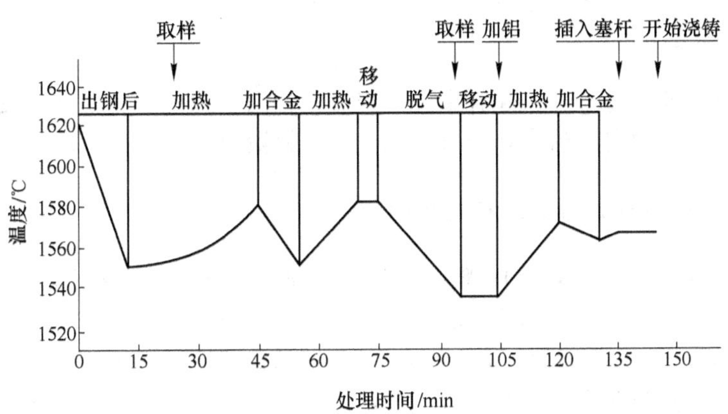

图 3-30　全高铝砖 ASEA-SKF 炉内中性渣操作

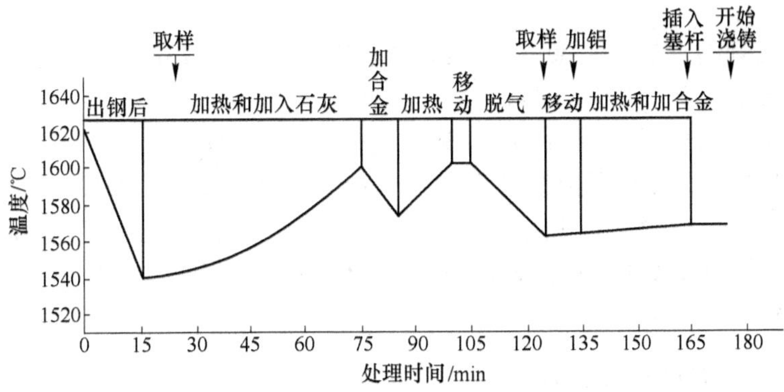

图 3-31　碱性渣脱硫操作

C 脱硫

ASEA-SKF 炉的精炼可有效降低氧含量，电弧加热和感应搅拌可促进钢渣反应。电弧加热可提高高碱度渣的温度，并促使其具有良好的流动性；感应搅拌可促进高碱度渣与钢液之间的接触，加快钢渣界面的交换，提高硫化物夹杂的分离速度。在高碱度渣下，向钢液面下加入与硫有高亲和力的粉状脱硫剂，不但可增加反应表面，而且脱硫元素可溶解在钢中或蒸发，与硫结合成稳定的硫化物，并被高碱度渣所吸收。因此 ASEA-SKF 炉具有有效的脱硫条件。

D 真空脱气

ASEA-SKF 炉真空脱气的主要目的是去氢，真空脱气时大部分氢将随着不断生成的 CO 气泡逸出，氢含量减少速度与碳氧反应速度成正比。为避免钢液过度脱碳沸腾，需要调整真空度，使系统的压力维持一定的大小。

E 真空脱碳

ASEA-SKF 炉已成功地精炼了含碳量不大于 0.025% 的超低碳不锈钢。其真空脱碳的好处是：配上吹氧管即可脱碳，设备简单；脱碳时间短；铬损失少；对炉衬无特殊要求；生产成本低；钢液处理后直接浇注，减少了钢液的二次氧化。

F 搅拌钢液的作用

感应搅拌在 ASEA-SKF 炉中起着重要作用。它有利于脱气，加快钢渣反应速度，促进脱氧、脱硫及脱氧产物与脱硫产物充分排出，均匀钢液温度和成分。

3.7.3.3 ASEA-SKF 精炼炉在马钢的应用

马钢一炼钢 90t ASEA-SKF 钢包精炼装置具有加热升温、合金微调、造渣精炼、电磁搅拌、吹氩搅拌及真空脱气等功能。其精炼工艺流程：初炼钢水→除氧化渣(加渣料造新渣)→加热处理(加热、合金微调、白渣精炼)→真空精炼(脱气、去夹杂)→复合终脱氧→净化搅拌→浇注。上述流程中有三个主要工艺环节，即加热造渣精炼，真空处理，复合终脱氧及净化搅拌。

(1) 加热处理过程中，为了降低渣中（FeO），在合金微调结束后，使用炭粉及硅铁粉作为还原剂造还原渣，还原 10 ~ 15min 后，炉渣转为白色。加热全程采用电磁搅拌。

(2) 真空处理的真空度为 66.7Pa，真空保持时间为 10 ~ 15min，真空处理过程采用吹氩搅拌，氩气流量为 50 ~ 100L/min。

(3) 真空处理结束后，加 Si-Ba-Ca 进行终处理，并要求在加 Si-Ba-Ca 后，用中档电流进行电磁净化搅拌，净化搅拌时间为 10 ~ 15min，以提高钢液洁净度。

马钢一炼钢 90t ASEA-SKF 钢包精炼炉通过不断完善精炼工艺，可使高碳钢（$w[\mathrm{C}]=0.55\% \sim 0.65\%$）洁净度不断提高，钢中 $w(\mathrm{T}[\mathrm{O}])<0.0015\%$，$w[\mathrm{S}]<0.010\%$，夹杂物总量为 0.023%。

3.7.4 ASEA-SKF 炉的精炼效果

ASEA-SKF 炉适用于精炼各类钢种。精炼轴承钢、低碳钢和高纯净度渗氮钢都取得了良好效果。

（1）提高产量：由于把精炼任务移至炉外进行，提高了初炼炉的生产能力。

（2）提高钢的质量：ASEA-SKF炉精炼使钢的化学成分均匀，力学性能改善，非金属夹杂物减少，氢、氧含量大大降低。

1）气体含量。ASEA-SKF炉精炼后钢中的氢含量可小于0.0002%，钢中的氧含量可降低40%～60%。

2）钢中夹杂物。强有力搅拌可基本消除低倍夹杂，高倍夹杂也明显改善，轴承钢的高倍夹杂降低约40%。

3）力学性能。由于气体和夹杂含量降低，钢的疲劳强度与冲击功一般可提高10%～20%，伸长率和断面收缩率可分别提高10%和20%左右。

4）切屑加工性能也有很大改进。

（3）生产质量较稳定：ASEA-SKF炉处理后的浇注温度及成品钢的化学成分都比较稳定。

（4）扩大了品种：由于精炼过程中加入大量合金，可生产许多钢种。

（5）降低了成本：初炼炉冶炼时间缩短，降低了能耗，提高了合金收得率。

（6）操作工艺非常灵活：根据精炼的目的不同可选择不同的操作工艺。例如生产非金属夹杂物要求极低的轴承钢时，可先加强脱氧剂（Al），然后经过电磁搅拌钢液，使非金属夹杂物排除。

3.7.5 ASEA-SKF炉的自动控制

美国内陆钢公司印第安那港钢厂的ASEA-SKF炉精炼系统与转炉和连铸相配合，每年可以为大方坯和板坯连铸提供200万吨钢水。为了提高钢水的清洁度，提高生产率，保证多炉连浇，对ASEA-SKF炉实施了自动控制。该自动控制的控制功能如图3-32所示。

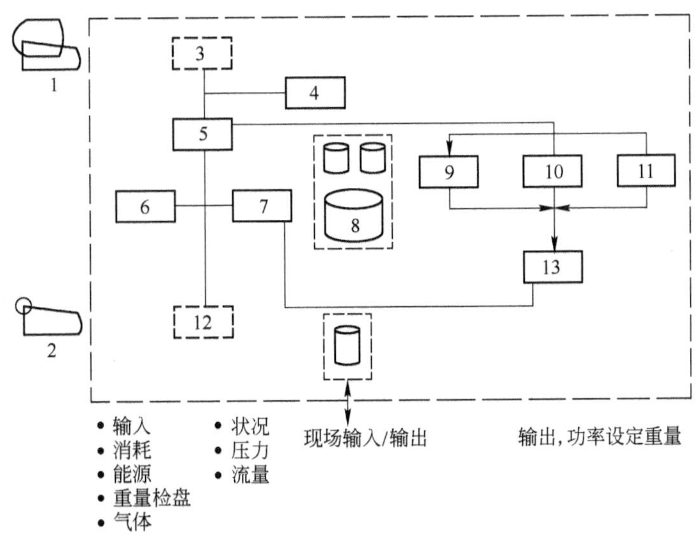

图3-32 ASEA-SKF炉自动化控制功能

1—指令、计算（合金、渣料）、喷吹、过程状态、料槽状态、报告、报警信号、反馈；2—熔炼报告单；3—与外部计算机联网；4—生产计划编制；5—加热指令；6—钢水跟踪；7—能源平衡；8—冶炼数据处理；9—合金量计算；10—渣模块；11—喷吹；12—报告；13—材料处理

思考题

(1) 搅拌方法有哪些？
(2) 吹氩的精炼原理是什么？吹氩精炼的作用有哪些？
(3) 加热方法有哪些，各有何特点，正确选择精炼加热工艺应重点考虑哪些因素？
(4) 真空泵的主要性能指标有哪些？蒸汽喷射泵具有哪些优点？
(5) 降低钢中气体有哪些措施？
(6) 在真空精炼实际操作时，碳的脱氧能力为什么远没有热力学计算的那么强？
(7) 有效进行碳的真空脱氧应采取什么措施？
(8) "脱碳保铬"的途径有哪些？
(9) 何谓LF？LF一般工艺流程及主要优点有哪些？说明其处理效果。
(10) 简述LF精炼渣的基本功能，其基础渣如何确定？
(11) LF白渣精炼工艺的要点是什么？
(12) 何谓VAD和VOD法？为什么VOD炉适于冶炼不锈钢？
(13) 比较LF法、ASEA-SKF法和VAD/VOD法，说明LF法被广泛使用的主要原因。

学习情境 4

真空脱气法

学习任务：

(1) 理解 RH 法的精炼原理及工艺；

(2) 理解 DH 法的精炼原理及工艺；

(3) 理解 VD 法的精炼原理及工艺；

(4) 理解 READ 法的精炼原理及工艺。

任务 4.1　真空循环脱气法（RH 法）

RH 精炼法是 1957 年由德国蒂森公司所属鲁尔（Ruhrstahl）公司和海拉斯（Heraeus）公司共同研制成功的循环真空脱气装置，它将真空精炼与钢水循环流动结合起来，又称真空循环脱气法。最初 RH 装置主要是对钢水脱氢，后来增加了真空脱碳、真空脱氧、改善钢水纯净度及合金化等功能。RH 法具有处理周期短、生产能力大、精炼效果好的优点，非常适合与大型炼钢炉相配合。我国早在 20 世纪 60 年代大冶钢厂从德国 Messo 公司引进了 1 台 RH 装置；70 ~ 80 年代武钢二炼钢从德国分别引进了两套 RH 装置，用于硅钢生产；后来宝钢、攀钢、鞍钢、本钢、太钢等也相继建成投产了 RH 装置。

RH 法是国际上出众的、在钢包中对钢液进行连续循环处理的方法，主要适合于现代氧气转炉炼钢厂或超高功率电弧炉炼钢厂。

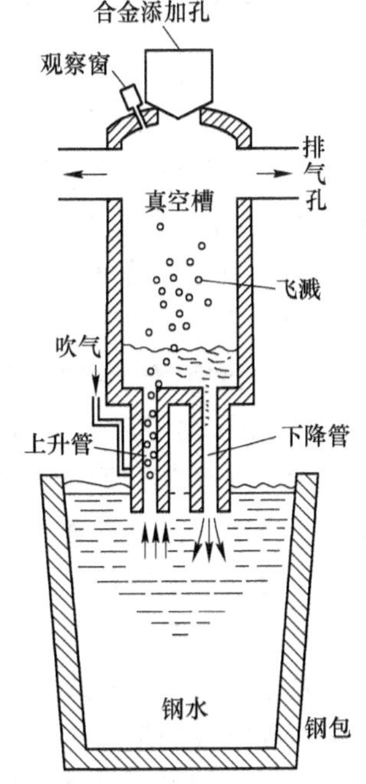

图 4-1　RH 法原理图

4.1.1　RH 主要设备

RH 法设备由以下部分组成（见图 4-1）：（1）真空室；（2）浸入管（上升管、下降管）；（3）真空排气管道；（4）合金料仓；（5）循环流动用吹氩装置；（6）钢包（或真空室）升降装置；（7）真空室预热装置（可用煤气或电极加热）。一般设两个真空室，采用水平或旋转式更换真空室，真空排气系统采用多个真空泵，以保证一般真空度在 50 ~ 100Pa，极限真空度达 50Pa 以下（如 27Pa）。RH 装置有三种结构形式：脱气室固定式、脱气室垂直运动式或脱气室旋转升降式。

4.1.1.1　RH 真空室

A　RH 真空室主体设备

RH 真空室是 RH 精炼冶金反应的熔池，冶金化学反应的表面积决定了 RH 真空精炼反应速度。近几十年来，RH 真空室的直径与高度逐渐增大增高。

武钢在不同时期建成的 RH 真空精炼设备的真空室形状变化如图 4-2 所示。宝钢 1 号 RH 真空室的形状如图 4-3 所示。

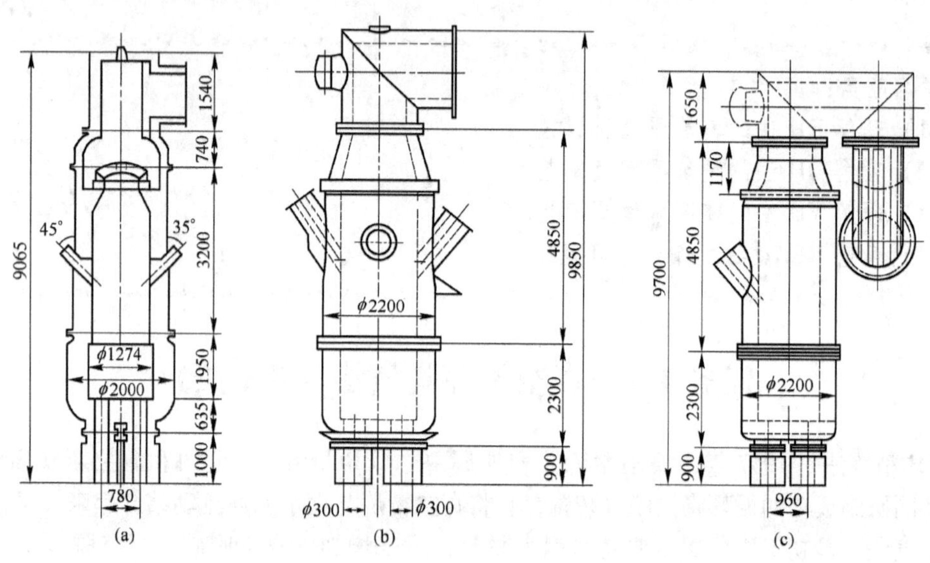

图 4-2　武钢 RH 真空室形状的变化

（a）1974 年建设的 1 号 RH 真空室；（b）1985 年建设的 2 号 RH 真空室；（c）1993 年改建的新 1 号 RH 真空室

B　RH 真空室的支撑方式

RH 真空室的支撑方式对设备的作业率、合金添加功能、工艺设备的布置、设备占地面积等有直接影响。RH 真空室的支撑方式概括有以下三种：

（1）真空室旋转升降方式；

（2）真空室上下升降方式；

（3）真空室固定钢包升降方式。

C　RH 真空室的交替方式

为了提高 RH 真空精炼炉的作业率，目前广泛采用双真空室，甚至三真空室交替方式。真空室交替方式可以分为双室平移式、转盘旋转式、三室平移式。

D　真空室的加热

真空室的加热方式目前有两种：煤气烧嘴加热方式和石墨电极加热方式，或两者配合使用方式。

（1）煤气烧嘴加热结构简单、节省电能，但处理过程中及间隙时间不能加热，加热过程中真空室处于

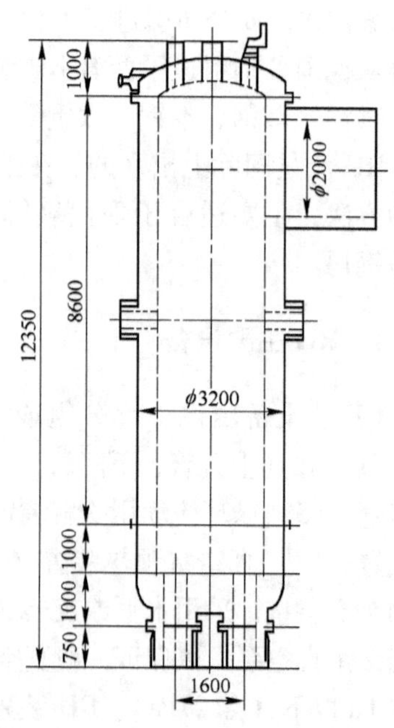

图 4-3　宝钢 300t RH 装置的真空室

氧化气氛，影响钢水质量。

（2）石墨电极加热处理过程中及间隙可以加热，加热温度高且稳定，加热过程中真空室处于中性气氛，其缺点是费用较高，以及万一电极掉入真空室带来增碳问题。

4.1.1.2　铁合金加料系统

现代RH真空精炼系统均设有一套适合于生产工艺需要的合金加料系统。一般采用高架料仓布料方式。其主要设备有旋转给料器、真空料斗及真空电磁振动给料器等。

4.1.2　RH的基本原理

如图4-1所示，钢液脱气是在砌有耐火材料内衬的真空室内进行。脱气时，将侵入管（上升管、下降管）插入钢水中。当真空室抽真空后，钢液从两根管子内上升到压差高度。根据气力提升泵的原理，从上升管下部约1/3处向钢液吹入Ar等驱动气体，使上升管的钢液内产生大量气泡核，钢液中的气体就会向Ar气泡扩散，同时气泡在高温与低压的作用下，迅速膨胀，使其密度下降。于是钢液溅成极细微粒呈喷泉状以约5m/s的速度喷入真空室，钢液得到充分脱气。脱气后，由于钢液密度相对较大而沿下降管流回钢包。即钢液实现了钢包→上升管→真空室→下降管→钢包的连续循环处理过程。

4.1.3　RH工艺参数

RH的主要工艺参数包括处理容量、脱气时间、循环量、循环系数、真空度等。

4.1.3.1　处理容量

在RH处理过程中，为了减小温降，处理容量一般较大（大于30t），以获得较好的热稳定性。国外由于转炉或电炉容量较大，基本上没有很小的RH设备，RH处理容量一般都在70t以上。大量生产经验表明，钢包容量增加，钢液温降速度降低；脱气时间增加，钢液温度损失增大。

4.1.3.2　脱气时间

为保证精炼效果，脱气时间必须得到保证，其长短主要取决于钢液温度和温降速度：

$$t = \frac{\Delta T_c}{\bar{v}_t} \tag{4-1}$$

式中　t——脱气时间，min；

ΔT_c——处理过程允许温降，℃；

$\bar{v}_t$——处理过程平均温降速度，℃/min。

若已知温降速度和要求的处理时间，则可确定所需的出钢温度。

4.1.3.3　环流量

RH的环流量是指单位时间通过上升管（或下降管）的钢液量，一般指每分钟多少吨。几个文献给出的结果见式（4-2）~式（4-4）：

$$Q = 0.020 \cdot D_u^{1.5} \cdot G^{0.33} \tag{4-2}$$

$$Q = k \cdot (H \cdot G^{0.83} \cdot D_u^2)^{0.5} \tag{4-3}$$

$$Q = 3.8 \times 10^{-3} \cdot D_u^{0.3} \cdot D_d^{1.1} \cdot G^{0.31} \cdot H^{0.5} \tag{4-4}$$

式中 Q——环流量，t/min；

D_u——上升管直径，cm；

D_d——下降管直径，cm；

k——常数，由实验确定；

G——上升管内氩气流量，L/min；

H——吹入气体深度（指气孔至上升管上口的高度），cm。

由式（4-2）~式（4-4）可知，适当增加气体流量可增加环流量。当钢中氧含量很高时，由于真空下的碳氧反应，可能降低两相流密度，从而导致钢液环流量的降低。胡汉涛、魏季和等人研究提出：随着吹起管孔径扩大，RH 钢包内液体流态几乎不变，而环流量增大，混合时间缩短。

4.1.3.4 循环因数

循环因数又称循环次数，是指通过真空室钢液量与处理容量之比，其表达式为：

$$u = \frac{W \cdot t}{V} \tag{4-5}$$

式中 u——循环因素，次；

t——循环时间，min；

W——环流量，t/min；

V——钢液总量，t。

脱气过程中钢液中气体浓度可由式（4-6）表示：

$$\overline{C}_t = C_e + m(C_o - C_e)^{-\frac{W}{mVt}} \tag{4-6}$$

式中 $\overline{C}_t$——脱气 t 时间后钢液中气体平均浓度；

C_e——脱气终了时气体浓度；

C_o——钢液中原始气体浓度；

t——脱气时间，min；

V——钢包容量，t；

W——环流量，t/min；

m——混合系数，其值在 0 ~ 1 之间变化。

m 值可分三种情况讨论：

（1）当脱气后钢液几乎不与未脱气钢液混合，钢液的脱气速度几乎不变，此时钢液经一次循环可以达到脱气要求时，$m \to 0$。

（2）当脱气后钢液立即与未脱气钢液完全混合，钢包内的钢液是均匀的。钢液中气体的浓度缓慢下降，脱气速度仅取决于环流量时，$m \to 1$。

（3）当脱气后钢液与未脱气钢液缓慢混合时，$0 < m < 1$。

综上所述，钢液的混合情况是控制钢液脱气速度的重要环节之一。一般为了获得好的脱气效果，可将循环因数选为3～5。

4.1.4　RH真空精炼的冶金功能与冶金效果

4.1.4.1　RH技术特点

RH法利用气泡将钢水不断地提升到真空室内进行脱气、脱碳等反应，然后回流到钢包中。因此，RH处理不要求特定的钢包净空高度，反应速度也不受钢包净空高度的限制。和其他各种真空处理工艺相比，RH技术的优点如下：

（1）反应速度快，表观脱碳速度常数可达到3.5min^{-1}。处理周期短，一般一次完整的处理约需15min，即10min的处理时间，5min的合金化及混匀时间；适于大批量处理，生产效率高，常与转炉配套使用。

（2）反应效率高，钢水直接在真空室内进行反应。

（3）可进行吹氧脱碳的二次燃烧进行热补偿，较小的精炼处理温降。

（4）可进行喷粉脱硫，生产超低硫钢。

4.1.4.2　RH的冶金功能和冶金效果

现代RH的冶金功能已由早期的脱氢发展到现在的十余项冶金功能，如图4-4所示。

脱氢：早期RH以脱氢为主，开始时能使钢中的氢降低到0.00015%以下。现代RH精炼技术通过提高钢水的循环速度，可使钢水中的氢降低至0.0001%以下。

脱碳：RH真空脱碳能使钢中的含碳量降到0.0015%以下。

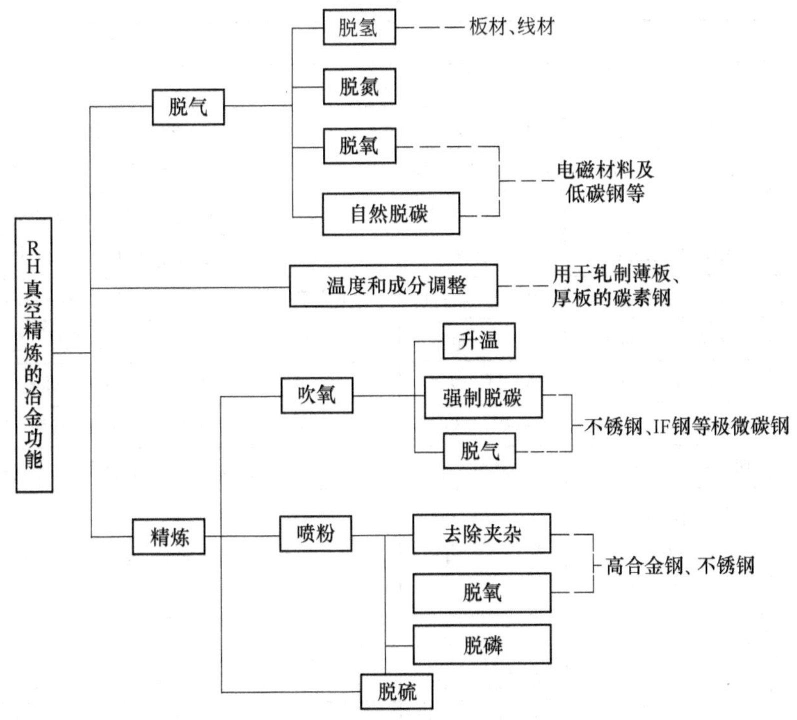

图4-4　RH真空精炼的冶金功能

脱氧：RH 真空精炼后（有渣精炼）$w(T[O]) \leqslant 0.002\%$。如和 LF 法配合，钢水 $w(T[O]) \leqslant 0.001\%$。

脱氮：RH 真空精炼脱氮一般效果不明显，但在强脱氧、大氩气流量、确保真空度的条件下，也能使钢水中的氮降低 20% 左右。

脱硫：向真空室内添加脱硫剂，能使钢水的含硫量降到 0.0015% 以下。如采用 RH 内喷射法和 RH-PB 法，能保证稳定地冶炼 $w[S] \leqslant 0.001\%$ 的钢，某些钢种 $w[S]$ 甚至可以降低到 0.0005% 以下。

添加钙：向 RH 真空室内添加钙合金，其收得率能达到 16%，钢水的 $w[Ca]$ 可达到 0.001% 左右。

成分控制：向真空室内多次加入合金，可将碳、锰、硅的成分精确控制在 ±0.015% 水平。

升温：RH 真空吹氧时，由于铝的放热，能使钢水获得 4℃/min 的升温速度。

根据武钢二炼钢的经验，1 号 RH 脱氢效果达到 60% 以上，一般成品氢含量不高于 0.0002%；氮含量可以达到 0.004%，脱氮率为 0 ~ 25%；成品钢中氧含量不高于 0.006%；经 RH 自然脱碳可以将钢中碳降到 0.002% 以下，最低含碳量可以达到 0.0009%；温度可以满足要求，控制在 ±5℃ 的范围；成分控制可以做到 $w[C] = \pm 0.005\%$，$w[Al]_s = \pm 0.005\%$，钢中含硫量不高于 0.003%，脱硫率达 80%，钢中夹杂物可以降到 5.6mg/10kg 以下。

应用 RH 真空精炼技术达到的冶金功能的现状见表 4-1。

表 4-1　RH 功能现状

元　素	达到水平	应用的厂家	技 术 措 施
降低不纯元素			
$w[H]$	RH 内 ≤1.0ppm	川崎、水岛	增加环流速度，缩短处理时间
	RH 内 ≤1.5ppm	新日铁、名古屋	大口径浸入喷嘴，增大环流氩量
$w[C]$	RH 内 ≤15ppm	日本钢管、福山	增大环流氩量，前期降低真空度
	RH 内 ≤15ppm	新日铁	椭圆形烧嘴 RH 来提高真空度，增大环流速度
$w(T[O])$	结晶器内 ≤20ppm	新日铁、名古屋	RH 单独处理 Al-Si 镇静钢，添加 $CaO-CaF_2$ 渣剂
	成品材 ≤10ppm	大同、知多	LF-RH，$CaO-CaF_2$ 强还原性渣，选择材料
$w[S]$	RH 内 ≤5ppm	新日铁、大分	RH 喷射，$CaO-CaF_2$ 渣剂
	RH 内 ≤10ppm	新日铁、名古屋	RH-PB，$CaO-CaF_2$ 渣剂
$w[N]$	脱氮率 20% ~40%	日本钢管、福山	增大环流氩量，确保真空，强脱氧
添加 Ca	结晶器内 $w[Ca]$ 10 ~20ppm 收得率 16%	神户、加古川	RH 槽内添加 Ca 合金，低真空环流
成 分 控 制			
$w[C]/\%$	$\sigma = 0.003 \pm 0.01$	新日铁、大分	RH 综合控制系统（RH-TOP）
		新日铁、室兰	二次投入合金，自动取样分析
$w[Mn]/\%$	±0.015	新日铁、室兰	二次投入合金，自动取样分析

续表 4-1

元　素	达到水平	应用的厂家	技 术 措 施
成 分 控 制			
$w[Si]/\%$	±0.015	新日铁、室兰	二次投入合金，自动取样分析
$w[Al]/\%$	$\sigma=0.0044$	新日铁、大分	铝镇静钢，RH 轻处理
	$\sigma=0.0015$	日本钢管、京滨	弱脱氧钢，以测定游离氧调整 Al
$w[N]$	±15ppm	住友金属、鹿岛	$w[N]=70$ppm 中碳铝镇钢，以 N_2 代 Ar 作环流气体
升温/℃ · min^{-1}	4	新日铁、名古屋	RH-OB、Al 放热

4.1.5 RH 各类技术的发展

4.1.5.1 RH-O 法

RH-O（RH 顶吹氧）法是 1959 年德国蒂森钢铁公司恒尼西钢厂 Franz Josef Hann 博士等人开发的。该法第一次用铜质水冷氧枪从真空室顶部向循环着的钢水表面吹氧，强制脱碳、升温，用于冶炼低碳不锈钢。

4.1.5.2 RH-OB 法

RH-OB（RH-oxygen Blowing）法如图 4-5（a）所示，是 1972 年在日本富士钢公司室兰厂以冶炼不锈钢为目的而开发的。它是在 RH 真空室的侧壁上安装一支氧枪，向真空室内的钢水表面吹氧。德国也称为 RH-O。后来新日铁室兰厂和名古屋厂开发了将用氩气或乳化油冷却的 OB 喷嘴埋入 RH 真空室吹氧，增加吹入真空室的氩气和乳化油的用量，从而增大反应界面，增大搅拌力，称为 RH-OB-FD。

4.1.5.3 RH 轻处理

RH 轻处理工艺是 1977 年日本新日铁大分厂开发的。它是利用 RH 的搅拌、脱碳功能，在低真空条件下，对未脱氧钢水进行短时间处理，同时将钢水温度、成分调整到适于连铸工艺要求。

4.1.5.4 RH-PB 法

RH-PB（RH-Power Blowing，浸渍法；RH-Power Top Blowing，顶吹法）法见图 4-5（e），是新日铁名古屋厂 1985 年发明的。通过 OB 喷嘴向 RH 真空室内的钢水内喷吹合成渣粉剂，实现深脱硫的目的。

4.1.5.5 RH 喷粉法

RH-Injection 法见图 4-5（d），也称 RH 喷粉法，由新日铁 1983 年提出，即在进行 RH 处理的同时，用插入 RH 真空室上升吸嘴下部喷枪向钢水内喷吹氩气的合成渣粉料的方法，主要是强化脱硫。

4.1.5.6 RH-KTB 法

RH-KTB（RH-Kawasaki Top Oxygen Blowing）法见图 4-5（b），是 1989 年由日本川崎钢

公司开发的，其作用是通过 RH 真空室上部插入真空室的水冷氧枪向 RH 真空室内钢水表面吹氧，加速脱碳，提高二次燃烧率，减少温降速度。RH-KTB 也应用喷粉脱硫技术。

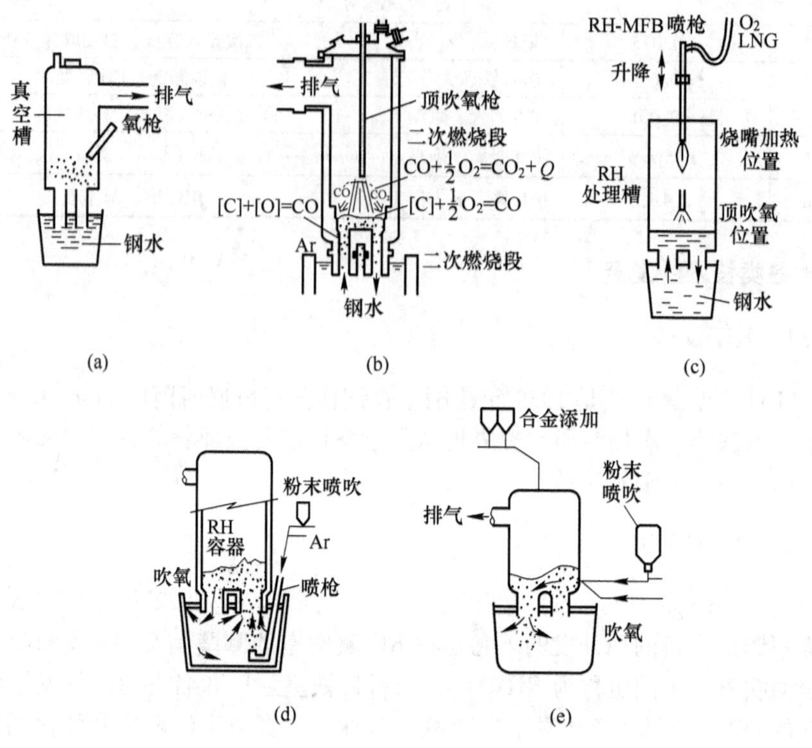

图 4-5　RH 法工艺发展

（a）RH-OB 法；（b）RH-KTB 法；（c）RH-MFB 法；（d）RH-Injection 法；（e）RH—PB（浸渍）法

4.1.5.7　RH-MFB 法

RH-MFB（RH-Multiple Function Burner）法如图 4-5（c）所示，是 1993 年新日铁广烟制铁所开发的名为“多功能喷嘴”的真空顶吹氧技术。从顶吹喷枪供给燃气或氧气，不仅进行预热，在 RH 处理中也用燃气进行加热。不使用燃气时，进行吹氧脱碳和加铝吹氧升温。其冶金功能和 KTB 真空顶吹氧技术相近，是提高钢水温度和防止金属在真空槽内壁上附着的方法，同时也适合于极低碳钢的吹炼。

4.1.5.8　RH 精炼技术的发展趋势

近年来国际 RH 精炼技术的发展趋势为：

（1）提高真空泵的抽气能力，使 RH 达到极限真空（66.7Pa）的抽气时间缩短到 2min。

（2）进一步提高钢水的循环流量 Q。扩大 RH 下降管直径、氩气的供气强度及提高真空度等有利于提高 RH 的循环流量。

（3）向 RH 内吹入纯氧，可以提高 RH 在高碳低氧区的脱碳速度，有利于提高 RH 的初始含碳量。

（4）将脱硫粉剂中 CaF_2 的配比提高至 40%，增加脱硫粉剂用量，有利于提高 RH 脱硫的效率，适宜冶炼 $w[S] \leqslant 0.001\%$ 的超低硫钢。

几种 RH 真空处理方法的概况见表 4-2。

表 4-2　RH 真空处理方法的发展

型　号	RH (Ruhrstahl Heraeus)	RH-OB (RH-oxygen blowing degassing process)	RH-KTB (RH-Kawasaki top blowing)	RH-PB(Ⅰ) (RH-Powder blowing)
代号意义	真空循环脱气法	带升温的真空脱气	顶吹氧真空脱气法	循环脱气喷粉
年代国别	1957 年德国蒂森钢铁公司	1972 年日本新日铁	1989 年日本川崎	1985 年日本新日铁
主要功能	真空脱气，减少杂质，均匀成分和温度	同 RH，并能加热钢水	同 RH，并可加速脱碳，补偿热损失	同 RH，并可喷粉脱硫、磷
处理效果	$w[H]<0.0002\%$，去氢率 50%～80%，$w[N]<0.004\%$，去氮率15%～25%，$w[O]=0.002\%\sim0.004\%$，减少夹杂物 65%以上	同 RH，且可使处理终点碳 $w[C]\leqslant 0.0035\%$	$w[H]<0.00015\%$ $w[N]<0.004\%$ $w[O]<0.003\%$ $w[C]<0.002\%$	$w[H]<0.00015\%$ $w[N]<0.004\%$ $w[C]<0.003\%$ $w[S]<0.001\%$ $w[P]<0.002\%$
适用钢种	适用于对含氢量要求严格的钢种；主要是低碳薄钢、超低碳深冲钢、厚板钢、硅钢及轴承和重轨钢	同 RH，还可以生产不锈钢，多用于超大型低碳钢的处理	同 RH，多用于普碳钢、冲压钢、超低碳深冲钢及超深冲钢	同 RH，主要用于超低硫磷钢、薄板钢等处理
备　注	原为钢水脱氢开发，短时间可使［H］降低到远低于白点敏感极限以下	为钢水升温而开发	快速脱碳达超低碳钢范围，二次燃烧可补偿处理过程中的热损失	可同时脱氧硫磷，PB 是用 OB 管喷入，I 是指插入钢包

4.1.6　RH 真空吹氧技术

RH 真空吹氧技术的发展主要经历了 RH-O→RH-OB→RH-KTB 三个阶段。

4.1.6.1　RH-OB 的特点

RH-OB 法如图 4-5(a)所示。在真空下进行吹氧脱碳和抑制铬的氧化，与转炉配合生产不锈钢。设备上采用双重管喷嘴，埋在真空室底部侧墙上；喷嘴通氩气保护。RH-OB 法利用吹氧脱碳，可使 $w[C]<0.002\%$；加铝升温，升温速度 3℃/min。处理后期进行脱气和调整成分。

RH-OB 技术的主要问题是喷嘴寿命低，喷溅与真空室结瘤严重，需增加 RH 真空泵的抽气能力。

4.1.6.2　RH-KTB 的特点

RH-KTB 法如图 4-5(b)所示。RH-KTB 的关键是二次燃烧控制技术。与传统的 RH 不同之处是在 RH 真空室的顶端加一只顶吹氧枪，通过顶吹氧枪向 RH 真空室吹氧，控制 CO 的二次燃烧，并使用燃烧的热量加热钢水，可以获得较高的钢液温度而不需要加铝。同时获得快速的脱碳效果而不会使钢水增氧。由于可以不使用铝加热钢水，因而减少了钢中夹杂物的生成机会，提高了钢的质量。

A　二次燃烧的控制

与传统的 RH 相比，RH-KTB 废气的成分发生了很大变化。KTB 废气中的一氧化碳含量大大减少，二氧化碳增多，如图 4-6 所示。在传统的 RH 脱碳过程中，废气中始终是一氧化碳占主导地位；而在 KTB 脱碳过程中，废气中始终是 CO_2 占主要地位。$\phi(CO_2)/\phi(CO+CO_2)\times100\%$ 定义为二次燃烧率。在 KTB 工艺中，二次燃烧率可达 60%。但在传统的 RH 工艺中，二次燃烧的值是很低的。

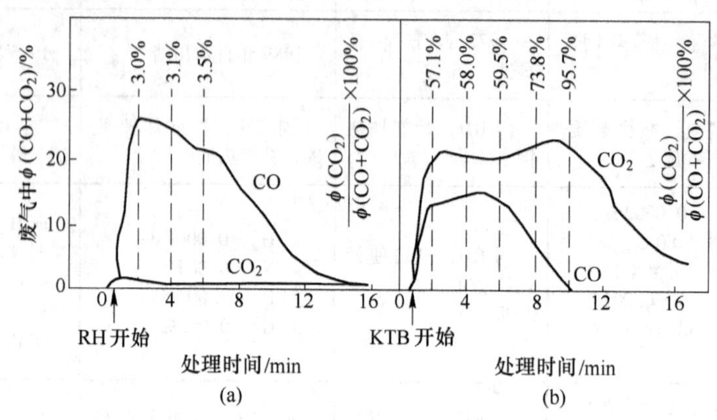

图 4-6　RH 和 RH-KTB 的二次燃烧率比较

（a）传统 RH；（b）KTB

B　可以降低出钢温度

由于二次燃烧控制提供的热量可以补充脱碳过程中的温度降，因此 KTB 过程不需要提高出钢温度而进行脱碳处理。与传统的 RH 相比，同样的处理时间，KTB 过程可以降低出钢温度 26℃。RH 和 RH-KTB 过程中温度的变化如图 4-7 所示。

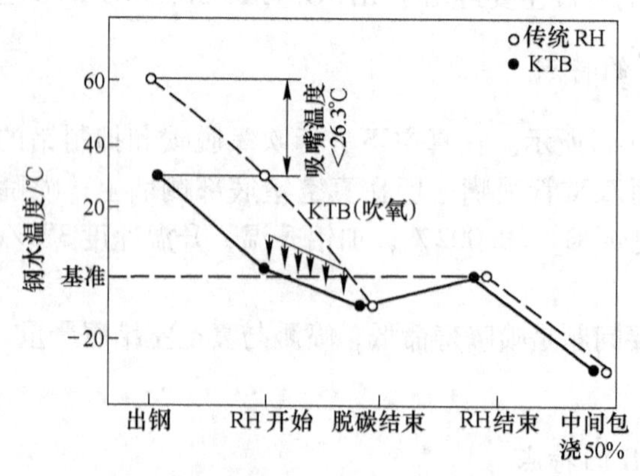

图 4-7　RH 和 RH-KTB 过程中的温度变化

C　出钢碳含量及脱碳速度的控制

转炉的寿命主要取决于转炉的工艺负担，如果能降低出钢温度和提高出钢时的碳含量，就可以减轻转炉的负担，延长转炉的使用寿命，提高转炉的产量。使用 KTB 的方法可以达到这样的目的。这主要是 KTB 可以快速脱碳，同样二次燃烧的控制可以补充处理过程的温度降。可以按照式（4-7）计算 RH 和 RH-KTB 过程的脱碳速度：

$$w[C] = w[C]_i \exp(-k_c \cdot t) \tag{4-7}$$

式中　$w[C]$——RH 脱碳开始 t 分钟后的碳含量，%；

$w[C]_i$——RH 处理开始的碳含量，%；

k_c——表观脱碳速度常数，min^{-1}；

t——脱碳时间，min。

比较两种工艺脱碳情况：传统 RH 的脱碳速度常数是 0.021min^{-1}，而 RH-KTB 的脱碳速度常数是 0.035min^{-1}；进行 RH 处理时的初始碳含量是 0.025%，而进行 RH-KTB 处理时的初始碳含量是 0.045%。进行 KTB 处理的初始碳含量可以比传统的 RH 处理的初始碳含量高出 0.02%。即使在这样的碳含量差的条件下同时进行处理，达到同样的最终碳含量，KTB 的方法可以省 3min 的时间。

此外，KTB 还具有以下优点：（1）可以使用廉价的高碳合金；（2）不需要额外的提温时间；（3）由于二次燃烧的作用，可以防止真空室的结壳。

武钢二炼钢 1997 年 10 月建成投产 RH-KTB、WPB 多功能真空精炼设备，它除具有常规的 RH 脱气、去夹杂、均匀和调整钢液成分外，还有加速脱碳反应、热补偿、吹氧加铝升温和喷粉脱硫等功能。提高脱碳速度，缩短真空脱碳时间约 3min；提高 RH 处理前钢中碳含量达 0.02% 以上；减缓温降速率，对钢水的热补偿达到 15℃ 以上，可相应降低转炉出钢温度；RH-KTB 铝热法每吨钢添加 1kg 铝吹氧以后钢水温度上升 30℃，升温速度达 3℃/min；RH-WPB 法采用 $CaO-CaF_2$ 系列粉剂脱硫，对无取向硅钢进行脱硫，可使钢中硫降低到 0.0001% 以下，脱硫率最高可达 70% 以上。

武钢 RH-KTB、WPB 的综合冶金效果：可稳定生产 $w[S] \leqslant 0.002\%$，$w[N] \leqslant 0.003\%$，$w[H] \leqslant 0.00015\%$，$w[C] \leqslant 0.003\%$ 的超低碳、超低硫的优质钢，精炼终点命中率高于 95%，达到国际一流水平。

日本新日铁广畑制铁所开发应用的 RH-MFB（多功能喷嘴）真空顶吹氧气技术，其冶金功能和 RH-KTB 真空顶吹氧技术相近，主要用于极低碳钢的吹炼。

4.1.7　RH 的技术开发及意义

德国和日本两国的 RH 精炼技术的发展较快。通过对 RH 深入的技术开发，使 RH 的功能不断扩大，终于达到今天这样具有多种精炼功能的设备。

1964 年，富士钢公司对 RH 的环流速度进行了测定。发现当钢水以 19.5t/min 的环流速度进行循环脱气时，至少每 5min 通过一次真空室。1968 年，川崎钢公司对 RH 的脱氧机理进行了分析。实验证明，增大吹氩流量和吸嘴直径可以显著提高 RH 的处理效果。该厂将其 RH 的吸嘴直径扩大 1 倍，将两支吸嘴改为三支，使 RH 的氩气流量和环流速度提高，改善了脱碳和脱气效果。同时，日本各厂使用 RH 进行了冶炼超低碳硅钢和冶炼不锈钢的实验。通过向 RH 真空室吹氧，可用转炉和 RH 配合大批量生产不锈钢。1972 年，该工艺研究成功。

德国的蒂森公司不采用 RH 吹氧的方法进行精炼，而是首先在鱼雷车或者铁水包中进行脱硫处理，使钢水中的硫含量降低至一定程度，然后将这些低硅、低锰、含磷 0.100% 的铁水在顶底复吹转炉（TBM）中进行吹炼，将碳含量降至 0.02% 左右，终渣 $w(\mathrm{TFe})$ 为 16%。通过提高炉渣碱度可以将磷含量控制在 0.005% 以下。如此控制，可以保证钢水有足够的氧位。可以通过钢水的溶解氧位，在进行 RH 处理时将钢水的碳含量控制在 0.003% 以下而不需要向 RH 吹氧。

蒂森公司的贝克尔威尔特厂是一个转炉厂，1987 年投产了一台 250t 的 RH 设备。要求与转炉和板坯连铸机 30min 的生产节奏配合；实现多炉连浇；进行 RH 精炼时能够加入 1t 合金，满足微合金化的要求；将钢中的氢含量控制在 0.00015% 以下，碳控制在 0.003% 以下，氮控制在 0.004% 以下。生产实践证明，RH 可以满足这些要求。

由于连铸生产的钢坯凝固速度快，不利于夹杂物上浮，所以对钢水的清洁度有更高的要求，致使 RH 发展受到重视。

新日铁大分厂开发了 RH 冶炼准沸腾钢工艺，表面质量很好的软质薄板都是由沸腾钢制造的。采用连铸生产沸腾钢遇到的问题是沸腾钢种在凝固时会放出 CO 气体，所以不能用连铸法生产沸腾钢。如果用铝或硅脱氧钢代替沸腾钢，在冷轧的回火色和镀锌层的致密性方面都会出现质量问题。大分厂通过 RH 轻处理来降低钢水中的溶解氧含量，然后在真空下向钢水加铝（不加硅），稳定铝的收得率，使钢中的铝含量控制在 0.005% ~ 0.012%，这种钢称为准沸腾钢。至此形成了转炉—RH—连铸的准沸腾钢生产体系。准沸腾钢的化学成分见表 4-3

表 4-3　RH 精炼的连铸准沸腾钢化学成分　（%）

厂　名	钢　种	冶炼方法	C	Si	Mn	P	S	Al	N
新日铁	准沸腾钢	RH	0.04	0.01	0.25	0.015	0.014	0.006	0.0022
日本钢管京滨厂	低铝低氮钢（LANS）	RH	0.01 ~ 0.05	<0.05	0.10 ~ 0.25	<0.025	<0.025	0.01 ~ 0.03$\mathrm{Al_s}$	<0.0025
新日铁	弱脱氧钢	钢包喷吹（有渣改质）	0.03 ~ 0.05	>0.03	0.25 ~ 0.29	<0.025	<0.022	0.002 ~ 0.007$\mathrm{Al_s}$	<0.0025
中山公司船町厂	软质线材	RH	<0.02	0.04	0.25	<0.025	<0.005		
神户制钢加古川厂	准沸腾钢	钢包吹氩 TD 控制［O］	0.04 ~ 0.18	>0.03	0.15 ~ 0.65	<0.020	<0.020	<0.010	
大同公司大阪厂	低碳软质线材	RH	0.01 ~ 0.05		0.22 ~ 0.25				
日本钢管京滨厂	低铝低氮（LANS-BW）	RH						0.002 ~ 0.009$\mathrm{Al_s}$	<0.0025

日本钢管京滨厂 1980 年 11 月用 RH 精炼适于连铸的低硅低氮不锈钢。其成分与表 4-3 基本相同。首先，RH 处理过程中不会产生钢水吸氮，再者钢水中的氧可以控制钢水中的铝含量。这样生产的连铸坯，无论作为冷轧板、热轧板，还是制成镀锌板，其质量都是很

好的。用 RH 法生产适合连铸的软质低碳线材也是 RH 技术开发的重要成果。

自 1980 年来，RH 技术开发集中在以下三方面：（1）充分利用 RH 法的功能；（2）将 RH 法与其他精炼方法配合使用；（3）RH 的多功能化。

RH 自身没有加热功能，不能进行脱硫，不能对夹杂物进行形态控制。因此，RH 必须与其他精炼方法相配合方能进行更有效的精炼。日本的山阳钢厂将 LF 与 RH 配合生产轴承钢，形成 EAF→LF→RH→CC 轴承钢生产线，轴承钢种的总氧量达到 5.8ppm 水平。LF—RH 复合精炼过程是首先利用 LF 将钢水升温，利用 LF 的搅拌和渣精炼功能进行还原精炼，使钢水脱硫和预脱氧。然后将钢水送入 RH 中进行脱氢和二次脱氧。经过这样的处理不仅大大提高了钢水的清洁度，而且将钢水的温度调整到连铸需要的温度，为多流连铸和多炉连浇提供了保证。日本大量生产特殊钢的生产线上，EAF→LF→RH→CC 法占有主要地位。

也有部分转炉炼钢厂使用 NK-AP（钢包内电弧加热、造渣精炼及喷粉处理工艺）与 RH 配合精炼工艺，既能保证连铸对钢水成分和温度的要求，也能达到生产清洁钢的目的。

上述两种工艺属于复合处理工艺，优点是精炼质量好、功能灵活；但是其缺点也较明显。这样的复合工艺冶炼时间长，热损失大；设备成本高；现场物流复杂，给现场管理带来了一定的麻烦。这就导致了 RH 多功能精炼技术开发。RH 原有的功能是脱氢、脱氮、脱氧、脱硫、去除夹杂物、成分窄范围控制、铝热法升温，需要补充的精炼功能是脱硫和硫化物形态控制。

为了脱硫和进行夹杂物的形态控制，神户加古川厂向 RH 真空室内加合成渣，成功地冶炼了 $w[S]<0.0012\%$ 的超低硫钢。在真空室内加钙，钙的收得率 16%，使钢中钙控制在 0.001%～0.002% 水平。新日铁名古屋厂和大分厂采用 RH-PB 和 RH-Injection 法喷吹 $CaO\text{-}CaF_2$，将钢水中的硫分别控制在 0.0005%～0.001%，且可以使夹杂物球状化。这两种方法克服了 RH 不能脱硫和进行夹杂物控制的弱点，通过对 RH 多功能化的开发，使 RH 的精炼功能大大增强。

与日本的发展不同，德国蒂森公司为了进行深脱硫，一般在 RH 处理前要进行 TN 法（钢包喷粉）处理。喷粉处理后再进行 RH 处理，对钢水进行脱气。蒂森公司用这样的工艺可以生产厚板、型钢、钢轨、锻件坯、线材、棒材、微合金化的特殊深冲钢（IF 钢或无间隙原子钢）、耐酸腐蚀钢等。

蒂森公司的哈庭恩转炉炼钢厂年产量为 100 万吨，生产的品种主要是厚板和锻造钢。经过 RH 处理的比例已达 80%，TN 处理的比例已达 64%。通过这样的处理，使分析命中率大大提高。

随着真空处理工艺的发展，通过将钢中氢含量降低到产生白点以下，从而省去了高成本的热处理工艺，使钢的加工成本大为降低。

任务 4.2　真空提升脱气法（DH 法）

4.2.1　DH 法的设备

真空提升脱气法是 1956 年由德国的多特蒙德（Dortumund）和豪特尔（Horder）冶金

联合公司首先发明使用的，所以简称 DH 法（Dortumund Horder Union Process）。其主要设备如图 4-8 所示：由真空室（钢壳内衬耐火材料）、提升机构、加热装置（电极加热装置或喷燃气、喷油加热）、合金加料系统（真空下密封加料）和真空系统等构成。

4.2.2　脱气工作原理

此法是在钢液已基本精炼完毕后，根据压力平衡原理，借助于真空室与钢包之间的相对运动，将钢液经吸嘴分批吸入真空室内，进行脱气处理的。处理时将真空室下部的吸管插入钢液内，真空室抽成真空后其内外形成压力差，钢液沿吸嘴上升到真空内的压差高度，如果室内压力为 13.3 ~ 66Pa，则提升钢液约 1.48m。由于真空作用室内的钢液沸腾形成液滴，大大增加气液相界面积，钢中的气体由于真空作用而被脱除。当钢包和真空室的相对位置改变时（钢包下降或真空室提升），脱气后的钢液就会重新返回到钢包内。这样反复改变钢包和真空室的相对位置（每升降一次处理钢液的量约为钢包容量的 1/6 ~ 1/10），就使钢液分批进入真空室接受处理，直至处理结束为止。

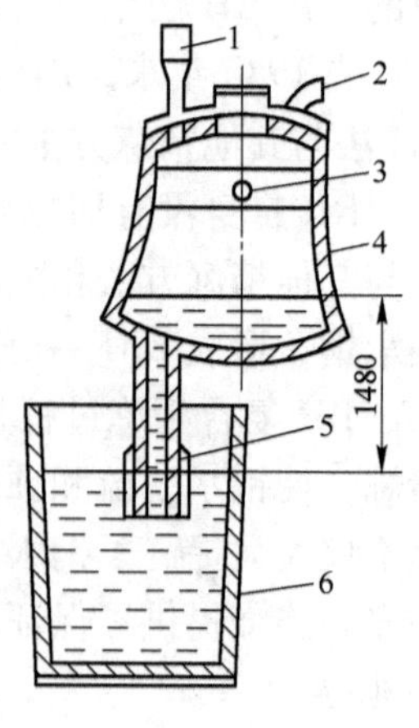

图 4-8　DH 法示意图
1—合金料斗；2—抽气管道；3—电极加热装置；4—真空室；5—吸管；6—钢包

DH 法脱气效果主要取决于钢液吸入量、升降次数、停顿时间、升降速度和提升行程等。

4.2.3　DH 法的主要优缺点

DH 法具有如下的优点：(1) 进入真空室内的钢液由于气相压力的降低产生激烈的沸腾，脱气表面积增大，脱气效果较好；(2) 适于大量钢液的脱气处理，可以用比较小的真空室处理大吨位的钢液；(3) 可以对真空室用石墨电阻棒加热，因此处理过程中钢液温降较小；(4) 由于处理时 C-O 反应激烈，脱氧效果好，加速了脱碳过程，可用来生产低碳钢；(5) 真空下添加的合金又经过强烈的搅拌，其收得率高达 90% ~ 100%，而且均匀化，能准确地调整钢液成分。由于这一系列的优点，使 DH 法得到了发展，我国的太钢 50t 转炉车间配备有一台 DH 装置。

其缺点是设备较复杂，操作费用、维护费用和设备投资都较高，逐渐被 RH 法所替代。

4.2.4　DH 法的操作工艺

处理前根据钢种和出钢量确定配加的合金种类和数量，并预先加入到料仓内，根据钢水量和钢包尺寸选定每次吸入的钢水量，调整好升降行程和极限位置，吸嘴前装好挡渣帽，将真空室加热。

以上准备工作完成后，将盛有钢液的钢包送到处理位置后测温、取样并将吸嘴插入钢液内，然后启动真空泵抽气，当真空室压力降至 13.3Pa 时升降机械开始自动升降，进入真空室的钢液在低压作用下，开始脱气反应，产生剧烈的沸腾和喷溅。脱气后钢液回流到钢包内产生剧烈的搅拌和混匀，这样反复进行 30 多次左右的升降，全部钢液经 3

次循环，真空度稳定到极限值，然后加入合金，再升降几次待合金成分混匀后取样测温送去浇注。

4.2.5 DH 法的实际效果

DH 法的实际效果如下：

（1）脱氢。效果较好，可由处理前的2.5～6.5ppm降低到1.0～2.5ppm。当处理未脱氧钢时从熔池底部产生大量CO气泡，有利于脱氢反应的进行。

（2）脱氧。处理未经预脱氧钢液可使氧降低55%～90%，还可以降低非金属夹杂物40%～50%，合金在真空下加入收得率高达95%以上，并且成分和温度均匀。

（3）脱氮。效果较差，当钢中含氮量低于30～40ppm时，短时间处理几乎没有什么变化，当氮含量高于100ppm时，脱氮量可达20～30ppm。

（4）脱碳。真空处理时，由于碳-氧反应降低了碳含量，因此DH法可产生超低碳钢。

总之，经DH处理后钢中的氢、氮、氧及非金属夹杂物都有相当的减少，钢材内外部缺陷也明显减少，各种性能也得到了提高。

任务4.3 真空罐内钢包脱气法（VD法）

4.3.1 早期的真空脱气设备

早期精炼设备的使用目的就是使钢水脱气。最早的真空脱气设备即为在我国称为VD（vacuum degassing）的炉外精炼设备。这种方法是美国芬克尔（Finkl）公司1958年首先提出来的，所以也叫芬克尔法。如图4-9所示。

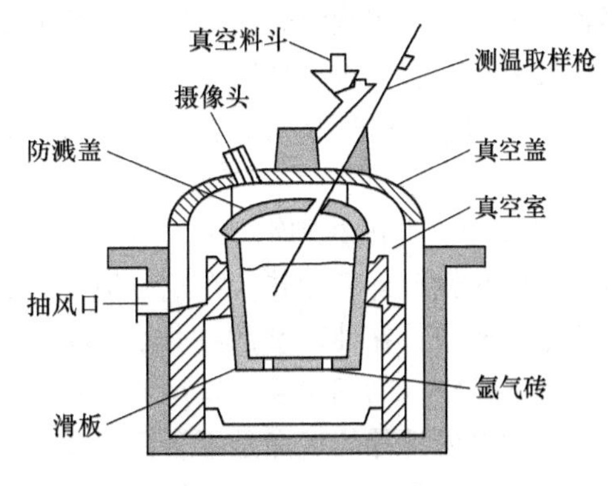

图4-9 VD钢液真空脱气装置

这种早期真空脱气设备主要由钢包、真空室、真空系统组成，基本功能就是使钢水脱气。因为没有加热功能，所以出钢时要使钢水过热，过热温度根据炉容量的不同而不同。较大的炉子过热温度可以小些；较小的炉子过热温度要大一些。

现在看来，这种钢水处理设备是比较简单的，但是它却带来了一个炼钢技术的新时代，是人们掌握清洁钢生产技术的开始。

早期的钢包脱气设备存在的一个特别明显的问题，即钢水没有搅拌和加热。当钢水容量较大时，钢包底部的钢水难以自上而下地完全发生脱气反应。钢中$w[O]$与沸腾层高度H的关系见表4-4，它表明脱气反应确实发生在钢水表面层，因此较大容量的钢包处理效果较差。向钢包内加入合金会产生较大的温度降，合金也难以均匀。

表4-4　钢包真空处理时钢中氧含量与沸腾层高度的关系（$p'_{残}$ <200Pa）

钢　号	无　渣		有　渣	
	$w[O]$/ppm	H/m	$w[O]$/ppm	H/m
GCr15	425	0.114	425	0.2
40CrNiMoA	178	0.114	178	0.2
20Cr	101	0.114	101	0.2
08沸	59.5	0.114	59.5	0.2

4.3.2　脱气设备的初步改进

为了克服钢包不能搅拌的问题，在钢包上安装吹气用的塞棒；更进一步的改进是在钢包底部安装了透气砖，在钢包上装配了电磁搅拌装置。

搅拌气体一般是氩气。因为氩气不溶解于钢水，不会形成对钢质量有害的夹杂物。当氩气吹入钢水时，氩气气流就会上升，带动钢液循环运动，保证钢液充分脱气。加入钢水中的合金，在这种搅拌的作用下会很快均匀。气泡在上升过程中体积不断膨胀，形成了对钢中气体来说的真空，气体不断向气泡中扩散，由气泡将钢中气体带出钢水。但是不靠真空，只靠吹入惰性气体将钢中气体带出钢液是不现实的，而且在目前的炉外精炼工艺中，由吹入的氩气带出钢液的气体量是很小的一部分。使用吹入氩气的方法是将钢中气体带出钢液，在理论上是成立的，但要在工艺中实现，将引起很大的温度降，而且消耗太多的氩气。

吹氩用的吹氩管是由钢管外包耐火材料制成的。外包耐火材料可以根据炉渣和冶炼的钢种来决定。使用吹氩管的方法完全能够保证吹气的成功率，但其在真空盖上的安装方式却比较复杂，目前很少使用。

采用钢包底吹气的方法对钢水进行搅拌。其真空脱气设备已经接近今天使用的 VD 设备。

1962 年，美国共和钢公司安装了一台电磁搅拌真空脱气设备。钢包外壳用不锈钢制造，以防止钢包外壳发热。在电磁搅拌力的作用下，钢水每分钟循环一次。钢包衬用70%的高铝砖砌筑。在抽真空的初期，钢水剧烈沸腾，90t 的钢水体积变为 110t 的体积。所以，放入真空室的钢包要留有足够的自由空间。

使用电磁搅拌的优点是不管钢包大小，整个钢包内的钢水都可以进行均匀搅拌而不会产生死角。但是，使用这种脱气方法的缺点是设备投资大、维护复杂。

人们对电磁搅拌方法与吹气搅拌方法的优劣进行过较长时间的争论。搞电磁搅拌的人认为，气体搅拌会在钢包内产生死角。但是，今天在电磁搅拌的精炼设备上，都同时安装了气体搅拌装置。

尽管对真空脱气设备做了很大的改进，但是就真空脱气设备本身来说，还存在如下缺点：

（1）仍没有加热设备。由于没有加热设备，对进行精炼的炉号只好提高初炼炉的出钢温度。即使如此，精炼温度也无法主动控制，所以得不到稳定的精炼效果。

（2）渣层覆盖钢液。在渣层的覆盖下，脱气主要在吹面形成的“渣眼”处进行，减慢了脱气速度。所以VD脱气速度要比RH慢得多。

LVD法（ladle vacuum degassing process）是一种与VD相似的钢包真空脱气法。不同之处是，把充分地排出了炼钢过程的渣、只盛有钢水的钢包放置在真空罐内，盖上盖子排气后，通过钢包底部的透气砖吹氩搅拌钢水。此法一般使用于小规模电炉厂的特殊钢精炼。

4.3.3 VD设备

VD设备一般不单独使用，而是与LF配合使用。对VD的基本要求是，保持良好的真空度；能够在较短的时间内达到要求的真空度；在真空状态下能够良好地搅拌；能够在真空状态下测温取样；能够在真空下加入合金料。一般来说，VD设备需要一个能够安放VD钢包的真空室，而ASEA-SKF则是在钢包上直接加一个真空盖。

VD设备主要部件有以下部分：水环泵；蒸汽喷射泵、冷凝器、冷却水系统、过热蒸汽发生系统、窥视孔、测温取样系统、合金加料系统、吹氩搅拌系统、真空盖与钢包盖及其移动系统、真空室地坑、充氮系统、回水箱。

4.3.3.1 主要技术参数

容　量	150t
真空室直径	6400mm
真空室盖直径	6600mm
真空室盖钢板厚度	25mm
处理一炉钢水时间（包括喂线）	35min
处理钢水温度	1620～1650℃
工作真空度	0.6～2.5kPa
钢包自由空间高度	800～1000mm
真空室高度	8000mm
真空室盖高度	2000mm
冷态极限真空度	67Pa

4.3.3.2 真空室

真空室用于放置对钢水进行处理的钢包，并对钢水进行真空处理。真空室盖是1个用钢板焊接而成的壳形结构。150tVD炉真空盖上安装的设施有：

（1）1个水冷的带有环形室的主法兰，内外径分别为6800mm、6210mm。

（2）1个密封保护环。

（3）3个供吊车吊运的吊耳。

（4）2个窥视孔。带有手动中间隔板，以防渣钢喷溅到窥视孔的玻璃上。接口尺寸为510mm。还有1个由0.7kW电动机带动的机动窥视孔。通过这两个窥视孔可以观察钢包中的情况。

（5）为了测定钢水的温度、取出钢样，真空室盖上安装了真空密封室和取样吸管（也称取样枪）。取样枪的形成由1个旋转开关控制，由电动机带动。

（6）10个合金料仓、3个料斗，其作用是把合金从大气下加入到真空室中。

（7）真空室地坑。过去真空室布置在低于车间地平面的地坑里，真空室由耐火材料砌筑，即使钢水或炉渣溢出钢包，甚至钢水穿漏，也不会损坏。真空室地坑直径为6400mm，真空室高度为8000mm，真空室外径为6800mm。配有与炉盖匹配的水冷法兰盘以及与密封圈匹配的凹槽，2个支撑钢包用的对中支撑座，1个与抽气管连接的接口，1个氩气快速接头，1个用于漏钢预报的电热偶，1支用于真空室盖与真空地坑的真空密封圈。目前真空罐一般安放在车间地平面的轨道小车上。

（8）钢包盖。将耐火材料砌筑在钢制拱形上，并用3个吊杆吊在真空盖上。

（9）真空盖的提升与移动机构。该机构是一个型钢焊接的框架结构，尺寸为7700mm×9710mm×5055mm。提升电动机1台，功率1kW，转速750r/min，转矩147N·m；两条轨道，运行距离8000mm，运行速度6m/min，提升速度1m/min。盖的提升行程600mm，提升能力55t，轨道长度18000m。配重2×6000kg。

4.3.3.3　水冷系统

（1）水凝器的冷却。进水温度不超过32℃，出水温度不超过42℃，压力0.2MPa，耗水量300m^3/h。

（2）真空室的下口法兰、观察孔、合金加料斗、取样器的冷却水压力为0.35MPa，进水温度≤35℃，出水温度≤42℃。每小时需要冷却水20m^3。

（3）水环泵的冷却。进水温度≤35℃，出水温度≤42℃。每小时用水量60m^3。

4.3.3.4　吹氩搅拌系统

钢包底部的3个透气砖，经常使用的是2个。流量为30～50L/h。表示1MPa。

4.3.3.5　蒸汽供应系统

蒸气压力为1.4MPa，每小时用量11.8t。饱和蒸汽过热温度20℃。

4.3.3.6　真空度测量

真空度测量由U形管真空计和压缩式真空计承担。

4.3.3.7　真空泵

4级MESSO蒸汽喷射泵。3个水环泵作为第5级，抽气能力400kg/h，8min可以达到67Pa。

蒸汽喷射泵工作压力1MPa，工作蒸汽最高温度为250℃，过热度20℃。冷却水进水最高温度32℃，出水最高温度42℃。压力波动不超过10%。

当真空处理结束时，为了保证安全，需使真空室破真空，压力为1MPa。流量为1000m^3/h。

4.3.4　VD精炼工艺及其效果

VD炉的一般精炼工艺流程：吊包入罐→启动吹氩→测温取样→盖真空罐盖→开启真空泵→调节真空度和吹氩强度→保持真空→氮气破真空→移走罐盖→测温取样→停吹氩→吊包出站。

通过VD精炼，钢中的气体、氧含量都降低了很多；夹杂物评级也都明显降低。这个结果说明，这种精炼方法是有效的。但是应当指出的是，使用当今系统的炉外精炼方法得到的钢质量比单独采用VD精炼要好得多。

上海五钢1998年建成投产100tVD炉，采用直流电弧炉—VD真空处理—连铸生产工艺，67Pa高真空保持时间18min以上，0.16MPa以上的吹氩速度，真空温降为2.0℃/min，精炼渣量在10kg/t以下，就能使真空脱氢率达70%以上。脱气后$w[H]$最低达到0.5ppm。GCr15、45、42MnMo7、20钢的平均脱氮率分别为24.6%、14.95%、12.15%、9.5%。GCr15的真空脱硫率平均达29%。中碳钢的平均真空脱硫率为38%左右，钢中硫可降到0.010%以下。低碳钢的平均真空脱硫率为45%左右，钢中硫可降到0.019%以下。

武钢一炼钢1998年建成100t双工位的LF和VD各一座。VD的主要技术参数如下：额定容量100t，真空泵抽气能力400kg/h；蒸汽压力0.8~0.9MPa；真空罐内径6000mm；工作真空度≤67Pa；真空罐高度7700mm；极限真空度30Pa；设备冷却水耗量100m^3/h。生产实践发现，精炼时吹氩强度选择225~325L/min，真空度≤67Pa保持10~15min为最佳。VD精炼完毕时，钢中$w[H]$由精炼前的0.00046%~0.00072%降低到0.9×10^{-4}%~0.0002%，脱氢率63%~82%；钢中$w[N]$由精炼前的0.0026%~0.0045%降低到0.0018%~0.0032%，脱氮率22%~45%；真空结束时，$w(T[O])$由处理前的0.0035%~0.0047%降低到0.0012%~0.0025%；VD处理前后相比钢中的夹杂物数量和大小均显著减小，钢液达到了较好的洁净度。

衡阳钢管厂于2001年建成投产40tVD炉，真空处理过程中，蒸汽流量不小于1.2×10^4t/h，蒸汽温度不小于185℃，蒸汽压力不小于0.75MPa。抽气时间5min（从101kPa到67Pa）左右，真空保持时间15min。进VD处理前，还要控制合适的渣厚（200~300mm）和渣况。吊包浇注前采用WF喂丝机喂Ca-Si线终脱氧。通过LF+VD+WF处理，$w(T[O])$可控制在0.0015%~0.003%。VD处理前$w[H]$一般在0.0003%~0.0005%，VD真空脱气后，$w[H]$可控制在0.0001%~0.0003%，VD在深脱硫钢水的基础上，脱氮率可达到20%~40%，$w[N]$最低可控制在不大于0.005%。

4.3.5　LF与RH、LF与VD法的配合

为了实现脱气，与LF配合的真空装置主要有两种：RH和VD。目前日本倾向于80t以上的电炉或转炉采用LF+RH炉外精炼组合，因为钢包中钢渣的存在并不影响RH操作，所以LF与RH联合在一个生产流程中使用是恰当的。小于80t电炉或转炉采用LF+VD炉外精炼组合（钢包作为真空钢包使用）。与LF+RH相比，由于渣量太大，LF+VD的脱气效果略差一些。VD的形式又有两种：一种是真空盖直接扣在钢包上，称为桶式真空结构；另一种是钢包放在一个罐中，称为罐式真空结构。LF+RH和LF+VD法如图4-10所示。

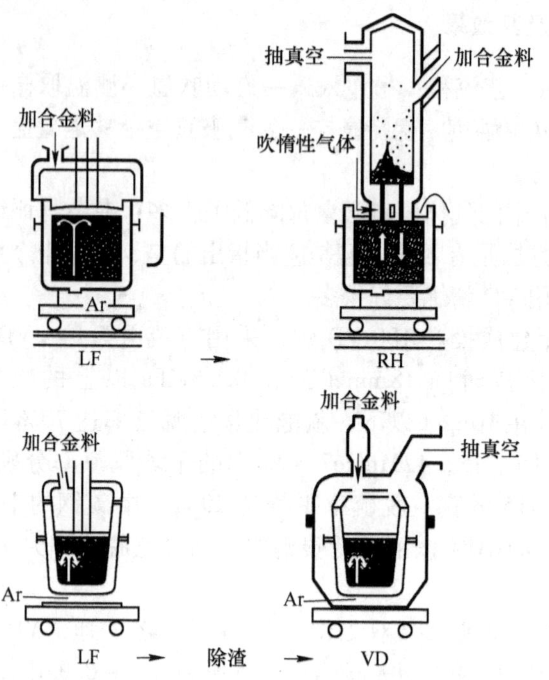

图 4-10　LF 与 RH、VD 的配合

LF-VD 炉外精炼组合，LF 在常压下对钢水电弧加热、吹氩搅拌、合金化及碱性白渣精炼等。VD 进行钢包真空冶炼，其作用是钢水去气、脱氧、脱硫、去除夹杂，促进钢水温度和成分均匀化。

抚顺钢厂的 50t LF-VD 炉，钢水从超高功率电炉出钢后，LF 精炼、喂线、VD 精炼都在同一个精炼钢包中进行，从出钢到浇注约需 90～120min。

思考题

(1) RH 法与 DH 法的工作原理是怎样的？
(2) RH 的基本设备包括哪些部分，其冶金功能与冶金效果如何？
(3) 由 RH 法发展的相关技术有哪些？说明 RH 真空吹氧技术的发展及特点。
(4) 何谓 VD 法？VD 炉的一般精炼工艺流程如何？
(5) VD 处理过程为什么要全程吹氩，VD 精炼对钢包净空有什么要求？
(6) 试述 LF 与 RH、LF 与 VD 法的配合及效果。
(7) 试比较 RH 与 DH 的实际精炼效果。

学习情境 5

氩气精炼法和氩氧精炼法

学习任务:

(1) 理解 CAS、CAS-OB、ANS-OB、IR-UT 法的精炼原理及工艺;

(2) 理解 CAB 法的精炼原理及工艺;

(3) 理解 AOD 法、CLU 法、AOD-VCR 法和 VODC 法的精炼原理及工艺。

任务 5.1 钢包吹氩成分微调法 (CAS 法)

5.1.1 CAS 法概述

在大气压下，通过钢包吹氩进行钢液氩气处理，可达到均匀钢液温度和成分、加速合金料及脱氧剂的熔化、减少钢中氧化物夹杂含量、改善钢液凝固性能的目的。由此钢包吹氩技术在冶金工业中得到了广泛的应用。但是在钢液裸露处由于所添加的亲氧材料反复地接触空气或熔渣，又会造成脱氧效果和合金收得率的显著降低。

为了解决上述问题，日本新日铁公司八幡技术研究所于 1975 年开发了吹氩密封成分微调工艺，即 CAS (composition adjustment by sealed argon bubbling，密封吹氩合金成分调整) 工艺。此后，为了解决 CAS 法精炼过程中的温降问题，在前述设备的隔离罩处再添加一支吹氧枪，称为 CAS-OB 法。OB 即为吹氧的意思，这是一种借助化学能快速简便升温的预热装置。

5.1.1.1 精炼原理与精炼功能

进行 CAS 处理时，首先用氩气喷吹，在钢水表面形成一个无渣的区域，然后将隔离罩插入钢水罩住该无渣区，以使加入的合金与炉渣隔离，也使钢液与大气隔离，从而减少合金损失，稳定合金收得率。

CAS 法的基本功能有:

(1) 均匀钢水成分、温度;

(2) 调整钢水成分和温度 (废钢降温);

(3) 提高合金收得率 (尤其是铝);

(4) 净化钢水，去除夹杂物。

CAS-OB 法是在 CAS 法的基础上发展起来的。它在隔离罩内增设顶氧枪吹氧，利用罩内加入的铝或硅铁与氧反应所放出的热量直接对钢水加热，铝、硅单位质量的发热值分别为30932kJ/kg、29260kJ/kg，化学反应为：

$$2Al + 3/2O_2 \xlongequal{} Al_2O_3$$

$$Si + O_2 \xlongequal{} SiO_2$$

其目的是对转炉钢水进行快速升温，补偿CAS法工序的温降，为中间包内的钢水提供准确的目标温度，使转炉和连铸协调配合。

5.1.1.2 CAS炉及CAS-OB炉的设备构成

A CAS炉设备

CAS炉设备的组成如下：带有特种耐火材料（如刚玉质）保护的精炼隔离罩；隔离罩提升架；除尘系统；带有储料包、称重、输送及振动溜槽的合金化系统；取样、测温、氧活度测量装置，如图5-1所示。

B CAS-OB炉设备

CAS-OB法除了CAS设备外，再增加上氧枪及其升降系统、提温剂加入系统、烟气净化系统、自动测温取样、风动送样系统等设备，如图5-2所示。

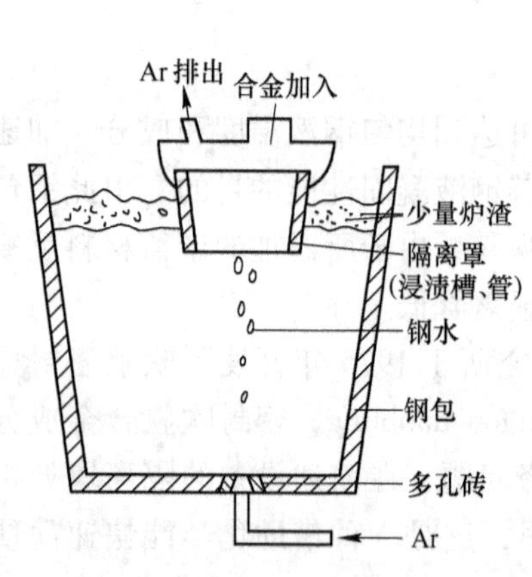

图5-1 CAS法示意图

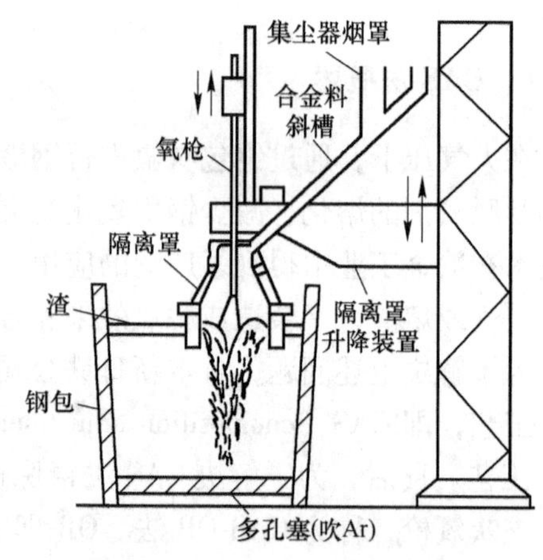

图5-2 CAS-OB炉设备示意图

CAS-OB工艺装置的特点为：

（1）采用包底透气塞吹氩搅拌，在封闭的隔离罩进入钢水前，用氩气从底部吹开钢液面上浮渣。随着大量氩气上浮使得罩内无渣，并在罩内充满氩气形成无氧区。

（2）采用上部封闭式锥形隔离罩隔开包内浮渣，为氧气流冲击钢液及铝、硅氧化反应提供必需的缓冲和反应空间。同时容纳上浮的搅拌氩气，提供氩气保护空间。从而在微调成分时，提高加入的铝、硅等合金元素的收得率。

（3）隔离罩上部封闭并为锥形，具有集尘排气功能。

5.1.2 CAS工艺

CAS工艺利用高强度吹氩形成的剧烈流动，使熔池表面产生一个大的无渣裸露区域。

在裸露区域，将隔离罩浸入钢液，减小供氩强度，使钢液流动减弱，隔离罩外部回流的熔渣从外部包围隔离罩，保护供氩，以防止二次氧化。在隔离罩内部，可产生无熔渣覆盖的供氩自由表面，钢液表面与隔离罩空间形成氩气室，为经隔离罩上的套管添加脱氧剂和合金提供了有益的条件和气氛。

CAS 工艺操作过程比较简单，脱氧和合金化过程都在 CAS 设备内进行。由于该工艺的灵活性，所以可以采用以内控条件为基础的其他操作方式，如在出钢期间利用硅进行预脱氧和锰及其他合金元素的预合金化。CAS 工艺操作的关键是排除隔离罩内的氧化渣。若有部分渣残留在罩内，合金收得率应会下降，且操作不稳定。实践证明渣层过厚时，隔离罩的排渣、隔渣能力得不到充分利用。

一般 CAS 操作约需 15min，典型的操作工艺流程如图 5-3 所示。

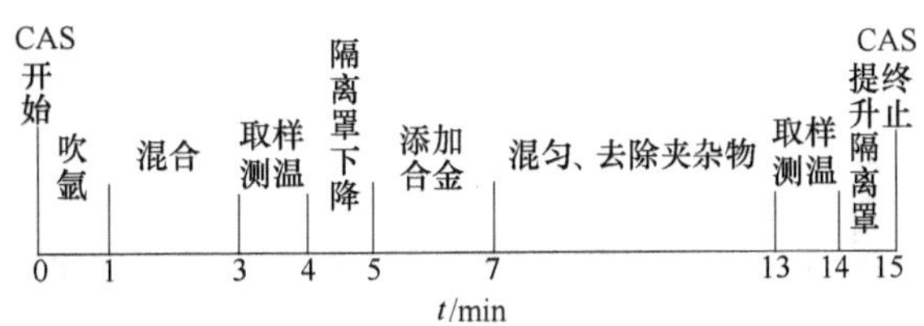

图 5-3　CAS 操作工艺流程时间分配

CAS 工艺的主要特点是能够较好地使成分合乎规格，合金收得率高，氧化物夹杂含量低。最典型的是 Sollac 公司 Gos-Sur-Mer 工厂的试验结果：经 CAS 工艺精炼钢液，其成分控制范围很窄，同时可节约铝 0.4kg/t 钢。经过熔池吹氩，氧化物进一步脱除，在 CAS 处理结束时，总的氧含量降低到 0.0025% ~0.0045%。由于氧化物的继续脱除，中间包总的氧含量达到 0.002% ~0.003% 水平。

宝钢 300t 钢包 CAS 操作工艺流程为：转炉出钢挡渣粗调合金→炉后测温取样→将钢水吊至 CAS 处理台车上→吹氩、测定渣层和安全留高→测温取样、定氧→计算、放出和称量合金→吹氩、浸渍管放下→合金投入、吹氩搅拌→吹氩停止、测温取样→确认成分→台车开出、处理结束。

宝钢采用转炉→CAS 精炼→连铸工艺生产低碳铝镇静钢时，CAS 处理后钢液 $w(\mathrm{T[O]})$ 含量在 0.0073% ~0.01% 之间，中间包钢水 $w(\mathrm{T[O]})$ 在 0.0038% ~0.0053% 之间，铸坯中总氧含量在 0.0014% ~0.0017% 之间。该工艺生产的深冲用低碳铝镇静钢具有很高的洁净度。

用 CAS 工艺主要生产对氢不敏感的铝镇静钢、铝硅镇静钢和低碳铝镇静钢。利用 CAS 工艺可以提高合金收得率，可以在保持较小的成分偏差和改善钢液洁净度的同时，做到准确无误地添加合金元素。

5.1.3　CAS-OB 工艺

控制浇注温度是生产高质量铸坯及连铸机无故障操作的前提条件。因此，与普通模铸相比，连铸工艺浇铸温度的允许偏差是很小的。

在 CAS 处理之后，为了能够按顺序浇注那些低于开浇温度的钢液，必须开发一种简便的快速有效的预热装置。其解决办法就是联合使用 CAS 设备和吹氧枪，以便借助化学能来加热。CAS-OB 工艺的原理如图 5-2 所示，在隔离罩的提升架上附加了一个使自耗氧枪上升和下降的起重装置。打开挡板之后，利用定心套管将氧枪导入隔离罩，作为能量载体的铝丸由合金化系统送到钢液中，经吹氧而燃烧。钢液被化学反应的放热作用而加热。

CAS-OB 工艺的开始阶段与 CAS 工艺完全相同。当依据温度预报需要预热钢液时，在隔离罩浸入钢液之后，首先要进行钢液脱氧及合金化。此外，还要准备预热所需的铝，并在降下吹氧枪之后，在吹氧期间以一定比例连续往钢液里添加铝。

CAS-OB 工艺从吹氩到提罩整个操作过程约 23min，其中主吹氩约需 6min，典型的 CAS-OB 工艺操作过程如图 5-4 所示，亦可根据操作条件的不同修改此操作方式。

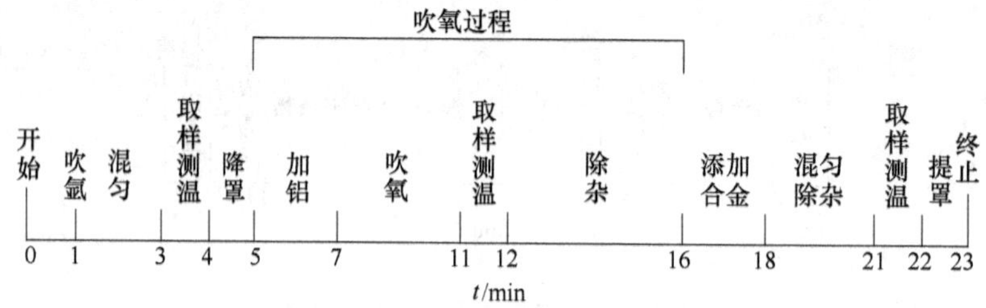

图 5-4　CAS-OB 工艺流程时间分配

宝钢于 1989 年从日本引进 2 台 CAS 装置。该设备具有脱氧、降低夹杂、合金化、调温等功能，CAS 处理时间为 28min，氩气流量为 0.35 ~ 0.5m^3/min，氩气压力为 0.85MPa。装置包括 10 只上部合金料仓及相应的电磁振动给料器和电子秤称量系统、3 条输送皮带、中间料斗、卸料溜槽、浸渍管及其升降机构、测温取样、割渣装置。宝钢根据需要在原 CAS 装置上开发了 300tCAS-OB 钢包（加铝）吹氧升温技术，即在 CAS 装置上增设氧枪、升降机构和供气系统（O_2、N_2、Ar）。其特点有：（1）氧枪采用消耗双层套管，中心管吹氧，套管环缝吹氩冷却，套管外涂不定形耐火材料，枪体结构简单；（2）升降机构采用可编程序控制器和交流变频调速器，具有自动和手动控制功能，氧枪定位精度高；（3）吹氧操作采用 CENTUM 集散型仪表控制，计量精确，直观，操作简便。

宝钢 CAS-OB 工艺流程如图 5-5 所示。300t 钢包 CAS-OB 升温处理时间一般为 6 ~ 10min，在供氧强度 0.16 ~ 0.20m^3/(min · t)条件下，平均升温速度为 7.0℃/min。

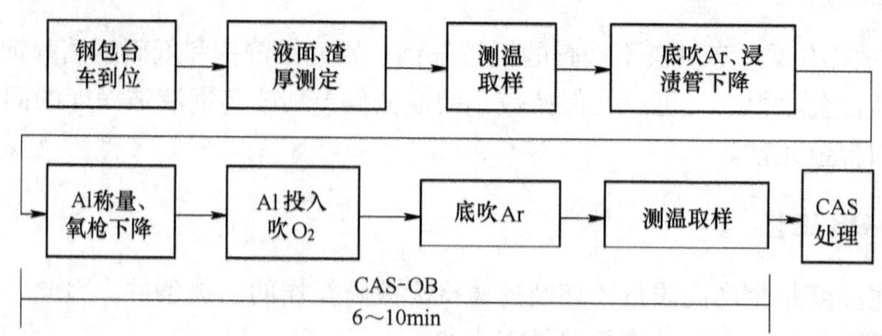

图 5-5　宝钢 CAS-OB 工艺流程

为了提高合金收得率和净化钢水，一要挡好渣，二要保证一定的合理的底吹氩量。目前宝钢CAS采用的吹氩曲线如图5-6所示。吹氩搅拌时间应大于6min，铝镇静钢还要适当延长，搅拌强度为50W/(t·s)。

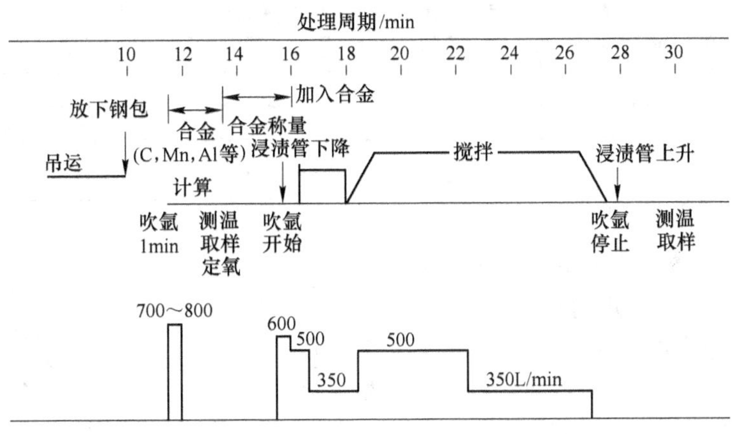

图5-6　宝钢300t钢包CAS吹氩曲线

武钢二炼钢CAS-OB工艺流程为：钢水到站后，采用大流量底吹氩气搅拌，排渣到包壁四周，翻腾的钢水呈裸露状态，此时插入隔离罩，渣被拦在罩外。向罩内加入铝丸（含铝99.7%，粒度8～12mm），吹入的氧气与熔化的液态铝剧烈反应，释放出大量的化学热，先将罩内的钢水加热。钢包底吹氩气的搅拌作用，使罩内高温钢水与钢包内低温钢水发生对流，结果使整包钢水达到升温目的。升温25～30℃的工艺操作如图5-7所示。开吹氩气流量为300～350L/min，钢水裸露区域为ϕ600～800mm，浸渍管插入深度为100～200mm。吹氧过程中，向钢水分批加入升温剂。钢水量为74t时，吹氧时间为6～7min，处理总时间为12～15min，即能完成25～30℃的升温操作。

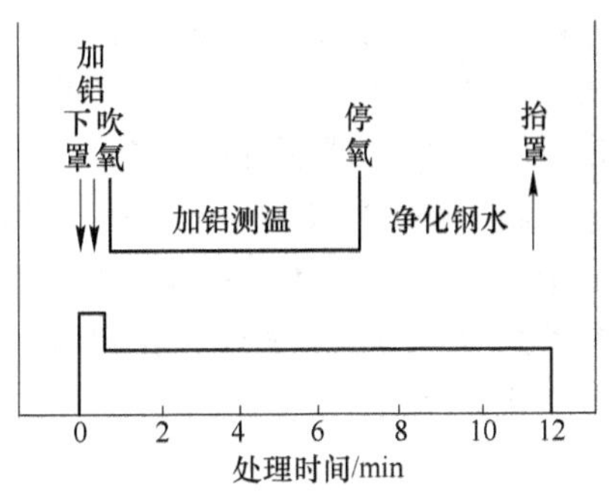

图5-7　武钢二炼钢CAS-OB工艺操作工序

5.1.4　CAS、CAS-OB的精炼效果

5.1.4.1　加热效果

化学加热的理论基础是放热反应，尤其是铝与氧的放热反应，不管氧是已经溶于钢液还是喷入的。表5-1列出几种元素0.1%含量在钢液中氧化的理论加热效果。钢水比热容取0.88kJ/(kg·℃)，每吨钢液中加1kg铝氧化，则温度升高35℃；加1kg硅氧化，则温度升高33℃。一般把升温幅度控制在50℃以内。氧化1kg铝的理论需氧量为0.62m^3，氧化1kg硅的理论需氧量为0.8m^3；但由于其他烧损和氧利用率的影响，实际值分别为0.74m^3和1.05m^3。250t钢包中加铝后的加热效果如图5-8所示，最高加热速度为15℃/

min。可以看出，当加热速度较低(5～6℃/min)时，铝加热效率达到80%～100%。当加热速度高于10℃/min时，加热效率超过100%。其原因是（尤其是在高吹氧速度时）：除铝外，还有其他元素也被剧烈氧化。

表5-1 钢液中溶解元素0.1%含量氧化升温效果

元素	温度升高/℃	元素	温度升高/℃	元素	温度升高/℃
[Si]	+27	[Cr]	+13	[C]	+14
[Mn]	+9	[Fe]	+6	[Al]	+30

5.1.4.2 钢液的成分

总的来看，吹氧对被处理的钢液的化学成分的影响很小。吹氧处理前后，C、Si和S的含量差别不大，而Mn则损耗0.02%左右。氮含量实际无变化，因为在隔离罩内部有渣和氩气保护，使钢液无法与空气接触。

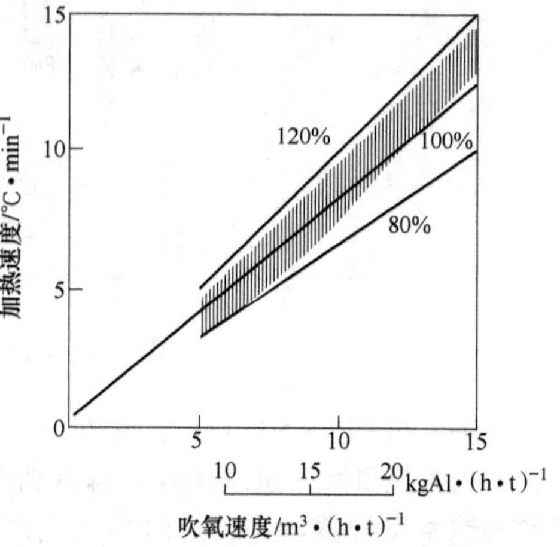

图5-8 加热速度与吹氧速度的关系

5.1.4.3 钢液的纯净度

以氧为例，如图5-9所示，Fos-Sur-Mer工厂的试验结果表明，经过CAS-OB处理，钢中氧含量与CAS处理之后相仿。

实践表明，在提高合金收得率和合金成分的命中率，减少合金元素的损失方面，CAS法是一种高效、廉价的方法，比喂线、射弹等处理范围宽得多。CAS法处理时，钢中铝、氧含量变化波动极小，铝几乎没有损失，氧含量始终维持稳定的低水平。

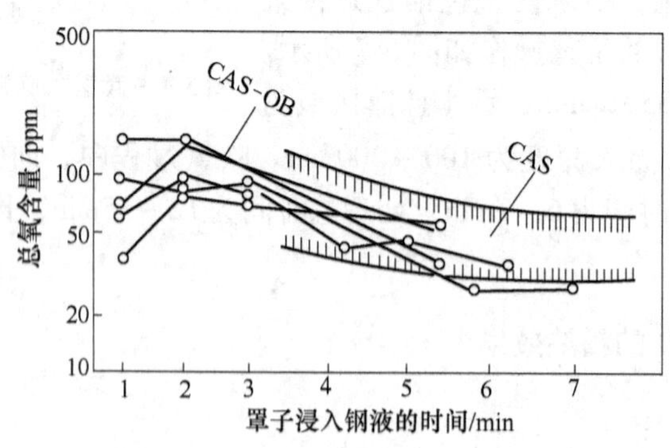

图5-9 两种工艺总氧含量的比较

经CAS法处理的钢水可达到如下水平：

（1）钢中总氧量由常规吹氩处理的0.0100%下降到0.0040%以下；

（2）40μm以上的大型夹杂物可减少80%，20～40μm的夹杂物可减少1/3～1/2；

（3）提高脱氧元素的收得率。宝钢铝的收得率由常规脱氧的40%（一般厂10%～30%）提高到80%～90%，钛由常规脱氧的50%～80%提高到约100%。

武钢CAS-OB实践表明，钢水经吹氧升温后，夹杂总量及SiO_2夹杂含量明显下降，中间包钢水夹杂总量及［N］含量与普通工艺生产的钢水非常接近。（SiO_2）夹杂平均降低大于0.002%，Al_2O_3夹杂由于加铝而有所增加。升温后经3~4min纯吹氩处理，Al_2O_3夹杂大部分被去除。经铝热法处理的连铸坯与普通工艺相比，沿铸坯厚度方向夹杂面积百分数也没有明显差距。

5.1.5 ANS-OB

5.1.5.1 ANS-OB精炼功能与设备

ANS-OB是鞍钢三炼钢厂研制的一种与CAS-OB类似的钢包精炼工艺。该工艺解决了吹氩搅拌引起钢水裸露和卷渣造成的钢水氧化问题，并且有成分微调、钢水升温和降温功能。能保证钢液温度波动在±3℃，满足大板坯连铸机对钢水的要求。

ANS-OB系统具有氩气搅拌、成分调整和温度调整功能，由底吹氩气装置、合金称量与加入装置、氧枪升降与吹氧装置、浸渍管升降装置、保温材料加入装置、自动测温取样装置、风动送样及光谱分析装置和除尘装置构成，如图5-10所示。

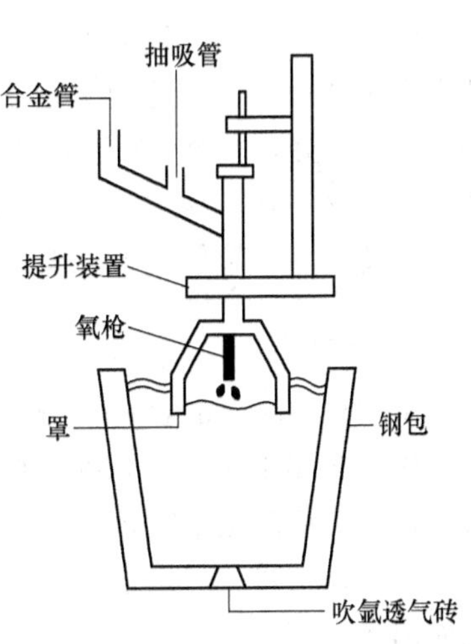

图5-10 ANS-OB装置示意图

浸渍管采用钢结构附有高铝质耐火材料，内径1.4m、外径1.8m、高2.0m，固定在升降台架上，升降及浸入深度由PLC控制。

加热过程中，通过设在钢液面上40mm左右的氧枪将氧气射在钢液面上。氧枪为钢结构、双层套管的外附高铝质耐火材料的消耗型氧枪，内管通氧气，环缝通氩气。供给系统由DDC控制，升降由PLC控制。在吹氧的同时，将铝粒连续投入钢水中，其称量和投入由DDC和PLC控制。

5.1.5.2 ANS-OB精炼工艺操作

鞍钢ANS-OB工艺处理工序如图5-11所示。

图5-11 鞍钢ANS-OB工艺操作工序

钢包容量为200t，底吹氩气搅拌强度为0~0.004m^3/(min·t)，采用双层套管消耗式顶吹氧枪，环缝通氩气冷却，内管通氧气，供氧强度为0.1~0.2m^3/(min·t)。根据钢水升温要求，计算加铝量和吹氧量，将氧铝比控制在0.7~0.8m^3/kg，加铝吹氧升温；同时底吹氩气搅拌，并在加铝吹氧结束后再持续吹氩搅拌3min。钢水中w[C]、w[P]、w[S]变化很小，w[Si]降低0~0.05%、w[Mn]降低0~0.05%。

为保证钢水升温正常进行，升温时的浸渍管插入深度为 300 ~ 400mm。这样能确保投入的铝在浸渍管内，减少外逸，增大与氧反应的机会。当插入深度为 200mm 时，投入铝外逸严重，铝的收得率降低。

为了提高合金收得率，降低精炼工序的成本的措施有：（1）出钢时要求脱氧良好，使酸溶铝含量大于 0.007%；（2）优化合金成分调整次序，处理时先进行温度和其他成分的调整，再调整铝含量；（3）增设氩气增压泵，使底吹氩气压力符合排渣要求，避免降罩时罩入钢渣；（4）同时避免大氩气量底吹氩操作，防止裸露钢水的氧化，吹氩量应以钢包内渣面静止不动为宜。

5.1.5.3　ANS-OB 精炼效果

ANS-OB 对 08A、20、16Mn、65Mn 等钢种进行处理，连铸用钢水在浇注前全部进行 ANS 处理，同时全过程进行底吹氩，吹氩时间达 6 ~ 24min。钢水温度及成分控制严格，浇钢中硫、磷平均含量分别为 0.015% 和 0.020%；同钢种多炉连浇的各包钢水碳含量波动不大于 0.06%。夹杂物检验分析结果表明，ANS 处理钢中夹杂物含量低，夹杂物中主要是 Al_2O_3 夹杂。经 ANS-OB 处理，钢中的夹杂物总量与 Al_2O_3 等夹杂分量都比无 OB 处理时少。鞍钢转炉钢水经 ANS 处理后连铸板坯钢质洁净度较高，铸坯表面及内部质量均好，连铸产品质量优良、性能稳定，板坯质量合格率达到 99.7% 以上。

5.1.6　IR-UT

IR-UT（injection refining-up temperature）法是一种类似于 CAS-OB 法的升温精炼法，由日本住友金属工业公司 CSMI 在 1986 年开发。它与 CAS-OB 的吹氩方式不同，特点是氩气采用顶枪从钢液顶部吹入，还能以氩气载粉精炼钢水。隔离罩呈筒形，顶面有凸缘，可盖住罐口。该技术在对钢水加热的同时，进行脱硫和夹杂物形态的调整操作。IR-UT 钢包精炼如图 5-12 所示。

IR-UT 钢包冶金站由以下几部分组成：钢包盖及连通管；向钢水表面吹氧用的氧枪；搅拌钢水及喷粉用的浸入式喷枪；合金化装置；取样及测温装置；连通管升降卷扬机；加废钢装置；喂线系统（任选设备）；石灰粉或 Ca-Si 粉喷吹用的喷粉缸（任选设备）。浸入式搅拌枪与钢包底部透气砖相比，在工艺上可提供更大的灵活性。该喷枪具有以下特点：

（1）搅拌气体流量控制范围大。

（2）具有用搅拌枪向钢水喷粉，进行脱硫及控制夹杂物形态的能力。

（3）无需在钢包底设置多孔透气砖，可免除钢包底部漏钢的危险，无须往钢包上连接软管。

（4）能对连铸机返回来的整体钢包进行再次加热，而带有透气砖的钢包加热有较大困难，因为包底温度低会导致透气砖近处钢水凝固而堵塞。

IR-UT 钢包冶金站采用上部敞口式的隔离罩，它与 CAS-OB 采用的上部封闭的隔离罩相比有以下优点：

（1）可使整个设备的高度降低。

（2）喂线可在隔离罩内进行，免除与表面渣的反应。

（3）在钢水处理过程中容易观察和调整各项操作，如吹氧、搅拌、合金化及隔离罩内

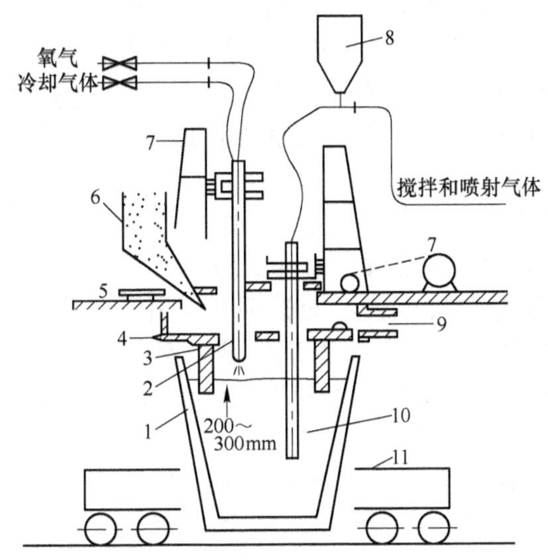

图 5-12　IR-UT 钢包冶金站

1—钢包；2—吹氧枪；3—隔离罩裙；4—包盖；5—平台；6—合金称量斗；
7—升降装置；8—喷射罐；9—排气口；10—搅拌枪；11—钢包车

衬耐火材料的侵蚀等。

使用隔离罩是 CAS、CAS-OB 法和 IR-UT 法的重要特征，已出现的吹氧化学加热法无一不是用隔离罩的。隔离罩的作用是隔开浮渣在钢水表面造成的无渣亮面并提供加入微调合金空间，形成保护区和为加热钢水提供化学反应空间。此外也具有一定的收集排出烟气的作用。

IR-UT 法可以在精炼的同时加热钢液，可弥补钢液温度的不足。由于加热是采用化学热法，故升温速度快，加热时间少于 5min，整个处理时间在 20min 以内，同时省掉了电弧加热设备。IR-UT 法除氧枪外还设有加合金称量斗小车及加料器，从钢包一侧加入合金料，另一侧设喷射罐与搅拌枪相连，搅拌枪吹入氮气或氩气。钢包上部设有罩裙和包盖，设有喷射石灰或硅钙粉的罐和软管，供测量温度和取样用的一套（双体）枪和提升机械。其容量为 10～250t，20 世纪 90 年代初期已建成 10 多台。

吹氧化学加热法还有室兰法和美式法。室兰法基本属于 CAS-OB 法类型，采用氩枪搅拌钢水，枪形为非直线的 J 形，可使喷嘴位置正处于隔离罩下方。吹氧枪为耐火材料消耗型。美式法由伯利恒公司推出，使用浸入式吹氩枪搅拌钢水。铝以铝线形式用喂线机射入钢水深部。

本溪钢铁公司炼钢厂 1999 年从德国 TM 公司引进了 AHF（aluminum heating furnace）炉外精炼工艺，也是一种与 CAS-OB 相似的钢包化学加热精炼工艺。

任务 5.2　带盖钢包吹氩法（CAB 法）

CAB 法（capped argon bubbling）是带钢包盖加合成渣吹氩精炼法，是新日铁 1965 年开发成功的一种简易炉外精炼方法（见图 5-13）。其特点是钢包顶部加盖吹氩并在包内加合成渣。由于加盖密封，吹氩 1min 后包内气氛中的 O_2 即可降低到 1% 以下，从而能够做到以较大吹氩量搅拌钢水，获得良好的去除钢中夹杂物效果，而不必担心钢水沸腾造成氧化。据报道，采用 CAB 工艺生产低碳铝镇静钢和中碳铝硅镇静钢，处理 8min 后，钢液中尺寸大于 20μm 的 Al_2O_3 系夹杂物几乎全部被去除干净。

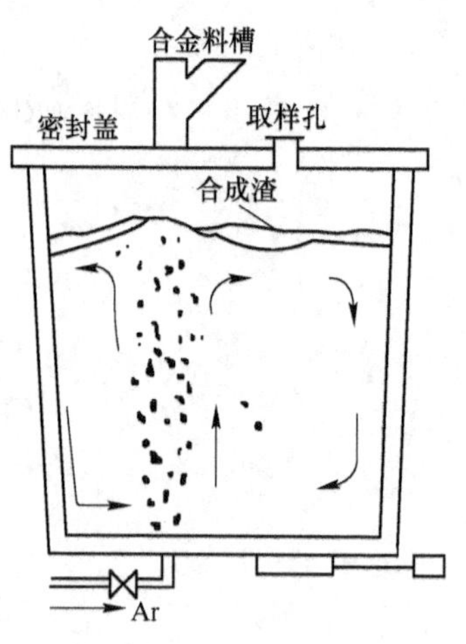

图 5-13　CAB 工艺示意图

CAB 法要求合成渣熔点低、流动性好、吸收夹杂能力强。吹氩时钢液不与空气接触，避免二次氧化。上浮夹杂物被合成渣吸附和溶解，不会返回钢液中。钢包有包盖可大大减少降温。合成渣处理钢液，必须进行吹氩强搅拌，促进渣钢间反应，以利于钢液脱氧、脱硫及夹杂物去除。

国内较小容量转炉（容量在 30 ~ 50t 左右的氧气炼钢转炉）炼钢厂如采用 CAB 工艺，可以根据实际情况对原工艺进行改进，如不造合成渣，而只是对带入钢包内的顶渣进行改性处理。另外也可以不采用原有的溜槽加合金进行成分微调的方法（该方法对带渣量要求严格），而采用喂线的方法加铝和成分微调。这种改进后的 CAB 工艺投资少、简便易行，非常适合国内较小容量转炉钢厂。

任务 5.3　氩氧脱碳精炼法（AOD 法）

氩氧脱碳精炼法简称 AOD 法（argon oxygen decarburization，氩气-氧气-脱碳），是从一个炉型类似于侧吹转炉的炉底侧面向熔池内吹入不同比例的氩、氧混合气体，来降低气泡内 p_{CO}，使［C］氧化，而［Cr］不易氧化，即脱碳保铬不是在真空下，而是在常压下进行，主要用在不锈钢的炉外冶炼上。

这是美国联合碳化物公司于 1968 年试验成功的一种生产不锈钢的炉外精炼方法，其研究成果分别于 1956 年和 1960 年获得了专利。1969 年以后 AOD 炉很快遍及世界各地，1972 年以后 AOD 炉迅速发展，据资料介绍全世界不锈钢生产量的 75% 是用 AOD 炉冶炼的。AOD 法以美国和日本使用得最多，多数为 50 ~ 100t，最大的是美国 Armco 公司的 175t。

AOD 是利用氩氧气体对钢液进行吹炼，一般多是以混合气体的形式从炉底侧面向熔池中吹入，但也有分别同时吹入。在吹炼过程中，1mol 氧气与钢中的碳反应生成 2molCO，但 1mol 氩气通过熔池后没有变化，仍然作为 1mol 气体逸出，从而使熔池上部 CO 的分压力降低。由于 CO 分压力被氩气稀释而降低，这样就大大有利于冶炼不锈钢时的脱碳保铬。氩氧吹炼的基本原理与在真空下的吹氧脱碳（即 VOD 法）相似，后者是利用真空条件使脱碳产物 CO 的分压降低，而氩氧吹炼是利用气体稀释的方法使 CO 分压降低，因此也就不需要装配昂贵的真空设备，所以有人把它称为简化真空法。

5.3.1　氩氧吹炼炉的主要设备与结构

氩氧吹炼炉的形状近似于转炉，也可以用转炉进行改装，如图 5-14 所示。它是安放在一个与倾动驱动轴连接的旋转支撑轴圈内，容器可以变速向前旋转 180°，往后旋转 180°，炉内衬用特制的耐火制品砌筑，尺寸大约为：熔池深度：内径：高度 = 1∶2∶3。炉体下部设计成具有 20°倾角的圆锥体，目的是使送进的气体能离开炉壁上升，避免侵蚀风口上部的炉壁。炉底的侧部安有 2 个或 2 个以上的风口（也称风眼或风嘴），以备向熔池中吹入气体。当装料或出钢时，炉体前倾应保证风口露在钢液面以上，而当正常吹炼时，风口却能埋入熔池深部。

炉帽形状有颚式、非对称式和对称式三种，目前已广泛采用对称型炉帽。炉帽一般呈对称圆锥形，并多用耐热混凝土捣制或用砖砌筑，且用螺栓连接在炉体上。炉帽除了防止喷溅以外，还可以作为装料和出钢的漏斗。

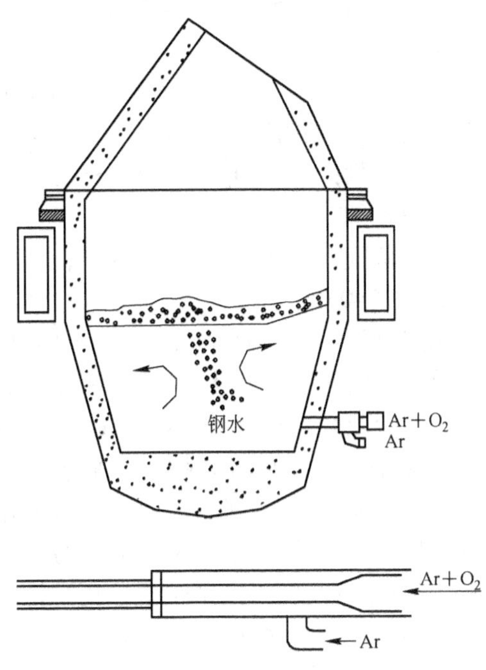

图 5-14　AOD 炉及风枪

目前，氩氧吹炼炉均使用带有冷却的双层或三层结构的风枪（喷枪）向熔池供气，如图 5-14 所示。风枪的铜质内管用于吹入氩氧混合气体进行脱碳；外管常为不锈钢质，从缝隙间吹入冷却剂。一般冷却剂在吹炼时采用氩气，而在出炉或装料的空隙时间改为压缩空气或氮气，也可以使用家庭燃料油，以减少氩气消耗并提高冷却效果。喷枪的数量一般为 2 支或 3 ~ 5 支，但喷枪数量的增多将会降低炉衬的使用寿命。

AOD 炉的控制系统，除了一般的机械倾动、除尘装置外，还有气源调节控制系统。AOD 炉上部的除尘罩采用旋转式；AOD 炉用气源调节控制系统来控制、混合和测量所使用的氩、氧、氮等气体，通过流量计、调节阀等系列使得氩氧炉能够得到所希望的流量和氩氧比例。此外，炉体还备有为了保证安全运转的联锁装置和为了节省氩气的气体转换装置，使得在非吹炼的空隙时间内自动转换成压缩空气或氮气。由于吹氧吹炼时间短，且又没有辅加热源，因此必须配备快速的光谱分析和连续测温仪等。

AOD 炉的铁合金、石灰和冷却材料等的添加系统和转炉上使用的相同，主要有加料器、称量料斗、运送设备等。

在 AOD 转炉的基础上增加顶枪，喷吹氧气和混合气体，称为 AOD-L 精炼炉，可以加快脱碳速度，缩短冶炼周期和提高生产能力。

5.3.2　氩氧吹炼炉的操作工艺

氩氧吹炼炉主要和电炉双联操作，炉料先在电炉中熔化，同时将 Cr、Ni 等元素含量调整到钢的控制规格内，而碳含量一般配至 1.0% 以下，这样可大量使用廉价的高碳铬铁和不锈钢车屑等。炉料熔化后就升温，当温度提升到 1600 ~ 1650℃范围时，应进行换渣脱硫，然后将钢液通过钢包转移到氩氧炉中吹炼。电炉在和氩氧炉双联时，只是一个熔化、升温工具。

根据钢中 C、Si、Mn 等元素的含量，计算出氧化这些元素所需的氧量，然后分阶段把氧与不同比例的氩混合吹入炉中。一般只用三个阶段就可满足要求：

第一阶段：按 $\varphi(O_2):\varphi(Ar)=3:1$ 比例供气，且将碳降低到0.20%左右，这时的温度约为1680℃。

第二阶段：按 $\varphi(O_2):\varphi(Ar)=2:1$ 比例供气，且将碳降低到0.10%左右，这时的温度可高达1740℃。

第三阶段：按 $\varphi(O_2):\varphi(Ar)=1:2$ 比例供气，将碳降到所需要的极限。

第一阶段和第二阶段的主要目的是脱碳、脱硅、脱硫和调整钢液成分。

第三阶段 CO 分压降至 10kPa 以下，继续脱碳和将炉渣调整为还原渣，回收渣中的铬，吹氩气搅拌使渣中铬返回钢水中。操作上，脱碳完毕时，钢中的氧含量能达到0.14%，并有2%左右的铬被氧化进入渣中，因此在精炼阶段还需加入硅铁、铝等还原剂以及利用吹入纯氩搅拌进行脱氧。最后根据快速分析结果，添加少量的铁合金调整成分。当钢液脱氧良好，且温度和成分完全符合要求时，即可出钢。

AOD 炉的冶炼时间一般为 1～2h。一般的电炉—AOD 炉基本冶炼工艺如图 5-15 所示。气体消耗视原料情况及终点碳水平而不同。一般氩气消耗（标态）为 12～23m^3/t，Fe-Si 用量为 8～20kg/t，石灰用量为 40～80kg/t，冷却废钢用量为钢水量的 3%～10%。

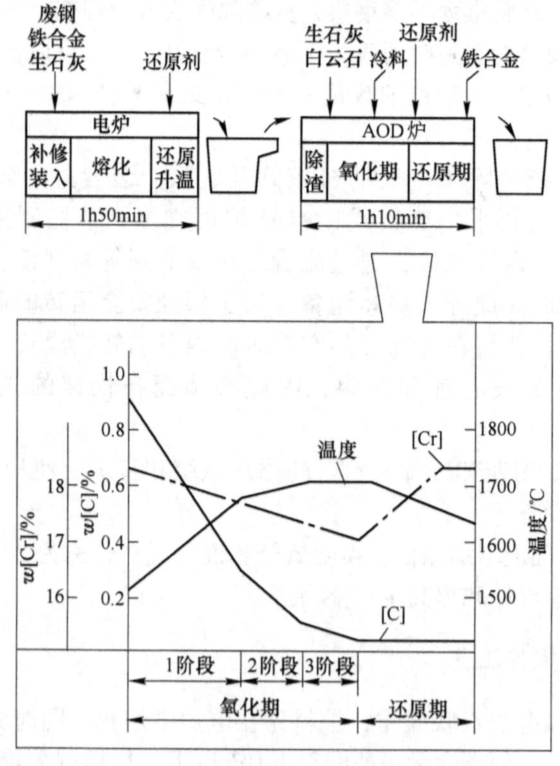

图 5-15　电炉—AOD 炉法的操作曲线

5.3.3　氩氧吹炼的主要优点

氩氧吹炼有以下主要优点：

（1）钢液的氩氧吹炼可利用廉价的原料，如高碳铬铁、不锈钢切屑等，能炼出优质的不锈钢，因此成本大大降低。

（2）氩氧吹炼炉和电炉双联能提高电炉的生产能力，即一台电炉加上一台 AOD 炉，相当于两台电炉。而且电炉只是熔化炉，电耗降低，操作条件改善，使炉体寿命提高。

（3）氩氧吹炼炉设备简单，基建投资和维护费用低，设备投资比 VOD 法少一半以上，经济效果可以抵消 Ar 费用和 AOD 炉耐火材料的费用。

（4）氩氧吹炼炉操作简便，冶炼不锈钢时，铬的收得率高，约达 97%；钢的收得率可达 95%。

（5）钢液经氩氧吹炼，由于氩气的强搅拌作用，钢中的硫含量低，可生产 $w[S] \leqslant 0.001\%$ 超低硫不锈钢。

（6）钢液经氩氧吹炼后，钢中的平均氧含量比单用电炉冶炼的低 40%，因此不仅可节省脱氧剂，而且可减少钢中非金属夹杂物的污染度，氢含量比单用电炉法冶炼低 25% ~ 65%，氮含量低 30% ~50%，钢的质量优于单用电炉冶炼的钢液。

5.3.4　AOD 精炼控制及检测的进步

（1）AOD 的控制技术已由手动控制、气动控制、PLC 控制，发展到第四代智能控制，即动态控制，可以在 0.25s 内对输入熔池中的氧及其反应后碳及温度的变化进行控制、调整，要求 CRE 达到 80% 以上，终点碳及温度的控制精度达到 100%。

（2）AOD 通过风眼进行连续测温技术已用于生产，彻底改变了点测及炉墙埋入式非接触式测温的缺点。风眼处红外线连续测温为智能炼钢提供了可靠的温度参数。

（3）冷却气压力的控制。每个风枪的冷却气压力都单独进行测量及控制，随时与主供气路压力进行比较。通过压力变化的大小确定风口是否堵塞，或是否即将漏钢，操作人可根据计算机的提示进行处理。

（4）炉衬厚度的激光测量技术。采用激光测量技术后可向操作工人提供残砖厚度、浸蚀速度、被浸蚀厚度等数据，同时可提供被浸蚀后熔池的容积变化、深度变化等数据，从而对钢水量、炉龄、吹炼方式提供操作指令。

对炉衬浸蚀情况的全部测量约需 25 ~ 30min，对重点部位，如耳轴、渣线、风眼区测量，可在出钢后的间隙进行，然后进行喷补，并对修补结果进行检测。

我国太钢 AOD 炉应用的新工艺、新技术如下：

（1）采用吹氩喂 Ti 线工艺；

（2）AOD 进行顶侧吹及炉型改进；

（3）计算机控制炼钢；

（4）铁水直接兑入 AOD 进行炼钢；

（5）AOD 除尘灰的利用；

（6）含氮、含锰不锈钢新产品的开发。

5.3.5　CLU 法

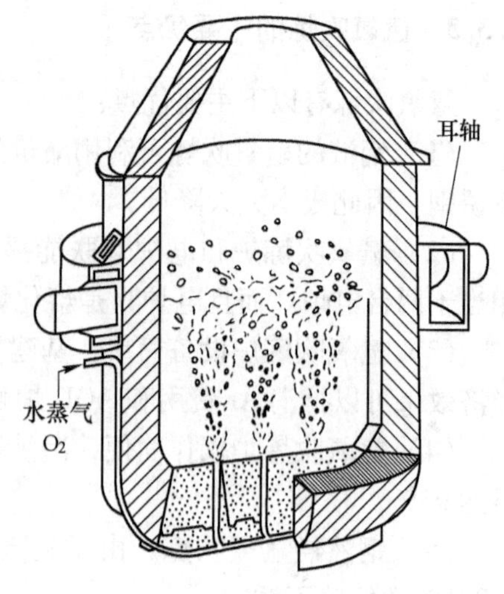

图 5-16　CLU 法示意图

CLU 法（Creusot-Loire 公司与 Uddeholms 公司共同开发），是蒸汽-氧气混吹法，类似于 AOD 法，但底吹稀释气体改成了水蒸气，并且是从底部吹入。它也是一种进行脱碳保铬精炼不锈钢的方法。CLU 法是法国的克勒索-卢瓦尔公司与瑞典的乌德霍尔姆公司联合开发的，1973 年 10 月在瑞典投产。

CLU 法原理与 AOD 相同，如图 5-16 所示，把电炉熔化的钢液注入精炼用的 CLU 炉中，从安装在炉子底部的喷嘴吹入 O_2 和水蒸气的混合气体进行精炼。水蒸气在与钢液的接触面上吸热分解成 H_2 和 O_2。因为 H_2 作为稀释气体使 CO 分压降低，从而抑制钢中 Cr 的氧化进行脱碳，分解出的氧气可以参加脱碳反应。水蒸气分解是吸热反应，这样可以降低熔池温度，对提高炉衬寿命有利。冶炼过程中没有浓烈的红烟，车间环境条件较好。

在 CLU 还原末期，吹入 1 ~ 2m^3/t 的 Ar-N_2 混合气体代替水蒸气，脱除钢液中的[H]。还原期以后，经过与 AOD 法基本相同的操作后出钢。

CLU 法的喷嘴由多层同心套管组成，同时吹入 O_2、水蒸气、NH_3、燃料油。NH_3、燃料油作冷却剂，它们喷入炉内裂解出氢，所以其冷却效果比水蒸气的作用更大，对炉衬寿命十分有利。所以 CLU 法比 AOD 法节省氩气，冶炼温度低，易于脱硫，操作费用低，但需要一套气体预处理装置，成本与 AOD 差不多。

5.3.6　AOD-VCR 法和 VODC 法

AOD-VCR（AOD-vacuum converter refiner）法是把稀释气体脱碳法和减压脱碳法组合起来的方法（1993 年，大同特殊钢），其原理如图 5-17 所示。炉子上面有集尘烟罩和真空

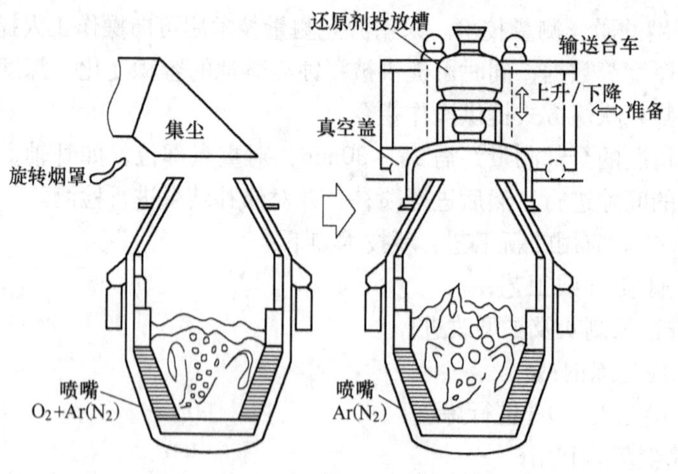

图 5-17　AOD-VCR 法示意图

用炉盖，在供氧是限制性环节的高碳区域可以大量吹氧，在碳传质控制的低碳范围，在真空条件下可以大量吹气进行脱碳、脱氮。此方法可以吹炼极低碳、极低氮钢，铬的氧化损失少，使用氩气量也减少。

VODC(vacuum oxygen decarburization converter）法是德国蒂森特殊钢公司的魏登厂于1976年发明的，和AOD-VCR一样，由设有真空用炉盖的转炉型炉子构成，是在高碳区域进行Ar-O_2稀释气体脱碳，在低碳区域进行减压脱碳的组合方法。

思考题

(1) 简述CAS、CAS-OB法的精炼原理与精炼功能。

(2) CAS-OB操作工艺主要包括哪些内容?

(3) 简述AOD精炼方法及其冶金功能。

(4) 为什么AOD、VOD炉适于冶炼不锈钢?

(5) 简述ANS-OB的精炼功能与精炼效果。

(6) 氩氧吹炼的主要优点有哪些?

学习情境 6

喷粉及合金元素特殊添加精炼

学习任务：

（1）理解喷吹的精炼原理；

（2）理解各种钢包喷粉的精炼工艺；

（3）理解喂线的精炼原理；

（4）理解夹杂物的形态控制的精炼原理；

（5）理解其他精炼方法的精炼原理。

任务 6.1 喷　吹

6.1.1 喷吹的基本概念

喷吹即喷粉精炼，是根据流化态和气力传输原理，用氩气或其他气体作载体，将不同类型的粉剂喷入钢水或铁水中进行精炼的一种冶金方法，一般称之为喷射冶金（injection metallurgy）或喷粉冶金。

大多数钢铁冶金反应是在钢-渣界面上进行的。加速反应物质向界面或反应产物离开界面的传输过程，以及扩大反应界面积，是强化冶金过程的重要途径。喷射冶金通过载气将反应物料的固体粉粒吹入熔池深处，既可以加快物料的熔化和溶解，而且也大大增加了反应界面，同时还强烈搅拌熔池，从而加速了传输过程和反应速率。它能够有效地脱硫、改变夹杂物形态、脱氧、脱磷以及合金化。所以，喷射冶金是强化冶金过程、提高精炼效果的重要方法。

向铁水包内（常用氮气）吹入铁矿粉、碳化钙和石灰的粉状材料进行脱硅、脱硫、脱磷的铁水预处理，中间包吹氩搅拌、向钢液深处吹入硅钙等粉剂进行非金属夹杂物变性处理等过程，都采用喷射冶金方法。此外，喷射冶金也是添加合金材料，尤其是易挥发元素进行化学成分微调以提高合金收得率的有效方法。喷射冶金方法的缺点是，粉状物料的制备、储存和运输比较复杂，喷吹工艺参数（如载气的压力与流量、粉气比等）的选择对喷吹效果影响密切，喷吹过程熔池温度损失较大，以及需要专门的设备和较大的气源。

早在 20 世纪 50 年代，喷射冶金方法就曾被用来向铁水喷吹碳化钙、金属镁等材料，以降低硫含量，但未受到重视。1969 年，德国蒂森公司在平炉上试验成功喷吹 CaC_2 的方法，生产出焊接性能好、含硫量低、各向异性小的结构钢。随后，法国钢铁研究院、瑞典冶金研究所等许多国家的研究机构对这种新方法进行了大量喷吹机理和工艺的研究，使喷射冶金发展成为一种适应性强、使用灵活、冶金效果显著、经济效益良好的钢铁精炼方法，并迅速推广应用。我国于1977年开始将喷射冶金列为钢铁企业重点推广技术，大多数钢铁企业先后建起了喷粉站，或在炼铁、炼钢车间增添了喷粉设备，对铁水和几十个钢种进行了处理，获得了良好的效果。

喷粉的类型主要根据精炼的目的确定。表6-1介绍了常用的几种脱磷、脱硫、脱氧和合金化的粉剂。

表6-1 反应和合金化采用的喷粉材料

脱 磷	$CaO + CaF_2 + Fe_2O_3$ + 氧化铁皮；苏打
脱 硫	钝化镁粉，$Mg + CaO$，$Mg + CaC_2$；$CaC_2 + CaCO_3 + CaO$； $CaO + CaCO_3$；$CaO + Al$；$CaO + CaF_2 + (Al)$；苏打；CaC_2 混合稀土合金
脱 氧	Al，SiMn；采用 CaSi，CaSiBa，Ca 脱氧及控制夹杂物的形态
合金化	FeSi；石墨，碎焦；NiO，MnO_2；FeB，FeTi；FeZr，FeW，SiZr，FeSe，Te

至于喷粉的形式，可以通过浅喷射或深喷射喷枪喷入钢水中。图6-1所示为典型的深浸喷枪的喷射系统。此系统由料斗、分配器、流态化器、挠性导管和深喷枪以及储存箱组成。

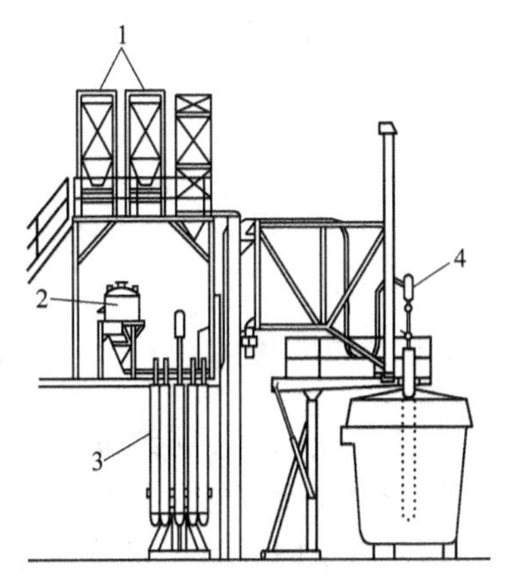

图6-1 深浸喷枪喷射系统
1—料斗；2—分配器；3—备用喷枪；4—喷枪喷射机械

6.1.2 气力输送中固体粉粒流动的条件

在一般条件下，固体粉粒不具备流动性。若要将粉粒喷入金属熔池深处，就必须使固体粉粒具有流体的性质。为此，要使粉粒能够稳定地悬浮在气体中，使之有可能随气体流动而流动。这种使固体粉粒获得流动能力的技术称为流态化技术。

图6-2所示为固体粉粒的流态化过程。图6-2(a)所示的具有垂直器壁的容器1，其底部为一多孔流化板2，上部堆放许多均匀的球状粉粒3（图6-2(b)），在容器底部一侧装有测压管4，气流由容器底部经流化板穿过粉粒层，再由容器上部流出。随着气流速度升高，粉粒在容器中的状态将逐渐发生变化。根据气流速度和粉粒状态的变化，可以将整个流态化过程划分为三种基本状态：固定床、流态化床和输送床。

6.1.2.1 固定床（或称填料床）

当穿过粉粒层的气流速度很小时，固体粉粒静止不动，气流由粉粒间的空隙流过。在流速增加至某一值之前，固体粉粒可能会改变彼此之间的相对位置，但彼此仍相互接触，粉粒层的厚度不变。这种粉粒状态称为固定床，如图6-2(a)所示。床层会引起压力降（即粉粒床的上下部之间出现的压力差）Δp_1。

6.1.2.2 流态化床

气流速度增大到某一值后，粉粒开始被气流托起，彼此的相对位置改变，床层的厚度开始增加，这时粉粒的状态进入流化床阶段，如图6-2(b)所示，压力降为Δp_2。如果气流速度再继续提高，粉粒的运动加剧，并自由地悬浮在气流中，甚至上下翻滚出现类似沸腾的现象。这种状态称为流化床，如图6-2(c)所示，压力降为Δp_3。全部颗粒浮起即达到床层的流态化时，$\Delta p_2 = \Delta p_3$，使粉粒进入流态化阶段的最小气流速度称为临界流态化速度。该速度还不能使固体粉粒向上运动，气流速度必须大于颗粒自由沉降速度，粉粒才可以顺利地输送。

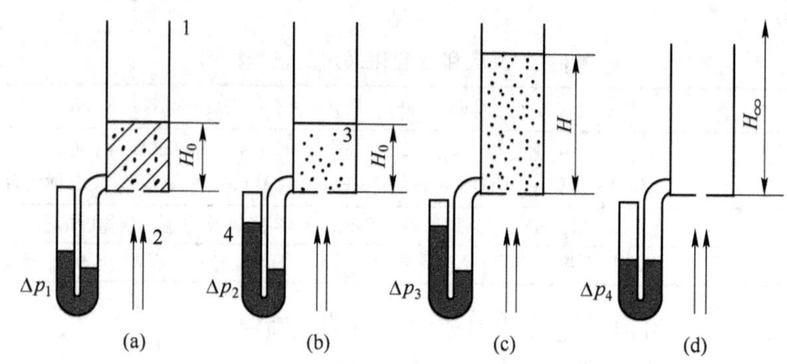

图6-2　流态化过程示意图

（a）固定床；（b）开始流化；（c）流化床；（d）气体输送（输送床）

1—容器；2—多孔流化板；3—球状粉粒；4—测压管

6.1.2.3　输送床

如果气流的速度再继续增加，达到某一定值后，粉粒层中的粉粒不再做上下翻滚运动，而是呈完全的悬浮状态，做漂浮运动。如果垂直容器的器壁无限高，这时粉粒将随气流在容器内定向流动；如果容器壁的高度有限，粉粒床层的高度可以不断增加超过容器高度，从容器上部漂溢而出，床层的空隙随着气流速度的增大而增加，最后床层中的颗粒全部被吹出，床层的空隙率达100%，此时$\Delta p_4 = 0$，这种情况称为输送床（或气力输送颗粒的稀相流态化床）。使粉粒由容器内漂出的最低气流速度称为悬浮速度（或漂浮速度）。这一速度在数值上相当于单个粉粒在流体中的自由沉降速度。因此，这种状态也称为颗粒自由沉降状态。

处于自由沉降速度的单个粉粒，其受力状态分析如下：气流中直径d_s的固体粉粒由静止状态开始自由降落，在开始的一段距离内其下降速度逐渐变大；随着速度加快，周围气流对粉粒运动的阻力P_s也随之增大；此外，因粉粒与气体介质重度之间的差别，粉粒也同时受到因此而产生的浮力F_a的作用；最后粉粒受到的重力W_s、阻力P_s和浮力F_a达到平衡，即：

$$W_s - F_a = P_s \tag{6-1}$$

这时气流中的粉粒将以相等的速度下降，这个速度就称为该粉粒的沉降速度v_t。由式(6-1)，根据流体力学原理可求得：

$$v_t = \left[\frac{4g \cdot d_s(\rho_s - \rho_a)}{3\xi \cdot \rho_s}\right]^{\frac{1}{2}} \tag{6-2}$$

式中 v_t——粉粒在气流中的沉降速度；

g——重力加速度；

d_s——粉粒的直径；

ρ_s——粉粒的密度；

ρ_a——气流的密度；

ξ——粉粒以等速度在气流中运动时的阻力系数。它与气流的运动状态有关，是雷诺数 Re 的函数，通常由实验测定阻力系数与雷诺数的关系来求出阻力系数。

对于非球形的颗粒，式（6-2）须引入一个修正系数 k。由此可见，粉粒的沉降速度与粉粒的种类和颗粒大小、气体的种类和运动状态有关。

6.1.3 粉气流在管道输送中的流动特性

6.1.3.1 粉气流的流动形式

气力输送使粉剂悬浮于气流中通过管道输送，粉剂出喷粉灌到钢液之间的运动属于气力输送。根据工艺要求，输送过程要稳定且连续，不产生脉动现象。粉料的浓度和流量在一定范围内可以调节和控制，气粉混合物具有较大的喷出速度，能使粉剂进入钢液内部，但又不希望气量过大造成喷溅。

在管道输送中，粉粒受许多力的作用，如粉粒之间彼此碰撞产生的力，粉粒与管壁之间的摩擦力，气流的推力和重力等。尤其在管道的弯头、挡板和切换阀等处，气流分布不均匀，阻力大，粉粒流经这些地方之后能量损失很大。为了保证能均匀地进行粉粒的气力输送，需要气流速度远远大于自由沉降速度。

实际观察表明，粉粒在管道中流动的状态随气流速度不同产生显著变化。在一般情况下，管道中粉粒的流动形式与气流中粉粒的数量（即粉气比）、气流速度、管道的直径与长度，以及粉粒的大小与形状等因素有关。

在其他条件相同时，粉气流的流动形式随气流速度的变化大致可分为以下几种(见图6-3)。

（1）悬浮流。当气流速度足够大时，粉粒在气流中分布均匀，粉料输送均匀稳定。

（2）底密流。气流速度降低，粉粒在气流中的分布不均匀。在水平管道的横截面上，越靠近下部管壁粉粒的密度越大。

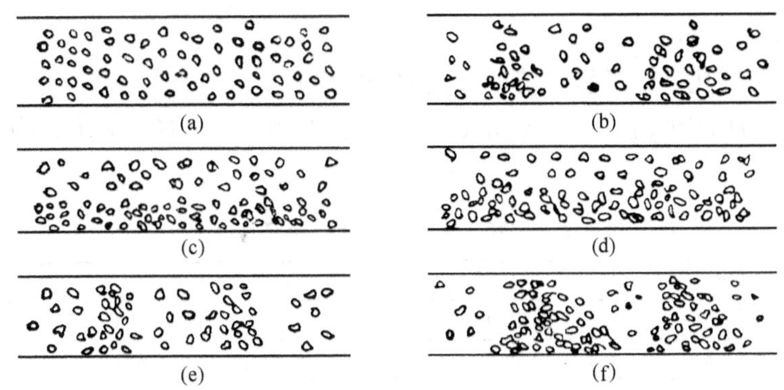

图6-3 粉粒在管道中的流动形式

（a）悬浮流；（b）停滞流；（c）底密流；（d）部分流；（e）疏密流；（f）柱塞流

（3）疏密流。气流速度再减小，粉粒的分布不仅在横截面上不均匀，在流动方向上的分布也不均匀，忽疏忽密，输送不均匀。

（4）停滞流。当气流速度小于某一值以后，一部分粉粒沉滞在管底以小于气流的速度向前滑动。在管道截面小的局部范围内，因为气流速度较大，在某一瞬间有可能使沉滞的粉粒重新被吹走。粉气流呈不稳定流动，粉粒时而沉滞时而被吹动，进行不均匀的粉料输送。

（5）部分流。气流速度继续下降，一部分粉粒沉积在管道的底部，仅在管内上部空间仍有粉气流通过。在沉积的粉粒层表面有部分粉粒在气流推动下不规则地向前移动。

（6）柱塞流。由于气流速度过低，粉气流中的粉粒沉积充满了局部管道的整个截面，造成断续地柱塞状流动。

上述悬浮流、底密流和疏密流属于悬浮流动，停滞流、部分流和柱塞流属于集团流动，并且出现不同程度的脉动状态。悬浮流动靠气流的动能推动，而集团流动主要靠气体的压力能流动。这些流动形式都与粉粒的物理性质有关，但对于同一种物料的粉粒主要受气流速度大小支配。因为停滞流等集团流动不能满足稳定均匀供料的要求，在气力输送中应该避免，即要保证气流有足够的速度。这一速度大小一般用该粉粒的沉降速度作为选定的根据。喷粉冶金要求粉剂是悬浮状态输送，否则会破坏工艺的稳定性。各个设备不同，所得气流速度值也不同。

6.1.3.2　粉粒输送的合理的气流速度

为满足均匀稳定地输送粉料，选择气流速度十分重要。一般从理论上说，气流的速度大于自由沉降速度就能保证正常的粉料输送。但在实际上因为粉料的物理性质不同，受粉气比大小及管道的长短粗细等的差异影响，气流的实际流速必然远远大于自由沉降速度。但是气流速度过大不仅使消耗的能量增加，而且使管道磨损严重。如果是向金属熔池喷吹冶金粉剂，则容易造成喷溅，使金属和合金损耗大大增加，操作困难。相反如果气流速度太小，就会造成供料不稳定甚至会出现堵塞现象。所以，粉粒输送要求一定的合理气流速度。合理的气流速度可以用式（6-3）估算：

$$v_j = cv_t \tag{6-3}$$

式中　v_j——气流的合理速度；

v_t——粉粒的自由沉降速度；

c——与粉气比、输送管道特征有关的经验系数。

经验系数 c 可以按照生产实际选取，也可以参照表 6-2 选择。表 6-3 列出了某些粉粒的沉降速度。

表 6-2　计算合理气流速度时的经验系数 c

输送管道的情况	c	输送管道的情况	c
松散粉粒在垂直管道中	1.3～1.7	有二弯头的垂直或倾斜管道	2.4～4.0
松散粉粒在倾斜管道中	1.5～1.9	管路布置较复杂的管道	2.6～5.0
松散粉粒在水平管道中	1.8～2.0	大比重易成团的黏结性粉料	5.0～10.0
有一弯头的上升管道	2.2	细粉粒状的粉粒	50～100

注：粉气比大的选大值，小的选小值。

表 6-3 常用粉粒的沉降速度

粉粒名称	沉降速度/m · s^{-1}	粉粒名称	沉降速度/m · s^{-1}
Ca-Si	10 ~ 12	C	8.7
CaO	8 ~ 10	Mg 粉	3 ~ 4
Na_2CO_3	8 ~ 10	Al 粉	3 ~ 4

6.1.3.3 粉气流在垂直管道中的流动

在水平流动中，气流速度大小对粉粒的流动状态产生很大的影响，决定粉料输送能否均匀稳定。

在垂直管道中，粉粒主要受气流向上的推力作用，当气流速度大于粉粒的沉降速度时，粉粒就能随气流向上运动。如前分析，粉粒受重力、气流的阻力和浮力同时作用。此外，粉粒还受由于粉粒之间相互摩擦与碰撞而产生的非垂直方向的力的作用，结果使粉粒的轨迹不是垂直地直线上升，而是不规则地相互交错时左时右地向上运动，从而也使粉粒在垂直管道中能够均匀地分布。这种粉粒流动方式称为定常流或定流。

6.1.4 粉气流中固体粉粒的运动速度

在气力输送中，固体粉粒是靠气流的推力运动的。但是粉气流中粉粒与气流的运动速度并不一致。因为粉粒在气流中的受力状况极其复杂，不仅导致粉粒之间的速度彼此不同，而且粉粒之间的运动速度也比气流速度低。粉粒的瞬时速度很难计算，但是可以由理论上推算出粉粒的平均速度。式（6-4）是由粉粒在管道中做悬浮流动或集团流动时所受气流推力、管壁摩擦力和重力作用的关系推导得来的，用于计算粉粒在水平或垂直向上流动，以及以较小倾角向下流动的速度：

$$v_p/v_a = 1 - [v_t/v_a(\xi \cdot \cos\theta + \sin\theta)^{\frac{1}{2}}] \tag{6-4}$$

式中 v_p——粉粒的运动速度；

v_t——粉粒的沉降速度；

v_a——气流的流动速度；

ξ——管壁的摩擦系数；

θ——管道的倾斜角。

若知道气流的流速、粉粒的沉降速度和管壁的摩擦系数以及管道的倾角，就可以算出粉粒的平均流动速度。实际经验表明，在钢包喷吹硅钙粉的处理中，为保证喷粉正常进行，粉粒的流动速度应该大于15m/s。

在钢包喷粉的生产实践中，仅仅考虑粉粒的沉降速度并不一定能够消除喷吹过程中的脉动现象。为了获得均匀稳定的喷粉处理过程，除了考虑粉料的最低流动速度之外，还应该考虑粉气比和管道直径的影响。粉料的最小流动速度可以用式（6-5）来计算：

$$v_{min} = 42.4\mu^{\frac{1}{2}} \cdot D^{\frac{1}{2}} \tag{6-5}$$

式中 v_{min}——管道中粉料的最低流动速度；

μ——粉气比；

D——输送管道的直径。

6.1.5　粉气流的密度

如前所述，粉气流的均匀稳定流动存在一个合理的气流速度，它与粉气流中粉粒的数量有关。因此，粉气流的密度是反映气力输送状态和输送量大小的一个重要参数。根据密度的定义可用式（6-6）以计算粉气流平均密度 $\rho_{均}$：

$$\rho_{均} = \frac{m_p + m_g}{v_p + v_g} \tag{6-6}$$

式中　m_p——粉料的质量流量，kg/min；

m_g——气体的质量流量，kg/min；

v_p——粉料的体积流量，m^3/min；

v_g——气体的体积流量，m^3/min。

表示粉气流密度的另一个常用的参数是粉气比。粉气比的表示方法有如下两种：质量粉气比 μ 和体积粉气比 M。前者定义为每千克载流气体可输送 μ 千克的粉料，后者定义为每立方米载气可输送 M 千克粉料。具体表示方法如下。

（1）质量粉气比：

$$\mu = G_p/G_g \tag{6-7}$$

式中　μ——粉气比，kg/kg；

G_p——单位时间内通过输送管道有效断面的粉料质量，kg/h；

G_g——单位时间内通过输送管道有效断面的气体质量，kg/h。

$$G_g = \rho_g \cdot Q_g \tag{6-8}$$

式中　ρ_g——载流气体的密度，kg/m^3；

Q_g——载流气体的流量，m^3/h。

（2）体积粉气比：

$$M = G_p/Q_g \tag{6-9}$$

式中　M——体积粉气比，kg/m^3；

G_p——纯粉料的质量流量，kg/h；

Q_g——纯载气的体积流量，m^3/h。

用质量粉气比（μ）表示的粉气流平均密度为：

$$\rho_{均} = \frac{\rho_g \cdot \rho_p(1 + \mu)}{\rho_g \cdot \mu + \rho_p} \tag{6-10}$$

式中　$\rho_{均}$——粉气流的平均密度，kg/m^3；

ρ_p——纯粉料的密度，kg/m^3；

ρ_g——纯载气的密度，kg/m^3；

μ——质量粉气比，kg/kg。

合理选择粉气比很重要。对于钢包喷粉冶金，过大的粉气比会增大系统的阻力，从而引起脉冲甚至堵塞管道，使生产不能正常进行。若粉气比过小，载流气体耗量过大，还由于喷吹粉料的时间太长使钢水的温度损失过大，影响喷粉的冶金效果。所以应该根据工艺操作和冶炼目的确定粉气比的大小。对于喷吹脱磷脱硫熔剂，一般粉气比为15～30kg/kg；喷吹脱氧或合金化粉剂，通常的粉气比达50～120kg/kg。

根据粉气比（μ，kg/kg）的大小，一般将气力输送分为稀相输送和浓相输送，浓相输送是指粉气比达80～150kg/kg的状况，而喷射冶金喷粉时粉气比一般为20～40kg/kg，故属于稀相输送。粉料只占混合物体积的1%～3%，出口速度在20m/s左右。浓相输送对喷射冶金有利，因为可以少用载气，减少由于载气膨胀引起的喷溅，不至于钢包中因喷粉而冲开顶渣，引起钢水裸露被空气氧化和吸氮。但浓相输送时单位长度管路的阻力损失比稀相大得多，所以浓相输送应用于喷射冶金还应加以研究。

6.1.6 粉气流进入熔池内的行为

6.1.6.1 喷吹气流进入熔池后的运动特征

向金属熔池吹入气流，通常是通过插入熔池深处的直管喷枪或埋在熔池底部的喷嘴进行的。当气流以一定速度离开喷枪或喷嘴的孔口进入熔池时，根据气流流量（或气流的能量）大小其流动方式不同。在小气流流量下，从喷嘴流出的气体是不连续的单个气泡（即气泡流方式）。当气流流量足够大时，气流在离开孔口进入熔池后有可能在一定距离内仍保持射流流股，其长度随流量增大而变长（即射流方式），然后逐渐断裂成气泡上浮。这两种不同的进入熔池的方式，所造成的熔池的运动特征不同。但是在一定的参数范围内，这两种方式会相互转化。

许多研究者对这两种流动方式的相互转换条件进行了大量研究。森一美等人用水和水银进行实验的结果表明：当吹入的气流速度超过声速时，气流进入熔池的运动方式由气泡转为射流。萧泽强研究表明，在气流速度达到250m/s以前，随着气流速度增加，气泡形成的频率变大；超过250m/s以后，气泡形成频率随气流速度增加反而变小。这一实验结果表明：气流速度接近声速后，在喷嘴孔口前方形成射流的可能性增加。两人的研究结果相近。

M. J. Mcnallan认为，当气流密度较小时，以马赫数作为两种流动方式相互转换的判据是不合适的。他建议以单位喷嘴孔口面积上气体的质量流量大小为判断的根据。质量流量大于40g/(cm^2·s)，气流以射流流动方式占优势。

在许多冶金过程中，气泡与熔体之间的相互作用起着很重要的作用，如吹氩搅拌、喷吹物料等对所造成的分散相（气泡或渣粒）和连续相（熔体）之间的反应速率，以及气泡产生环流所造成的非金属夹杂物颗粒上浮和喷嘴使用寿命等，都有很重要的实用意义。

6.1.6.2 浸入式射流的行为

（1）水平流的轨迹。射流在溶液内的轨迹是浸入式射流的一个重要特征。实验表明，射流离开孔口一定距离后就会破裂形成气泡。这种现象可以解释如下：由于射流抽吸周围的液体，射流本身的动能减弱，流速逐渐减慢。当射流水平速度降低到比液体中大气泡的上升速度（如0.3m/s）还小时，垂直速度分量将起主导作用。在这种条件下射流将碎裂成气泡。

在研究空气-水、水-冰铜内气流的行为以后，N. J. Themells 和 J. Sjelcely 等按动量守恒定律推导了气流进入液体后的运动轨迹的方程式。图 6-4 所示为他们所考虑的浸入式水平射流的理想轨迹。

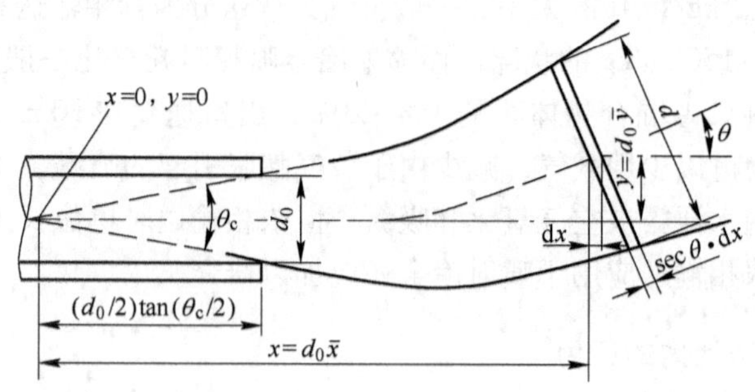

图 6-4　水平浸入射流的轨迹

（2）垂直射流的轨迹。E. T. Turkdogan 提出描述由埋在熔池底部的喷嘴吹入气流时所形成的射流的特性，如图 6-5 所示。他认为：在喷嘴孔口上方较低的区域中，由于液体的阻力及不稳定的气液表面对流层的剪切作用，使气体带入系统中的动能的绝大部分都消耗掉，气流中混入许多细小的液滴，形成气相加液滴的区域。在此区上方，气流中的液滴在向上流动过程中逐渐凝聚。同时，射流被碎裂成气泡并被夹带在液流中继续向上运动，直至逸出液面。此区是液相加气泡区。E. T. Turkdogan 还指出，由于气液间的表面张力在形成气相中的液滴时起着相当重要的作用，因而由水模型实验得到的结果与金属熔体-气体系统中的实际的传质过程可能非常不同。因为两系统中的气液间的表面张力差别很大。

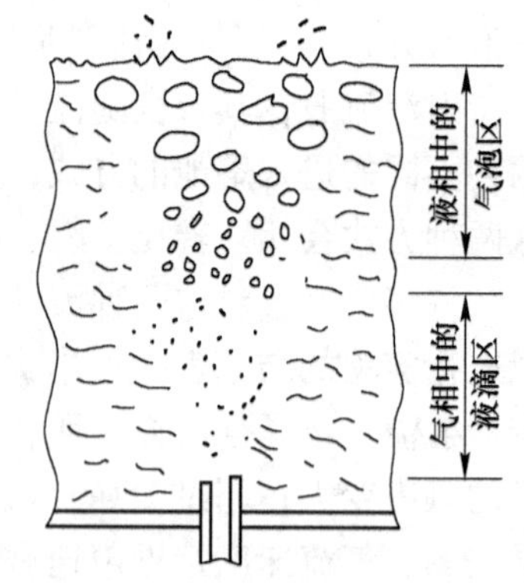

图 6-5　射流碎裂示意图

（3）射流的穿透深度。气流在液相中保持射流的长度称为穿透深度，它是喷射冶金过程中一个很重要的参数。气流喷入深度浅，即穿透深度小，气液相间冶金反应的面积小。穿透深度小也表明气流速度低动能小，因而气流对熔池的搅拌作用弱。相反，若穿透深度太大，由于气流速度过快，随气流进入熔池的物料粉粒在液相中停留的时间短，反应不充分，利用率低。在垂直射流的情况下，过大的穿透深度可能对包底或炉底造成强烈冲刷，使其寿命大大降低。因此应该有一个合理的穿透深度。

式（6-11）可用于计算喷粉时粉气流的穿透深度：

$$h = u\left(\frac{\rho_{g\cdot p} \cdot d_0}{\rho_1 \cdot g}\right)^{\frac{1}{2}} \tag{6-11}$$

式中　h——粉气流的穿透深度；

d_0——喷嘴孔口直径；

u——粉气流在喷嘴出口处的速度；

$\rho_{g \cdot p}$——粉气流的密度；

ρ_l——金属熔体的密度；

g——重力加速度。

实际生产中可以参照式（6-12）计算穿透深度 h：

$$h = \left[\frac{3}{\pi \rho g} m_p u_p \left(\cot\frac{\theta}{2}\right)^2 - \left(\frac{d_0}{2}\right)^2\right]^{\frac{1}{3}} - \frac{d_0}{2}\cot\frac{\theta}{2} \tag{6-12}$$

式中 ρ——钢液密度，7000k/m³；

g——重力加速度，9.81m/s²；

m_p——粉料流量，kg/s；

u_p——粉气流速度，m/s；

θ——粉气流扩张角，（°）；

d_0——喷嘴孔口直径，m。

例如，100t 钢水，$m_p = 0.7$kg/s，$u_p = 60$m/s，$d_0 = 0.012$m，用式（6-12），可求得穿透深度 $h = 0.232$m。

6.1.6.3 喷粉中粉粒在熔池中的行为

A 喷吹粉料过程的组成环节

（1）以一定的速度向钢液喷吹粉料。由于粉气两相流中的粉粒必须具有足够的动能才能进入钢液中，因此当粉粒大小一定时，随气流喷入的粉粒应具有一定的临界速度 $u_{临}$。当粉粒运动速度大于 $u_{临}$，粉粒就可以穿越界面进入熔体。在不计入粉粒进入钢液中的浮力及黏滞阻力时，此动能将等于粉粒的界面能，即

$$\frac{1}{2}\rho V u^2 = 4\pi r^2 \sigma_{ms}$$

故

$$u = \sqrt{\frac{6\sigma_{ms}}{\rho r}} \tag{6-13}$$

式中 u——粉粒喷出的速度，m/s；

σ_{ms}——粉粒-钢液的界面能，J/m²；

ρ——粉粒的密度，kg/m³；

r——粉粒的半径，m；

V——粉粒的体积，m³。

即粉粒喷出的临界速度与其半径及密度乘积的平方根成反比。轻质的小粉粒需要有较高的临界速度，而能为钢液润湿的粉粒，就能脱离气泡进入钢液中。不易为钢液润湿或粒度小于 10μm 的粒子则留于气泡中，随气泡排出而损失，除非它有较高的动能，才能穿越气泡界面，进入钢液中。

同时，若粉粒运动速度一定，能够进入熔体的粉粒尺寸也有一临界值。表 6-4 列出了炼钢过程中常用粉剂粒度（mm）大小与临界速度（m/s）之间的对应值。由表中数据可以看出：1）在界面张力相似的条件下，粉粒的密度越小，要求进入钢液的临界速度越大。2）对于同一种粉料，若其半径越小，要求进入钢液的临界速度越大。3）界面张力越大，

要求其临界速度越大。

（2）溶解于钢液中的杂质元素向这些粉粒的表面扩散。

（3）杂质元素在粉粒内扩散。

（4）在粉粒内部的相界面上的化学反应。

表 6-4 炼钢常用粉料的粒度与进入熔体临界速度 （m/s）

粉 料	粒度/mm				
	0.3	0.15	0.05	0.03	0.02
CaF_2 粉	13.67	19.35	33.52	43.27	53.00
Ca-Si 粉	9.86	13.97	24.18	31.21	38.22
Si-Fe 粉	5.21	7.38	12.78	16.51	20.21
Ti-Fe 粉	1.71	2.43	4.20	5.43	5.65

此外，喷吹粉料的体系内常出现两个反应区，一个是发生在钢液内，上浮的粉粒与钢液作用的所谓瞬时反应，能加速喷粉过程的速率；另一个是发生在顶渣与钢液界面的所谓持久反应，它决定着整个反应过程的平衡。但它与一般的渣-钢液界面反应不同，其渣量因钢液内上浮的已反应过的粉粒的进入而不断增多。但也有返回钢液内的可能性，所以顶渣量不是常数，如图 6-6 所示。

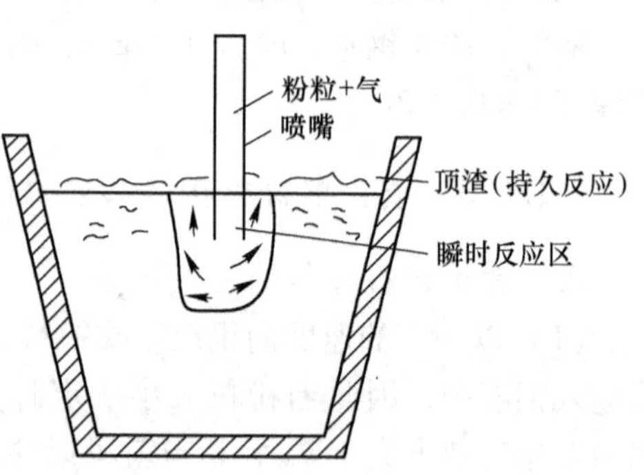

图 6-6 钢液中喷粉时的两个反应区

因此，在喷粉条件下，反应过程的速率是瞬间反应和持久反应速率之和。但是瞬间反应的效率仅 20% ~50% 。主要是因为进入气泡内的粉粒并未完全进入钢液中，并且还受“卷渣”的干扰，加之粉粒在强烈运动的钢液中滞留的时间极短，仅 1 ~2s，就被环流钢液迅速带出液面。虽然如此，瞬间反应仍是加速反应的一个主要手段。

B 粉粒在熔体内的停留时间

粉粒进入熔体后的停留时间将直接影响冶金粉剂的反应程度或溶解并被熔体吸收的程度。从精炼工艺要求出发，对于喷吹造渣剂，要求粉粒在熔体内的停留时间应该能够保证它们完全熔化，并充分进行冶金反应。对于喷吹合金化材料，则要求停留时间能使喷入的合金材料完全熔化并被吸收。

粉粒穿过气-液界面进入熔体内一段距离后，因为熔体阻力作用粉粒速度变慢最后趋于零。这时粉粒（或已熔化的液滴）将受浮力作用上浮，或随熔体运动。表 6-5 列出某些粉粒可以随熔体运动的最大颗粒的直径 $d_{B.max}$。由表可见，粉粒越细越容易随熔体运动，

表 6-5 某些粉剂可随熔体运动的最大直径

项 目	电极粉	Si-Ca	CaF_2 粉	Fe-Si	Ti-Fe
$\rho_p/g \cdot cm^{-3}$	1.7	2.55	3.15	3.50	6.00
$d_{B.max}$/mm	0.8	0.837	0.894	0.984	1.758

停留时间也就越长。同时，粉粒的密度 ρ_p 越大越容易随熔体运动，因为它们上浮困难。对于不能随熔体运动的粉粒，它们在熔体内的停留时间 τ 可以用式（6-14）计算：

$$\tau = \frac{18\eta(H + h)}{g \cdot d_B^2(\rho_1 - \rho_p)} \tag{6-14}$$

式中　η——熔体的黏度，钢液黏度为 0.0056Pa · s；

H——喷枪插入深度；

h——穿透深度；

d_B——粉粒直径；

ρ_1——熔体密度；

ρ_p——粉粒密度。

显然，粉粒越大上浮越快，停留时间越短。实际上因为粉粒在上浮过程中同时熔化、溶解和进行冶金反应，其直径不断变小，上浮速度也随之变小。因而受熔体运动的影响逐渐增加，所以实际的停留时间比计算值长。

C　粉粒在熔体中的溶解

若喷入的粉粒可以溶解，而溶解过程的限制环节又是溶质在液相边界层的扩散，则粉粒由半径 r_0 溶解到 r 所需的时间 $\tau_{溶}$ 可以用式（6-15）计算：

$$\tau_{溶} = \frac{(r_0 - r)(w[i]_p - w[i]_1)}{\beta_i(w[i]_0 - w[i]_1)\rho_1} \tag{6-15}$$

式中　$w[i]_p$——粉粒中 i 的质量百分浓度；

$w[i]_1$——熔体中 i 的质量百分浓度；

$w[i]_0$——熔体中 i 的饱和浓度；

β_i——i 在熔体中的传质系数。

总之，喷太大的粉粒，既不易随钢液流动，又来不及在上浮中溶解，收得率不高也不稳定。但如果粉粒过细，难以穿越气-液界面进入熔体内部，有相当一部分粉粒随载气自熔体中逸出，利用率也低。因此，每一种粉料都有相应的合适粒度范围。

任务 6.2　钢包喷粉处理

6.2.1　钢包喷粉

钢包喷粉处理的功能主要有：脱氧、脱硫、控制夹杂物形态和微合金化等。

钢包喷粉冶金的基本原理就是利用气体（Ar 或 N_2）为载体将粉料（硅钙、石灰、碳化钙、焦炭粉及其他合金粉剂）直接喷射到钢液深部，冶金物料由传统的炉前分批分量的常规加入改为气动连续输送，可显著地改变冶金反应的热力学和动力学条件。主要优点有：

（1）反应比表面积大，反应速度快；

（2）合金添加剂利用率高；

（3）由于搅拌作用，为新形成的精炼产物创造了良好的浮离条件；

（4）能较准确地调整钢液成分，使钢的质量更稳定。

此外，还具有设备简单，投资少，操作费用低，灵活性强等特点，是提高钢质量的有效方法之一。其缺点是增加了钢液的热量损失。

国内外采用较早的钢包喷粉法是 1963 年法国钢铁研究院开发的 IRSID 法（又称为法国钢铁研究院法）。该法将粉剂借助于喷粉罐（粉料分配器）与载流气体混合形成粉气流，并通过管道和有耐火材料保护的喷枪将粉气流直接导入钢液中。

目前国内外采用较多的钢包喷粉方法有德国的 TN 法、瑞典的 SL 法。

6.2.2　TN 喷粉精炼法

TN 法（蒂森法）是前联邦德国 Thyssen Niederrhein 公司于 1974 年研究成功的一种钢水喷吹脱硫及夹杂物形态控制炉外精炼工艺，其构造如图 6-7 所示。

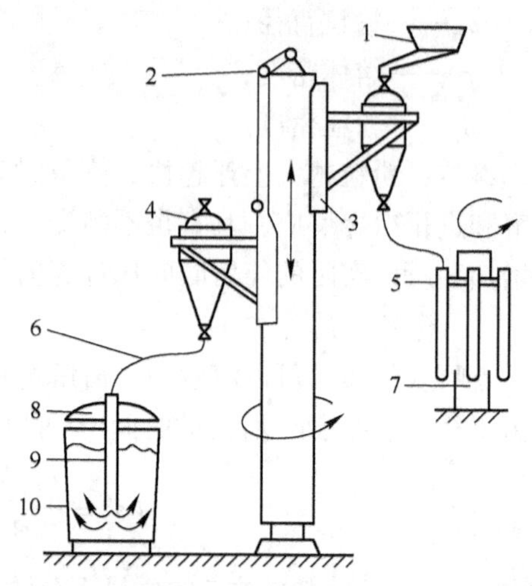

图 6-7　TN 法示意图

1—粉剂给料系统；2—升降机构；3—可移动悬臂；4—喷粉罐；5—备用喷枪；6—喷吹管；7—喷枪架；8—钢包盖；9—工作喷枪；10—钢包

TN 法的喷射处理容器是带盖的钢包。喷吹管通过包盖顶孔插入钢水中，一直伸到钢包底部，以氩气为载体向钢水中输送 Ca-Si 合金或金属 Mg 等精炼剂。喷管插入熔池越深，Ca 或 Mg 的雾化效果越好。根据美国钢铁公司的经验，每吨钢喷吹 0.27kg 金属 Mg 或 2.1kg Ca-Si 合金，可使钢中 $w[S]$ 从 0.02% 降到平均含量为 0.006%，有些炉号达到 0.002%。脱硫剂用 Ca、Mg、Ca-Si 合金和 CaC_2 均可。其中以金属 Ca 最有效。TN 法的优点有：

（1）喷粉设备较简单。主要由喷粉罐、喷枪及其升降机构、气体输送系统和钢包等组成。

（2）喷粉罐容积较小，安装在喷枪架的悬臂上，可随喷枪一起升降和回转，因此粉料输送管路短，压力损失小，同时采用硬管连接，可靠性强。

（3）可在喷粉罐上设上下两个出料口，根据粉料特性的不同，采用不同的出料方式。密度大、流动性好的粉料可用下部出料口出料（常用），密度小、流动性差的粉料，如石灰粉、合成渣粉等，可用上部出料口出料。

TN 法适合于大型电炉的脱硫，也可以与氧气顶吹转炉配合使用。

6.2.3　SL 喷粉精炼法

SL 法（氏兰法）是瑞典 Scandinavian Lancer 公司 1979 年开发的一种钢水脱硫喷射冶金方法。如图 6-8 所示。SL 法具有 TN 法的优点，可以喷射合金粉剂，合金元素的回收率接近 100%。因此能够准确地控制钢的成分。SL 法对提高钢质量的效果也非常显著。SL 法与 TN 法相比，SL 法设备简单，操作方便可靠。

SL 法喷粉设备除有喷粉罐、输气系统、喷枪等外，还有密封料罐，回收装置和过滤器等。SL 法的优点有：

（1）喷粉的速度可用压差原理控制（$\Delta p = p_1 - p_2$），以保证喷粉过程顺利进行，当喷嘴直径一定时，喷粉速度随压差而变化；采用恒压喷吹，利于防止喷溅与堵塞。

（2）设有粉料回收装置，既可回收冷态调试时喷出的粉料，又可回收改喷不同粉料时喷粉罐中的剩余粉剂。

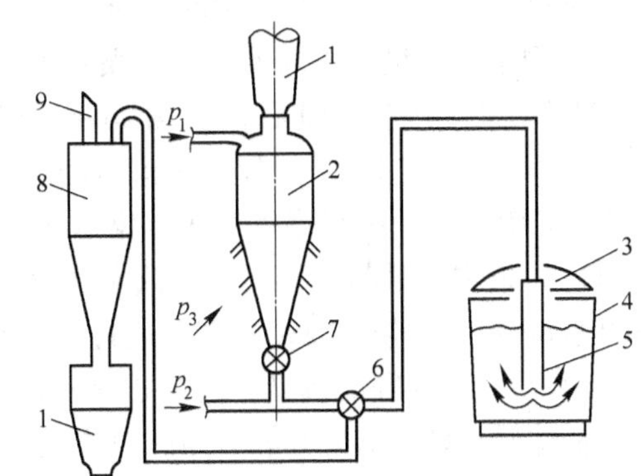

图 6-8　SL 法示意图

1—密封料罐；2—分配器；3—钢包盖；4—钢包；5—喷枪；6—三通阀；7—阀门；8—分离器收粉装置；9—过滤器；p_1—分配器压强；p_2—喷吹压强；p_3—松动压强

6.2.4　钢包喷粉冶金工艺参数

钢包喷粉的工艺参数有吹 Ar（或 N_2）压力与流量、喷枪插入深度、粉料用量及配比、喷粉速度和喷吹时间等。

（1）粉料与气体流量。喷吹粉料流量 G_s（kg/min）可根据每包钢液的供粉量 W_p 和喷粉处理时间 t 来确定：

$$G_s = W_p / t \tag{6-16}$$

而喷吹气体流量，则根据粉气比 m 表达式来求得：

$$V_g = G_s / m\rho_g \tag{6-17}$$

式中　V_g——喷吹气体流量，m^3/min；

ρ_g——喷吹气体密度，kg/m^3；

m——粉气比（粉气流中粉料量与气体量的比值）。国内实践指出，喷吹合金粉剂时，$m<40$；喷吹石灰粉时，$m>80$。

（2）喷粉处理时间。主要取决于喷粉量和钢液的温降。一般喷吹时间为 3～10min。太短会使粉料在钢液中停留时间短，降低喷吹效果；太长又会使钢液温降过大。国内一些钢厂在喷吹 Ca-Si 粉时钢液的温降见表 6-6。

表 6-6　喷吹 Ca-Si 粉时钢液的温降

钢包容量/t	20～30	40	100～150	200～300
钢包温降/℃	45	35	25～30	20～25
温降速度/℃·min^{-1}	8～12	5～8	3～6	2.5～4

（3）喷枪插入深度。喷枪插入深度影响喷吹效果，研究表明，当 Ca-Si 的喷吹量为 1.5kg/t 时，插入深度从 1m 增加到 1.5m 后，脱硫率提高了 20%。一般以深插入为好。如果喷孔在喷枪的侧面，则枪头距包底 0.2～0.3m 即可。

总之，确定合理的钢包喷粉冶金工艺参数应全面考虑钢种冶炼要求、设备特点、粉料输送特性及生产条件等因素。

6.2.5　钢包喷粉冶金效果

（1）脱硫效率高。在脱氧良好条件下，钢包喷吹硅钙、镁的脱硫率可达 75%～87%，喷吹石灰和萤石时，脱硫率达40% ~80%。

（2）钢中氧含量明显降低。钢包喷粉也能起到较好的脱氧效果，钢材中氧含量平均值为0.002%。但喷粉处理后，氢含量有所增加，在1.2 ~ 1.82ppm；氮增至17.9 ~ 27.1ppm。钢中增氢主要与加入合成渣的水分含量有关，增氮量与合成渣加入量和喷粉强度有关。若渣量少而喷粉强度又大，钢水液面裸露会吸收空气中的氮。

（3）夹杂物含量明显降低，并改善了夹杂物性态。其中 Al_2O_3 夹杂物下降尤为明显，最高约达80%，平均达65%左右。通过电子探针与扫描表明，球形夹杂物中心为 Al_2O_3，被 CaS、CaO、MnS 等所包裹。夹杂物属 $m\text{CaO}\cdot n\text{Al}_2\text{O}_3$ 铝酸钙类，粒径小，只有15μm以下，轧制过程不易变形呈分散分布，对提高钢材横向冲击性能十分有利。

（4）改善钢液的浇注性能。通过喷吹硅钙粉，使钢液中的 Al_2O_3 夹杂变性为低熔点的铝酸钙，改善了钢液的流动性，还可以防止水口结瘤堵塞。

6.2.6　我国钢包喷粉精炼法的发展

1981年，我国齐钢从瑞典引进了2台SL钢包喷粉装置，安装于平炉及电炉车间，用于处理低合金结构钢等重要用途的钢种，一次脱硫率大于75%，能改变夹杂物的形态，使钢中的 MnS 及 Al_2O_3 夹杂物球化，取得了良好的效果。宝钢集团五公司转炉车间也引进了SL钢包喷粉装置。1991年，宝钢一炼钢随着2台大型板坯铸机的投产，从日本引进了1台KIP钢包喷粉装置，年处理钢水约50万吨。

据2002年不完全统计，我国钢包喷粉装置已近40台，应该指出，钢包喷粉适应的钢种有限，在处理过程中有一定的温降，且处理过程中易导致钢液增氢、增氮（喷硅钙粉时增硅）。由于一些钢厂钢包喷粉生产还不稳定，处理效果不够明显，因此，20世纪90年代后期，各钢厂一般均未再建钢包喷粉装置。近年来国内多数炼钢厂均设置钢包喂线吹氩装置，即将脱硫剂或合金粉料用铁皮包覆，用喂线机送入钢包中钢液深处，用以净化钢液，称为喂丝法。冶炼一般钢种时多采用此法。

喂线法具有设备简单、投资少、操作方便、成本低、无烟雾、温降小（约10℃）、不需消耗耐火材料和载流气体、合金收得率高等特点，既可向钢包喂丝，也可直接向连铸中间包或结晶器中喂线。

任务6.3　喂　　线

6.3.1　喂线的基本概念

喂线法（wire feeding，即WF法），即合金芯线处理技术。它是在喷粉基础上开发出来的，是将各类金属元素及附加料制成的粉剂，按一定配比，用薄带钢包覆，做成各种大小断面的线，卷成很长的包芯线卷，供给喂线机作原料，由喂线机根据工艺需要按一定的速度，将包芯线插入到钢包底部附近的钢水中。包芯线的包皮迅速被熔化，线内粉料裸露出来与钢水直接接触进行化学反应，并通过氩气搅拌的动力学作用，能有效地达到脱氧、脱硫、去除夹杂及改变夹杂形态以及准确地微调合金成分等目的，从而提高钢的质量和性能。喂线工艺设备轻便，操作简单，冶金效果突出，生产成本低廉，能解决一些喷粉工艺难以解决的问题。

6.3.2 喂线设备

喂线设备的布置如图6-9所示。它由1台线卷装载机、1台辊式喂线机、1根或多根导管及其操作控制系统等组成。

喂线机有单线机、双线机、三线机等类型。其布置形式有水平的、垂直的、倾斜的3种。一般是根据工艺需要、钢包大小及操作平台的具体情况，可选用一台或几台喂线机，分别或同时喂入一种或几种不同品种的线。

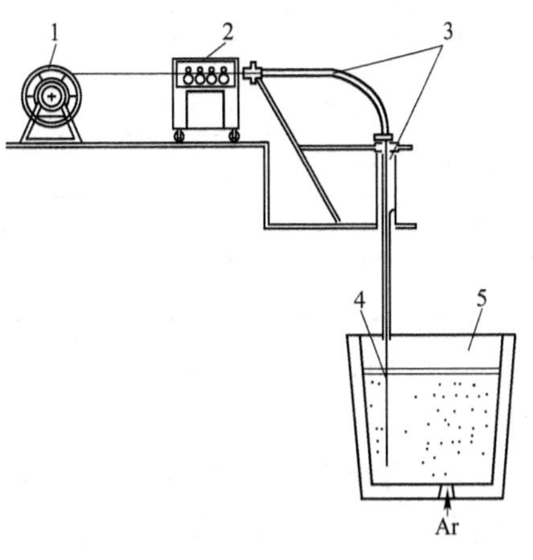

图6-9 喂线设备布置示意图

1—线卷装载机；2—辊式喂线机；3—导管系统；4—包芯线；5—钢水包

线卷装载机主要是承载外来的线卷，并将卷筒上的线开卷供给辊式喂线机。一般是由卷筒、装载机托架、机械拉紧装置及电磁制动器等组成。当开卷时，电子机械制动器分配给线适当的张力，进行灵敏的调节。在每次喂线处理操作后由辊式喂线机的力矩把线反抽回来，线卷装载机的液压动力电动机反向机械装置能自动地调节，保持线上的拉紧张力，便于与辊式喂线机联动使用。

辊式喂线机是喂线设备的主体，是一种箱式整体组装件。其内一般有6～8个拉矫输送辊，上辊3～4个，底辊3～4个。采用直流电动机无级调速。设有电子控制设备，可控制无级转速、向前和向后运行，并能预设线的长度，可编程序控制，以及指示线的终点。线卷筒上的制动由控制盘操作。标准喂线机备有接口，可以连接到计算机。

导管是一根具有恰当曲率半径的钢管，一端接在辊式喂线机的输出口，另一端支在钢包上口距钢水面一定距离的架上，将从辊式喂线机输送出来的线正确地导入钢包内，伸至靠近钢包底部的钢水中，使包芯线或实芯线熔化而达到冶金目的。

6.3.3 包芯线

钢包处理所使用的线有金属实心线和包芯线两种。铝一般为实心线，其他合金元素及添加粉剂则为包芯线，都是以成卷的形式供使用。目前工业上应用的包芯线的种类和规格很多，见表6-7。通常包入的元素有钙、硅钙、碳、硫、钛、铌、硼、铅、碲、铈、锰、钼、钒、硅、铋、铬、铝、锆等。

包芯线主要参数的选用，需要考虑的是其横断面、包皮厚度、包入的粉料量及喂入的速度。

包芯线一般为矩形断面，尺寸大小不等。断面小的用于小钢包，断面大的用于大钢包。包皮一般为0.2～0.4mm厚的低碳带钢。包皮厚度的选用需根据喂入钢包内钢水的深度和喂入速度确定。喂入速度取决于包入材料的种类及其需要喂入的数量（例如每吨钢水喂入钙量的速度不宜超过0.1kg/(t·min)）。喂入合金元素及添加剂的数量需根据钢种所要求微调的元素数量、钢包中钢水重量以及元素的回收率等来确定。

表 6-7 我国生产的部分芯线品种与规格

芯线种类	芯线截面	规格/mm	外壳厚度/mm	化学成分/%		重量/g·m^{-1}	合金充填率/%
Ca-Si	圆	ϕ6	0.2	Ca-Si 50	Fe 50	68.3	48.0
Ca-Si	矩形	12×6	0.2	Ca-Si 55	Fe 45	172	56.0
Fe-B	矩形	16×7	0.3	B 18.47		577.1	80.1
Fe-Ti	矩形	16×7	0.3	Ti 38.64		506.7	74.3
Ca-Al	圆	ϕ4.8	0.2	Ca 36.8	Al 16.5	56.8	
Al	圆	ϕ9.5		Al 99.07		190	
Mg-Ca	圆	ϕ10	0.3	Mg 10	Ca 40	246	52.8

包芯线的质量直接影响其使用效果，因此，对包芯线的表观和内部质量都有一定要求。

(1) 表观质量要求：1) 铁皮接缝的咬合程度。若铁皮接缝咬合不牢固，将使芯线在弯卷打包或开卷矫直使用时产生粉剂泄漏，或在储运过程中被空气氧化。2) 外壳表面缺陷。包覆铁皮在生产或储运中易被擦伤或锈蚀，导致芯料被氧化。3) 断面尺寸均匀程度。芯线断面尺寸误差过大将使喂线机工作中的负载变化过大，喂送速度不均匀，影响添加效果。

(2) 内部质量要求：1) 质量误差。单位长度的包芯线的质量相差过大，将使处理过程无法准确控制实际加入量。用作包覆的铁皮的厚度和宽度，在生产芯线时，芯料装入速度的均匀程度以及粉料的粒度变化，都将影响质量误差。一般要求质量误差小于4.5%。2) 填充率。单位长度包芯线内芯料的质量与单位包芯线的总质量之比用来表示包芯线的填充率。它是包芯线质量的主要指标之一。通常要求较高的填充率。它表明外壳铁皮薄芯料多，可以减少芯线的使用量。填充率大小受包芯线的规格、外壳的材质和厚薄、芯料的成分等因素影响。3) 压缩密度。包芯线单位容积内添加芯料的质量用来表示包芯线的压缩密度。压缩密度过大，将使生产包芯线时难于控制其外部尺寸。反之，在使用包芯线时，因内部疏松芯料易脱落浮在钢液面上，结果降低了其使用效果。4) 化学成分。包芯线的种类由其芯料决定。芯料化学成分准确稳定是获得预定冶金效果的保证。

6.3.4 工艺操作要点

采用钢包喂线处理生产低氧、低硫及成分范围要求较窄的钢种时，需注意下列操作要点：

钢包需采用碱性内衬，使用前钢包内衬温度需烘烤至1100℃以上。

转炉或电弧炉的初炼钢水应采用挡渣或无渣出钢，或钢包扒渣等操作，以去除钢水中的氧化渣。钢水中$w(FeO+MnO)$必须很低。

大部分铁合金主要在出钢过程中以块状形式加入钢包中，并用硅铁、锰铁及铝进行脱氧。

出钢时，往钢包中每吨钢水加入6～12kg的合成渣脱硫，并用此渣作为顶渣保护钢水。

从出钢一开始就向钢包吹氩搅拌钢水，应缓慢均匀地搅拌持续 10min 左右，以便充分脱硫。吹氩的强度，要保证不要把钢水上面约 100mm 厚的顶渣吹开，以防止钢水与大气接触产生再氧化。

喂线操作，对于只经钢包炉（LF）精炼的钢水，可在钢包炉精炼后，于钢包炉工位上进行。需经真空处理的钢水，则在真空处理后，于真空工位上大气状态下进行。不需经钢包炉精炼和真空处理的钢水，可在钢包中最终加铝脱氧后 10min 左右进行，以便提高回收率，准确地控制成分。

喂线速度的控制需根据钢包中钢水的容量、线的断面规格以及钢种所需微调合金的数量和回收率等决定。

喂线的终点控制，可采用可编程序控制器设定线的喂入长度（如含 30% 钙的硅钙粉，一般的喂入量为 0.4 ~0.8kg/t），在设定线的长度喂完后，便自动停止。

在喂线完成后，继续吹氩缓慢搅拌 3min 左右，良好地保护钢水，防止它与空气、耐火材料或其他粉料发生再氧化。取样分析最终成分后即可运去浇注。

下面列举不同容量的钢包喂线工艺参数。

芯线种类：Si-Ca 合金线，Si-Ca-Ba 合金线，线径 ϕ11mm

单位消耗：1.3kg/t

钢包容量/t	喂线速度/m·s^{-1}	处理时间/min
25 ~30	1.2 ~1.5	4 ~6
40	1.6 ~1.8	5 ~6
80	2.0 ~2.3	6 ~7
150	2.8 ~3.0	10
300	双线 2.8 ~3.0	10
60t 钢水连铸大方坯 中间包（5t）喂线 钢水深 800mm	0.25	50 ~60

芯线种类：Si-Ca 合金线，线径 ϕ5mm

单位消耗：1.3kg/t

钢包容量/t	喂线速度/m·s^{-1}	处理时间/min
20	双线 1.0	7 ~9
2	0.25 ~0.35	6 ~8
30t 钢水连铸小方坯 中间包（2t）喂线 钢水深 300mm	0.3	75

喂线比喷粉具有明显的优点：

（1）操作简单，不需要像喷粉那样复杂的监控装备水平，一个人就能顺利操作。

（2）设备轻便，使用灵活。可以在各种大小容量的钢包内进行；而喷粉只有当钢包容量足够大时才能顺利进行。

（3）消耗少，操作费用省。不需昂贵的喷枪，耐火材料消耗少。喂线的氩气消耗量约为喷粉的 1/5 ~ 1/4（喂线为 0.04 ~ 0.05m^3/t（标态），喷粉为 0.16 ~ 0.26m^3/t（标态））。喂线的硅钙粉耗量约为喷粉的 1/3 ~ 1/2（喂线为 0.6 ~ 0.8kg/t，喷粉为 1.2 ~ 2.0kg/t）。

（4）温降小。喂线操作时间短，且钢水与钢渣没有翻腾现象，一般 80t 左右的钢包喂入 0.5 ~ 1.5kg/t 的硅钙粉，钢水温度只下降 5 ~ 10℃，而喷粉则温降达 30℃。

（5）钢质好。经喂线处理的钢水，氢、氧、氮的污染少，而喷粉容易产生大颗粒夹渣和增氢。

（6）功能适应性强。能有效地解决那些易氧化、易潮和有毒粉料储运及喂入钢水中的问题。用于钢中增硫、增碳、增铝，方便可靠。

（7）钢水浇注性能好，连铸时堵塞水口的机会比喷粉法少。

（8）操作过程散发的烟气少，车间环境条件比喷粉生产时好。

6.3.5　冶金效果

以块状形式把铁合金加入到钢包中微调成分，其收得率低，成分控制准确度差，容易出现钢水成分不合格的废品。而以包芯线的形式微调合金成分，收得率高，再现性强，喂入的元素准确，能把钢水成分控制在很窄的范围内。

用铝脱氧生产铝镇静钢时，会产生高熔点的 Al_2O_3 簇状或角状夹杂，轧制成形时形成带状夹杂，使钢的横向性能降低，呈各向异性。这种 Al_2O_3 夹杂在钢水浇注温度下为固态颗粒，连铸时容易堵塞水口。对其用钙进行处理，则会改变结构形态，呈球状化，使钢各向同性。同时，这种球状化夹杂在钢水浇注温度下为液态，不致堵塞水口。

喂包芯线钢包处理，不仅对铝镇静钢可以取得较好的冶金效果，而且对低碳硅脱氧钢的氧的活度调节也是非常有效的。生产实践表明，对于 A42（1010）钢，最终硅含量为 0.2%，要求氧的活度为 0.0015% ~0.002%。出钢时原钢水氧的活度为 0.035%。根据回收率，出钢时加入钢水量 0.3% 的硅，氧的活度降至 0.0075%，然后用钙进行脱氧，每吨喂入 CaSi 1.5kg（含 30% Ca，相当每吨喂入钙 0.45kg），便可获得所要求的氧的活度 0.0015%。在这种氧活度下，脱硫率可达 70%。所形成的夹杂成分（w/%）为：SiO_2 45，CaO 30，Al_2O_3 20，MgO 5，符合钙斜长石塑性化合物，在钢水浇注温度下为液态，连铸时可避免堵塞水口。对于 A37（1006）钢，最终硅含量为 0.1%，要求氧的活度为 0.01% ~ 0.02%。出钢时原钢水氧的活度通常在 0.06% 以上。根据回收率，出钢时加入钢水量 0.16% 的硅，氧的活度降至 0.018%，然后每吨喂入 0.25kg 的钙（采用含钙 93% 和含镍 5% 的无硅包芯线），即可达到所要求的氧的活度约为 0.011%。喂线处理后所形成的夹杂物，与前述 A42 钢种喂钙处理属同一类型，钢水连铸时也不致堵塞水口。

通过喂线，可生产出化学成分范围很窄、用途重要的钢种，并能保证不同炉号的钢材力学性能的均一性。通过喂钙处理，钢中夹杂物能达到很高的球化率，使钢的冷热加工性能改善，薄板和带钢的表面质量提高，高速切削钢的力学性能增强，无缝钢管的氢裂现象减少。通过喂硼处理，可增加钢的淬透性。

任务6.4　夹杂物的形态控制

夹杂物形态控制技术是现代洁净钢冶炼的主要内容之一，不同的钢种对夹杂物的性质、成分、数量、粒度和分布有不同的要求。对于高品质的弹簧钢、轴承钢、重轨钢和帘线钢等，要求具备高抗疲劳破坏性能，对钢中非金属夹杂物的变形性能也有严格要求，即要求钢中绝大多数非金属夹杂物为塑性夹杂物。钢包精炼中，在降低夹杂物总量的同时，也要控制夹杂物的组成，使其成为轧制加工时易于变形的夹杂物，由此使夹杂物无害。

夹杂物的形态控制就是向钢液加入某些固体熔剂，即变形（性）剂，如硅钙、稀土合金等，改变存在于钢液中的非金属夹杂物的存在状态，以消除或减小它们对钢性能的不利影响。

众多研究表明：钢中的氧化物、硫化物的状态和数量对钢的机械和物理化学性能产生会很大的影响，而钢液的氧与硫含量、脱氧剂的种类以及脱氧脱硫工艺因素，都将使最终残存在钢中的氧化物、硫化物发生变化。因此，通过选择合适的变形剂，有效地控制钢中的氧硫含量，以及氧化物硫化物的组成，既可以减少非金属夹杂物的数量，还可以改变它们的性质和形状，从而保证连铸机正常运转，同时改善钢的性能。

实际应用的非金属夹杂物的变形剂，一般应具有如下条件：与氧、硫、氮有较强的相互作用能力；在钢液中有一定的溶解度，在炼钢温度下蒸气压不大；操作简便易行，收得率高，成本低。钛、锆、碱土金属（主要是钙合金和含钙的化合物）和稀土金属等都可作为变形剂，生产中大量使用的是硅钙合金和稀土合金。可采用喷吹法或喂线法，将其送入钢液深处。

6.4.1　钢中塑性夹杂物的生成与控制

6.4.1.1　夹杂物的变形能力

夹杂物的变形能力一般沿用 T. Malkiewicz 和 S. Rudnik 提出的夹杂物变形性指数 v 来表示，v 为材料热加工状态下夹杂物的真实伸长率与基体材料钢的真实伸长率之比。夹杂物变形性指数 $v=0$ 时，表明夹杂物根本不能变形而只有金属变形，金属变形时夹杂物与基体之间产生滑动，因而界面结合力下降，并沿金属形变方向产生微裂纹和空洞，成为疲劳裂纹源；$v=1$ 时，表示夹杂物与金属基体一起形变，因而变形后夹杂物与基体仍然保持良好的结合。

在钢材热轧状态下，夹杂物应具有足够大的变形能力参与到钢的塑性变形中去，以防止钢与夹杂物界面上产生微裂纹。S. Rudnik 研究指出，夹杂物变形性指数 $v=0.5\sim1.0$ 时，在钢与夹杂物界面上很少由于形变产生微裂纹；$v=0.03\sim0.5$ 时，经常产生带有锥形间隙的鱼尾形裂纹；$v=0$ 时，锥形间隙与热撕裂是常见的。

6.4.1.2　塑性夹杂物的成分范围

R. Kiessling 归纳了（Fe，Mn）O、Al_2O_3、铝酸钙、尖晶石型复合氧化物（$AO \cdot B_2O_3$）、硅酸盐和硫化物的变形指数与形变温度的关系，指出刚玉、铝酸钙、尖晶石和方石英等夹杂物在钢常规热加工温度下为不变形的脆性夹杂物，而 MnS 在 −80 ~ 1260℃ 范围内的变形能力与钢基本相同，即 $\nu = 1$。G. Bernard 给出了 $MnO-SiO_2-Al_2O_3$，$CaO-SiO_2-Al_2O_3$ 三元系夹杂物的变形能力与温度的关系。对于 $MnO-SiO_2-Al_2O_3$ 三元系夹杂物，具有良好变形能力的夹杂物组成分布在锰铝榴石（$3MnO \cdot Al_2O_3 \cdot 3SiO_2$）及其周围的低熔点区（见图 6-10）。

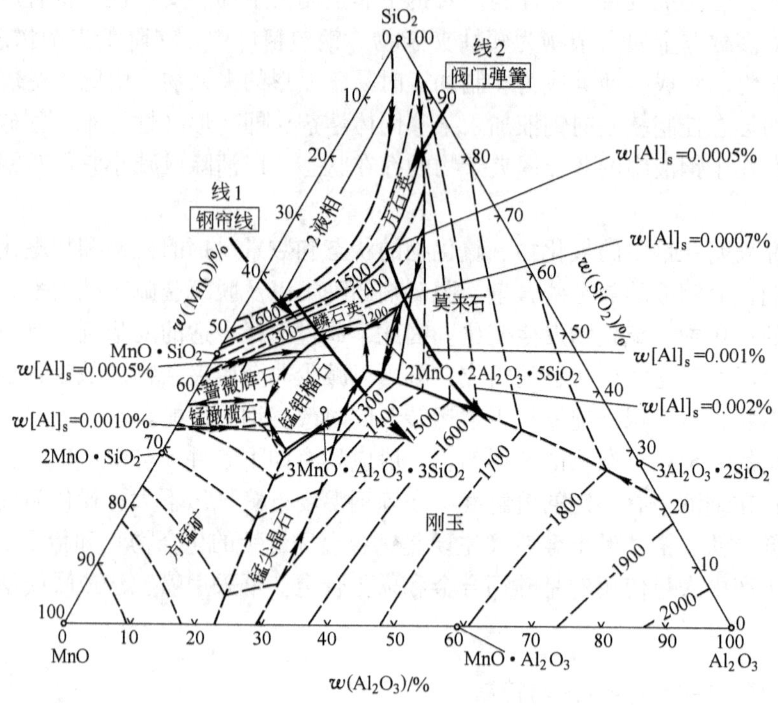

图 6-10 $MnO-SiO_2-Al_2O_3$ 系中塑性夹杂物成分范围

而在 $CaO-SiO_2-Al_2O_3$ 三元系夹杂物中，在钙斜长石（$CaO \cdot Al_2O_3 \cdot 2SiO_2$）与鳞石英和假硅灰石（$CaO \cdot SiO_2$）的边界附近，有三元系（或者四元系）的低熔点共晶区（见图 6-11）。这个组成区域的夹杂物在轧制加工时易于变形，适用于轮胎钢丝等，亦即由拉拔时不易发生断线和疲劳破坏的夹杂物组成。

由图 6-10 中可以看到，对于 $MnO-SiO_2-Al_2O_3$ 系夹杂物，塑性夹杂物的成分范围大致为：$w(MnO) = 20\% \sim 60\%$，$w(SiO_2) = 60\% \sim 27\%$，$w(Al_2O_3) = 12\% \sim 28\%$。由图 6-11 中可以看到，对于 $CaO-SiO_2-Al_2O_3$ 系夹杂物，塑性夹杂物的成分范围大致为：$w(CaO) = 20\% \sim 45\%$，$w(SiO_2) = 40\% \sim 70\%$，$w(Al_2O_3) = 12\% \sim 25\%$。

6.4.1.3 炉渣与钢中非金属夹杂物的作用

为了防止生成不变形非金属夹杂物，高品质重轨、硬线等钢种大多不采用 Al 脱氧，而采用 Si-Mn 脱氧，钢中非金属夹杂物主要为 $MnO-SiO_2-Al_2O_3$ 系和 $CaO-SiO_2-Al_2O_3$ 系夹杂物，其中 $MnO-SiO_2-Al_2O_3$ 系主要为脱氧产物，$CaO-SiO_2-Al_2O_3$ 系主要来源于炉渣与钢液之间的作用。

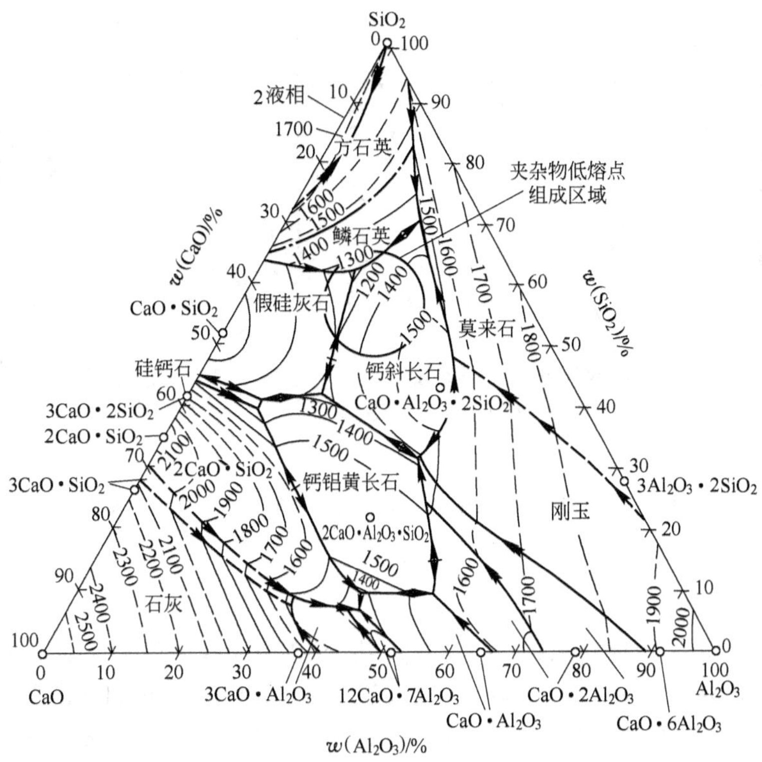

图 6-11　$CaO-SiO_2-Al_2O_3$ 系中塑性夹杂物成分范围

由图6-10、图6-11 可以看到，对于 $MnO-SiO_2-Al_2O_3$ 系和 $CaO-SiO_2-Al_2O_3$ 系夹杂物，塑性夹杂物（Al_2O_3）须在 15% ~25%。除 Al_2O_3 含量外，对于 $MnO-SiO_2-Al_2O_3$ 系，夹杂物的 $w(MnO)/w(SiO_2)$ 须在 1 左右；对于 $CaO-SiO_2-Al_2O_3$ 系，夹杂物的 $w(CaO)/w(SiO_2)$ 须在 0.6 左右。将以上成分系夹杂物控制在塑性夹杂物成分区的关键为：(1) 在炉外精炼过程通过渣-钢反应控制钢液中的 $w[Al]$；(2) 通过钢液 $w[Al]$ 控制非金属夹杂物成分。

图 6-10 中标出了钢帘线和阀门弹簧用钢计算得出的夹杂物中酸溶铝和氧化物的关系。

图 6-12 给出了实际操作中钢水中的 $w[Al]s$ 和夹杂物中 $w(Al_2O_3)$ 的关系。因为控制铝含量在较低水平，可得到低熔点脱氧生成物，所以在使用铝含量（或者 Al_2O_3 含量）低的铁合金的同时，还要防止铝从渣（或耐火材料）中溶解到钢水中。钢水和渣（或夹杂物）有关铝的反应为：

$$2(Al_2O_3) + 3[Si] = 4[Al] + 3(SiO_2)$$

$$\lg K^{\ominus}_{Al-Si} = \frac{a^4_{Al} a^3_{SiO_2}}{a^3_{Si} a^2_{Al_2O_3}} = -\frac{37600}{T} + 7.2 \qquad (6\text{-}18)$$

为了抑制这个反应，希望选择 Al_2O_3 活度小，且 SiO_2 活度大的渣组成。如阀门弹簧材料那样，硅含量高（a_{Si}大）时，渣组成的控制特别重要。

如果采用低碱度的渣抑制铝从渣中还原溶解，把渣中 Al_2O_3 活度控制得低一些防止钢水增铝，夹杂物中的 Al_2O_3 含量就降低，钢中夹杂物就变为延展性高、熔点低的夹杂物了。

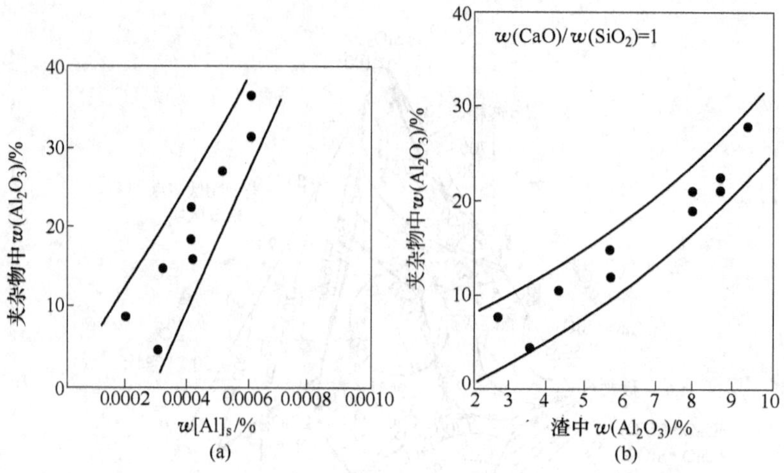

图 6-12　钢中铝及渣中 Al_2O_3 对夹杂物中 Al_2O_3 含量的影响

6.4.2　稀土处理

稀土元素（RE）包括斓系和钪、钇在内共计 17 个元素，位于元素周期表中ⅢB 族。钢中经常加入的是铈（Ce）、镧（La）、钕（Nd）和镨（Pr），它们约占稀土元素总量的 75%。稀土元素的性质都很类似，熔点低、沸点高、密度大，与氧、硫、氮等元素有很大的亲和力。

稀土元素加入钢液以后，可产生如下反应：

$$2[RE] + 3[O] \xlongequal{} RE_2O_3$$

$$2[RE] + 3[S] \xlongequal{} RE_2S_3$$

$$2[RE] + 2[O] + [S] \xlongequal{} RE_2O_2S$$

表 6-8 为稀土化合物的热力学数据，其中 K' 值为钢液中溶解元素的溶度积。可见稀土元素是很强的脱氧剂，也是很强的脱硫剂。

表 6-8　稀土化合物的热力学数据

反　应	$\Delta_r G_m^{\ominus}$/J · mol^{-1}	K'(1600℃)	熔点/℃	密度/kg · m^{-3}
$[Ce]+2[O]=CeO_2(s)$	$-853600+250T$	2.0×10^{-11}		
$2[Ce]+3[O]=Ce_2O_3(s)$	$-1430200+359T$	7.4×10^{-22}		5250
$2[La]+3[O]=La_2O_3(s)$	$-1442900+337T$	2.3×10^{-23}	2320	6560
$[Ce]+[S]=CeS(s)$	$-394428+121T$	2.0×10^{-5}	2500	5940
$2[Ce]+3[S]=Ce_2S_3(s)$	$-1073900+326T$	1.2×10^{-13}	1890	5190
$3[Ce]+4[S]=Ce_3S_4(s)$	$-1494441+439T$	1.8×10^{-19}		
$[La]+[S]=LaS(s)$	$-383900+107T$	7.6×10^{-6}		5660
$2[Ce]+2[O]+[S]=Ce_2O_2S(s)$	$-1352700+331T$	3.6×10^{-21}		5990
$2[La]+2[O]+[S]=La_2O_2S(s)$	$-1340300+301T$	2.2×10^{-22}		5730

6.4.2.1　稀土处理改变夹杂物的变形能力

S. Malm 系统地研究了各种稀土夹杂物的变形能力，指出稀土铝酸盐 $REAl_{11}O_{18}$ 和 RE-

AlO_3 的性质与 Al_2O_3 十分相似，在钢中呈细串链状分布，无塑性的稀土铝酸盐夹杂物细颗粒呈串链状或单独存在，或与 MnS 一起构成复合夹杂物；稀土氧硫化合物 RE_2O_2S 通常具有一定的变形能力（呈半塑性），且颗粒较稀土铝酸盐大，也呈串链状出现；含硅的稀土铝氧化合物 $RE(Al,Si)_{11}O_{18}$、$RE(Al,Si)O_3$ 具有较好的变形能力。由此可见，稀土的应用在一定程度上对脆性的 Al_2O_3 起了变性作用，可改善弹簧钢等钢种的疲劳性能。

6.4.2.2　稀土处理控制硫化物的形态

在实际生产中，稀土合金最常用于控制硫化物的形态。硫在钢中以 FeS 或 MnS 形式存在。当钢中 $w(Mn)/w(S) \geqslant 2$ 时，FeS 转变成 MnS。虽然 MnS 的熔点比较高（1555℃），能避免"热脆"的发生，但是 MnS 在钢经受加工变形处理时，能沿着流变方向延伸成条带状，会严重降低钢的横向力学性能，因而钢的塑性、韧性及疲劳强度显著降低。因此，应加入变形剂控制 MnS 的形态，使之转变为高熔点的球形（或点状）的不变形夹杂物。Ca、Ti、Zr、Mg、Be、RE 等可作为硫化物的变形剂，稀土元素常是用作硫化物夹杂的最有效的变形剂。

在钢中加入适量的 RE，能使氧化物、硫化物夹杂转变成细小分散的球状夹杂，热加工时也不会变形，从而消除了 MnS 等夹杂的危害性。

由于 RE 和氧的亲和力大于和硫的亲和力，所以往钢中加入 RE 时，首先形成稀土的氧化物，而后是含氧、硫的稀土化合物，仅当 $w[RE]/w[S] > 3$ 时，才能形成稀土硫化物，而 MnS 完全消失。因此，钢液初始的氧硫含量决定了稀土元素加入后所能生成的产物。钢中形成的稀土夹杂物的类型与钢液初始氧硫含量的关系见表6-9。图6-13 是 Fruehan 计算的铈在不同硫氧活度时所生成的氧化物、硫化物及硫氧化物的平衡图。

表6-9　用稀土元素脱氧脱硫的产物与钢中原始氧硫含量的关系

稀土夹杂物	稀土氧化物	稀土氧硫化物	稀土硫化物
$w[S]/w[O]$	<10	10~100	>100

6.4.2.3　稀土处理采用的方法

目前稀土处理主要采用中间包喂线法和结晶器喂线法。

中间包喂稀土线如图6-14 所示。稀土线按照一定速度喂入中间包，穿过覆盖渣进入中间包，与钢液中的溶解氧、硫发生反应，生成稀土氧化物、氧硫化物以及稀土硫化物，从而达到控制夹杂物形态的作用。固溶在钢液中的残余稀土还可以起到微合金化的作用，提高钢的性能。与结晶器喂线工艺相比较，从中间包喂入的稀土与钢液中的氧、硫结合生成的稀土夹杂有更长的时间上浮。

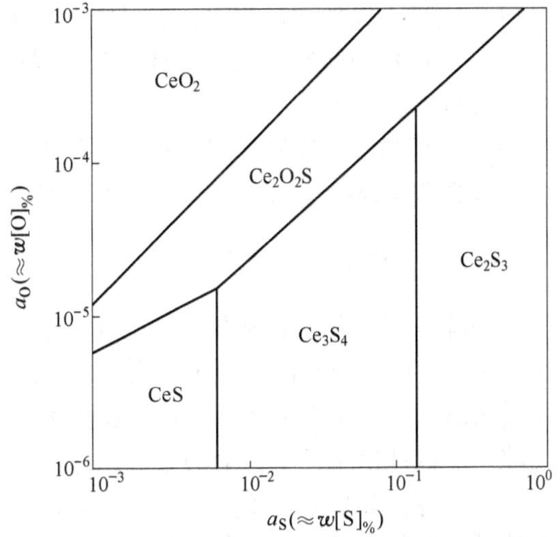

图6-13　1627℃，Ce-O-S 系化合物存在区的平衡图

中间包喂稀土线要注意以下几个方面：

（1）钢液充分脱氧。

（2）采用保护浇注，稀土线外加包芯线，减少稀土线喂入过程中的氧化、烧损；采用还原渣，在钢液面进行浇注保护。

（3）在覆盖剂中添加有助于吸收稀土氧化物的成分，或者适当采取吹氩搅拌，使稀土氧化物尽可能在中间包被排除，以改善稀土处理钢的洁净度，减轻由于稀土氧化物所造成的水口结瘤。

（4）稀土钢浇注尽量使用碱性中间包衬材料。

（5）使用稀土钢专用覆盖剂。

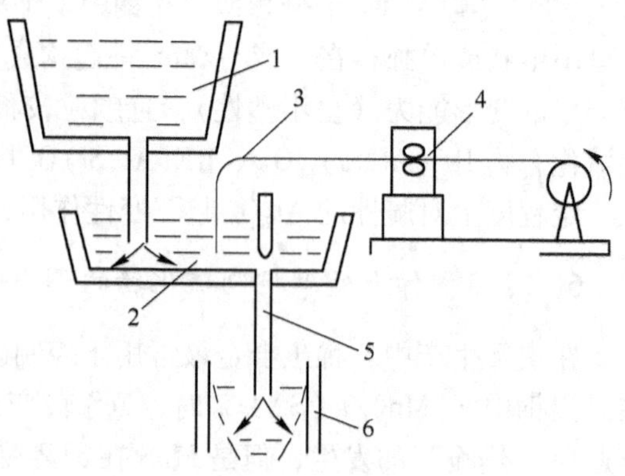

图 6-14　中间包喂线工艺示意图

1—钢包；2—中间包；3—稀土线；4—喂线机；5—浸入式水口；6—结晶器

结晶器喂线如图 6-15 所示。在连铸结晶器内喂稀土线是对钢水，特别是低硫钢水进行硫化物形态控制的有效方法。生成的稀土化合物可以作为钢液凝固时的结晶核心，细化铸坯组织，简化连铸钢水的温度调整步骤，实现“组织控制”。此方法的稀土收得率最高可以达到 95% 左右，一般在 80% ~90% 的水平。如果掌握好稀土线直径和喂线速度，稀土在铸坯截面或纵向长度上的分布是比较均匀的。但稀土在钢液中的停留时间短，生成的稀土夹杂物排除困难，而且分布的均匀度不如中间包喂稀土工艺好。

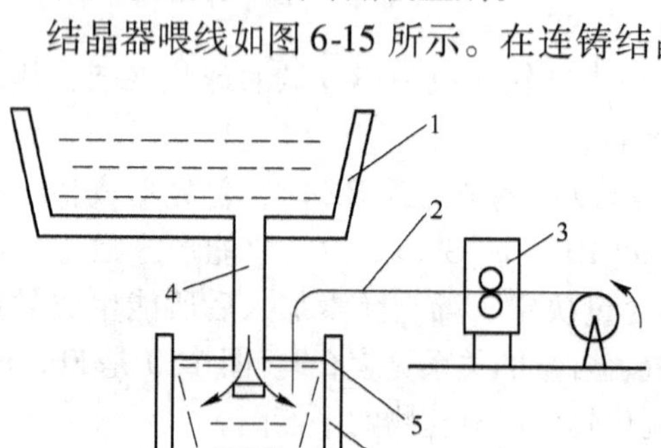

图 6-15　结晶器喂线工艺流程示意图

1—中间包；2—稀土线；3—喂线机；4—浸入式水口；5—保护渣；6—结晶器

结晶器喂稀土线要注意以下几个方面：

（1）在稀土线外加包芯线，尽可能减少稀土线的烧损和氧化。

（2）严格控制原始钢水的脱氧、脱硫程度，使稀土真正发挥变质剂和合金化的作用，而不是脱氧和脱硫作用。

（3）使用稀土钢连铸专用保护渣。根据不同钢种、不同工艺条件，开发的稀土钢专用保护渣既有普通保护渣的功能，还应该具有较强、较快溶解吸收稀土夹杂物的能力。

6.4.2.4　稀土处理存在的缺点

使用稀土元素有如下缺点：（1）由于稀土元素反应产物（稀土氧化物硫化物）密度较大（5000 ~6000kg/m^3），接近于钢水密度，因此不易上浮。（2）使用稀土元素处理的钢水易再氧化，稀土夹杂物熔点高，在炼钢温度下呈固态，很可能在中间包的水口处凝聚使之堵塞。因此使用稀土合金的量应该适当，避免在钢锭底部倒锥偏析严重，以及使连铸操作产生故障。如果 $w[\mathrm{RE}]_{\%} \cdot w[\mathrm{S}]_{\%} \leqslant (1.0 \sim 1.5) \times 10^{-4}$，由经验可知没有因硫化物系夹杂物的聚集而造成材质恶化。从防止 MnS 生成和材质恶化考虑，图 6-16 给出了最佳组成范围（注：$w[\mathrm{RE}]_{\%}$ 表示钢水中固溶着的 RE 的质量百分数，是作为硫化物和氧化物悬浮着的夹杂物中的 RE 的总和，相当于 $w[\mathrm{TRE}]_{\%}$；$w[\mathrm{S}]_{\%}$ 也一样）。添加 RE 之前的钢包内钢水中的 $w[\mathrm{S}]$ 如在 0.007% 以下，则不能脱硫。

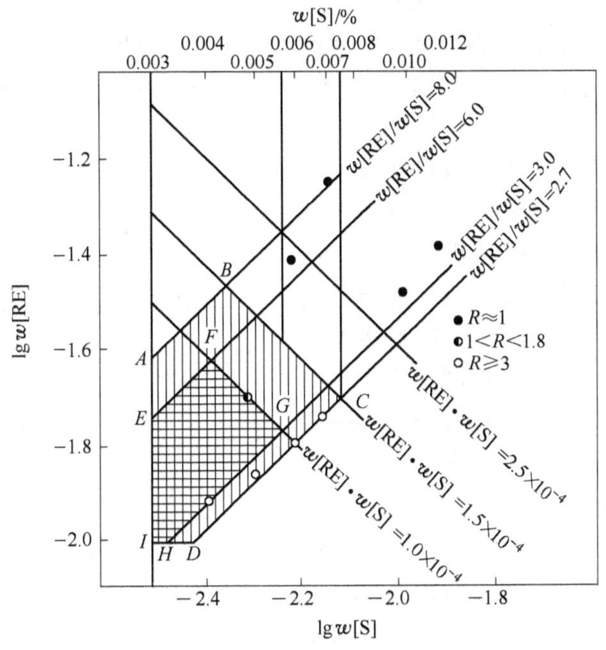

图6-16　对于硫化物均匀形态控制所合适的 RE 范围（斜线部分）

稀土在钢中的作用主要为净化、变质和合金化三大作用。随着钢中硫、氧含量逐渐得到控制，洁净化技术不断发展，传统的稀土净化钢水和变质夹杂物的作用日益减弱，稀土的合金化作用的利用正成为稀土钢发展的重要内容。稀土合金化作用表现在许多方面，其中稀土对钢的相变及组织的影响是稀土合金化作用的重要表现。

6.4.3　钙处理

6.4.3.1　钙脱氧与脱硫

按日野光兀较新的研究结果，钙是比金属铝更强的脱氧剂，加入钢液后很快转为蒸汽，在上浮过程中脱氧；另外，溶解进入钢液的钙也与氧反应。反应式为：

$$\mathrm{Ca(g)} + [\mathrm{O}] = \!=\!= \mathrm{CaO(s)}$$

$$[\mathrm{Ca}] + [\mathrm{O}] = \!=\!= \mathrm{CaO(s)}$$

钙脱氧可以使钢液中的［O］含量充分低，从而也就保证了钢液中的硫含量充分低。因此，使用钙处理是当今生产超纯钢的重要手段。

钙是比石灰更强的脱硫剂。根据反应的吉布斯自由能变化，钙加入钢液后首先降低钢的氧含量至某一浓度以后，再与硫反应。这一平衡的氧硫浓度可由式（6-19）、式（6-20）求出：

$$\mathrm{Ca(g)} + [\mathrm{S}] = \!=\!= \mathrm{CaS(s)},\quad \Delta G^{\ominus}_{\mathrm{Ca-S}} = -570614 + 171.29T \tag{6-19}$$

$$\mathrm{Ca(g)} + [\mathrm{O}] = \!=\!= \mathrm{CaO(s)},\quad \Delta G^{\ominus}_{\mathrm{Ca-O}} = -663833 + 192.09T \tag{6-20}$$

当然，如果钢液的硫含量比较高，钙有可能同时与氧、硫发生作用。

6.4.3.2　钙的变性作用

使用铝脱氧的钢水中，主要的脱氧产物是 Al_2O_3 簇状夹杂物。这种簇状夹杂物多数熔点很高，在连铸温度下呈固态，很容易在中间包水口处聚集引起堵塞。而钢坯中的簇状 Al_2O_3 夹杂物在轧制过程会被破碎，沿轧制方向连续分布成长串状夹杂物，造成严重的缺陷。

在钢液中加入的钙，可与大多数脱氧产物作用，形成复合夹杂物，例如钙铝酸盐特别是液态的铝酸钙，就不会产生水口堵塞。而铝酸钙在轧制后的固态钢中仍然保持了在液态钢时的球状形态。对于很多钢种来说，这种夹杂物的危害都比簇状的 Al_2O_3 夹杂危害轻得多，从而可改善钢的性能。钙铝酸盐的性能见表6-10。图6-17表示不同反应产物的生成条件。由图6-17可见，只有当铝和硫含量都低于 12CaO · $7Al_2O_3$ 平衡线时，才会有完全液态的夹杂物出现。

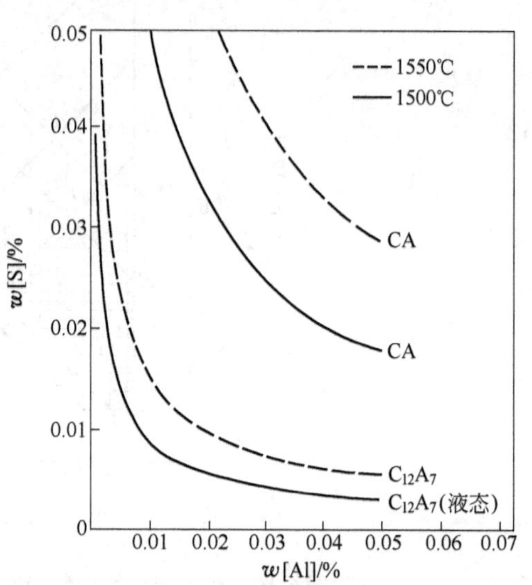

图6-17　与CaS、液态钙铝化合物（$C_{12}A_7$）和其他固体钙铝化合物平衡的铝和硫的平衡

当钢中含有 Mn 时，很少的硫也会与锰结合以 MnS 的形式存在。铸态时沿晶界呈共晶分布的 MnS，热加工时容易沿加工方向延伸，呈长条状分布在钢中。这是造成钢性能恶化的主要原因，降低了钢的强度，使钢的磨损增大，明显地降低钢的横向力学性能，及钢的深冲压性能。MnS 夹杂是在凝固过程中由于结晶作用使局部锰和硫的浓度升高而产生的，即晶间富集。

表6-10　钙铝酸盐的性能

化合物	w(CaO)/%	$w(Al_2O_3)$/%	熔点/℃	密度/kg · m^{-3}	显微硬度/kg · m^{-3}
3CaO · Al_2O_3(C_3A)	62	38	1535	3040	
12CaO · $7Al_2O_3$($C_{12}A_7$)	48	52	1455	2830	
CaO · Al_2O_3(CA)	35	65	1605	2980	930
CaO · $2Al_2O_3$(CA_2)	22	78	约1750	2980	1100
CaO · $6Al_2O_3$(CA_6)	8	92	约1850	3380	2200
Al_2O_3	0	100	约2020	3960(99.9% Al_2O_3)	3000～4000

采用钙处理方法对钢中 Al_2O_3 夹杂物和 MnS 夹杂物进行改性的原理是：通过增加钢中有效钙含量，一方面，使大颗粒 Al_2O_3 夹杂物改性成低熔点复合夹杂物，促进夹杂物上浮，净化钢水；另一方面，在钢水凝固过程中提前形成的高熔点 CaS(熔点2500℃）质点，可以抑制钢水在此过程中生成 MnS 的总量和聚集程度，并把 MnS 部分或全部改性成 CaS，即形成细小、单一的 CaS 相或 CaS 与 MnS 的复合相。其操作就是在铝脱氧后用喂丝法（或者射弹法、喷吹法）向钢水中供给钙。

使用钙进行夹杂物变性处理的机理可用图6-18表示。通过钙处理，使簇状 Al_2O_3 夹杂变成钙铝酸盐夹杂，并成为硫化物的核心，使 MnS 夹杂物更分散细小。金属钙的熔点为

(839 ±2)℃，沸点为 1484℃，根据 Schurmann 的研究，钙蒸气压（P'_{Ca}）与温度的关系为：

$$\lg P'_{Ca} = 4.55 - \frac{8026}{T}$$

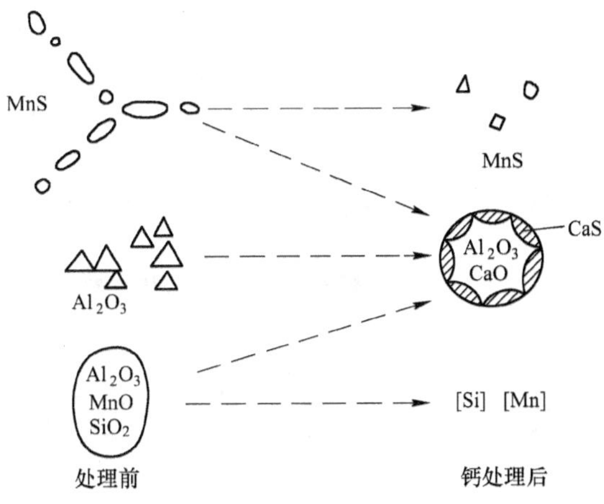

图 6-18　钙处理时夹杂物变性的图解

1600℃时，P'_{Ca}≈0.186MPa。在炼钢温度下，钙很难溶解在钢液内。但在含有其他元素如硅、铝、镍等条件下，钙在钢液中的溶解度大大提高。因此为了对铝氧化物及硫化物进行变性处理，加入的是硅钙及其他钙的合金。

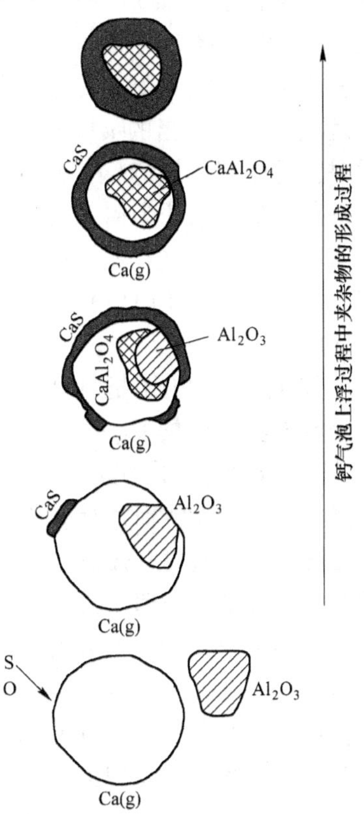

图 6-19　钢中钙气泡上浮过程夹杂物形成示意图

图 6-19 所示为钢中钙气泡上浮过程夹杂物形成示意图。含 CaO 很高的夹杂物中硫的平衡浓度很高，并能吸收钢中大量的硫。当钢液冷却时，夹杂物中的硫的溶解度降低，CaS 析出，生成复合夹杂物，并有可能产生一个 CaS 环包围铝酸钙核心。这种夹杂物也是球形的，熔点很高，轧制状态下不变形。钢中夹杂物在铸态和轧制状态的形态如图 6-20 所示。显然，在对硫化物进行变性处理之前，应先将钢中 Al_2O_3 夹杂物变成钙铝酸盐夹杂。

钙是强脱硫剂，所以在添加钙后，钙能与钢水中的硫反应生成 CaS。因为钢水中悬浮着的 CaS 在钢水温度下是固体，所以和 Al_2O_3 系夹杂物一样，凝聚在浇注水口内面上，成为水口堵塞的原因。降低钢水中 $w(T[O])$ 和 $w[S]$ 之后进行钙处理，是用钙进行 Al_2O_3 系夹杂物改质的基本操作。

钢水钙处理时，如对钢中溶解钙和酸溶铝含量控制不当，即 Al_2O_3 夹杂物改性不充分，不但不能生成液态的 $12CaO \cdot 7Al_2O_3$，还有可能产生高熔点的固态钙、铝复合夹杂，不但起不到净化钢液和解决水口堵塞的作用，结瘤现象反而会比没有进行钙处理时更严重。加入

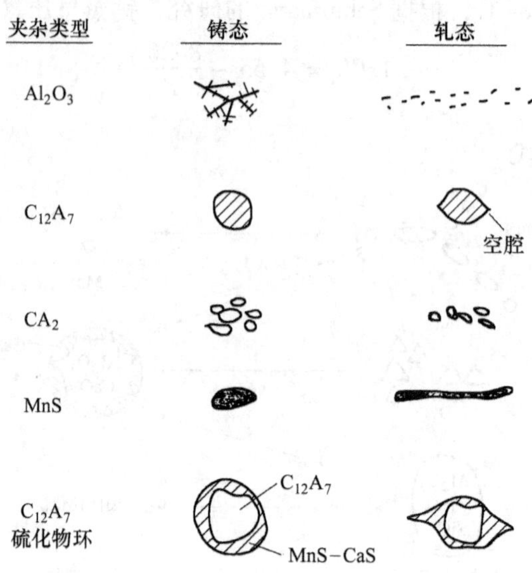

图 6-20 铝镇静钢夹杂物变性示意图

钙要有一合适范围，加入量太少，不足以将 Al_2O_3 转化为 $12CaO \cdot 7Al_2O_3$；过多又会生成 CaS，引起水口堵塞，且钢水中 $w[Ca]$ 高会发生水口侵蚀问题。因此，高铝型钢水钙处理时，控制适当的 $w[Ca]/w[Al]$ 值十分关键。钙处理铝镇静钢，判断钢水中 Al_2O_3 向球化转变（改质为铝酸钙）的指标，文献中有不同的说法：(1) $w[Ca]/w[Al] > 0.14$；(2) $w[Ca]/w(T[O]) = 0.7 \sim 1.2$（见图 6-21）。

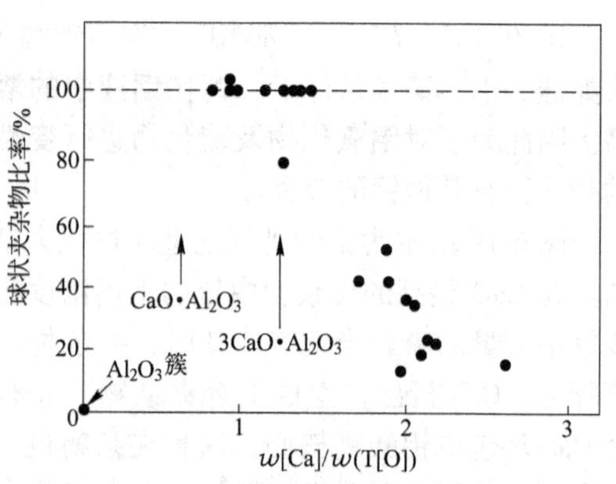

图 6-21 球状夹杂物比率和 $w[Ca]/w(T[O])$ 的关系

如前所述，为了把 Al_2O_3 系夹杂物改质为液相温度最低的 $C_{12}A_7$，必须把钢水中的 $w[Al]$ 及 $w[S]$ 降低到其与 $C_{12}A_7$ 平衡的值以下进行钙处理。特别是对于 [Al] 含量高的钢种和高碳钢（低温），把钙处理前的 [S] 含量降得低一些更有效果。对于高碳钢，除温度的影响之外，由于 [C] 使 [S] 的活度提高，必须使钙处理前的 $w[S]$ 降得更低。钢水中 $w[C] = 1\%$，硫的活度为其浓度的 1.3 倍，即钢水中硫的表观浓度成为原来的 1.3 倍。在 $w[Al] = 0.03\%$ 的低碳钢中，生成 $C_{12}A_7$ 的 $w[S]$（不生成 CaS 时的 $w[S]$）是 0.009%。但在 $w[C] = 1\%$ 的钢水中，由于温度和活度的影响，其值成为 0.003%。对于铝镇静钢，为提高钙处理转变 Al_2O_3 为 $12CaO \cdot 7Al_2O_3$ 的效率，应控制钢水中的硫含量小于 0.01%。若 $w[S] = 0.010\% \sim 0.015\%$，钙处理后有 CaS 生成；$w[S] = 0.030\% \sim 0.040\%$ 时，钙处理首先生成 CaS。CaS 会严重堵塞水口。

在钢水硫含量降低到一定程度时，通过钙处理可抑制钢水凝固过程中形成 MnS 的总量，并把钢水在凝固过程中产生的 MnS 转变成 MnS 与 CaS 或铝酸钙相结合的复合相。由于减少了硫化锰夹杂物的生成数量，并在残余硫化锰夹杂物基体中复合了细小的（10μm 左右）、不易变形的 CaS 或铝酸钙颗粒，使钢材在加工变形过程中原本容易形成长宽比很大的条带状 MnS 夹杂物变成长宽比较小且相对弥散分布的夹杂物，从而提高了钢材性能的均匀性。

在通常的轧制温度下，CaS 相的硬度约为钢材基体硬度的 2 倍，而且 CaS 相的硬度比 MnS 相的高，因而热轧时单一组分的 CaS 相保持球形，可改善钢材的横向冲击韧性；同时，当 CaS 或铝酸钙对变形 MnS 夹杂物"滚碾"或"碾断"时，细小的 CaS 或铝酸钙离散相可作为原条带状 MnS 夹杂物发生"断点"的诱发因素。此时，塑性好的 MnS 相既可以对可能出现的尖角形 CaS 或铝酸钙离散相（"脆断"后的形貌）起到表面润滑作用，减轻对钢材基体的划伤；又可以促使易聚集夹杂物（MnS）弥散分布。此外，钙在钢中还可改善钢的切削性能。

为了生产高抗拉强度的抗氢脆钢，必须合理控制钢中的硫含量与钙含量。图 6-22所示为 $w[Ca]/w[S]$ 与大直径管材发生氢脆率的关系，试验条件按 NACE 条件：试样在 pH = 3.7 的醋酸溶液中浸 96h。$w[Ca]/w[S]$ 保持大于 2.0，且硫含量小于 0.001% 时，就能防止 HIC（hydrogen induced cracking，氢致裂纹）的发生；而当硫含量为 0.004%，$w[Ca]/w[S]>2.5$ 时，也能发生 HIC；当 $w[Ca]/w[S]<2.0$ 时，由于 MnS 没有完全转变成 CaS，而是部分地被拉长，引起 HIC；当 $w[Ca]/w[S]$ 较高且硫含量也较高时，会有 Ca-O-S 原子团的群集，从而导致钢发生 HIC。由此可见，仅靠特别低的硫含量是不够的，仅靠控制 $w[Ca]/w[S]$ 值也是不够的，合适的方法是既保证低硫，如 $w[S]<0.0015\%$，又将 $w[Ca]/w[S]$ 控制在 2 以上，这样就可以充分保证钢不出现 HIC。

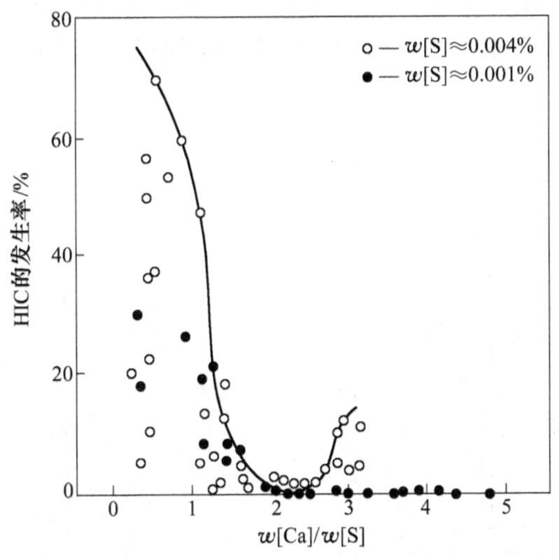

图 6-22　发生 HIC 率与 $w[Ca]/w[S]$ 的关系

为了防止含有 CaS 的夹杂物在钢锭底部沉淀聚集，应使 $w[Ca]\cdot w[S]^{0.28}\leqslant 1.0\times 10^{-3}$。

对大部分钢种来说，使用钙处理都会提高钢的性能，但是对轴承钢就不宜使用钙处理及其他喷粉处理手段。有研究结果证明，对轴承钢疲劳寿命的危害顺序，由大到小排列为 mCaO · $n$$Al_2O_3$（点状夹杂）、$Al_2O_3$、TiN、(Ca,Mn)S。可见，如果将钢中 Al_2O_3 夹杂物变

成 $mCaO \cdot nAl_2O_3$ 夹杂物，其结果将与处理的出发点背道而驰。

在喷射冶金中，最常用于处理钢液的材料是 Ca-Si 合金，它的含钙量约 30%。此外，CaO-CaF_2-Al、预熔的铝酸钙熔剂、Mg-CaO、CaC_2，以及上述各种材料的混合物也用于不同要求和不同条件的钢水处理。

稀土元素和钙都是经常加以利用的脱硫剂和变质剂，但是，理论和实践研究均表明，单用稀土处理钢不仅成本高，而且因为实际生产中的水口结瘤以及大量残留夹杂物恶化钢液等原因使得处理效果很不稳定；单用钙处理又不能使钢的硫化物形态得到完全的控制。

为了各取其所长，并克服它们独自处理钢时的缺陷，吕彦、杨吉春等人在实验室条件下，研究了 Ca-RE 复合处理钢液时对钢中硫化物的影响。研究表明，采用 Ca-RE 复合处理钢，可以有效脱硫，减少钢中的硫化物夹杂的数量，控制和改变夹杂物形态，钢中形成细小、分散、轧制时不变形的纺锤形稀土夹杂物，消除钢中原有的条状硫化锰夹杂所造成的危害作用。

任务 6.5　其他精炼方法

6.5.1　有搅拌功能的真空钢包脱气法

作为强化搅拌的方法，曼内斯曼公司 1958 年开发了用喷枪吹氩搅拌的方法；美国 A. Finkle & Sons 公司开发了用塞棒型吹氩管吹氩的方法（Finkle 法，如图 6-23(a)所示）。其后这项技术进一步发展为采用耐火材料喷枪，以氩气为载气喷粉的喷吹技术，通过向设置在真空条件下的钢包内喷粉，进行脱气和夹杂物的形态控制。这一方法称为 V-KIP 法（见图 6-23(b)）。

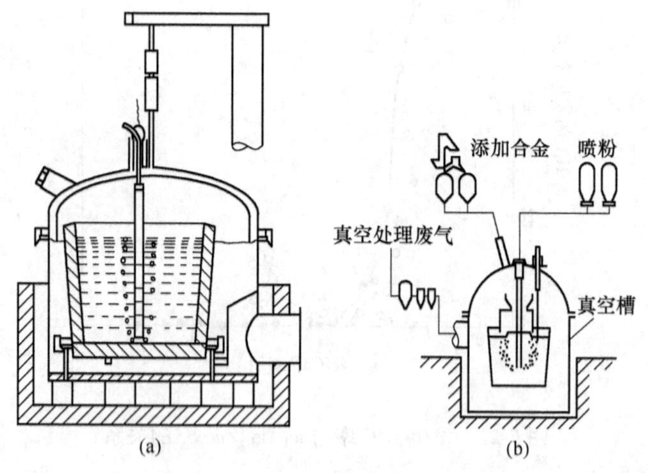

图 6-23　插入式搅拌真空脱气法

（a）顶吹氩气搅拌钢包脱气法（Finkle，1958 年）；（b）V-KIP 法示意图（1981 年）

另一种吹氩搅拌法是通过设置在钢包底部的透气砖吹氩，1950 年在加拿大开发，称为

Gazal 法（钢包吹氩法）。该方法可作为小容量钢包用简便的脱气法。

使用透气砖的氩气搅拌法，是钢包内钢水最简便的搅拌手段，后来实用化的 VOD 法、VAD 法、LF 法、CAS 法等，几乎所有的钢包精炼法都装备了它。

6.5.2 铝弹投射法

日本住友金属工业公司 1972 年开发的铝弹投射法（ABS 法，aluminium bullets shooting method），使用弹状物来代替线状物，将铝弹以一定速度打入到钢水深处，使铝在钢水中熔化。该方法也适用于钙的加入。用该方法加入钙，包括前后的钢水处理称做 SCAT 法（sumitomo calcium treatment），如图 6-24 所示，于 1975 年投入使用。

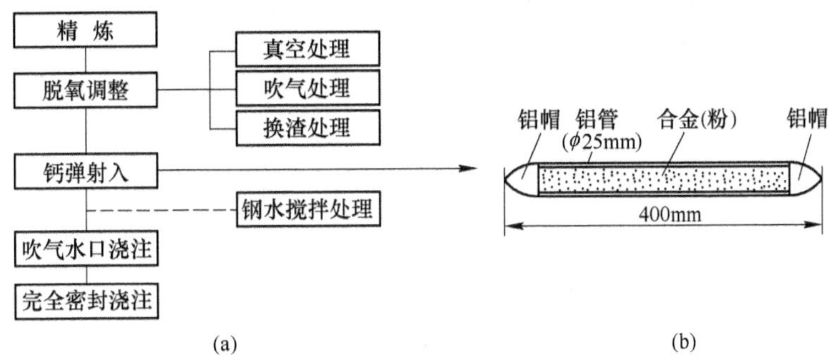

图 6-24 SCAT 法流程图（a）及合金弹概观（b）

6.5.3 NK-AP 法

NK-AP（NKK arc-refining process）于 1981 年在日本 NKK 福山制铁所开发，使用插入式喷枪代替透气砖，可以进行气体搅拌和精炼粉剂的喷吹。AP（Arc process）工艺是指在钢包中用电弧加热提高钢水温度的同时进行炉渣精炼和喷粉的工艺，常与 RH 工艺相配合，既保证了连铸对钢水成分和温度的要求，也可达到生产清洁钢的要求。图 6-25 所示是 NK-AP 精炼法示意图。

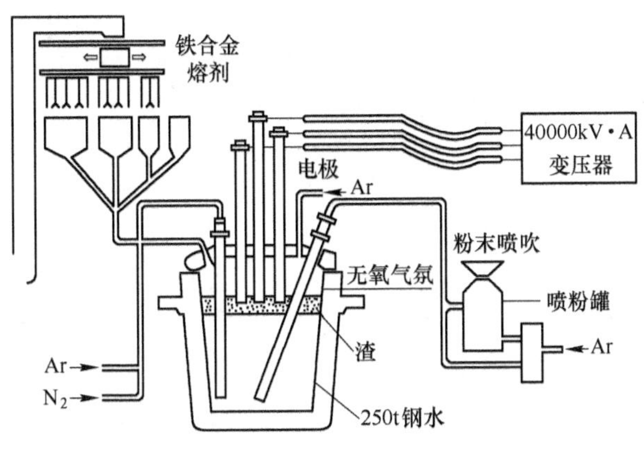

图 6-25 NK-AP 精炼法示意图

思考题

(1) 何谓喷射冶金？简述其作用。
(2) TN、SL 法各有何优点？
(3) 简述钢包喷粉的冶金效果。
(4) 简述喂线工艺操作要点及冶金效果。
(5) 稀土处理有何作用，存在哪些缺点？
(6) 为什么要对钢液进行钙处理？

学习情境 7

炉外精炼与炼钢、连铸的合理匹配

学习任务：

（1）理解炉外精炼的技术的选择依据；

（2）理解炉外精炼与炼钢、连铸合理匹配的原则和必要性。

任务 7.1　炉外精炼技术的选择依据

目前世界上炉外精炼技术发展很快，从炉外精炼设备的发展情况来看，具有加热功能、投资较少的 LF 发展最快，RH 循环脱气装置精炼的钢水质量最具保证。

选择精炼工艺，应考虑产量（及炉子容量）、钢的质量、钢种的特性以及采用炉外精炼的经济效果，其中尤以适应钢的质量要求为首要目的。有的炼钢车间为适应成产多种钢的需要，甚至设有两种以上的炉外精炼设备。

（1）几乎任何一种精炼工艺均有钢水的搅拌以促进渣钢反应，均匀化学成分，均匀钢水温度以及加速添加料的熔化与均匀化，所以搅拌已成为精炼过程的必备手段。最常用的是真空或非真空下的钢水吹氩搅拌处理，这也是钢水连铸之前必不可少的准备处理。不论是普碳钢种的连铸还是特殊钢种连铸，也不论钢水量的多少，均应进行钢包吹氩。

（2）真空精炼（或称钢水真空处理）对脱除气体最为有利，尤其对脱氢甚为有效。真空处理可以使大部分特殊钢脱氢、脱氧、脱除部分氮和降低夹杂，并且可以在真空下脱碳生产超低碳钢种。真空处理（包括 DH、RH、VD）中 DH、RH 占有优势。DH 设备较复杂，而且是间断性的，20 世纪 80 年代以来采用者减少。而 RH 设备发展迅速，目前 RH 基本取代 DH 设备。在日本，工厂多采用 RH 处理。无论电弧炉或转炉钢水大多采用初炼炉（EAF 或 BOF）→LF→RH→连铸流程。

表 7-1 为 RH 与 VD 两种真空装置的比较。在精炼效果上 RH 优先于 VD，尤其 RH 更适合于超低碳钢的精炼。由于现代 RH 装置的真空室高度达 10m 以上（比 RH 发展初期的真空室高度增加了），能适应精炼低碳钢时钢水的剧烈喷溅，故国内外许多生产硅钢、工业纯铁、深冲钢、镀层板等低碳或超低碳钢种的转炉厂大多采用 RH 法。对于中高碳钢（如重轨钢、钢帘线、钢绞线、胎圈丝等）、弹簧钢、合金钢及其他一般特殊钢来说，采用 VD 处理均可满足要求，但须保证要求的真空条件，且与吹氩搅拌（控制吹氩流量以供适当的搅拌强度）相配合可得到良好的效果。在达到钢水质量要求条件下、VD 法设备与操作及维修均较简单、容易，而且也不需要特种高质量耐火材料，故基本投资和日常操作费

用均低于 RH 设备。

表 7-1 RH 与 VD 功能设备比较

比较项目		RH	VD	比较项目	RH	VD
精炼功能	脱　氢	效果很好	效果较好	适应容量级		不限
	脱　氧	效果很好	效果很好	设　备	复杂、质量大	简单、质量小
	脱　氮	效果较好	效果较好	厂房条件	高大厂房	一般厂房
	真空碳脱氧	效果很好	效果较好	特种材料	特种耐火材料与高质量电极	无特殊要求
	脱　硫		效果较好	操作与维修	复杂、繁重	简单
	去夹杂	效果较好	效果较好	生产成本	高	低
	超低碳	效果很好	效果较好	作业率	低	高
	精调成分	效果很好	效果较好	投　资	大	小
温度损失		有电加热时较少	较　大			

（3）真空吹氧脱碳，由日本发展的钢水循环真空处理过程吹氧脱碳 RH-OB 是真空下吹氧脱碳法的一种；此外还有 RH-PB 法，是在循环脱气过程中吹入粉剂，两者都是 RH 发展多功能的成功技术。前者的脱碳功能使之更适于冶炼超低碳钢种。

（4）VOD 与 AOD 则是针对熔炼不锈钢发展起来的炉外精炼技术，前者又可与 VAD 设备联合，组成 VOD-VAD 两用装置，共用一套真空抽气系统和真空室（真空罐、坑），使总体设备简化，既可减少厂房面积，又可适应不同钢种的工艺需要。我国特殊钢厂引进和自行设计制作的设备多是这种联合形式的。

这两种精炼技术，使不锈钢熔炼工艺为之改观，以 EAF 为初炼炉以 VOD 或 AOD 炉外精炼，使熔炼超低碳型不锈钢更易成功。不仅提高 Cr 的回收率，且节约低碳、微碳合金，降低炼钢成本，成为熔炼超低碳型不锈钢工艺的必用设备。

（5）具有电弧加热功能的精炼设备（精炼炉）。常用的有三种：ASEA-SKF 钢包炉、LF 钢包炉、VAD 真空加热脱气装置。由于具有加热调温作用，一则可以减轻初炼炉出钢后钢水提温的负担，使初炼炉发挥高生产率的特点（高功率、超高功率电炉的快速熔化与氧化精炼，转炉缩短吹炼时间），两者使连铸可获得适当的浇注温度，使熔炼与浇注之间得到缓冲调节作用，提高连铸机生产率与钢水收得率。

三种加热精炼方法的比较见表 7-2。在有真空精炼的 LF（LFV）情况下，三种方法的精炼效果基本上相近，而 LF 的设备与操作则简单得多，其投资几乎为其余两种的一半。在各种加热精炼法中占绝对优势，目前各国建 LF 的趋势不断上升。

表 7-2 具有电弧加热精炼设备的工艺比较

项　目			VAD	LF(LFV)	ASEA-SKF
机理	加热	气　氛	减压下加热(20～40kPa)	惰性气氛下(Ar + CO)	大气下($N_2 + O_2$)
		形　态	裸　弧	埋　弧	裸　弧
	搅　拌		底吹氩,强	底吹氩,强	电磁感应,弱
	精炼作用		真空精炼	高碱度渣精炼(真空精炼)	造白渣精炼后真空精炼

续表 7-2

项　目		VAD	LF(LFV)	ASEA-SKF
效果	脱　氧	真空作用良好	真空作用良好	真空作用良好
	脱　硫	可　以	良　好	可　以
	脱　氢	良　好	不可以(良好)	可　以
	成分微调	良　好	可以(良好)	可　以
	升温速度/$℃ \cdot min^{-1}$	3～4	3～4	2～4
设备及维护		复　杂	简　单	复　杂
操　作		复　杂	简　单	造渣复杂
投资/%		100	约 50	100

我国建设 LF（LFV）始于 20 世纪 80 年代初，至 2000 年底已有容量 40～300t 的 LF 100 多台，成为高功率（或普通功率）EAF 与连铸间匹配的主要精炼设备。转炉-LF（LFV）的生产流程特点：它可以完成调（升）温、调整成分（如增碳、合金化）、脱硫及协调熔炼与连铸工序的衔接，等等，使长于冶炼普通等级低碳钢的转炉转化为可以生产优质钢类，亦即提高了钢质量，对增加转炉冶炼钢种起了促进作用；另外，它还可以降低转炉出钢温度，延长转炉炉衬寿命。因此，目前几乎所有的钢厂都配有 LF。

（6）炉外精炼时调整钢水温度（即补偿热损失）的技术。钢水精炼过程中散热量较多，为了适应后期浇注的需要，补偿热损失十分重要，上述几种带电弧的设备是电加热方法的一种，此外还有直流电弧加热与等离子弧加热方法。钢包中用化学加热方法具有设备简便和热效率高的优点，而且升温较快。CAS-OB 是化学法加热成功的技术，升温速度可达 5～10℃/min，还有与其原理基本相同的 ANS-OB、IR-UT 方法。比较几种钢水的再加热方法，化学热法的优势是显著的。

CAS-OB 法的发展比较受到重视，实用效果也很好。CAS-OB 特别适用于转炉炼钢车间，与转炉和连铸配合生产低碳钢种是适当的。理论计算每吨钢加入 1kg 铝完全反应后可使钢水升温 35℃，1kg 硅可升温 33℃，但实际使用硅的效果较差。某厂曾在 180t 钢包中以 $11m^3/(h \cdot t)$ 的流量吹氧并用铝与 75% 硅铁升温，升温 30℃耗氧分别为 $0.78m^3/t$ 和 $1.28m^3/t$，耗铝、硅分别为 1.05kg/t、1.21kg/t，升温速率分别为 7℃/min、4.3℃/min。因此，多数情况下是用 Al 升温操作。用铝热法升温，可以挽救低温钢水。对此我国已有一些经验，并继续在作系统的研究。

任务 7.2　炉外精炼与炼钢、连铸合理匹配

7.2.1　合理匹配的必要性

现代化炼钢厂的工艺流程，从经济和产品质量要求等条件出发，一般应包括多个独立的工艺环节，它们各有自己要完成的任务和目标。以氧气转炉为例，一般其主要工艺流程为：（高炉铁水）→铁水预处理→转炉吹炼→炉外精炼→连铸。

铁水预处理和钢水炉外精炼都是近年来发展起来的经济、有效生产高质量钢的手段，

为各钢厂广泛采用。上述步骤一环连一环，必须匹配好，任何一个环节出现延误、脱节或没达到下一步骤的技术要求，都将影响整个工厂的生产。因此，要想获得高的生产速率、好的产品质量和经济效益，首先必须把相关的硬件匹配好，使工艺设备匹配合理、高效、物流顺畅。具体要求如下：

（1）在功能上相互适应，相互补充，能满足产品的质量要求，且经济、实用、可靠。

（2）在空间位置上要紧凑，尽量缩短两个环节间衔接的操作时间，且不和其他操作干扰。

（3）各环节的设备容量、生产能力要相当；要适当考虑各环节既能发挥潜在能力，也能相互适应。

（4）在操作周期上要能合理匹配，既不会经常相互等待，又有一些缓冲调节的余地，以方便生产组织和调度。

现代化大规模的炼钢厂炉容量大，生产节奏快，操作技术和设备设施复杂，使用工艺环节之间的配合相当困难。因此，在可能的情况下应尽量简化操作，在满足产品质量要求的前提下减少生产环节，也尽量减少生产过程中工艺环节之间的“硬连接”式的配合，而采用有缓冲的工艺流程。例如，由于铁水预处理工艺处在炼铁和炼钢工序之间，有条件时可单独设置在铁水运往炼钢车间的路上。当采用操作复杂、处理周期长的铁水全处理工艺时，最好单独设置处理车间。铁水只需按炼钢车间要求的成分、温度、数量源源不断供应即可。这将使炼钢车间的生产组织简单，调度灵活方便。

大多数钢铁厂把炼钢、精炼、连铸等主要生产环节放置在相连几个跨间的主厂房内。按照产品方案中钢种的质量要求及原料、工艺等具体条件和特点，选择相应的配套设备。有足够的铁水、产品中有大量超低碳类纯净钢种的钢厂，一般选择氧气转炉并配合 RH 类真空精炼设备，但投资较大。如果没有铁水而只有较便宜的废钢，则一般选择电炉炼钢这种投资较小、生产规模也比较灵活的工艺。当产品为板材时，选择板坯连铸机；生产棒线材，则一般选用方坯连铸机，并且要根据成品的质量要求和轧机配备等条件来选择适当的机型和断面尺寸。连铸机的小时产量要和冶炼炉的产量相匹配，这样才有条件做到较长时间连续浇注。

生产超低硫类钢种时，一般除要配备铁水脱硫装备外，还需配备钢水喷粉冶金类的精炼设备以进一步脱除钢水中的硫。当然，采用 LF 或喂丝也能进行钢水脱硫。实际生产中，一种质量要求常会有多种设备和手段能够达到目的，但其操作成本或能达到的深度不同，操作的难易、周期的长短不等，所以还要根据各厂的实际情况综合考虑，做出多方案对比，才能最后选定一种比较合适的。实际生产中，一个炼钢厂常要根据市场的要求生产很多质量高低不等、特点不同的钢种，因此一个炼钢车间也常会配备多种不同的精炼设备。这些设备的功能也有部分是重叠的，以保证能用最经济的工艺路线生产出合乎客户要求的产品。

7.2.2　匹配的原则

现在有一些电炉和转炉炼钢厂采用了一对一的单通道设备配置模式，即 1 座冶炼炉 + 1 套精炼设备 + 1 台连铸机，用此种模式专业化生产一种类型的产品。这种配置较易做到前后工序设备容量相同，生产能力一致；在空间布置上紧凑，物流顺行不干扰；在操作周期上通过合理分担各工序的任务和目标及适当地选择有关设备的参数，做到时间相近或一致。在一对一的情况下，钢水的精炼周期和一炉钢水的浇注周期一般都应该略短于冶炼炉的生产周期，才有可能长时间地连续生产。采用这种模式，车间的生产容易组织协调，设备能达到最高的生产速率、最高的作业率，能得到好的技术经济指标及效益。这种设备匹配的车间，单位生产能力的投资同比也最省。

7.2.2.1 冶炼炉和精炼设备匹配原则

对于电炉冶炼来说，由于电炉冶炼周期和出钢温度都较容易控制，且冶炼周期较长（即使超高功率电炉的冶炼周期一般也只需要50~60min左右），各种精炼设备的冶炼周期都较容易与其匹配。即使如VOD、AOD类冶炼周期较长的设备，也可以用降低电炉出钢时钢水中的含碳量等办法来分担各设备间承担的任务，从而缩短精炼操作周期，使电炉和精炼设备的周期相匹配。

电炉选用的精炼设备，一类是VD、VOD等有真空功能的精炼设备，主要是为了补充电炉脱碳能力的不足和去除钢水中的有害气体，提高钢水质量。另一类是LF炉、喷粉、喂线、吹氩等的精炼设备，主要是为了缩短电炉的冶炼周期，用更经济的手段达到产品的质量要求。

对于氧气转炉来说，由于转炉冶炼周期一般只有30~40min，故多采用操作周期较短、具有吹氩搅拌和保护下的合金微调、喂线、喷粉等功能的设备，如CAS-OB、IR-UT、SL等精炼设备。当精炼设备的操作周期大于转炉的冶炼周期时，就较难匹配。为避免转炉降低作业率影响车间的产量，就得想方设法压缩精炼炉的操作周期。以真空精炼的RH为例，多采用把配套的真空泵的抽气能力加大；扩大吸嘴断面，增加浸渍管的吹氩强度，以增大单位时间中钢水的循环量来缩短处理钢水的时间；同时也尽量缩短其他辅助作业时间，如加合金的操作时间、换钢水罐时间等，以求RH的操作时间能和转炉的冶炼周期相匹配。

由于转炉冶炼的能源主要是靠本身的化学热和物理热来完成的，没有其他热源，所以冶炼时间和钢水的终点温度较难人为控制，生产操作缺乏“柔性”。在日常生产中，即使充分发挥了操作人员的技能和计算机控制系统的作用，也常会出现钢水的温度、冶炼周期和连铸的要求不匹配的情况。因此，氧气转炉车间在精炼装置的配备上，还要求能在生产环节之间增加一些有缓冲功能、使生产流程中多一些柔性的设备，如配备具有吹氧升温或电加热调温功能的精炼装置。

7.2.2.2 冶炼炉和连铸机的匹配原则

连铸机的机型，连铸坯的尺寸、断面等参数，主要由产品品种、质量和轧机等条件所决定。冶炼炉、精炼装置和连铸机的合理匹配，指的是在已定的条件下所提供的钢水，除达到最终产品的化学成分要求外，最重要的是能按要求的时间、温度和数量及时地送到连铸机上。

实际上，冶炼与连铸之间的配合调度是一个很复杂的问题，有多种不同的情况，如冶炼周期大于或小于连铸机的浇注周期、冶炼设备和连铸机之间有无缓冲装置、冶炼装置和连铸机所配置的数量不同。这些使配合调度多种多样，在进行总体设计时要通过做调度图表考虑各种情况合理安排，尽量减少等钢液或钢液等连铸机的时间。设计时要尽可能做到：

（1）连铸机的浇注时间与冶炼、精炼的冶炼周期保持同步；

（2）连铸机的准备时间应小于冶炼、精炼的冶炼周期；

（3）当冶炼周期和浇注周期配合有困难时要考虑增加钢包炉（LF）来调节。

对于大容量的氧气转炉炼钢车间来说，同一套设备由于冶炼的钢种不同或产品的质量要求不同以及铸坯断面尺寸、拉速的改变，浇注周期会有很大的差别。冶炼和连铸之间的时间匹配要困难得多，再加上从经济效益、节约生产成本方面的考虑，一座生产的大转炉常配备两套以上不同功能、不同作用的精炼设备及相应的多台连铸机。生产中，当某些品种的精炼周期和浇注周期过长时，就采用相对于炼钢炉双周期的操作制度。这样虽然建设投资增加了，但对于车间的长期生产来说提高了车间大多数设备的作业率，降低了某些品种的生产成本，总的来说还是合理的、经济的。

由于实际生产中的配合调度因条件千变万化而花样繁多，无法一一列举，这里选两个典型的情况对一般的配合调度加以介绍。

图 7-1 和图 7-2 所示是两个典型的炼钢、精炼、连铸车间的配合调度图表。图中“MRP-L”表示 MRP-L 型精炼炉，通过顶枪喷吹氧气和底部喷吹惰性气体，对钢液进行精炼。

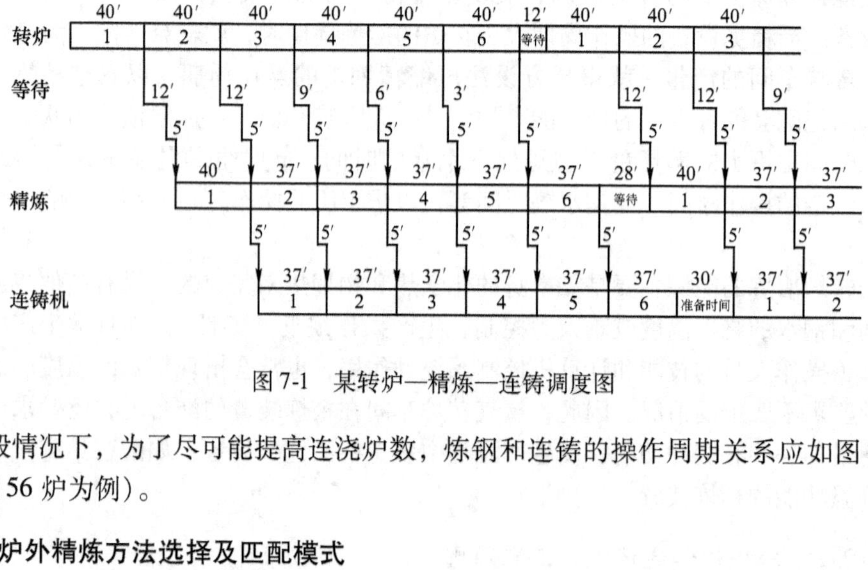

图 7-1　某转炉—精炼—连铸调度图

一般情况下，为了尽可能提高连浇炉数，炼钢和连铸的操作周期关系应如图 7-3 所示（以连浇 56 炉为例）。

7.2.3　炉外精炼方法选择及匹配模式

7.2.3.1　炉外精炼方法的选择

合理选择炉外处理方法，首先必须立足于市场和产品对质量的不同要求，这是选择炉外处理方法的基本出发点。例如，对重轨钢必须选择具有脱氢功能的真空脱气法；对于一般结构用钢只需采用以吹氩为核心的综合精炼方法；对不锈钢一般应选择 AOD 精炼法；对参与国际市场竞争的汽车用深冲薄板钢和超纯钢，则必须对从铁水“三脱”到 RH 真空综合精炼直至中间包冶金的各个炉外精炼环节进行综合优化才行。

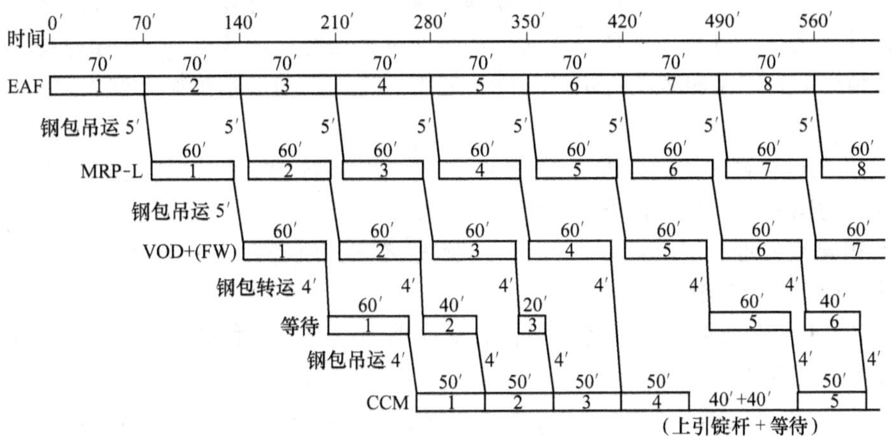

图 7-2　某电炉—MRP-L—VOD—连铸调度图

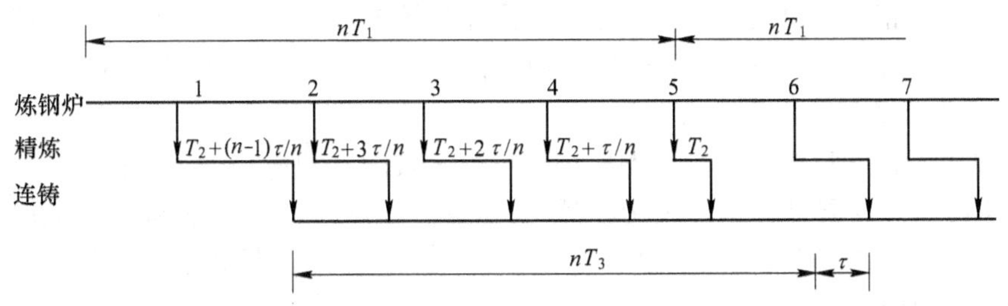

图 7-3　理论上炼钢和连铸操作周期的关系

T_1—炼钢炉的冶炼周期，min；T_2—精炼炉的正常操作周期，min；T_3—连铸机浇铸一炉钢水所需的时间，min；τ—上引锭杆所需的时间，min；n—连浇炉数（$n=5$）

其次，还必须考虑工艺特性的要求和生产规模、衔接匹配等系统优化的综合要求。大型板坯连铸机的生产工艺要求钢水硫含量低于 0.015% 的水平，就必须考虑铁水脱硫的措施。至于像日本大分、水岛那样的大型钢厂，为了提高产品质量档次，同时又提高精炼设备作业率，追求从技术经济指标的全面改善中获得整体效益，从而采用了全量铁水预处理、全量钢水真空处理的模式。

不难理解，不稳定的高炉操作将给铁水预处理造成很大的困难；不规范的炼钢炉冶炼工艺，将使钢水精炼装置成为炼钢炉的“事故处理站”，使炉外精炼的效率大大降低，甚至不能正常发挥炉外精炼技术的功效；提高炼钢炉吨位是冶炼工艺和装置优化的重要标志之一已有共识。

现代冶金生产应从整体优化着眼，对冶炼、精炼、连铸、轧制各工序，按照各自的优势进行调整、组合，从而形成专业分工更加合理，匹配更加科学，经济效益更加明显的整体优势。炉外精炼技术的应用，必须认真分析市场对产品质量的要求，做到炉外精炼功能对口，工艺方法和生产规模的匹配经济合理，还要注意主体设备与辅助设备配套齐全，才能使工艺稳定，并得到良好的经济效益。

世界上主要工业国家的钢铁企业整体优化水平提高很快，有的转炉炼钢厂已实现了 4

个百分之百，即百分之百地进行铁水预处理，百分之百地实行转炉顶底复合吹炼和无渣少渣出钢，百分之百地进行炉外精炼和百分之百地进行连铸。一些电炉钢厂也实现了百分之百地炉外精炼。各国经验表明，炉外精炼应向组合化、多功能精炼站方向发展，并已形成一些较为常用的组合与多功能模式：

（1）以钢包吹氩为核心，加上与喂丝、喷粉、化学加热、合金成分微调等一种或多种技术相复合的精炼站，用于转炉—连铸生产衔接。

（2）以真空处理装置为核心，与上述技术中之一种或多种技术复合的精炼站，也主要用于转炉—连铸生产衔接。

（3）以 LF 炉为核心并与上述技术及真空处理等一种或几种技术相复合的精炼，主要用于电弧炉—连铸生产衔接。

（4）以 AOD 为主体，包括 VOD、转炉顶底复吹生产不锈钢和超低碳钢的精炼技术。

炉外精炼技术的选择，根据产品类型、质量、工艺和市场的要求，也初步地形成了一定的模式：

（1）生产板带类钢材的大型联合企业，采用传统的高炉—转炉流程，生产能力大，追求高生产效率和低成本。一般配有两种类型的精炼站，即以 CAS-OB 吹氢精炼和 RH/KTB/PB 真空处理为主的复合精炼。

（2）以生产棒线材为主的中小型转炉钢厂，一般配有钢包吹氩、喂丝、合金成分微调的综合精炼站。从发展上看也宜采用在线 CAS（或 CAS-OB）作为基本的精炼设备，以实现 100% 钢水精炼。同时可离线建设一台 LF，用于生产少量超低硫钢、低氧钢和合金钢或处理车间低温返回钢水。

（3）电炉钢厂选择精炼方式有以下几种：

1）生产不锈钢板、带、棒线的钢厂，一般采用 AOD 精炼方式，有的附有 LF 或 VOD/VAD。

2）非不锈钢类的合金钢厂，则配以 LFV 为核心的多功能复合精炼装置。

3）普碳钢和低合金钢生产厂，则配以 LF 为核心的多功能复合精炼装置。

在选配炉外精炼方式的同时，对影响精炼和凝固过程的因素必须考虑，如原材料的波动性（如用低质废钢、铁合金以及熔态还原法获得的原料和合金等），以及工艺上的灵活性和连续性等。此外，为了获得最佳精炼效果和过程的动态控制，杂质元素精确在线测定和最终快速测定无疑是绝对必要的。炉外精炼技术将在生产实践中不断地创新、发展。

炉外精炼技术本身就是一项系统工程。必须认真分析市场对产品质量的要求，明确基本工艺路线，做到炉外精炼功能对口，在工艺方法、生产规模以及工序间的衔接、匹配经济合理。此外，还必须注意相关技术和原料的配套要求，主体设备与辅助设备配套齐全，保证功能与装备水平符合要求等问题。

7.2.3.2　不同类型钢厂炉外精炼的匹配模式

合理的炉外精炼匹配模式取决于钢铁厂的生产规模、产品结构和历史发展过程，很难用几种具体模式概括。下面根据钢厂的生产规模分以下 3 种类型，并结合钢种讨论各种流程最典型的炉外精炼匹配模式。

A 大型钢铁联合企业

通常生产规模大于200万吨/a的炼钢厂，产量效益和质量效益并重。其生产特点是：

（1）生产能力大，追求高生产效率和低生产成本；

（2）以生产高附加值产品（钢板）为主，具备很强的深加工能力，产品的市场竞争能力强；

（3）采用传统的高炉—转炉流程。

具备上述特点的企业，炉外精炼工艺主要为CAS-OB法和RH/KTB/PB法。

B 特殊钢厂

特殊钢厂一般是指专门生产合金钢、低合金高强度钢、优质碳素钢和不锈钢的钢铁企业，生产规模一般为60～100万吨/年。特殊钢一般用电炉流程生产，近几年也有不少中、小型转炉钢厂生产特殊钢。特殊钢厂是典型的品种效益型生产企业。其生产特点如下：

（1）生产品种多、规格多、批量小，生产计划与销售市场密切结合；

（2）产品质量要求严格，生产工艺比较复杂；

（3）部分钢种的产品性能和加工性能有显著的特点，需要特殊处理。

具备上述特点的企业，炉外精炼工艺主要为LF-VD（RH）。对于生产不锈钢，主要为VOD或AOD。

C 短流程钢铁厂

短流程钢铁厂，国外一般是指电炉小型钢厂。

短流程钢铁厂的生产规模一般在100～200万吨/年，主要生产品种包括建筑用钢、低合金高强度钢、低碳钢板等，是典型的规模效益型企业。短流程钢厂的基本特点是：

（1）工艺紧凑，生产节奏快，效率高，产量大；

（2）品种较单一，批量大，生产连续性强；

（3）生产钢种的性能和成分要求比较低，容易生产。

短流程钢厂炉外精炼工艺主要为CAS-OB(配转炉)、LF(配电炉)。

思考题

（1）比较说明常用的真空处理装置和具有电弧加热功能的精炼设备的特点。

（2）炉外精炼常用的组合化、多功能精炼站模式有哪些？

（3）如何根据产品类型、质量、工艺和市场的要求选择炉外精炼方法？

（4）不同类型的钢厂，炉外精炼的匹配模式如何？

学习情境8

炉外精炼技术的应用

学习任务：

(1) 理解纯净钢的生产技术；

(2) 理解几种典型钢种的炉外精炼。

任务8.1 纯净钢生产

随着科学技术和经济的发展，用户对钢材质量的要求越来越严格。为了改善钢材的质量，必须提高钢水的纯净度。当前世界钢铁市场竞争激烈，国外一些钢铁厂为了占据钢铁市场，纷纷采取技术措施，生产高附加值的产品，例如优质深冲钢、超低硫钢等。进入20世纪90年代，纯净钢的生产技术是世界炼钢界的一个热点。国内外一些钢铁厂都在积极开发、应用纯净钢的生产技术，并取得了明显的经济效益。

我国已是世界第一产钢大国，但我国大多数钢铁厂尚未掌握纯净钢的生产技术，每年都要从国外进口大量高级钢材。因此，开发、应用纯净钢的生产技术势在必行，这对于我国由钢铁大国转变成钢铁强国，具有十分重要的意义。

8.1.1 纯净钢的概念

关于纯净钢（purity steel）或洁净钢（clean steel）的概念，目前国内外尚无统一的定义。一般都认为洁净钢是指对钢中非金属夹杂物（主要是氧化物、硫化物）进行严格控制的钢种，这主要包括钢中总氧含量低，硫含量低，非金属夹杂物数量少、尺寸小、分布均匀、脆性夹杂物少，以及合适的夹杂物形状，钢材内部已存在的杂质和夹杂物的含量不影响钢材的最终使用性能。洁净钢不追求纯洁无夹杂，其“洁净度”又称为“经济洁净度”，这是钢材按使用和考虑生产成本提出的综合要求，考虑到钢材的高级化发展，高洁净可能引起服役性能的提高。

纯净钢是指除对钢中非金属夹杂物进行严格控制以外，钢中其他杂质元素含量也少的钢种。钢中的杂质元素一般是指C、S、P、N、H、O。1962年，Kiessling把钢中微量元素（Pb、As、Sb、Bi、Cu、Sn）包括在杂质元素之列，这主要是因为炼钢过程中上述微量元素难以去除，随着废钢的不断返回利用，这些微量元素在钢中不断富集，因而其有害作用日益突出。

目前国内外大规模生产的IF洁净钢中C、S、P、N、H、T[O]质量分数之和不大于

0.01%。不少冶金学家将超洁净钢界定为C、S、P、N、H、T[O]质量分数之和不大于0.004%。也有学者提出了夹杂物“临界尺寸”的概念，根据断裂韧性 K_{IC} 的要求，夹杂物“临界尺寸”为5~8μm。当夹杂物小于5μm时，钢材在负荷条件下，不再发生裂纹扩展，可将此界定为超洁净钢标准之一。

理论研究和生产实践都证明钢材的纯净度越高，其性能越好，使用寿命也越长。钢中杂质含量降低到一定水平，钢材的性能将发生质变。如钢中碳含量从0.004%降低到0.002%，深冲钢的伸长率可增加7%。提高钢的纯净度还可以赋予钢新的性能（如提高耐磨腐蚀性等），因此纯净钢已成为生产各种用于苛刻条件下高附加值产品的基础，其生产具有巨大的社会经济效益。

需要指出的是，对不同的钢种，其中的杂质元素的种类是不同的。如硫在一般钢中都视为杂质元素，但在易切削钢中硫为有益元素；IF钢中氮是杂质元素，但在不锈钢中氮可以代替一部分镍和其他贵重合金元素，其固溶强化和弥散强化作用可提高钢的强度。可见，杂质元素的界定取决于人们对钢中溶质元素所起作用的认识，以及不同钢种在不同用途中所希望的是利用其作用还是避免其作用。

目前典型的纯净钢对钢中杂质元素和非金属夹杂物的要求见表8-1。由表8-1可见，不同钢种对清洁度的要求是不一样的，这主要因钢的使用条件和级别而异。

表8-1　典型纯净钢对清洁度的要求

钢材类型	成品名称	钢　种	规格/mm	产品材质特性要求	清洁度要求
薄板	DI罐钢	低碳铝镇静钢	厚0.2~0.3	飞边裂纹	$w(\mathrm{T[O]})<0.002\%$，$D<20\mu m$
	深冲钢	超低碳铝镇静钢	厚0.2~0.6	超深冲，非时效性表面线状缺陷	$w[\mathrm{C}]<0.002\%$，$w[\mathrm{N}]<0.002\%$，$w(\mathrm{T[O]})<0.002\%$，$D<20\mu m$
	荫罩钢	低碳铝镇静钢	厚0.1~0.2	防止图像侵蚀	$D<5\mu m$，低硫化
	导架结构钢	13%Cr	厚0.15~0.25	打眼加工时的裂纹	$D<100\mu m$
		42Ni			$D<5\mu m$，$w[\mathrm{N}]<0.005\%$
中厚板	耐酸性介质腐蚀管线钢	X52~X70级低合金钢	厚10~40	抗氢致裂纹	夹杂物形态控制，低硫化，$w[\mathrm{S}]<0.001\%$
	低温用钢	9%Ni钢	厚10~40	抗低温脆化	$w[\mathrm{P}]<0.003\%$，$w[\mathrm{S}]<0.001\%$
	抗层状撕裂钢	高强度结构钢	厚10~40	抗层向撕裂	低磷化、低硫化
无缝管	座圈材	轴承钢	ϕ50~300	高转动疲劳寿命	$w(\mathrm{T[O]})<0.001\%$，$w[\mathrm{Ti}]<0.002\%$
	净化管	不锈钢	ϕ10	电解浸蚀时表面光洁度	$w(\mathrm{T[O]})<0.002\%$，$w[\mathrm{N}]<0.005\%$，$D<5\mu m$
棒材	轴　承	轴承钢	ϕ30~65	高转动疲劳寿命	$w(\mathrm{T[O]})<0.001\%$，$w[\mathrm{Ti}]<0.0015\%$，$D<15\mu m$
	渗碳钢	SCM432、420		疲劳特性、加工性	$w(\mathrm{T[O]})<0.0015\%$，$w[\mathrm{P}]<0.005\%$
线材	轮胎子午线	SWRH72、82B	ϕ0.1~0.4	冷拔断裂	$w(\mathrm{T[O]})<0.002\%$，非塑性夹杂 $D<20\mu m$
	弹簧钢	SWRS Si-Cr钢	ϕ1.6~10 ϕ0.1~0.15	疲劳特性、残余应变性	非塑性夹杂 $D<20\mu m$

注：D 为夹杂物直径。

钢中各杂质元素单体控制水平的发展趋势见表 8-2。随着社会的发展对钢材的要求越来越高，即使是大量生产的常用品，也因使用条件的苛刻而提出了更高的要求。

表 8-2　钢中杂质元素单体控制水平发展趋势　(ppm)

元　素	1960 年	1970 年	1980 年	1990 年	1996 年	2000 年
C	200	80	30	10	5	4
S	200	40	10	4	5	0.6
P	200	100	40	10	10	3
N	40	30	20	10	10	6
H	3	2	1	0.8	<1	0.5
T[O]	40	30	10	7	5	2

8.1.2　纯净钢的质量和性能

8.1.2.1　钢的纯净度的评价方法

一般而言，钢的纯净度主要指与非金属夹杂物的数量、类型、形貌、尺寸及分布等有关的信息。目前工业生产和科研工作中常用的各种评价方法都从某一个侧面反映了钢中非金属夹杂物的数量或其他属性，同时各种方法都存在局限性。

（1）化学分析法。化学分析法主要是通过检测钢中非金属夹杂物形成元素氧和硫的含量，来估计非金属夹杂物的数量。室温下，钢中的氧几乎全部以氧化物夹杂的形式存在，因此钢中全氧含量可以代表氧化物夹杂的数量。但化学分析法并不能反映钢中非金属夹杂物的类型、形貌、尺寸大小和尺寸分布。用不同工艺冶炼的钢，即使其氧含量基本相同，仍有可能具有完全不同的氧化物夹杂类型和尺寸分布。

（2）标准图谱比较法。国际标准化组织（ISO）、美国材料试验协会（ASTM）和我国国家标准 GB 10561 将高倍金相夹杂物分为 4 类，即 A 类（硫化物类）、B 类（氧化铝类）、C 类（硅酸盐类）和 D 类（球状或点状氧化物类）。标准评级图谱的图片直径 80mm，相当于被检金相试样上直径 0.8mm 的视场放大 100 倍后的尺寸。A、B、C 和 D 类夹杂物按其厚度或直径不同又分为细系和粗系两个系列，每个系列按夹杂物沿钢材轧制方向的长度分成 5 个级别，JK 法分为 1 ~ 5 级、ASTM 法分为 0.5 ~ 2.5 级，后者用于评定高纯度钢。

标准图谱比较法可以根据非金属夹杂物的形态来区分夹杂物的类型。采用不同脱氧工艺生产的钢，即使其总氧量基本相同，仍可能具有不同的氧化物夹杂类型。

标准图谱比较法通常将 CaS 和不变形的硅酸盐夹杂物都归入 D 类夹杂物。对于用铝脱氧的钢种，B 类夹杂物的级别在一定程度上反映了钢中总氧含量。但对于总氧含量低于 0.001% 的超低氧钢，标准图谱比较法已不适于用来评定钢的纯净度，这也从另一个侧面反映出钢中大颗粒夹杂物随氧含量的降低而减少的规律。

（3）图像仪分析法。图像仪分析法是将金相试样在光学显微镜下放大 100 ~ 200 倍，并通过摄像系统和计算机图像分析软件进行采集、处理和统计，可得到在所测视场内非金属夹杂物所占的面积分数（即非金属夹杂物的沾污度）、非金属夹杂物的尺寸分布以及单位被测面积内不同尺寸非金属夹杂物的个数等信息。通常用50~100个视场的被测数据的平均值表示结果。

对于热轧材试样，塑性夹杂物（MnS和某些硅酸盐）已沿轧制方向延伸成长条状，这时用沿钢材纵剖面制备的金相试样测定的是夹杂物的最大宽度和长度。也可以根据夹杂物的不同类型分类统计它们的尺寸分布。对于B类夹杂物，它们在轧材中沿轧制方向呈不连续的串状分布，计算机将它们视为多个单体夹杂物颗粒来统计。

用这一方法来检测金相试样中非金属夹杂物的尺寸分布时，很难检测到钢中实际存在的大颗粒夹杂物，也难以判断采用不同冶炼工艺生产的钢之间夹杂物尺寸分布的优劣。

（4）电解萃取法。电解萃取法是利用钢中夹杂物电化学性质的不同，在适当的电解液和电流密度下进行电解分离的方法。电解时，以试样作为阳极，不锈钢作为阴极，夹杂物保留在阳极泥中，然后经过淘洗、还原、磁选等工序将夹杂物分离出来，并进行称量和化学分析。试样量为2~3kg的大样电解适用于连铸坯的夹杂物分析；对于钢材的夹杂物电解分析，通常试样尺寸为$\phi(10\sim20)\text{mm}\times(80\sim120)\text{mm}$。

当用水溶液作电解液时，某些不稳定的夹杂物在电解过程中会分解。而采用四甲基氯化胺、三乙醇胺、丙三醇和无水甲醇等非水溶液作为电解液时，可以把非金属夹杂物从钢中无损伤地萃取出来。

非金属夹杂物电解萃取出来后，将它们单层放置在一个平面上，再用图像分析仪进行测定并统计夹杂物的尺寸分布。

电解萃取法能检测颗粒较大的非金属夹杂物，配合其他分析手段可以得到氧化物、硫化物及其他类型非金属夹杂物的数量。借助于图像分析仪还能检测出非金属夹杂物的尺寸分布。用这一方法检测出的非金属夹杂物的尺寸分布，可以反映不同冶炼工艺的影响。

实际钢液中，除Fe、C元素外，还含有杂质元素，这些杂质及其所形成的非金属夹杂物对钢凝固过程中的形核及凝固组织有很大影响。金属结晶后的晶粒大小可以通过定量金相法与图像分析仪进行测量。通常把晶粒度分为8级。晶粒度级数N和放大100倍时平均每6.45cm^2（每1平方英寸）内所含晶粒数目n有以下关系：$n=2^{N-1}$。晶粒度级数越大，即晶粒越细。

8.1.2.2 钢中非金属夹杂物存在形式与钢材的破坏类型

A 钢中非金属夹杂物存在形式

如图8-1所示，杂质组元在钢中存在的形式主要有：（1）以非金属夹杂物和析出物的形式存在，如氧化物类非金属夹杂物，硫化物，碳、氮化物等；（2）由于偏析而在晶界富集存在，如[P]、[S]、[O]等；（3）以间隙固溶体的形式存在，如钢中的[C]、[N]、[H]等。

硫化物、氧化物类非金属夹杂物在钢中主要以两种形式存在：（1）在钢中随机分布，此类夹杂物尺寸相对较大，内生的夹杂物尺寸在数微米至100μm，外来夹杂物尺寸可达数百微米至数毫米；（2）在晶界富集存在，此类夹杂物尺寸十分微小，大多在1~2μm以下。上述两类夹杂物中，第（1）类夹杂物绝大多数是在钢液中脱氧等的生成物或外来夹杂物，而第（2）类夹杂物则主要是在钢凝固后由于[S]、[O]溶解度降低、化学反应平衡移动引起脱氧反应或[Mn]-[S]反应的生成物等。

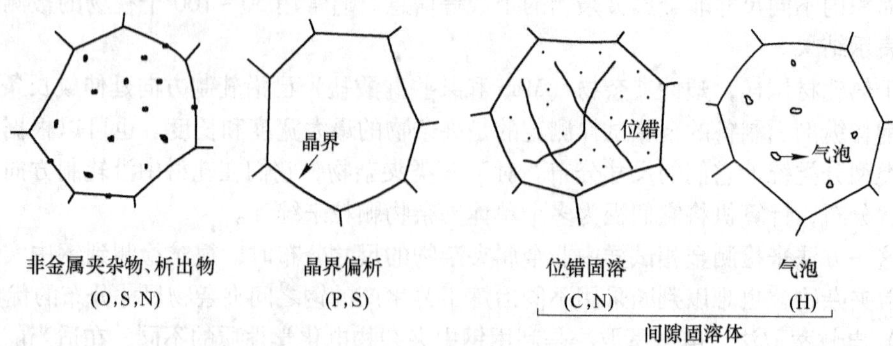

图 8-1 钢中杂质组元的存在形式

B 钢材的破坏类型

表8-3给出钢中杂质对钢材造成的缺陷及其对性能的影响。钢材在服役过程的破坏有延性破坏和脆性破坏两种类型（见图8-2）。发生延性破坏时，在材料有一定量的塑性变形后，内部首先出现微小空洞，随着变形量继续增加，空洞数量增加并互相聚合，最终导致材料破坏。

表 8-3 杂质诱导钢材的脆性

缺陷类型	缺陷位置与特点	对钢材性能的危害
线缺陷	固溶于晶体转位线	红热脆性（N、C）
面缺陷	晶界、相边界偏析	低温脆性（O、P、Sb）
体缺陷	非金属夹杂物 晶界液相 发裂	疲劳破坏（O、N、S） 高温脆性（S） 氢脆性（H）

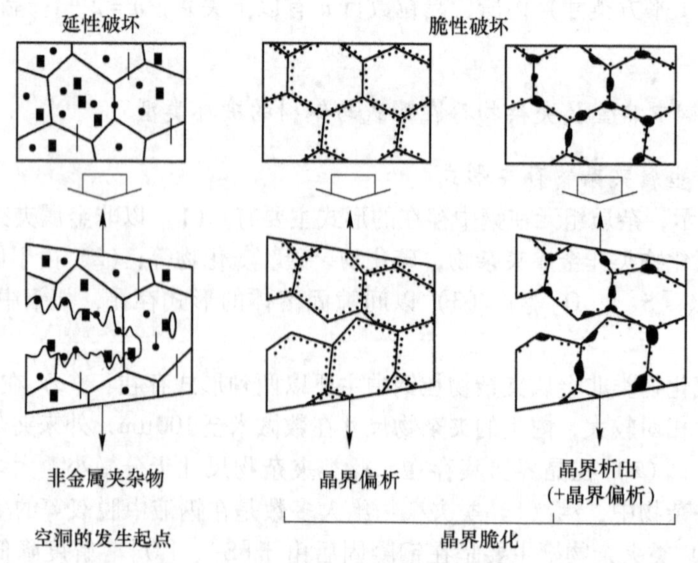

图 8-2 材料延性破坏或脆性破坏示意图

钢中的氧化物、硫化物夹杂和碳、氮化物析出物在钢材的延性破坏中是空洞的起源，非金属夹杂物主要影响钢材的疲劳强度和延性（伸长率、面缩率）等性能。夹杂物尺寸愈大，对钢材性能的影响愈大。此外，与塑性夹杂物相比，脆性夹杂物更易成为钢材延性破坏的起源。

钢材在还没有发生明显塑性变形时由于晶界等薄弱处导致的破坏为脆性破坏。钢中[P]、[S]、[O]等元素由于偏析，在晶界处富集存在，造成晶界脆化。晶界处富集存在的夹杂物往往会成为晶界开裂的起点，助长晶界的破坏，造成钢材冲击韧性降低，韧-脆转换温度提高。此外，如高温热加工时晶界处由于杂质元素偏析形成低熔点网膜，还会导致钢产生热脆。

钢凝固温度以上生成的氧化物类夹杂由于尺寸较大，在钢中随机分布较均匀，除影响某些种类钢材的加工性能之外（如冷轧钢板的表面质量等），对钢材服役过程的破坏主要是在延性破坏中作为内部空洞的起源，影响钢材的疲劳强度、延性等性能。

钢凝固温度以下生成的硫化物、氧化物类夹杂由于尺寸小，并主要在晶界处富集析出，除会在延性破坏中作为空洞的起源之外，其对钢材性能的影响主要是加重钢材的脆性破坏，影响钢材的低温冲击韧性、韧-脆转换温度等性能。

8.1.2.3 纯净度对钢材性能的影响

A 纯净度对钢材力学性能的影响

a 钢材的强韧性

强度是对工程结构用钢最基本的要求。屈服强度（σ_s）和抗拉强度（σ_b）是其性能指标。屈服强度与抗拉强度之比称为屈强比。屈强比低的钢（如建筑用钢筋钢）具有较好的冷变形能力，局部超载而不至发生突然断裂；屈强比高的钢（如螺栓用钢）可使其强度潜力充分发挥，有较强的抗塑性失稳的能力。为防止结构材料在使用状态下发生脆性破断，要求材料有一定的阻止裂纹形成和扩展的能力，即一定的韧性。工程上一直广泛采用的冲击韧性指标，主要是冲击功和冲击韧脆转变温度。现一般采用断口具有50%纤维状形貌的冲击试验温度（50% FATT）作为冲击韧脆转变温度。

降低钢中S、P、N等杂质含量可以提高钢材的强韧性。当钢中w[S]从0.016%降低到0.004%时，NiCrMo钢在－62℃的平均冲击性能提高1倍。对AISI4340钢，w[P]从0.03%下降到0.003%，室温V形缺口冲击性能约提高20%。对于含硼钢，控制$w[N]<0.002\%$，可获得高的强度和低温韧性。

b 疲劳寿命

构件受交变载荷时，在远低于其屈服强度的条件下产生裂纹直至失效的现象，称为疲劳。现代工业各领域中约有80%以上的结构破坏是由疲劳失效引起的。钢中近表面的脆性夹杂往往是疲劳裂纹源。

降低钢中全氧含量，可明显提高轴承钢寿命。轴承钢w(T[O])由0.003%降到0.0005%，疲劳寿命提高100倍。高质量轴承钢要求钢中$w(T[O])\leqslant 0.001\%$。降低钢中夹杂物，特别是氧化物（Al_2O_3）量，有利于提高钢材的疲劳强度。

c 钢材的磁性和耐腐蚀性

对于硅钢($w[Si]=3\%$)，降低钢中硫和T[O]含量($w[S]\leqslant 0.002\%$，$w(T[O])\leqslant$

0.0015%），可使无取向硅钢片铁芯损失降到 2.3W/kg 以下。降低钢中碳含量，可提高硅钢片的最大导磁率，降低矫顽力。

腐蚀损坏是钢铁失效的重要形式之一。为保证钢结构的运行安全和延长其服役年限，需提高钢的耐蚀性。耐大气腐蚀钢（又称为耐候钢）、耐 H_2S 腐蚀的管线钢应运而生。

提高铁的纯度可明显改善钢材耐蚀性能，提高使用寿命。当铁的纯度 $w[Fe] \geqslant 99.95\%$ 时，耐蚀性已达到不锈钢水平；当 $w[Fe] \geqslant 99.99\%$ 时，耐蚀性将与黄金相当。为提高管线钢的抗氢致裂纹性能，需大幅度降低钢的硫含量并控制其相组成。目前大量生产的管线钢的硫含量可控制在 0.005% 以下。

B　纯净度对钢材加工性能的影响

a　焊接性能

焊接性能是钢材最重要的使用性能之一。钢的焊接性能通常用碳当量 $w(C_{eq})_{\%}$ 来衡量。国际焊接协会确认的碳当量公式如下：

$$w(C_{eq})_{\%} = w[C]_{\%} + \frac{w[Mn]_{\%}}{6} + \frac{w([Cr]+[Mo]+[V])_{\%}}{5} + \frac{w([Ni]+[Cu])_{\%}}{15} \tag{8-1}$$

日本学者提出的修正公式中考虑了硅的影响：

$$w(C_{eq})_{\%} = w[C]_{\%} + \frac{w[Mn]_{\%}}{6} + \frac{w[Cr]_{\%}}{5} + \frac{w[Mo]_{\%}}{4} + \frac{w[V]_{\%}}{14} + \frac{w[Ni]_{\%}}{40} + \frac{w[Si]_{\%}}{24} \tag{8-2}$$

还可以用开裂敏感性参数 $w(P_{cm})_{\%}$ 衡量合金元素对焊接开裂敏感性的影响：

$$w(P_{cm})_{\%} = w[C]_{\%} + \frac{w[Si]_{\%}}{30} + \frac{w([Cr]+[Mn]+[Cu])_{\%}}{20} + \frac{w[Ni]_{\%}}{60} + \frac{w[Mo]_{\%}}{15} + \frac{w[V]_{\%}}{3} + \frac{w[Nb]_{\%}}{2} + 23w[B]_{\%}^{*} \tag{8-3}$$

式中，$w[B]_{\%}^{*} = w[B]_{\%} + \frac{10.8}{14.1}\left(w[N]_{\%} - \frac{w[Ti]_{\%}}{3.4}\right)$，当 $w[N]_{\%} \leqslant 1/3.14w[Ti]_{\%}$ 时，$w[B]_{\%}^{*} = w[B]_{\%}$。此式适用于低碳，$w[Mn] = 1\% \sim 2\%$ 的微合金化钢。

钢的碳含量是影响焊接性的主要元素，故在工程结构用钢中，特别是微合金钢中，碳含量一再降低。另外，有研究指出，对于厚板，为了减轻焊接热影响区的脆化，钢中 $w[N]$ 应低于 0.002%。

钢的纯净度的提高阻碍奥氏体相变，减少了奥氏体晶粒长大的时间，对限制焊接热影响区粗晶区晶粒长大是有利的。

b　深冲和冷拔性能

汽车板、家用电器、DI 罐用钢等钢材不仅要求一定的强度，还要求良好的深冲性能。降低钢中碳氮含量可明显改善钢的深冲性能。汽车用高强度 IF 钢要求钢中 $w([C]+[N]) \leqslant$

0.005%（其中 $w[N]$ 要求低于0.0025%）。此外，生产热轧薄板须严格控制钢中大型 Al_2O_3 夹杂物数量，避免轧制产生裂纹，获得良好的表面质量。生产 0.3mm DI 罐用钢板的关键技术是杜绝出现 30 ~40μm 大型脆性非金属夹杂物。

帘线钢生产要求连续拉拔钢丝25km，不允许出现断头（直径不大于0.3mm）。严格控制夹杂物含量可明显减少钢丝拉拔时的断头率。

c 切削性能与耐磨性能

钢中夹杂物数量与类型对切削刀具寿命有明显影响。钢中脆性夹杂物（如 Al_2O_3）增大了工件与刀具的摩擦阻力，不利于钢材的切削性能；降低钢中脆性夹杂物含量，有利于改善钢材的切削性能。

钢中脆性夹杂物（Al_2O_3）对钢的耐磨性能有极坏的影响。钢轨钢和轴承钢中 Al_2O_3 等脆性夹杂物往往造成钢材表面剥落、腐蚀；严格控制钢中 Al_2O_3，可解决钢材表面磨损问题，提高钢的耐磨性。

d 冷热加工性能

硫能引起钢的热脆，显著降低钢的热加工性能。碳钢中 $w[S] \leqslant 0.006\%$，可基本避免热加工时钢材产生热裂纹。对于铁素体不锈钢，控制钢中 $w[S] \leqslant 0.002\%$，可保证钢材良好的热加工性能。

N 和 C 都是间隙型杂质，低温时容易在 Fe 原子晶格内扩散，引起时效，使钢材的低温锻造性能下降。对0.35%的碳钢，控制钢中的固溶氮含量小于0.005%，可明显降低钢材冷锻时裂纹的发生率。

8.1.2.4 钢中残余有害元素控制

随着现代化高性能新钢种对钢质量及性能的要求，残余有害元素含量过高的问题日渐突出，成为电弧炉炼钢工艺发展的限制性环节。

Cu、Sn、As、Sb 等残余有害元素对钢质量和性能所造成的危害主要有：恶化钢坯及钢材的表面质量，增加热脆倾向；使低合金钢发生回火脆；降低连铸坯的热塑性，在含氢气氛中引起应力腐蚀；严重降低耐热钢持久寿命及热引起应力腐蚀；严重恶化 IF 钢深冲性能等。

国内外某些钢厂对钢中残余有害元素含量的限制“标准”见表8-4、表8-5。

表8-4 钢中残存元素的实际含量和允许含量 （%）

元 素	“工业纯”钢实际含量	“高纯”钢实际含量	允 许 含 量	
			一般用途钢	深冲和特殊用途钢
Cu	0.08 ~0.21	0.018	0.250	0.100
Sn	0.010 ~0.021	0.001	0.050	0.015
Sb	0.002 ~0.004	0.001		0.005
As	0.010 ~0.033	0.002	0.045	0.010
Pb			0.0014 ~0.0021	
Bi			0.0001 ~0.00015	
Ni	<0.06			0.100

表 8-5　国外一些钢厂对钢中残余有害元素含量的限制“标准”

钢种名称	对残余有害元素限制要求/%			厂　家
	Sn	Sb	As	
油井专用钢管	≤0.025		≤0.030	意大利达尔明钢厂
抗硫油井管	≤0.006		≤0.006	
油井专用钢管	≤0.010			德国曼内斯曼钢管厂
抗硫油井管	≤0.005			
抗硫油井管	≤0.005	≤0.005	≤0.005	日本住友钢管厂
石油化工用钢	≤0.010	≤0.010	≤0.010	
油井专用钢管	≤0.010	≤0.010	≤0.010	日本川崎钢管厂
海洋结构用高强度钢	≤0.002	≤0.005	≤0.004	

现代化高性能新钢种对钢中有害元素的控制已不只限于 S、P、H、O、N，还必须考虑 Ni、Cu、Pb、Sn、As 等残余有害元素的影响。首先要针对其具体用途和钢种制定不同“标准”，合理安排组织生产。在资源条件及成本允许的情况下，可用生铁、DRI 等废钢代用品对钢中残余元素进行稀释处理。在资金允许的前提下，用废钢破碎、分离技术进行固态废钢预处理是明智的选择。钢液脱除技术是最适于大规模生产的残余有害元素处理方法，可与炼钢过程同步进行，简便易行，但这一方法尚需进一步研究与探讨。

8.1.3　纯净钢生产技术

纯净钢的生产主要集中在两方面：

（1）尽量减少钢中杂质元素的含量；

（2）严格控制钢中的夹杂物，包括夹杂物的数量、尺寸、分布、形状、类型。

减少钢中溶质元素的含量，主要依靠在各种铁水预处理以及炉外精炼设备中营造最佳去除的热力学和动力学条件来实现，钢中夹杂物的控制主要是减少其生成，对其进行改性，促其上浮。

通常纯净钢生产工艺包括以下几部分：铁水预处理，转炉复吹，出钢挡渣、扒渣、对炉渣改性，炉外精炼（真空、吹气、加热、造渣），全程保护浇注，中间包冶金，结晶器冶金及采取各种促使夹杂物去除的措施等。

8.1.3.1　元素的去除和控制

A　碳的去除

钢中碳对钢的性能影响最大，碳含量高能增加钢的强度，但使塑性下降、冲压性能变坏。因此一般优质深冲型铝镇静钢要求 $w[C] \leq 0.05\%$，IF 钢要求 $w[C] \leq 0.007\%$。钢中碳的控制主要集中于两点：炉外精炼使钢中碳达到极低水平、防止连铸过程增碳。

电炉冶炼超低碳钢需要对炉料进行调整。采用直接还原铁代替部分废钢，保证电炉出钢时 $w[S] \leq 0.02\%$ 是关键环节。电炉冶炼超低碳钢生产工艺流程如图 8-3 所示。

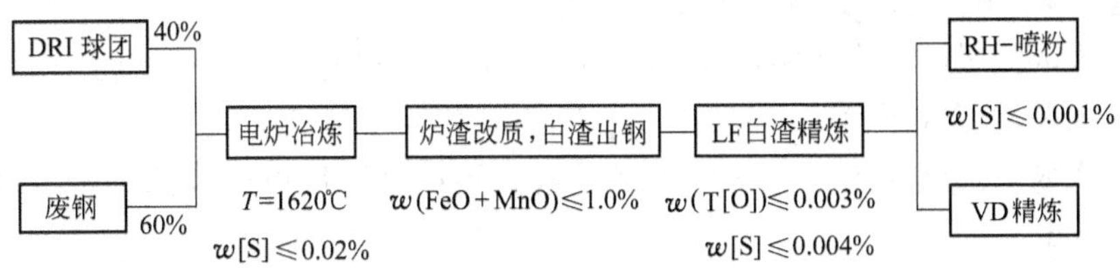

图 8-3 电炉冶炼超低碳钢生产工艺

20 世纪 80 年代以来国际上应用最多的真空精炼装置是 RH、VOD、VD，其中 VOD 主要用于超低碳不锈钢的精炼，RH 与 VD 相比，因其真空室较高，精炼超低碳钢时钢水剧烈沸腾，并且 RH 采用大氩气量大循环时，可在短时间内将氢脱至 0.0001%，因此 RH 更适合于超低碳深冲钢、镀层钢板的生产。图 8-4 所示为 RH 脱碳模型简图，关于脱碳反应，在 $w[C]>0.005\%$ 范围内，钢水内的 CO 生成反应（内部脱碳）是主反应；而在 $w[C]<0.003\%$ 范围内，从真空槽内的自由表面放出 CO（表面脱碳）是主反应。RH 真空处理过程中控制脱碳主要有以下两个因素：

（1）钢液环流量（为浸入管直径的函数）；

（2）从真空室中提取[C]的速率（为真空室横截面积及搅拌能的函数）。

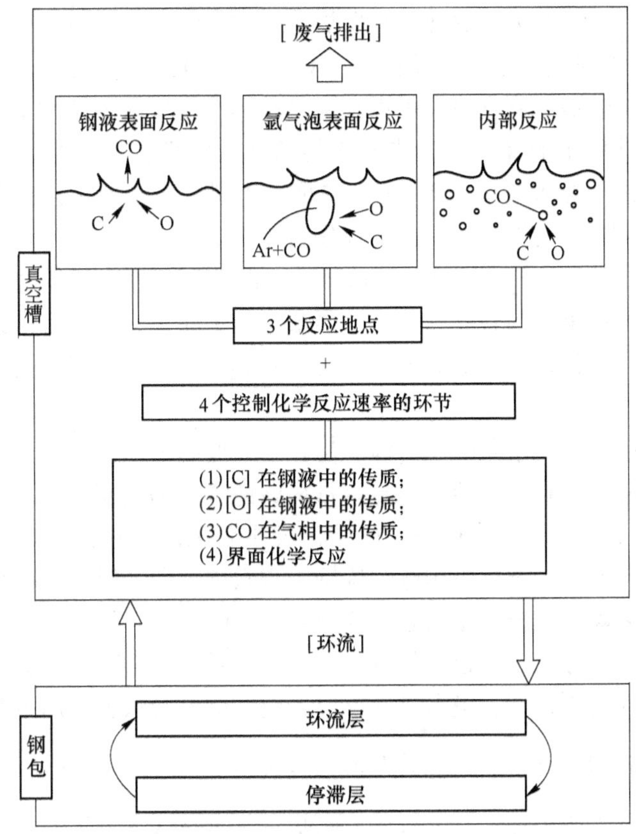

图 8-4 RH 脱碳模型简图

目前国外常用的增大 RH 脱碳速度方法有：

（1）增大环流量：增大吸嘴内径，改圆形吸嘴为椭圆形；

（2）增大驱动氩气流量；

（3）增大泵的抽气能力，其中采用水环泵和蒸汽泵联用可提高泵的抽气能力，降低 RH 能耗和水耗；

（4）向驱动氩气中掺入氢气，在碳含量小于 0.002% 时可使脱碳速率增加 1 倍；

（5）在真空室侧墙安装氩气喷嘴，吹氩到真空室内，可增大反应界面面积，尤其在碳含量小于 0.003% 时可显著提高脱碳速率，此法在 10min 内可将碳从 0.021% 降至 0.001%；

（6）减少真空室的法兰盘数可提高真空度，减少漏气，减少钢水污染。

为了将钢中碳脱到 0.005% 以下，又发展了 RH-OB、RH-KTB、RH-PTB、VOD-PB 等吹氧、喷粉强制脱碳的方法。据报道日本住友金属工业公司采用 VOD-PB 喷吹氧化粉剂法，可将碳降至 0.0003%，其缺点是随着脱碳反应的进行，钢中氧含量会逐渐增多。

关于钢中碳的控制另一个重要之点是防止二次冶金及连铸过程中的增碳。首先是防止 RH 处理过程中从真空罐渣壳中以及真空室钢渣结瘤引起的增碳，特别是钢包用碳化稻壳保温的情况下，这种现象尤为突出。其次是连铸过程中碳的控制。在浇注含碳量小于 0.03% 的超低碳钢种时，最突出的问题是保护渣对钢水的增碳。目前国内增碳水平一般在 0.001% 左右，而国外先进厂家可将其控制在 0.0003% 范围内。为了避免或减少超低碳钢钢水增碳，必须降低熔渣中碳含量。可以在满足基本性能要求的基础上，尽量减少原始渣的配碳量。用于超低碳钢的保护渣，应配入易氧化的活性碳质材料，并严格控制其加入量；也可以在保护渣中配入适量的 MnO_2，它是氧化剂，可以抑制富碳层的形成，并能降低其含碳量，还可以起到助熔剂的作用，促进液渣的形成，保持液渣层厚度。此外，还可以配入 BN 粒子取代碳粒子，成为控制保护渣结构的骨架材料。连铸过程中，降低耐火材料中的碳含量，或者使钢水与含碳材料接触面最小；中间包使用不含碳或碳含量少的保温材料；结晶器使用无碳保护渣，都有助于防止增碳。

B　硫的去除

众所周知，脱硫的热力学条件是高温、高碱度、低的氧化性，因此脱硫应注意以下三点：金属液和渣中氧含量要低、使用高硫容量的碱性渣、钢渣要混合均匀。

生产超低硫钢（$w[S] \leqslant 0.001\%$），转炉流程主要采用铁水预处理 + 转炉冶炼 + 钢水炉外精炼脱硫的工艺，电炉流程采用电炉炼钢 + 钢水炉外精炼脱硫的工艺。

铁水预处理可以深度脱硫，也可以部分脱磷。目前广泛采用在铁水包或鱼雷罐中喂线、喷粉的铁水预处理方法，新投产的设备中机械搅拌法（KR 脱硫法）已很少采用。喷粉可以造就良好的动力学条件，极大扩展反应界面。所喷粉状脱硫剂主要组成举例如下：

$$Mg + CaO \text{ 或 } Mg + CaC_2 \text{ 或 } CaO + CaCO_3 + CaF_2 \text{ 或 } CaC_2 + CaCO_3$$

$$48\% \sim 52\%\,Mg \text{ 粉} + 1.0\%\,MgO + 30\% \sim 40\%\,Al + 5\% \sim 10\%\,SiO_2$$

$$60\%\,CaC_2 + 20\%\,CaO + 5\%\,C$$

所喂包芯线的主要组成为：100%镁粉或70%镁粉+30%钙粉。

采用上述方法可将铁水中硫含量从0.04%～0.02%脱至0.008%～0.002%水平。

经铁水预处理后的铁水兑入转炉前需仔细扒渣，转炉应使用低硫清洁废钢并采用复合吹炼，并适当增大铁水比，尽量减少废钢和熔剂造成的回硫。终点操作要防止钢水过氧化，并采用挡渣出钢工艺。在出钢过程中进行炉渣改质，实现白渣出钢对脱硫和控制钢水含氧量都有极大的意义。通常在出钢过程中添加石灰粉80%、萤石10%、铝粉10%和罐装碳化钙进行钢液脱硫，控制钢包渣中 $w(FeO+MnO) \leqslant 1.0\%$，可使出钢脱硫率达34%。有的厂家还进行底吹氩搅拌，可使 $w[S] < 0.003\%$。

炉外精炼是生产超低硫钢所必不可少的手段，所用方法主要为喷粉、真空、加热造渣、喂线、吹气搅拌，实践中常常是几种手段综合采用，所形成的精炼设备及其精炼效果见表8-6。根据生产钢种是否需要真空处理，可进一步划分为LF精炼和真空喷粉精炼两大类。具体生产流程和操作指标如图8-5所示。此外，钢中的长条形（尤其是沿晶界分布的）硫化物是产生氢致裂纹的必然条件，对钢水进行钙处理可将其改变为球形，降低其危害，一般钙硫比（$w[Ca]/w[S]$）接近2为佳。

表8-6　炉外精炼工艺及其脱硫效果

工艺	精炼方法	$w[S]/\%$	工艺	精炼方法	$w[S]/\%$
TN、KIP	喷吹 $CaO-CaF_2-Al_2O_3$ 或 Ca-Si	<0.001	VD	真空造渣	<0.001
LF	加热、造还原渣	<0.001	VOD-PB、RH-PB	真空喷 $CaO-CaF_2$ 粉	≤0.0002
V-KIP	真空喷粉	<0.001			

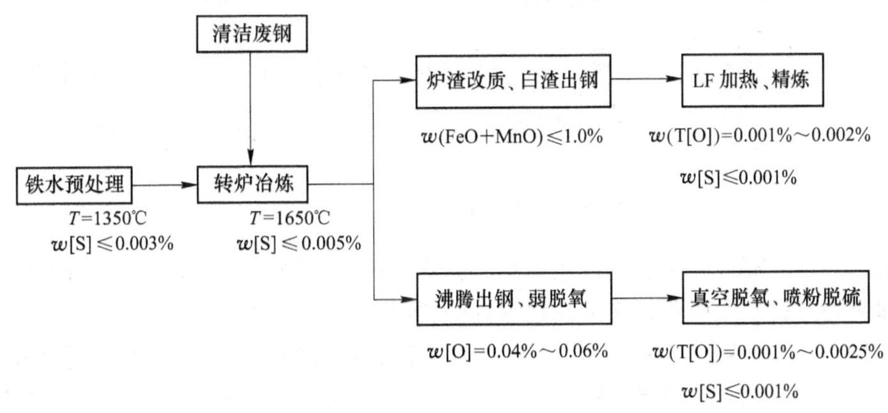

图8-5　超低硫钢的生产工艺

C　磷的去除

脱磷的热力学条件是低温、高碱度、高的氧化性，目前磷的去除主要也是在铁水预处理、转炉或电炉精炼期、炉外精炼三个阶段进行，三个阶段脱磷的特点见表8-7。低磷钢生产分普通低磷钢（$w[P] \leqslant 0.01\%$）和超低磷钢（$w[P] \leqslant 0.005\%$）生产两种工艺。其生产工艺取决于成品钢材对磷含量的要求，如图8-6所示。

表 8-7　各工序脱磷特点比较

阶　段	特　点	优　点	缺　点
铁水预处理	磷分配比 $w(P)/w[P]=150$ 渣量 30～50kg/t 1300～1350℃	低温、渣量少、氧位高	需先脱硅，有温度损失，转炉冶炼废钢比不能太高，鱼雷罐车中反应动力学条件不好
转炉或电炉精炼期	在炼钢初期氧化脱碳过程同时进行， 磷分配比 $w(P)/w[P]=100$ 渣量 70～100kg/t 1650～1700℃	搅拌条件好，钢渣易于分离	高温，渣量大，氧位稍低
炉外精炼	磷分配比 $w(P)/w[P]=150$ 渣量 10～15kg/t 1600～1650℃	渣量少	需进行钢液加热，脱氧前需除渣，有温度损失

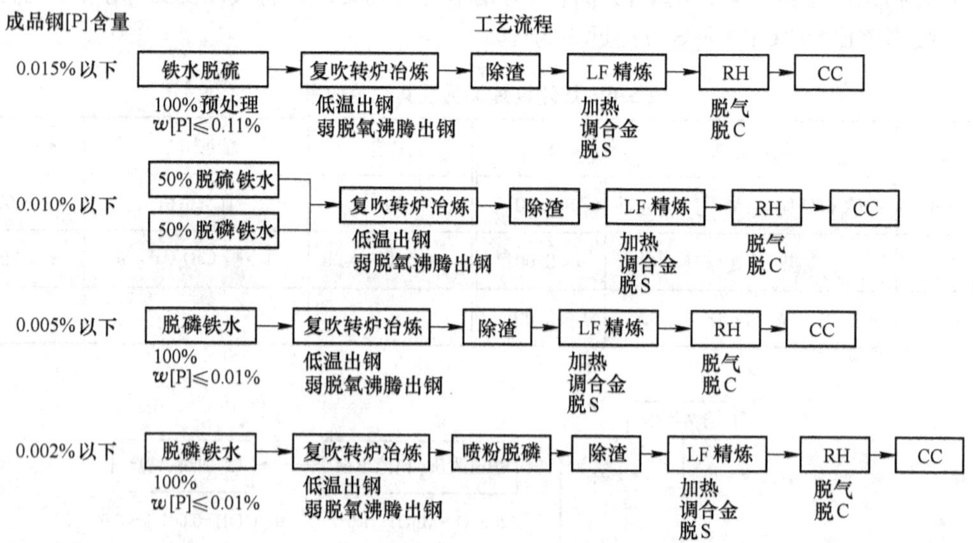

图 8-6　超低磷钢的生产工艺流程

铁水脱磷预处理目前主要有在鱼雷车、铁水罐中喷粉脱磷和在氧气转炉中对铁水进行脱磷处理两种方式。采用鱼雷车或铁水罐内喷粉脱磷方法，须先对铁水进行脱硅处理，将 $w[Si]$ 脱除至 0.10%～0.15%，然后再对铁水进行脱磷处理。脱磷剂主要采用 Fe_2O_3-CaO-CaF_2 系，炉渣碱度控制在 2.5～5，处理终了 $w[P]$ 脱除至 0.015%～0.05%。在氧气转炉中进行铁水脱磷处理，可以利用转炉的氧枪、加料和除尘等装置，且不需要先行脱硅处理，还具有可以向炉内加入废钢冷却、处理时间短、渣铁分离完全等优点，处理后的铁水兑入另外的转炉进行炼钢。如川崎发明的 SRP 法，使用转炉进行预脱磷，其脱碳炉中产生的炉渣作为脱磷剂返回脱磷炉中，采用两座转炉同时作业的目的是避免回磷。在脱磷炉中磷在 10min 内脱到 0.011%，同时可熔化 7% 的废钢，其后在脱碳炉中很容易生产出磷含量小于 0.010% 的低磷钢水。

另外，在高碳铁水中存在着碳和磷的选择氧化，在同一氧分压下，碳和磷的氧化物之间存在如下平衡：$1/5(P_2O_5)+[C]=2/5[P]+\{CO\}$。为使脱磷后的铁水有利于炼钢正常进行，要求在脱磷前尽量减少碳的氧化，除了低温外应保持铁水有足以使磷氧化的氧位，通常采用往铁水深部适度吹氧的方法，一方面抑制CO气体生成来延缓碳的氧化，另一方面使铁水局部地方有过量的氧，足以使磷优先氧化或同碳一起氧化。

此外，不脱氧或弱脱氧出钢可以防止出钢过程中回磷；在出钢过程中对炉渣进行改性，还可以进行深脱磷处理。在CaO基钢包渣系中加入Li_2O，当$w(Li_2O)$为15%时，该渣系处理钢液时的脱磷率$\eta_P \geqslant 70\%$，处理终了时$w[P] \leqslant 0.009\%$，可达到理想的脱磷效果。若出钢时磷含量为0.008%，处理终了时能达到$w[P] \leqslant 0.004\%$的水平。

钢水炉外脱磷的同时要氧化钢中的合金元素，因此脱磷一般在合金化以前进行。目前，钢水脱磷的主要方法有：出钢过程中加脱磷剂脱磷，利用出钢过程中的强烈搅拌以及高的氧分压，冲混脱磷；顶渣加喷粉脱磷，通过吹气使得渣钢能够充分混合，达到有效脱磷；出钢后直接将脱磷剂加入钢包中脱磷等方式。脱磷后要将脱磷渣扒除（以防止回磷和合金元素的损失）后再进行合金化、LF升温、脱硫、RH脱气等操作。图8-7所示为日本钢管福山厂采用钢包中喷吹转炉渣和偏硅酸钠脱磷，生产0.002%以下极低磷钢的工艺示意图。

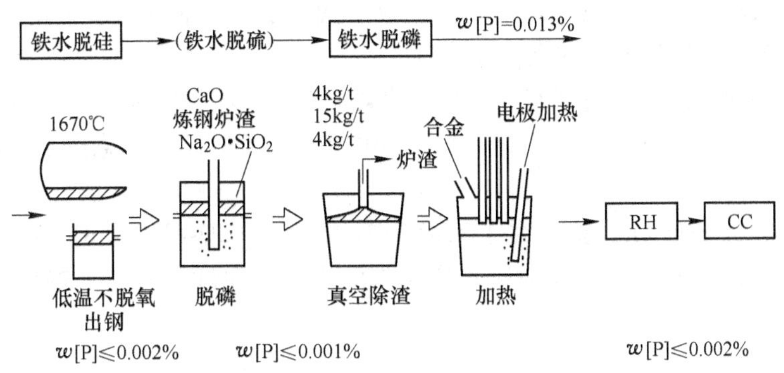

图8-7　日本钢管福山厂生产超低磷钢的工艺

D　氮的去除

钢中氮的去除比较困难，目前主要依靠转炉脱氮，在浇注过程中防止吸氮。据报道，铁水脱氮和炉外精炼脱氮已有所进展。

铁水氮含量是影响钢水终点氮含量的重要因素，低氮铁水主要靠高炉的顺行来获得，高温、高钛、高锰、高硅均有助于减少铁水氮含量。铁水脱氮也是可行的，CRM公司试验证明使用碳酸盐和氧化物为主的基本反应剂（如$CaCO_3$、铁矿石等）来降低铁水氮含量是可行的。铁水脱硅的同时也能脱氮，COCKERILI-SAMBRE钢厂铁水工业性试验证明，在鱼雷罐车中加入40kg/t烧结矿粉，脱氮率可达50%。

转炉是有效的脱氮工具，脱氮程度一般在0.002%～0.004%，其高低取决于铁水加入量、转炉的吹炼控制、出钢脱氧制度等。高的矿石加入量和铁水比可降低终点钢中氮含量，复吹工艺对降低终点钢水氮含量起着重要作用，其中最重要的是底吹气体的性质和用于保护喷嘴的介质种类，氧气中氮含量也是影响钢水终点氮含量的重要因素，而吹炼末期的补吹可使钢中氮含量明显增高。不脱氧出钢、控制出钢口形状不散流以及在钢包内添加含 CaO 的顶渣，可有效防止钢水吸氮。

精炼过程氮主要来源于与钢水接触的大气、加入的合金及熔剂。钢液去氮主要靠搅拌处理、真空脱气或两种工艺的组合促进气体与金属的反应来实现。目前真空脱气装置脱氮效果并不明显，这主要与钢中较高的氧、硫含量有关。当钢中界面活性元素硫、氧较高时，钢液的脱氮速度很低，甚至陷于停顿状态。但在钢中 $w[S]<0.005\%$ 时，利用 VD 装置大气量底吹处理钢水，有较好的脱氮效果。

住友金属公司开发的 VOD-PB 法，在真空下向钢水深处吹入粉状材料（铁矿粉和锰矿粉），在精炼的高碳期间生成 CO 小气泡，可得 $w[N]<0.002\%$ 的钢水。该公司随后开发的 RH-PB 法，可得 $w[S]=0.0005\%$，$w[N]=0.0015\%$ 的钢水。预计真空喷粉脱氮的优势将进一步发挥。

真空室的密封性对实现低氮也是极重要的，整体式真空室有利于低氮钢的生产。川崎发现在 RH 下降管内压力小于管外压力，其耐火材料内气体主要成分是氮气，空气通过浸渍管的耐火材料侵入钢液可造成吸氮。在 RH 浸渍管周围进行氩封抑制钢液吸氮，可得到 $w[N]0.002\%$ 水平，而无氩封时为 0.0027%。

氮在钢中的溶解度比氢大 1 个数量级，而氮在钢中的扩散系数却比氢小 2 个数量级，所以钢液的真空脱气中，去氮的效率比去氢效率低得多。目前钢水所采用的真空精炼法，其脱氮效果不显著，时间长，设备复杂。

合成渣在还原条件下，对氮有非常高的溶解能力，其溶解度为 1.33% ~1.88%。成国光、赵沛等研究认为，真空下采用 50% SiO_2-40% B_2O_3-10% TiO_2 精炼渣系，有明显的脱氮效果。

阎成雨、刘沛环通过试验研究了 $CaO-TiO_2-Al_2O_3$，$CaO-Al_2O_3-SiO_2$ 及 $CaO-B_2O_3-SiO_2$ 渣系中 TiO_2，Al_2O_3 及 B_2O_3 含量对钢水脱氮率的影响。在试验的三个渣系渣中有 C 存在的条件下，脱氮反应为：

$$[N]+2(C)+(TiO_2)=\!=\!=(TiN)+2\{CO\} \tag{8-4}$$

$$2[N]+3(C)+(Al_2O_3)=\!=\!=2(AlN)+3\{CO\} \tag{8-5}$$

$$2[N]+3(C)+(B_2O_3)=\!=\!=2(BN)+3\{CO\} \tag{8-6}$$

钢和渣中氧位越低，脱氮率越高。增加渣中碳、铝及钢中铝的含量，可以提高合成渣脱氮效果。

水渡等人也发表了用渣脱氮的实验室研究结果。认为渣脱氮反应按式（8-7）进行：

$$[N]+3/2(O^{2-})=\!=\!=(N^{3-})+3/2[O] \tag{8-7}$$

式（8-7）的氮平衡分配系数较低。熔渣脱氮的关键在于选取高氮平衡分配比的渣系和尽可能地改善脱氮动力学条件，加快氮的传质过程。为了得到对脱氮有效的分配系数，在降低钢水中氧活度的同时，必须使渣具有高碱度。但现在还没有找到控制这些因素的有效方法，因而没有实现实用化。使用钢包精炼来进行熔渣脱氮，还有渣量增加和强化反应容器密封等问题，从经济观点来看也是困难的。

精炼后连铸过程中主要防止钢液二次氧化吸氮，其解决措施与下文讨论的避免钢液从大气中吸氧方法一致。

E　氢的去除

氢的去除以前主要在炼钢初期通过 CO 激烈沸腾得到，自真空处理技术出现以后钢中氢已可稳定控制在 0.0002% 以下。严格杜绝各工序造渣剂、合金料、覆盖剂以及耐火材料的潮湿，避免碳氢化合物、空气与钢水接触，都有助于降低钢中氢的含量。

F　氧的去除及夹杂物的控制

当转炉吹炼到终点时，钢水中溶解的氧称为溶解氧$[O]_D$。出钢时，在钢包内必须进行脱氧合金化，把$[O]_D$转变成氧化物夹杂，它可用$[O]_I$表示，所以钢中氧可用总氧$w(T[O])$表示：

$$w(T[O]) = w[O]_D + w[O]_I$$

出钢时：钢水中 $w[O]_I \to 0$，$w(T[O]) = w[O]_D$

脱氧后：根据脱氧程度的不同 $w[O]_D \to 0$，$w(T[O]) = w[O]_I$。

氧主要以氧化物系非金属夹杂物的形式存在于钢中，实际上，除部分硫化物以外，钢中的非金属夹杂物绝大多数为氧化物系夹杂物。因此，可以用钢中总氧 $w(T[O])$来表示钢的洁净度，也就是钢中夹杂物水平。钢中 $w(T[O])$越低，则钢就越“干净”。川崎 Mizushima 把中间包 $w(T[O])$作为钢水洁净度标准，生产试验表明：中间包钢水总氧含量 $w(T[O]) < 0.003\%$，冷轧薄板不检查，用户接受；$w(T[O]) = 0.003\% \sim 0.0055\%$，冷轧薄板需检查；$w(T[O]) > 0.0055\%$，冷轧薄板降级使用。产品质量缺陷不仅与钢中总氧 $w(T[O])$有关，还与夹杂物种类、尺寸、形态和分布有关。

为使钢中 $w(T[O])$较低，必须控制：

(1) 降低 $w[O]_D$：控制转炉终点 $a_{[O]}$，它主要取决于冶炼过程。

(2) 降低夹杂物的 $w[O]_I$：控制脱氧、夹杂物形成及夹杂物上浮去除——夹杂物工程概念（Inclusion Engineering）。

(3) 连铸过程：一是防止经炉外精炼的“干净”钢水再被污染，二是要进一步净化钢液，使连铸坯中的 $w(T[O])$达到更低的水平。

减少生成的夹杂物数量首先必须降低转炉终点氧含量，转炉采用复吹技术和冶炼终点动态控制技术可使转炉终点氧 $w[O]_D$ 控制在 0.04% ~0.06% 范围。提高转炉[C]和温度的双命中率，减少后吹，加强溅渣护炉后高炉龄的复吹效果是降低转炉终点 $w[O]_D$ 含量的有效措施。既可节约铁合金消耗，更重要的是从源头上减少钢中夹杂物生成，提高钢的洁净度，这对生产低碳钢或超低碳钢的冷轧薄板是非常重要的。钢包渣中 $w(FeO + MnO)$含量与钢水中氧含量有正比关系，因而减少出钢下渣量很重要，广泛采用挡渣帽 + 挡渣球的挡渣方法，也有采用气动挡渣、多棱锥挡渣等方法的报道，提高转炉终渣 $w(MgO)$含量和碱度也有利于减少下渣。

采用真空处理技术（RH、VOD、LF-VD 等），钢水在未脱氧情况下进行真空碳脱氧，然后进行脱氧、合金化，脱氧产物上浮。真空处理后的高碳钢液中总氧含量即可降低到 0.001% 以下，低碳钢液总氧含量可降低到 0.003% ~0.004% 以下。

钢中氧的复杂性在于钢水冷却凝固过程中因氧的溶解度降低进一步生成脱氧产物，钢水在浇注过程中会因为二次氧化而与大气、炉渣、耐火材料发生氧化反应形成大颗粒夹杂物。钢中夹杂物的数量、尺寸、分布、形状、类型都将对钢材的性能产生很大的影响。

钢中的脆性夹杂物是造成很多钢种出现缺陷的原因，如轮胎子午线的冷拔断裂，汽车板表面美容的损坏等，同时脆性 Al_2O_3 夹杂也是引起浇注过程中水口堵塞的主要原因。为减少钢中脆性 Al_2O_3 夹杂物，国外一些厂家采取了以下措施：

（1）先用硅脱氧降低钢中溶解氧含量，然后再用铝终脱氧。但所生成的 SiO_2 起到了二次氧化源的作用，必须降低 SiO_2 的活度以防止其与钢水中铝发生反应。对于 $w[Si]=0.10\%\sim0.30\%$ 的轴承钢，控制碱度在 4 以上可以保持炉渣中 SiO_2 的稳定。实际操作中，炉渣碱度常控制在 5 以上。

（2）用碳代替部分铝进行钢水粗脱氧。出钢过程中当钢水量为 1/2 时加入碳脱氧，对 $w[C]=0.035\%\sim0.12\%$ 的钢水，将氧脱至 0.0224%，然后加铝终脱氧至 0.015%，最后加 Si、Mn 合金化。采用该法可降低钢水脱氧成本 8%，减少钢中 Al_2O_3 夹杂，使出钢时钢水吸氮量减少 50%。

（3）对炉渣改性，提高其溶解吸收 Al_2O_3 夹杂的能力；或在脱氧和精炼中控制[Al]和渣中 Al_2O_3 含量，从而有效控制钢中夹杂物的成分，得到理想的夹杂物成分，使脆性夹杂转变为塑性夹杂。

（4）对钢液进行钙处理，变固态脆性铝酸盐为液态钙铝酸盐。对钢液进行钙处理还可以控制炉渣成分、改变脱氧过程的热力学条件，从而生产氧含量很低的钢种。以铝脱氧钢为例，1600℃与钢中 $w[Al]_s=0.02\%\sim0.05\%$ 处于热力学平衡的 $w[O]_s=0.0004\%\sim0.0008\%$；而以 $CaO\text{-}Al_2O_3$ 为基的熔渣中 Al_2O_3 的活度可达 0.001%，与液态钢中 $w[Al]_s=0.01\%$ 相平衡的 $w[O]_s<0.0001\%$。其前提是改变脱氧产物的形态，同时形成的脱氧产物能很快进入炉渣。

生产中针对夹杂物的去除和二次氧化所采取的措施有：

（1）出钢挡渣、扒渣、炉渣改性。

（2）真空精炼并吹气搅拌以有效去除夹杂。

（3）钢包到中间包、中间包到结晶器惰性气体保护浇注，中间包吹氩实现惰性气氛浇注，中间包密封或真空浇注等。

（4）钢包、中间包下渣检测，中间包采用防涡流技术。

（5）钢包全自动开浇和浸入式开浇技术。

（6）中间包使用挡墙、坝、阻流器控制钢水流动，使用过滤器、电磁旋转离心器或底吹氩减少夹杂，使用高碱度覆盖剂吸收夹杂，造还原性中间包渣，使用碱性耐火材料降低浸蚀，采用 H 型或大容量中间包等。

（7）中间包加热控制温度波动，可进一步促进夹杂物去除，同时对减轻开浇、连浇、浇注结束时钢水短路十分有效。

（8）采用立弯式结晶器促使夹杂上浮，结晶器采用电磁搅拌减少铸坯皮下夹杂物和气泡，采用 FC（Flow Control，流量控制）结晶器或电磁闸控制钢水流动同时减少液面波动，结晶器保护渣自动添加。

（9）低速浇注。

通过铁水预处理、转炉复吹、炉外精炼技术的有效配合，已能工业生产杂质含量小于 0.01% 的高纯钢。但对于洁净钢，钢中存在的夹杂物尺寸多小于 25μm，在钢液中上浮速度很慢，很难进一步去除。减少微细夹杂物是目前研究的重点，日本川崎制铁千叶厂的4号板坯连铸机采用了电磁旋转离心搅动促进微细夹杂物上浮的技术，取得了较好的去除夹杂物效果。

8.1.3.2　纯净钢生产工艺

A　铁水“三脱”纯净钢生产工艺

铁水“三脱”纯净钢生产工艺的技术特点：

(1) 采用铁水“三脱”预处理工艺，脱Si、脱S和脱P；

(2) 复合吹炼转炉采用少渣冶炼工艺，脱碳升温并进行脱磷精炼；

(3) 采用多功能RH进行钢水精炼，深脱碳、深脱硫、脱气和去除夹杂物；

(4) 转炉弱脱氧出钢，避免钢水吸氮，适宜冶炼超低氮钢；

(5) 连铸采用保护浇注、夹杂物过滤等一系列技术措施，保证钢水质量。

表8-8给出该工艺各工序的关键技术措施和控制参数。图8-8所示给出该工艺冶炼过程[C]、[S]、[P]和温度的变化情况。

表8-8　铁水“三脱”纯净钢生产工艺特点

工　序	技术关键	控制目标
高　炉	低硅铁水冶炼	w[Si]≤0.4%
铁水脱硫	100%铁水脱硫预处理,采用Mg-CaO系高效脱硫剂,脱硫剂用量不大于2.5kg/t,铁水包喷粉脱硫,扒渣	w[S]≤0.005%,ΔT≤20℃
转炉铁水“三脱”	采用复吹工艺,采用部分转炉渣作脱磷剂,渣碱度2.0~2.5,w(FeO)<15%,采用废钢作冷却剂	w[S]≤0.005%,w[P]≤0.010%,w[C]≥3.5%,升温30~50℃
转炉炼钢	采用复吹工艺,少渣冶炼,CaO消耗20~40kg/t,弱脱氧挡渣出钢	w[S]≤0.005%,w[P]≤0.004%,w[C]=0.04%
炉外精炼	采用RH喷粉深脱硫工艺,真空脱碳、脱气	w[C]≤0.002%,w[P]≤0.0035%,w[S]≤0.001%,w[N]≤0.003%,w(T[O])≤0.0015%

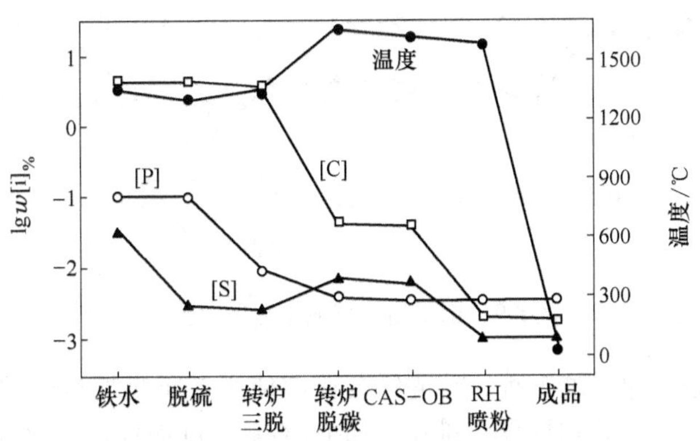

图8-8　铁水“三脱”超纯净钢生产工艺

B　钢水精炼纯净钢生产工艺

a　钢水精炼纯净钢生产工艺的技术特点

(1) 采用转炉冶炼低碳钢脱磷工艺，脱碳、脱硅、脱磷和升温精炼同时进行；

(2) 转炉弱脱氧出钢，钢包喷吹 $CaO + FeO + CaF_2$ 粉剂深脱磷，处理后扒渣；

(3) LF 升温脱硫精炼；

(4) RH 脱气、脱氧和深脱硫，连铸保护浇注；

(5) 不适宜同时生产超低氮超低磷钢种。

表 8-9 给出该工艺各工序的关键技术措施和控制参数。图 8-9 所示给出该工艺冶炼过程中[C]、[S]、[P]和温度的变化情况。

表 8-9　钢水精炼纯净钢生产工艺特点

工　序	技 术 关 键	控 制 目 标
高　炉	低硅铁水冶炼	$w[Si] \leqslant 0.4\%$
铁水脱硫	100% 铁水脱硫预处理，采用 Mg-CaO 系高效脱硫剂，铁水喷粉脱硫	$w[S] \leqslant 0.005\%$，$\Delta T \leqslant 20℃$
转炉炼钢	顶吹转炉冶炼低碳钢强化脱磷，大渣量、高碱度、高氧化铁炉渣脱磷，不脱氧挡渣出钢	$w[S] \leqslant 0.007\%$，$w[P] \leqslant 0.02\%$，$w[C] = 0.04\%$，$T = 1680℃$
钢包喷粉脱磷	顶喷 $CaO + FeO + CaF_2$ 脱磷剂，脱磷时间长、温降大，必须严格扒渣	$w[S] \leqslant 0.007\%$，$w[P] \leqslant 0.005\%$，$w[C] = 0.03\%$，$T = 1580℃$
LF 钢水脱硫升温	埋弧泡沫渣精炼升温（升温幅度 60～80℃，时间长），白渣冶炼，搅拌脱硫	$w[S] \leqslant 0.005\%$，$w[P] \leqslant 0.005\%$，$w[C] = 0.03\%$，$T = 1620℃$
RH 真空精炼	真空喷粉深脱硫，真空脱碳、脱气	$w[S] \leqslant 0.001\%$，$w[P] \leqslant 0.005\%$，$w[C] = 0.002\%$，$w(T[O]) \leqslant 0.002\%$

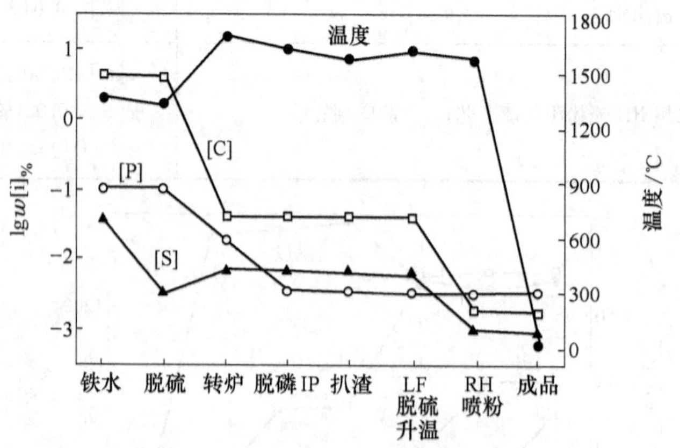

图 8-9　钢水精炼超纯净钢生产工艺

纯净钢的生产是一项系统工程，首先需要确定使用者所要求达到的性能，其后需要在生产和科研中积累钢中杂质和性能、缺陷之间的关系，进而提出生产过程中的控制目标。纯净钢不仅是一个技术问题，它首先是一个经济问题，高的纯净度往往意味着高的代价。

在制定生产工艺过程中希望造就最佳的热力学和动力学条件，但需要对各杂质元素的去除进行综合考虑。

b　以炉外精炼为中心建立超纯净钢生产体系

建立超纯净钢生产体系应包括：

（1）提高钢水的纯净度，尽量减少钢中S、P、C、H、N、T[O]等杂质含量；

（2）降低钢中夹杂物含量，对夹杂进行变性处理；

（3）稳定各种合金元素的收得率，提高钢水成分的控制精度；

（4）实现无缺陷连铸坯生产。

表8-10给出各种炉外精炼设备钢水处理后所达到的纯净度比较；表8-11给出各种精炼设备的成分控制精度。

表8-10　不同精炼方法可达到的钢纯净度

精炼工艺	精炼设备	生产条件	可达到的纯净度/ppm						杂质总量/ppm
			[C]	[S]	[P]	T[O]	[N]	[H]	
非真空精炼	LF	电炉+LF,渣洗精炼	—	50~100	100~150	25~60	50~80	4~6	229~396
	CAS-OB	铁水预处理-转炉-精炼	—	100~150	50~150	25~50	40~60	3~4	218~414
	AOD	电炉+AOD冶炼不锈钢	0.08~0.4	30~150	150~250	30~80	25~30	3~5	238~415
真空精炼	RH	转炉弱脱氧出钢+RH	≤20	15~25	50~100	20~40	≤25	0.5~1.5	110.5~211.5
	VD	电炉+VD	—	15~30	100~150	5~25	40~60	1~3	151~268
	VOD	电炉+AOD+VOD冶炼不锈钢	30~300	15~30	100~150	30~50	15~50	1~2.5	191~585

表8-11　各种精炼工艺合金元素收得率与成分控制精度的比较

工艺	合金元素收得率/%						成分控制精度(±)w/%								
	C	Mn	Si	Al	Cr	Ti	C	Mn	Si	P	S	Mo	Cr	Ni	Al
CAS—OB	80~95	95~100	85~95	50~80	—	60~80	0.01	0.015	0.02	—	—	—	—	—	0.002
LF	90	94	85~90	35~70	96.4	40~80	0.01	0.02	0.02	—	0.001	0.04	0.02	—	0.005
AOD	—	80~90	0	40~60	98~99	—	0.05	0.015	—	0.05	0.005	0.005	0.035	0.015	0.0045
RH	—	89~98	85~95	47~68	—	—	0.001	0.02	0.02	—	0.0005	—	—	—	0.007
VD	90	94~100	90~95	60~80	98	97	0.01	0.02	0.02	0~0.002	0.008	—	—	—	0.005
VOD	—	95~100	90~95	50~70	98~99	98	0.005	0.02	0.02	—	0.0005	—	0.01	0.01	0.009

综合比较，多功能 RH 是功能齐备、生产效率高和精炼效果好的炉外精炼设备。除了建设炉外精炼设备外，建立纯净钢生产体系还必须做好以下工作：

（1）出钢挡渣技术是保证炉外精炼效果的基本前提。现代化电炉采用留钢工艺和炉底出钢技术，基本解决了出钢下渣的技术难题。对于转炉，挡渣技术应包括：

1）一次挡渣，避免出钢前期下渣。

2）炉渣检测，避免出钢过程大量下渣。

3）二次挡渣和快速起炉，避免出钢结束后下渣。

4）出钢口的长寿、维护和快速更换。

采用以上技术，可控制钢包下渣量厚度为 40~100mm，适宜进行炉外精炼。

（2）炉渣改质和白渣精炼技术在国外已广泛采用。炉渣改质是在出钢过程中向钢包内加入石灰系改质渣，使渣中 $w(FeO+MnO)\leqslant 1\%$，达到很好的脱氧和脱硫效果。

炉渣改质有以下两种工艺：

1）石灰-Al 粉改质：$2[Al]+3(FeO)=(Al_2O_3)+3[Fe]$。

2）CaC_2-石灰改质：$(CaC_2)+3(FeO)=(CaO)+3[Fe]+2\{CO\}$。

采用石灰-Al 粉改质剂，生成 CaO-Al_2O_3 系炉渣，配合 LF 白渣精炼，使终渣 $w(FeO)\leqslant 1\%$，有利于脱硫。

（3）连铸保护和钢水过滤技术。

8.1.4 “超显微夹杂”钢的精炼工艺

8.1.4.1 “超显微夹杂”钢的概念

所谓“超显微夹杂”钢是指非金属夹杂物尺寸十分微小，以至于用光学显微镜作常规金相检验时对非金属夹杂物难于定量判别的钢。加拿大英属哥伦比亚大学 A. Mitchell 教授和日本新日铁 S. Fukumoto 博士把这类钢称为“零夹杂”钢。“超显微夹杂”钢实际上是含亚微米级夹杂物的钢。李正邦院士在文献中指出，“显微夹杂”钢要求钢中夹杂物尺寸不大于 20μm，“零非金属夹杂”钢为钢中夹杂物高度弥散、夹杂物尺寸不大于 1μm 的钢。

钢中的非金属夹杂物一般包括硫化物、氮化物和氧化物。由于钢液中直接析出硫化物和氮化物的活度积远比析出氧化物时的活度积高，对于超低硫和超低氮钢，液相中直接析出硫化物和氮化物的可能性比较小。因此，存在于“超显微夹杂”钢中的非金属夹杂物主要是颗粒细小的氧化物夹杂。

当金属材料的纯净度达到一定程度时，其性能会发生某些突变，如 $w[Fe]>99.995\%$ 超纯铁的耐酸侵蚀能力与金或铂的抗腐蚀能力相当；18Cr2NiMo 不锈钢中磷的含量从 0.026% 降低到 0.0002% 时，其耐硝酸的腐蚀能力提高 100 倍以上。金属材料的加工性能、疲劳性能、延滞断裂性能和抗冲击等性能主要取决于材料中非金属夹杂物的性质、尺寸和数量。根据 A. Mitchell 等的观点，只有当非金属夹杂物的尺寸小于 1μm，且其数量少到彼此间距大于 10μm 时，它们才不会对材料的宏观性能产生影响。对常规金属结构材料，其疲劳极限（σ_{-1}）与抗拉强度（σ_b）的比值 K 通常小于 0.5，但当钢中非金属夹杂物处于极限状态时，K 值的大小将如何变化是一个需要研究的课题。制造航空发动机涡轮盘的超级合金对氧化物夹杂的尺寸和氧化物夹杂颗粒数量是有严格要求的，这就迫使冶金专家去开发极限夹杂含量的钢。

当金属材料的晶粒度从几十微米级降到微米级，乃至亚微米级、纳米级时，材料的性能会发生质的变化。对这样的细晶粒和超细晶粒材料，非金属夹杂物的尺寸和数量将如何影响其性能是一个急需解决的问题。这对以晶粒超细化为特征的新一代钢铁材料的研发、生产、推广和应用具有重要意义。而“超显微夹杂”钢的生产制备是进行上述研究的基础。

8.1.4.2　“超显微夹杂”钢精炼工艺路线

在固体状态下，钢中的氧几乎全部以氧化物夹杂形态存在，钢中 w(T[O])含量的高低代表了存在于钢中的氧化物夹杂的多少。由于颗粒较大的夹杂物比颗粒较小的夹杂物更容易被去除，因而钢中夹杂物尺寸将随 w(T[O])含量降低而减小。若能通过一系列精炼工艺将钢液中的氧含量降到极低的水平，就能使钢液中出现大夹杂的概率降低到“零”，同时也能使钢液中脱氧元素与氧的活度积降低到固相线温度下的饱和活度积以下。为了实现以上目的，薛正良、李正邦等设计了如图 8-10 所示的精炼“超显微夹杂”钢的工艺路线。

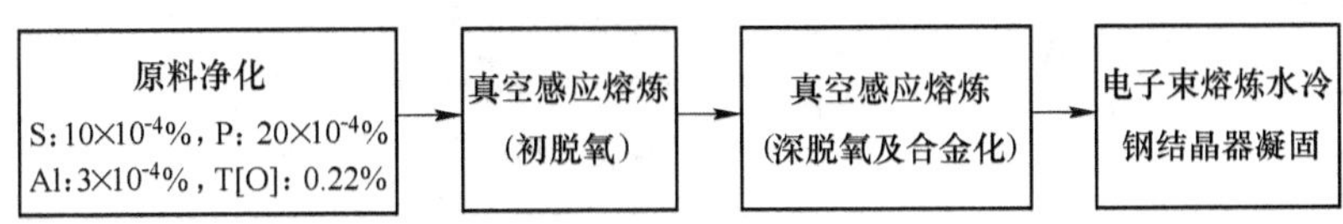

图 8-10　“超显微夹杂”钢精炼工艺路线

首先是将工业纯铁进行深度脱硫、脱磷和脱铝处理，然后用真空感应炉进行真空碳脱氧。真空感应熔炼分两步进行，第一步是在很低的真空度下用碳初脱氧，炉衬为电熔镁砂；第二步是在较高的真空度下深度脱氧并用纯金属合金化，炉衬为石灰砂；最后用电子束炉熔炼，在无耐火材料污染的情况下对钢液进一步深脱氧，钢液在水冷结晶器内快速凝固，以避免氧和硫的凝固偏析。

任务 8.2　典型钢种的炉外精炼

8.2.1　轴承钢

8.2.1.1　轴承钢的生产质量

轴承寿命是轴承钢要求的主要性能指标，轴承的疲劳寿命是一个统计概念，即在一定的载荷条件下，用破坏概率与循环次数之间的关系来表示。除疲劳寿命之外，轴承还必须满足高速、重载、精密的工艺要求，因而要求轴承钢具备高强韧性、表面高硬度耐腐蚀、淬透性好、尺寸精度高、尺寸稳定性好等性能指标。

表 8-12 给出了轴承钢的性能指标要求。根据轴承接触疲劳破坏的机理，确定了提高轴承钢疲劳寿命的技术关键：

（1）尽最大可能减少钢中夹杂物，提高钢材纯净度；

（2）严格控制和消除钢中碳化物缺陷，提高钢材的组织均匀性。

表 8-12 轴承钢的性能指标要求

轴承性能要求	轴承具有的特性	对轴承材料的要求	轴承性能要求	轴承具有的特性	对轴承材料的要求
耐高荷重	抗形变强度高	硬度高	具有互换性	尺寸稳定性好	
能进行高速回转	摩擦和磨损小	耐磨强度高	能够长期使用	具有耐久性	疲劳强度高
回转性能好	回转精度高。尺寸精度高	纯洁度、均匀度高			

图 8-11 所示给出了影响轴承钢疲劳寿命的主要因素。

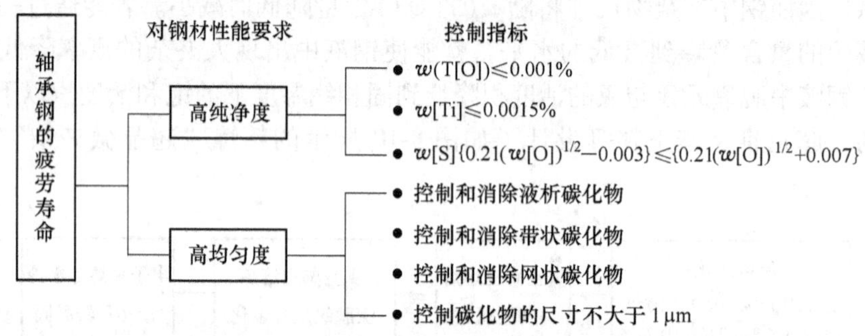

图 8-11 影响轴承钢疲劳寿命的主要因素

A 轴承钢的氧含量

氧含量是轴承钢洁净度重要的标志之一。轴承钢接触疲劳寿命试验结果表明，$w[O]\leqslant 0.001\%$时疲劳寿命可提高 15 倍，$w[O]\leqslant 0.0005\%$时，疲劳寿命可提高 30 倍。轴承钢氧含量与疲劳寿命的关系如图 8-12 所示。国外已将$w[O]$控制在 0.0008%左右，如山阳特殊钢公司 1990 年高碳铬轴承钢总氧为 0.0005%，低碳镍铬钼轴承钢总氧为 0.00075%，钢包脱气、RH 脱气、LF 精炼、完全垂直连铸起了很大作用；其后，通过改善操作工艺、优选稳定的耐火材料、电弧炉采用偏心炉底出钢、LF 双透气砖底吹搅拌、RH 环流管扩径，2001 年高碳铬轴承钢总氧已降到 0.00047%，超纯净的是 0.00037%，最好的是 0.00003%；低碳镍铬钼系轴承钢总氧为 0.00067%。瑞典 SKF 公司轴承钢氧含量一般为 0.0005% ~ 0.0008%，波动偏差为 0.00006%。大冶钢厂的真空脱气精炼 GCr15 钢的氧含量已由电弧炉熔炼的 0.003% 降到 0.0011%，材

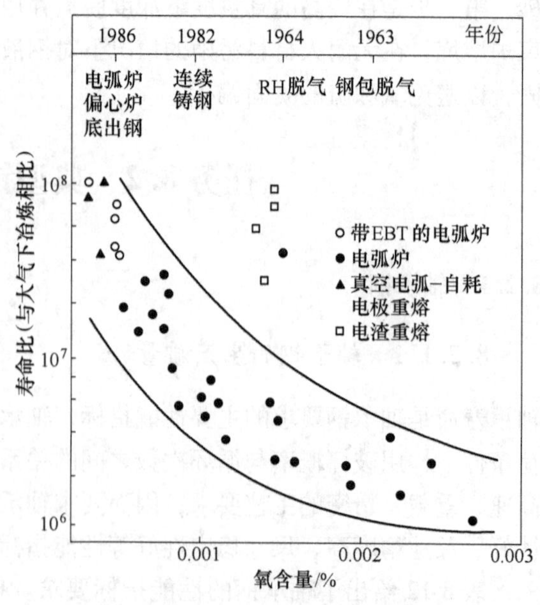

图 8-12 轴承钢氧含量与疲劳寿命的关系

质的疲劳寿命提高2倍以上。与瑞典SKF轴承钢相比，无明显差异，接近ESR钢水平。上钢五厂在电弧炉中氧化、精炼，将磷、钛降到较低水平，用钢包炉真空脱气，把氢降到0.0003%以下，然后吹氩综合精炼，生产出氢、氧、硫、钛含量总计小于0.007%的超纯轴承钢。

B 轴承钢的非金属夹杂物

非金属夹杂物的含量是衡量轴承钢洁净度的又一项重要指标。轴承钢非金属夹杂物的评级见表8-13。

表8-13 轴承钢非金属夹杂物的评级

厂名	工艺	非金属夹杂物评级							
		A细	A粗	B细	B粗	C细	C粗	D细	D粗
SKF	100t EAF→除渣→ASEA-SKF→IC	1.32	0.79	0.88	0	0	0	0	0
山阳	90t EAF→EBT→LF→RH→CC	1.35	0.12	1.4	0	0	0	0.9	0.04
蒂森	EAF→RH→IC			1.5	0.1			1.0	0
	TBM（转炉）→RH→IC			1.3	0			1.2	0.2
	TBM→RH→CC			1	0.2			0.7	0.22
	TBM→Ca处理→CC							1.0	0.5

C 国外轴承钢中微量元素、残余元素和气体的含量

国外主要轴承钢厂家所采用的工艺方法及钢中微量元素的含量见表8-14。

表8-14 国外主要轴承钢厂家所采用的工艺方法及钢中微量元素的含量 （%）

厂名	生产工艺	T[O]	Ti	Al	S	P
SKF	100t EAF→除渣→ASEA-SKF→IC	0.00081	0.00134	0.036	0.020	0.008
山阳	90t EAF→倾动式出钢→LF→RH→IC	0.00083	0.0014～0.0015	0.011～0.022	0.002～0.013	
	90t EAF→倾动式出钢→LF→RH→CC	0.00058	0.0014～0.0015	0.011～0.022	0.002～0.013	
	90t EAF→偏心炉底出钢→LF→RH→CC	0.00054	0.0014～0.0015	0.011～0.022	0.002～0.013	
神户	铁水预处理→转炉→除渣→LF→RH→CC	0.0009	0.0015	0.016～0.024	0.0026	0.0063
爱知	80t EAF→真空除渣→LF→RH→CC	0.0007	0.0015	0.030	0.002	0.001
高周波	EAF→ASEA-SKF	0.0009	0.002	0.015	0.007	0.014

在世界各国高碳铬轴承钢中，对残余元素的规定仅有钼、铜、镍三个元素，而瑞典SKF标准则增加了对磷、砷、锡、锑、铅、钛、钙等的规定。瑞典SKF已在其轴承钢标准中明确规定：砷、锡、锑、铅应分别控制在0.04%、0.03%、0.0005%、0.0002%以下。

日本住友金属公司的小仓钢铁厂对连铸轴承钢的残余元素的控制水平见表8-15。高碳轴承钢的氮含量一般控制在0.008%左右。氢为间隙元素，使轴承钢在压力加工应力条件

下会产生白点缺陷，且分布极不均匀。瑞典 OVAKO 公司轴承实物中 $w[H]$ 均不大于0.0001%。

表8-15 小仓钢铁厂对连铸轴承钢残余元素或有害元素的控制

元素	P	S	Cu	Ni	Ti
炉数	143	143	143	143	143
平均值/%	0.0084	0.0049	0.013	0.013	0.011
标准偏差	0.0015	0.0009	0.005	0.002	0.0003

8.2.1.2 轴承钢的生产工艺

典型轴承钢工艺流程见表8-16。

表8-16 国内特钢企业主要工艺流程及高碳铬轴承钢的质量

生产厂	工艺流程	铸坯尺寸/mm×mm	$w(T[O])$/%
上钢五厂三炼钢	100t EAF→120t LF→VD→IC/CC	220×220	0.00086
兴澄	100t EAF→100t LF→VD→CC	300×300	0.00071
锡钢	30t EAF→40t LF→VD→IC/CC	180×220	0.00096
长城特钢	30t EAF→40t LF→VD→IC/CC	200×200	0.00102
莱芜特钢	50t EAF→60t LF→VD→IC/CC		
大冶钢厂四炼钢	50t EAF→60t VHD→IC/CC	350×470	0.00092
西宁三炼	60t EAF→60t LF→VD→IC/CC	235×265	0.00112
抚顺特钢	50t EAF→60t LF→VD→IC/CC	280×320	0.00091
北满特钢	40t EAF→40t LF→IC		0.00109
本钢特钢	30t EAF→40t LF→IC		0.00118
大连特钢	40t EAF→40t LF→VD→IC		0.00114
郑州永通	10t EAF→20t LF→CC	130×130	

A 轴承钢电炉生产技术

轴承钢最传统的生产是采用电炉工艺。目前，国际上电炉生产轴承钢按是否采用连铸技术可分为两类：一类是以瑞典 SKF 公司为代表的“UHPEAF→ASEA-SKF→IC”工艺；另一类是以日本山阳公司为代表的“UHPEAF→LF→RH→CC”工艺流程。图8-13所示给出两种工艺流程的比较。

近几年，SKF 流程出现取消真空精炼，采用钢包内铝沉淀脱氧和 SKF 精炼炉内吹氩加电磁搅拌的工艺，可生产出高质量轴承钢。山阳厂轴承钢生产工艺的特点之一是采用高碱度渣精炼，生产超纯净轴承钢，钢中硫含量控制在不高于0.002%。

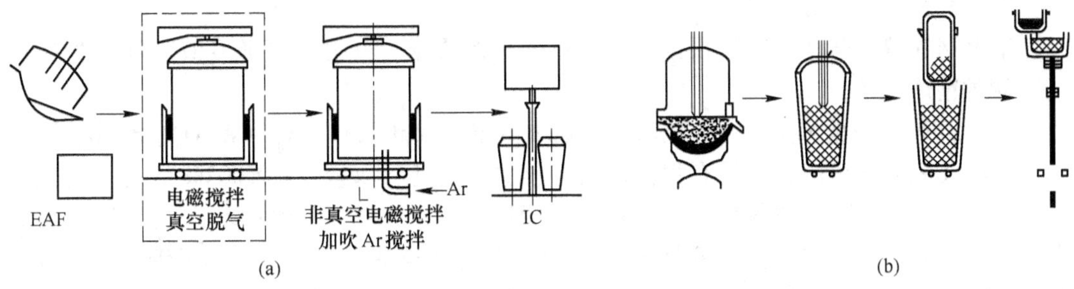

图 8-13　两种工艺流程的比较

(a) EAF→ASEA-SKF→IC；(b) EAF(EBT)→LF→RH→CC

B　轴承钢转炉生产技术

采用转炉工艺生产轴承钢，出现于20世纪末期。采用转炉生产特殊钢具有明显的技术优势：

(1) 原料条件好，铁水的纯净度和质量稳定性均优于废钢；

(2) 采用铁水预处理工艺，可进一步提高铁水的纯净度，适宜低成本生产高纯净度的优质特殊钢；

(3) 转炉终点控制水平高，钢渣反应比电炉更趋近平衡；

(4) 转炉钢的气体含量低；

(5) 连铸和炉外精炼装备和工艺水平与电炉基本相当。

采用转炉生产轴承钢，日本和德国采用完全不同的生产工艺。两者主要的技术差别在于对炼钢终点碳的控制。日本采用全量铁水“三脱”预处理工艺，转炉采用少渣冶炼、高碳出钢技术，生产低磷低氧钢。德国采用转炉低拉碳工艺，保证转炉后期磷效果，依靠出钢时增碳生产轴承钢。国外轴承钢的生产工艺和设备特点见表 8-17。

表 8-17　世界主要轴承钢生产企业的工艺和设备特点

国别	瑞典	德国	意大利	日本	法国		俄罗斯
厂家	SKF	GMH	ABS	山阳	Ascometal/Fos	Ascometal/Dunes	奥斯科尔钢厂
电炉炉型	AC	DC	AC	AC	AC	AC	AC
出钢量/t	100	122～132	80	90	120	95	150
出钢方式	OBT	EBT	EBT	EBT	EBT	EBT	EBT
废钢比例/%	100	100	100	100	100	100	100
精炼方式	ASEA-SKF	LF	LF	LF	LF	LF	LF
精炼渣	合成渣	活性石灰	石灰石	合成渣	合成渣	合成渣	合成渣
夹杂物分析	在线	离线	离线	离线	离线	离线	离线
搅拌形式	电磁	底吹氩两点	底吹氩	底吹氩	底吹氩或氮	底吹氩或氮	底吹氩
真空方式	VD	VD	VD	RH	RH	RH	DH
浇注方式	模铸	连铸	连铸	连铸和模铸	模铸	连铸	连铸
保护浇注手段	有	吹氮	有	有	离线	离线	有
结晶器电磁搅拌		有	有	有		有	

C　轴承钢炉外精炼技术

轴承钢的炉外精炼工艺，根据对硫的不同控制要求，分为“高碱度渣”和“低碱度渣”两种精炼工艺：

（1）高碱度渣精炼工艺。控制渣中碱度 $w(CaO + MgO)/w(SiO_2 + Al_2O_3) \geqslant 3.0$，渣中 $w(FeO) < 1.0\%$。其特点是具有很高的脱硫能力，可生产 $w[S] \leqslant 0.002\%$ 的超低硫轴承钢。同时，高碱度渣的脱氧能力强，可大量吸附 Al_2O_3 夹杂，使钢中基本找不到B类夹杂。但由于渣中CaO含量高，容易被[Al]还原生成D类球形夹杂，对轴承钢的质量危害甚大。因此，要严格控制钢中铝含量，尽可能避免D类夹杂的生成。

（2）低碱度渣精炼工艺。控制炉渣碱度 $w(CaO + MgO)/w(SiO_2 + Al_2O_3) = 1.2$，渣中 $w(FeO) < 1.0\%$。该渣系由于碱度低，可消除含CaO的D类夹杂，对 Al_2O_3 夹杂也有较强的吸附能力和一定的脱硫能力，并有利于改变钢中夹杂物的形态，大幅度提高塑性夹杂的比例，有利于提高钢材质量。

国内外生产实践证实，各种炉外精炼方法（真空或非真空）采用合适的脱氧工艺，加强对钢液的搅拌，都能将氧含量降到很低，而要降低A类和D类夹杂物的数量，则主要依赖于精炼渣的化学成分。

用含高CaO的精炼渣处理轴承钢液，可以提高脱硫效率，将钢中硫含量降到相当低；在精炼过程中CaO被还原，钢中含钙量增加，使不变形的球状夹杂物数量升高；但由于在真空处理时容易溢渣，烧断氩气管造成事故，或被迫放慢真空处理节奏，会造成钢液温降大。

用酸性渣处理钢液时，夹杂物的性质和形态得到明显改善，但氧含量仍较高，夹杂物的数量并未减少。

轴承钢炉外精炼的处理工艺，按采用的精炼设备主要可分为以下三种类型：

（1）LF + VD精炼工艺。这种工艺是最传统的精炼工艺，适用于电炉生产。其优点是在于进行充分的渣-钢精炼，可以有效地降低钢中氧含量并改变夹杂物形态，实现高效脱硫。

（2）RH精炼工艺。多用于转炉轴承钢精炼，其特点是在真空下强化钢中碳氧反应，利用碳脱氧和铝深脱氧。吹氩弱搅拌上浮夹杂物，并具备一定的脱硫能力。该工艺的优点是铝的利用率提高，Al_2O_3 夹杂可以充分上浮，钢中不存在含钙的D类夹杂物。

（3）SKF精炼工艺。采用真空、加铝深脱氧和强电磁搅拌促进夹杂物上浮，适宜生产超低硫、氧含量的轴承钢。

D　轴承钢连铸工艺

近几年，轴承钢连铸工艺迅速地发展，特别是日本山阳厂采用立式连铸机生产轴承钢大圆坯，不仅可用于生产轴套，也可以生产滚动体，标志着轴承钢连铸技术已经成熟。国外大多使用弧形铸机生产轴承钢，连铸钢的质量已达到或接近模铸钢。

轴承钢连铸工艺技术：

（1）钢水准备。轴承钢模铸时钢中含铝为0.02%～0.04%，相应的钢中氧含量约为0.0009%；由于连铸的浸入式水口直径小，如果采用与轴承钢模铸同样的精炼工艺，易产生水口结瘤，影响铸坯表面质量，甚至造成堵水口事故。

滚珠轴承钢不准使用钙处理钢水，钙处理后，残留在钢中的铝酸钙夹杂物直径为10～

30μm，很难在精炼时去除，对疲劳寿命有害。

德国萨尔钢厂从 1995 年起，按不含铝（钢中 $w[Al]=0.001\%$）的方案生产滚珠轴承钢，出钢时只用硅脱氧。该厂统计结果如下：$w[C]=0.94\%\sim0.97\%$（占大部分）、$w[Ti]=0.001\%$（占 90%）、$w[Al]=0.001\%$（占 80%）、$w(T[O])=0.0008\%\sim0.0015\%$。浇注时水口内没有沉积物，虽然 $w(T[O])$ 比含铝钢高，但宏观和显微纯度与含铝钢相等，滚珠寿命显著高于含铝钢。

另外，由于动力学的原因，在精炼过程中，真空下碳的脱氧速度很慢且效果差，如果在真空条件下依靠碳脱氧，钢中氧含量可能会大于 0.002%。但通常要求 $w(T[O])\leqslant0.001\%$，$w[N]\leqslant0.008\%$，$w[H]\leqslant0.0003\%$，$w(T[Ti])\leqslant0.002\%$，$w[Mn]/w[S]\geqslant30$。

（2）铸坯断面。连铸轴承钢一般用较大断面的铸坯，借助大压缩比达到改善中心偏析和中心疏松的目的。有资料介绍，矩形坯较方坯的中心疏松和中心偏析程度轻，所以选用 180mm × 220mm 的矩形坯，宽厚比为 1.22。根据计算，采用此种矩形坯，在同等条件下，拉速可以是 200mm × 200mm 方形坯的 1.23 倍，因此用矩形坯，等量钢水的浇注时间可以缩短。

（3）温度控制。研究和实践表明，降低过热度有利于提高等轴晶率，改善铸坯内部质量。低过热度和降低拉速应合理匹配。重要的是，要确保中间包钢温的连续稳定，尽可能降低浇注过程钢液的降温速度，掌握钢包和中间包温降规律。加强钢包和中间包的烘烤，钢包和中间包加盖，并加足合适的覆盖剂以及红包出钢等措施，确保中间包钢温度波动小，拉速稳定，以保证铸坯质量。为了避免连铸坯中碳的严重偏析，要求采用低过热度浇注工艺。钢水过热度应控制在 15 ~ 20℃ 范围内。

（4）全程保护浇注。应采用长水口接缝吹氩工艺，控制浇注过程中钢水增氮量小于 0.0005%。

（5）防止钢水二次氧化。为防止注流二次氧化，用机械手将长水口安装在钢包滑动水口下水口的下方，并用氩气环密封。中间包采用碱性工作层，为 T 形包。使用塞棒和整体浸入式水口保护浇注。例如某厂的中间包内设挡渣墙，工作液面高度 800mm、溢流面高度 850mm，工作状态容量约 12.5t、溢流状态约 13.5t。深中间包及挡渣墙有利于夹杂物上浮，提高钢水的纯净度，同时采用轴承钢专用结晶器保护渣，可提高铸坯表面质量。

（6）低拉速弱冷工艺。轴承钢属于裂纹敏感钢种，二冷需要弱冷。采用气-雾冷却系统，系统使用的压缩空气压力一般为 0.15 ~ 0.20MPa，二冷比水量很小，配合慢拉速，可确保铸坯矫直时铸坯温度大于 900℃。轴承钢拉速一般控制在 0.6 ~ 0.8m/min，视铸坯断面尺寸适当调整拉速，二冷配水量通常为 0.25 ~ 0.3L/kg。

（7）采用电磁搅拌技术。生产轴承钢采用电磁搅拌，对增加等轴晶、提高铸坯致密度和减轻碳偏析都极为有效。电磁搅拌的安装位置不同，对铸坯质量的影响也不同。为达到多种目的，需组合使用电磁搅拌工艺。对于 GCr15 铸坯综合采用 M-EMS + F-EMS + 末端轻压下工艺技术，可以得到最佳冶金效果，并随浇注过热度的降低效果更加明显。

（8）结晶器液面检测及控制系统。结晶器液面检测及控制系统是保证稳定操作和良好铸坯质量的重要环节。

E　兴澄特钢公司轴承钢生产工艺

兴澄特钢公司生产轴承钢的工艺路线为：100t DC EAF（60% 废钢 + 40% 生铁）→

EBT 出钢→100t LF 精炼炉→100t VD 真空脱气炉→连铸机（全弧形，两点矫直，5 机 5 流，半径为 R12m/R23m，300mm×300mm）→17 架棒材连轧机。

兴澄特钢公司轴承钢精炼渣成分见表 8-18。

表 8-18　兴澄特钢公司和日本山阳轴承钢精炼渣成分　（%）

厂　名	CaO	SiO_2	Al_2O_3	MgO
兴澄特钢公司	50～60	8～12	20～30	5～8
日本山阳公司	57.8	13.3	15.8	4.3

钢水过热度为 20～30℃；冷却强度为 0.20L/kg；拉速为 0.50～0.55m/min；采用进口保护渣；二冷采用气雾冷却。采用 M-EMS：F=2Hz，I=320A，坯壳生成比较均匀；采用 F-EMS：F=20Hz，I=450A，能够打断中心部位架桥，较好地补给凝固收缩所需的钢液。兴澄特钢公司 2001 年生产 GCr15 轴承钢平均氧含量达到 0.000735%，最高水平达到 0.00043%。

8.2.2　硬线用钢

硬线是指 60～85 系列钢号的优质碳素结构钢线材（盘条）。它用于生产轮胎钢丝（w[C]=0.80%～0.85%）、弹簧钢线（w[C]=0.60%～0.75%）、预应力钢丝、镀锌钢丝、钢绞线和钢丝绳用钢丝等。硬线盘条是指优质中、高碳素钢以及变形抗力与硬线相当的低合金钢、合金钢及某些专用钢制造的 ϕ5.5～12mm（大规模盘条 ϕ12～25mm）的硬质线材，是加工弹簧、钢丝绳、轮胎钢帘线和低松弛预应力钢丝的原料。

8.2.2.1　硬线钢的基本质量要求

硬线钢不但要求强度高，而且要求延伸性、韧性好，以利于拉拔成为不同规格的钢丝。优质钢是通过铅浴处理来达到这种性能。铅浴处理是将高碳钢奥氏体化以后，迅速移到 A_{r1} 以下温度中等温处理，以期获得索氏体或以索氏体为主的金相组织。

高级别硬线是指磷、硫夹杂含量比一般硬线更少、钢质更纯净、强度更高、韧性更好的硬线，主要用于制作重要用途的高强度钢丝绳和弹簧钢丝。其安全系数要求很高，因而冶炼和轧制的难度也较大。非金属夹杂物含量低，脆塑性夹杂在 1.5 级以下。组织为索氏体，晶粒度为 10 级。脱碳层在 2% 以下。直径偏差和不圆度达到良好水平。优质硬线用钢中，子午线轮胎钢帘线用钢的质量要求最严，它要求从冶炼、连铸到轧钢的每一工序进行严格控制。生产优质硬线必须满足以下技术要求：

（1）钢质纯净，钢中磷、硫等有害成分得到有效控制。

（2）对生产硬线的原料须进行探伤和低倍检查，表面质量不符合要求的必须修磨或剔除。

（3）轧制工艺严格控制，不得有豁钢、错辊现象。

（4）为了得到强度高、拉拔性能好的硬线产品，必须严格控制线材的终轧温度和控制冷却温度。

（5）线材性能均匀、组织细小。

（6）盘条脱碳层深度一般不大于公称直径的 2%。

(7) 盘条不得有耳子、折叠、结疤、裂纹等缺陷。

电炉钢厂一般以线材作为成品提供给钢丝厂，影响线材性能的五个参数为：1) 化学成分；2) 偏析；3) 纯净度；4) 表面质量；5) 宏观组织和微观组织。

高碳钢线材的质量检验项目和化学成分分别见表 8-19 和表 8-20。表 8-21 示出了我国硬线钢主要牌号的化学成分。

表 8-19　高碳钢线材质量要求检验项目

成　分	碳	碳偏析	二次偏析
合金化元素	锰、硅、铝	夹杂物	数量、类型、最大尺寸
非金属残余元素	磷、硫、氮、氧	组织	平均粒度、粒度一致性、马氏体、贝氏体、二次渗碳体、粗片状珠光体
金属残余元素	铜、铬、镍、锡、铝、钴		
物理性能	直径、不圆度、抗拉强度、断面收缩率、氧化铁皮	表面	脱碳、裂纹、粗糙度、轧入氧化皮、氧化铁皮结构和厚度

表 8-20　日本硬线钢的化学成分　(%)

钢　号	标准号	C	Si	Mn	P	S
SWRH67A	JIS3506	0.64～0.71	0.15～0.35	0.30～0.60	0.03	0.03
SWRH67B	JIS3506	0.64～0.71	0.15～0.35	0.60～0.90	0.03	0.03
SWRH72A	JIS3506	0.69～0.76	0.15～0.35	0.30～0.60	0.03	0.03
SWRH72B	JIS3506	0.69～0.76	0.15～0.35	0.60～0.90	0.03	0.03
SWRH77A	JIS3506	0.74～0.81	0.15～0.35	0.30～0.60	0.03	0.03
SWRH77B	JIS3506	0.74～0.81	0.15～0.35	0.60～0.90	0.03	0.03
SWRH82A	JIS3506	0.79～0.86	0.15～0.35	0.30～0.60	0.03	0.03
SWRH82B	JIS3506	0.79～0.86	0.15～0.35	0.60～0.90	0.03	0.03

表 8-21　我国硬线钢的化学成分　(%)

钢号	标准号	C	Si	Mn	P	S	Ni	Cr	Cu
65	GB/T699	0.62～0.70	0.17～0.37	0.50～0.80	≤0.035	≤0.035	≤0.25	≤0.25	≤0.25
70	GB/T699	0.67～0.75	0.17～0.37	0.50～0.80	≤0.035	≤0.035	≤0.25	≤0.25	≤0.25
75	GB/T699	0.72～0.80	0.17～0.37	0.50～0.80	≤0.035	≤0.035	≤0.25	≤0.25	≤0.25
75Mn	GB/T699	0.72～0.80	0.17～0.37	0.90～1.20	≤0.035	≤0.035	≤0.25	≤0.25	≤0.25
80	GB/T699	0.77～0.85	0.17～0.37	0.50～0.80	≤0.035	≤0.035	≤0.25	≤0.25	≤0.25
80Mn	GB/T699	0.77～0.85	0.17～0.37	0.90～1.20	≤0.035	≤0.035	≤0.25	≤0.25	≤0.25
85	GB/T699	0.82～0.90	0.17～0.37	0.50～0.80	≤0.035	≤0.035	≤0.25	≤0.25	≤0.25
85Mn	GB/T699	0.82～0.90	0.17～0.37	0.90～1.20	≤0.035	≤0.035	≤0.25	≤0.25	≤0.25

8.2.2.2 硬线钢的基本生产工艺

在现代中小型短流程钢厂中硬线钢的生产流程为：电炉冶炼→炉外精炼→连铸→高速线材轧制。即采用超高功率直流电弧炉或三相交流电弧炉熔炼，钢包精炼炉脱硫、去除气体和夹杂物以及调整钢液成分、温度，连铸成小方坯。钢坯加热后经有控制冷却的无扭高速线材轧制成成品线材。目前世界上采用这类生产工艺生产优质硬质线材的钢铁厂主要有日本住友电气工业公司、美国乔治城钢厂和德国汉堡钢厂等。

PC 钢丝（预应力混凝土用钢丝亦称 PC 钢丝）及钢绞线母线用 82B 钢的冶炼工艺一般为：铁水预处理→转炉（或电炉）冶炼→炉外精炼→连铸（保护浇注）。

A 硬线钢的电炉冶炼

由于优质硬线盘条用钢对钢水的洁净度有较高的要求，炉料成分及炉料中的残余元素都会影响钢水的洁净度。

82B 钢碳含量高，坯料不可避免地存在中心偏析，因而在冶炼时应尽可能降低磷、硫元素的含量，以避免由于磷、硫形成的低熔点化合物使碳、锰等元素集中在这个熔融区，造成偏析。

a 生产硬线钢对电炉炼钢原料的要求

为了防止从原料中带入有害气体和元素，必须净化原料，严格把关：

（1）采用 DRI（海绵铁/HBI）；

（2）采用厂内回收废钢。

对废钢、生铁、铁合金的要求见表 8-22 和表 8-23。

表 8-22 废钢和生铁成分的要求 （%）

线材品种	Cr	Ni	Cu	Mo
普通级别	<0.05	<0.05		
高级 $\phi<0.20$mm	<0.02	<0.02	<0.01	<0.01

表 8-23 铁合金成分的要求 （%）

合　金	C	S	P	Al	Ti	N	Ca
FeMn	6～8	<0.02	<0.05	<0.01	<0.05	<0.020	
FeSi（低 Al，Ti）	<0.1	<0.02	<0.05	<0.1	<0.05	<0.010	<0.1
脱磷剂	<99.7	<0.02		<0.05		<0.010	

上述数据表明，生产硬线钢对原料的要求比较高，随着线材最终产品直径的减小，对原材料的要求更加严格。

b 生产硬线钢对电炉工艺的要求

在电炉炼钢工艺过程中，必须防止钢水渗氮，使钢液中氧含量维持在高水平，碳含量脱至比正常含量大 0.5%，以便在钢液中产生有效的 CO 沸腾搅拌效果，增加过程的脱氮效果。同时尽早形成泡沫渣，使其覆盖于废钢表面，降低在通电阶段氮的渗入。硬线钢出钢时对各种成分的要求见表8-24。

表8-24　硬线钢出钢时对各种成分的要求

元　素	$w[C]/\%$	$w[P]/\%$	$w[Cr]/\%$	$w[Ni]/\%$	$w[Cu]/\%$	$w[N]/\%$	温度/℃
普通硬线钢	<0.015	<0.015	<0.05	<0.05	<0.15	<0.0060	1640,1660
高级硬线钢	<0.012	<0.012	<0.02	<0.05	<0.05	<0.0050	1640,1660

出钢过程要快速而且无渣，钢流短而集束，尽量减少出钢过程中的氧化和增氮。出钢添加剂中氮和硫的含量必须很低，可以使用FeSiMn合金和其他低氮、硫的脱氧剂。钢包衬砖应选择低Al_2O_3和TiO_2含量的耐火材料，推荐用镁砖或煅烧白云石砖（在渣线部位用MgO-Cr砖）。在冶炼普通级别的硬线钢前，钢包必须浇注一炉无铝钢水，而冶炼高级别的硬线钢（直径小于0.2mm）之前，该钢包必须浇注2~3炉无铝钢水。

B　硬线钢的转炉冶炼

a　对铁水的要求

为了减少钢中夹杂物的含量，要求硬线钢冶炼终点高拉碳，使补吹的次数受到限制，因而必须采用硫、磷含量较低、物理热和化学热较高的铁水。唐山钢铁公司采用的铁水性能指标见表8-25。

表8-25　冶炼硬线钢的铁水性能指标

$w[S]/\%$	$w[P]/\%$	$w[Si]/\%$	$T/℃$
≤0.050	≤0.100	0.60~0.80	≥1400

b　吹炼工艺的基本原则

吹炼工艺（见图8-14）的基本原则如下：

(1) 减少沥青焦的加入量，终点高拉碳；

(2) 变化枪位，改变渣料的加入方法，控制炉温均匀上升；

(3) 进行前期脱磷，实现脱磷保碳的目的；

(4) 确立最佳的温度制度；

(5) 针对不同铁水采用不同的造渣方法；

(6) 双渣操作。

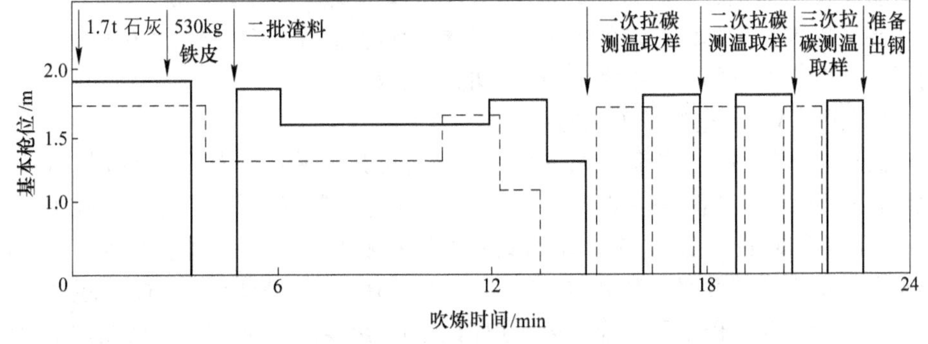

图8-14　硬线钢吹炼工艺

C　硬线钢的炉外精炼

硬线钢对钢中夹杂物有严格的要求。为保证钢材质量，必须采用低氧钢精炼工艺技术。

a　精炼的基本要求

精炼的基本要求为：

（1）严格控制钢中总氧含量，一般要求钢中 $w(T[O]) \leqslant 0.001\%$。

（2）严格控制钢中夹杂物的形态，避免出现脆性 Al_2O_3 夹杂物。严格控制渣中 $w(Al_2O_3) \leqslant 25\%$，为此需要控制钢水含铝量不高于 0.0004%，即采用无铝脱氧工艺。

（3）严格控制钢中夹杂物的尺寸，避免出现大型夹杂物。

b　低氧钢精炼的基本工艺

低氧钢精炼的基本工艺如下：

（1）精确控制炼钢终点，实现高碳出钢，防止钢水过氧化。

（2）严格控制出钢下渣量，并在出钢过程中进行炉渣改质。控制渣中 $w(FeO + MnO) \leqslant 3\%$，炉渣碱度 $B \geqslant 2.5$，避免钢水回磷并在出钢过程中进行 Si-Mn 脱氧。

（3）LF 炉内进行白渣精炼，控制炉渣碱度 $B \geqslant 3.5$，$w(Al_2O_3) \leqslant 25\% \sim 30\%$，$w(FeO + MnO) \leqslant 1.0\%$（最好小于 0.5%），实现炉渣对钢水的扩散脱氧，同时完成脱硫的任务。

（4）白渣精炼后，喂入 Si-Ca 线，对夹杂物进行变性处理。控制钢中夹杂物成分，保证 $w(Al_2O_3) \leqslant 25\%$。

（5）冶炼超低氧钢时 $w(T[O]) < 0.001\%$，LF 炉白渣精炼后应采用 VD 炉进行真空脱气。在 VD 炉真空脱气过程中应控制抽气速度和搅拌强度，避免喷溅。通过 VD 炉脱气并继续进行脱氧、脱硫。然后加入铝进行深脱氧，并喂入 Si-Ca 线对夹杂物进行变性处理。

c　硬线钢对 LF 工艺的要求

钢包在精炼阶段必须尽可能地密封，以防止空气进入反应区。一般可以采取如下措施：

（1）高氧位（低碳）完全敞开式出钢。

（2）排烟系统和炉盖分开，钢包周围造成负压。

（3）渣厚大于弧长。

（4）最佳的氩气搅拌。

炉后渣料使用优化过的合成渣，碱度为 1.5 ~ 2，主要成分为石灰、SiO_2 和无铝助熔剂。高级硬线钢为了得到低熔点的夹杂物，终铝含量控制在 0.003% ~ 0.004% 之间。

为了使夹杂有充分的时间扩散，应尽可能早加入铁合金。

d　硬线钢对 VD 真空处理工艺的要求

真空处理可有效降低钢中氮和氢的含量，同时可充分脱硫。为了降低硬线钢拉制中的加工硬化，对于直径在 0.10 ~ 0.20mm 之间的细线，应控制终点氮含量在 0.003% ~ 0.004%。要获得良好的脱氮效果，硫和氧的含量必须低。真空处理过程的液渣搅拌和脱硫同样有利于提高脱氮效率。高品质硬线钢要求 $w[H] < 0.0002\%$。因此增碳剂含草木灰要少，最好用纯石墨电极增碳。连浇第一炉钢水的过热度应小于 50℃，后续炉次钢水过热度应小于 40℃。

D 硬线钢对连铸工艺的要求

（1）提高钢水的洁净度，减少非金属夹杂的含量。要求：

1）采用大容量中间包；

2）采用全程保护工艺，避免钢水二次氧化；

3）监测钢包下渣。

（2）表面无缺陷铸坯。要求：

1）结晶器电磁搅拌；

2）合理的结晶器振动；

3）低黏度、保温性好的速熔保护渣；

4）精确控制结晶器液面，采用较低的拉速，保证钢液面平稳，严格控制钢液卷渣形成大型皮下夹杂。

（3）控制偏析和吸氮。硬线钢含碳量高，容易在连铸坯的过程中产生偏析，导致[C]、[Mn]、[S]、[Cr]等有害元素含量增加，局部区域会形成马氏体组织。

如果连铸过程工艺参数控制得不理想，过热度太高，结晶器冷却过弱，二冷强度不够等，则柱状晶过于发达，等轴晶受到抑制，增强的柱状晶结构会导致跨液芯的搭桥形成，也将进一步助长中心偏析的形成。为避免铸坯中心疏松和成分偏析，应采用低温浇注工艺，控制钢水过热度不大于20℃，过热度波动不大于±10℃。

为了防止钢水在浇注过程中吸氮，可采用以下措施：

1）钢包和中间包之间的钢流采用氩气保护；

2）中间包内的钢水液面上覆盖保护渣；

3）采用浸入式水口浇注；

4）中间包的特殊形状设计；

5）结晶器液面自动控制。

（4）采用高效结晶器。由于生产硬线钢的连铸机的拉速都比较快，因此必须采用高效结晶器。如奥钢联的“钻石”结晶器、达涅利的“HSCDANAM”多锥度结晶器和康卡斯特的“CONVEX”型高效结晶器。其技术参数见表8-26。

表 8-26 达涅利“HSCDANAM”多锥度结晶器的技术参数

长 度	1000mm	平均水速	14～17m/s
水缝宽	3.25mm	锥 度	多锥度（4锥度）
入水压力	10×10^5Pa	浇注速度	3.0mm/min

（5）提高二次冷却强度。提高二次冷却强度是减少高碳钢铸坯碳偏析非常有效的手段，提高二次冷却强度可以使铸坯液芯热量被迅速带走，液芯温度迅速下降，同时在强冷条件下，凝固前沿平衡前进，不会出现个别突出点，抑制了铸坯柱状晶的生长，扩大了等轴晶区域。因此，为了提高铸坯的质量，在生产高碳硬线钢，特别是预应力钢绞线（82B等）、钢帘线（B70LX等）高档次品种时，必须采用强冷却工艺。这也是目前国际上通常所采用的方法。国外硬线钢连铸机的比水量见表8-27。

表 8-27　国外硬线钢连铸机的比水量

外商公司	德马克	奥钢联	达涅利	康卡斯特
比水量/$m^3 \cdot t^{-1}$	1.71	1.9	2.0	2 ~ 2.5

从上述的数据中可以看到，生产高碳硬线钢和生产普碳钢比较，比水量增加 1 ~ 1.5m^3/t，水压增加 0.4 ~ 0.6MPa。

8.2.2.3　包钢硬线钢生产工艺

包钢 SWRH82B 高碳硬线的生产工艺如下：

转炉冶炼→钢包精炼→真空脱气→大方坯连铸→开坯和高线轧材，并采取严格控制化学成分、降低过热度、二冷与拉速合理匹配、末端电磁搅拌等措施，减少铸坯疏松和纵向碳偏析，以满足 82B 硬线钢的内部质量要求；同时加入少量合金元素，配合控制冷却，大幅度提高 82B 硬线的性能。

A　转炉冶炼

由 80t 氧气顶吹转炉冶炼，采用恒压变枪位，高拉补吹，炉后增碳工艺操作，用单渣法冶炼；出钢时使用挡渣球挡渣，后改用挡渣塞，加完合金后向钢包内加入 200kg 石灰粉。

B　精炼

钢包精炼操作是在全程吹氩状态下进行，电极加热采用从低级数到高级数逐渐提高升温速度的方式，根据钢水成分及温度变化进行造渣、微调和升温操作。钢包炉精炼后的钢水经 VD 炉真空脱气处理，进一步降低钢中有害气体含量，提高钢的纯净度。

C　大方坯连铸

82B 钢由弧形四流大方坯连铸机按优质高碳钢连铸工艺进行拉坯浇注，铸坯规格为 280mm × 380mm 和 280mm × 325mm，采用结晶器电磁搅拌及末端电磁搅拌，在第Ⅱ阶段后期，在末端进行电磁搅拌，进一步提高铸坯质量。

8.2.3　石油管线钢

8.2.3.1　管线钢的质量要求

管线钢主要用于石油、天然气的输送，随着石油、天然气开采量的增加，对管线钢的需求量也日益增多，对钢材质量要求更为严格，在成分和组织上要求“超高纯、超均质、超细化”。

管线钢可分为高寒地区、高硫地区和海底铺设用三类。由于工作环境比较恶劣，高寒地区管线、海底管线和高硫管线要求钢有良好的力学性能，即高屈服强度、高韧性和良好的可焊接性能，还应具有良好的耐低温性能、耐腐蚀性、抗海水、抗 HIC 和 SSC 等，要防止出现管线的低温脆性断裂和断裂扩展以及失稳延性断裂扩展等。这些性能的提高需要降低钢中杂质元素碳、磷、硫、氧、氮和氢的含量到较低的水平，其中要求 $w[S] < 0.001\%$；输送酸性介质时，管线钢要能抗氢脆，所以要求 $w[H] \leqslant 0.0002\%$；对于钢中的夹杂物，要求最大直径 $D < 100\mu m$，控制氧化物形状，消除条形硫化物夹杂的影响。

对于优质管线钢，杂质的含量应当达到表 8-28 中的水平。

表 8-28　优质管线钢质量要求钢中有害元素的含量　(%)

炼钢		应用		
		高强厚壁管	低温管	腐蚀性气体传递管
清洁钢	$w[S]<0.005\%$	◆	◆	
	$w[S]<0.001\%$	●	●	■
	$w[P]<0.010\%$	●	●	■
	$w[P]<0.005\%$			●
	$w[H]<0.00015\%$	■	●	◆
	$w[N]<0.004\%$	◆	◆	◆
钙处理	$w[Ca]=0.001\%\sim0.0035\%$	●	●	■
低碳钢	$w[C]<0.10\%$	■	■	■
	$w[C]<0.05\%$	●	●	●
夹杂物控制		◆	◆	■
中心偏析控制		◆	◆	■
化学成分精调		■	■	■

注：■—必不可少的；◆—必要的；●—理想的。

石油管线强度一般要求达到 600 ~ 700MPa，管线钢中 $w(T[O]+[S]+[P]+[N]+[C]+[H])\leqslant0.0092\%$，钢中脆性 Al_2O_3 夹杂物和条状 MnS 夹杂成痕迹，晶粒细化，满足管线钢的力学性能和使用性能要求。因此，为了满足石油天然气的输送，超低硫钢的生产工艺迅速发展。目前大工业生产中已可以稳定生产 $w[S]\leqslant0.001\%$ 的超低硫钢。同时随着输送距离、输送压力、输送介质以及自然环境的不断变化，管线钢的要求及钢级在不断提高。目前已批量生产的管线钢的钢级有 X52、X60、X65、X70、X80，而 X100、X120 钢级管线钢仍在研究开发之中。

A　管线钢抗硫化氢行为的要求

管线钢最常见的 H_2S 环境断裂可分为两类：氢致开裂（HIC）和硫化物应力开裂(SSC)。管线钢的 HIC 是指在含 H_2S 的油气环境中，因 H_2S 与管线钢作用产生的氢进入管线钢内部而导致的开裂，最常见的表现形式为氢致台阶式开裂。当然，如果裂纹处在钢管近表面，则也常表现为氢鼓泡。管线钢的 SSC 是指在含 H_2S 的油气环境中，因 H_2S 和应力对管线钢的共同作用产生的氢进入管线钢内部而导致的开裂，是管线钢最常见的一种失效形式。SSC 是一种特殊的应力腐蚀，属于低应力破裂，所需的应力值通常远低于管线钢的抗拉强度，多表现为没有任何预兆下的突发性破坏，裂纹萌生并迅速扩展。对 SSC 敏感的管线钢在含 H_2S 的油气环境中，经短暂时间后，就会出现破裂，以数小时到数月情况为多。因此，管线钢在投入使用之前一般要经过 HIC 和 SSC 的检测。

对管线钢的板材和钢管已制定了标准化的评估检验方法，其中最常采用的是 NACE 试验规范。例如，对于 HIC，在 NACE 试验规范 TM02—84 标准溶液中，裂纹长度率（CLR）

不大于15%，裂纹厚度率（CTR）不大于5%，裂纹敏感率（CSR）不大于2%，目前这3个评定参数通常作为在酸性环境条件下管线钢抗 HIC 指标。总的来说，管线钢的 HIC 和 SSC 都与氢的扩散和富集有关，可以归结为氢脆引起的开裂。在含 H_2S 的油气环境中，H_2S 在水溶液中逐步发生离解，即 $H_2S \rightarrow H^+ + HS^-$，$HS^- \rightarrow H^- + S^{2-}$；而铁在水溶液中发生的反应为 $Fe \rightarrow Fe^{2+} + 2e$，其中 Fe^{2+} 与 S^{2-} 结合，形成 FeS，即 $Fe^{2+} + S^{2-} \rightarrow FeS$，所放出的电子被 H^+ 吸收，即 $2H^+ + 2e \rightarrow 2H$。反应生成的氢，一部分结合成氢气溢出；一部分进入管线钢内，可扩散到夹杂物、偏析区、微孔等缺陷周围或应力集中区域富集。当富集的氢达到一个临界值时，导致开裂。这两者最大的区别在于，HIC 不需要外加应力就可产生；SSC 则必须有拉应力作用，并且这个应力必须大于管线钢所对应的抗 SSC 临界值。

管线钢的 H_2S 环境断裂，受环境介质、材质本身以及工艺因素的影响。在环境介质方面，主要是 H_2S 浓度、pH 值和温度的影响。H_2S 浓度愈高，pH 值愈低，钢的开裂敏感性便愈大，并且敏感性在室温附近最严重。在材质方面，化学成分、组织结构和力学性能是3个重要的因素。化学成分的影响比较复杂，一般而言，硫、磷等元素有害，Mo、V、Ti、Nb 等元素有益，C、Mn、Ni、Si 等元素还存在争议。由于氢致裂纹易于沿珠光体和带状结构扩展，故控制管线钢的显微组织，减少珠光体和带状结构，增加针状铁素体含量可改善管线钢的抗 H_2S 性能；就组织结构而言，采用细化晶粒，并尽可能使碳化物和硫化锰、氧化物等夹杂物变为均匀、细小的球状形态，便能改善管线钢的抗 H_2S 性能；反之组织结构上的不均匀性，对管线钢的抗 H_2S 性能十分有害。此外，管线钢的强度、硬度愈高，抗 H_2S 性能一般愈差，为此，一般要求 HRC 不大于22或屈服强度不大于690MPa。由于热轧工艺制度影响管线钢的组织结构和强度水平，因而也影响管线钢的抗 H_2S 性能。

B　高洁净度管线钢中元素的作用与控制

（1）碳。按照 API 标准规定，管线钢中的碳含量通常为0.18%～0.28%，但实际生产的管线钢中的碳含量却在逐渐降低，尤其是高等级的管线钢，如 X80 管线钢，其碳含量为0.06%。对于低温条件下使用的管线钢，当钢中碳含量超过0.04%时，继续增加碳含量将导致管线钢抗 HIC 能力下降，使裂纹率突然增加。当碳含量超过0.05%时，将导致锰和磷的偏析加剧。当碳含量小于0.04%时，可防止 HIC（见图8-15）。对于寒冷状态下含硫环境的管线钢，如果碳含量降低到小于0.01%，热影响区的晶界将脆化，并引起热影响区发生 HIC 和韧性的降低。因此日本钢管公司福山厂提出：在综合考虑管线钢抗 HIC 性能、野外可焊性和晶界脆化时，最佳碳含量应控制在0.01%～0.05%之间。

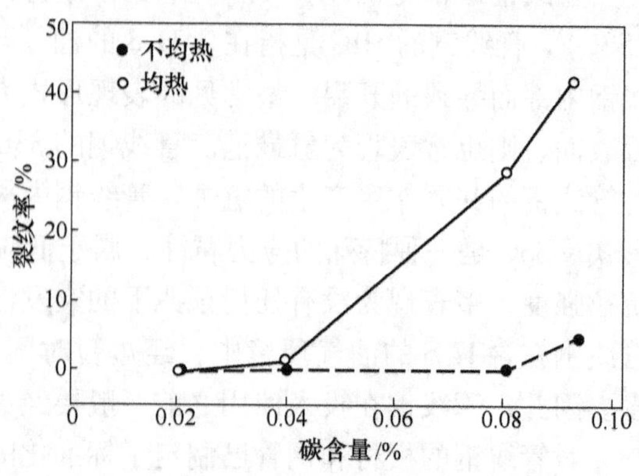

图8-15　热轧钢板氢致裂纹敏感性与碳含量关系

采用炉外精炼是实现对碳含量精确控制的有效手段。日本钢管京滨厂采用50t高功率电炉与一台 VAD 和 VOD 双联精炼炉冶炼输油管线钢。处理前的碳含量为

0.40% ~0.60%，在 VOD 中真空室压力低于 9.3kPa 时，吹入氧气流量为 800 ~ 1000m^3/h，处理后碳含量可达0.03% ~0.05%。其他钢厂在 RH 上采用增大氩气流量、增大浸渍管直径和吹氧等方式进行真空脱碳，保证了管线钢精确控制碳含量的要求。精炼后还要避免耐火材料造成的增碳问题。通常采用以下防范措施：1）使用不含碳或低碳的耐火材料；2）同一耐火材料的反复使用。

（2）硫。硫是管线钢中影响钢的抗 HIC 能力和抗 SSC 能力的主要元素。法国 G. M. Pressouyre 等研究表明：当钢中硫含量大于0.005%时，随着钢中硫含量的增加，HIC 的敏感性显著增加。当钢中硫含量小于 0.002% 时，HIC 明显降低，甚至可以忽略此时的 HIC。日本 K. Yamada 等认为：当 X42 等低强度管线钢中硫含量低于0.002%时，裂纹长度比接近于零。然而由于硫易与锰结合生成 MnS 夹杂物，当 MnS 夹杂变成粒状夹杂物时，随着钢强度的增加，单纯降低硫含量不能防止 HIC。如 X65 管线钢，当硫含量降到0.002%时，其裂纹长度比仍高达30%以上。硫还影响管线钢的低温冲击韧性。从图 8-16 可见，降低硫含量可显著提高冲击韧性。

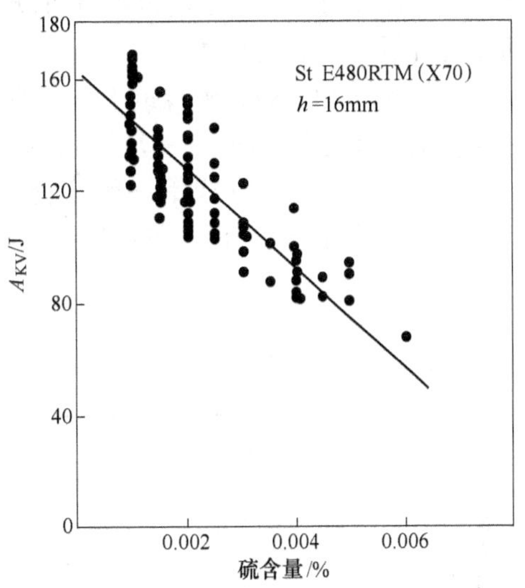

图 8-16　横向冲出韧性与硫含量的关系

管线钢中硫的控制通常是在炉外精炼时采用喷粉、加顶渣或使用钙处理技术完成的。采用 RH-PB 法可以将钢中硫含量控制在 w[S]≤0.001%，新日铁大分厂采用 RH-Injection 法喷吹 CaO-CaF_2 粉剂 4 ~5kg/t 后，钢中硫稳定在 0.0005% 左右。君津制铁所单独采用 LF 精炼，钢中硫含量最低降到 0.001%，而采用 OKP（铁水预处理）—LD-OB（顶底复吹转炉）—V-KIP-CC 生产极低硫管线钢时，在 V-KIP 中保持w(CaO)/w(Al_2O_3)≥1.8，吹入脱硫粉剂 13kg/t（65% CaO，30% Al_2O_3，5% SiO_2），可以生产出 w[S]≤0.0005% 的管线钢。

（3）氧。钢中氧含量过高，氧化物夹杂以及宏观夹杂增加，会严重影响管线钢的洁净度。钢中氧化物夹杂是管线钢产生 HIC 和 SSC 的根源之一，危害钢的各种性能，尤其是当夹杂物直径大于 50μm 后，严重恶化钢的各种性能。为了防止钢中出现直径大于 50μm 的氧化物夹杂，减少氧化物夹杂数量，一般控制钢中氧含量小于 0.0015%。

采用炉外精炼可获得较低的氧含量，国外的精炼工艺及 T[O]的控制水平见表 8-29。

表 8-29　国外炉外精炼的 w(T[O])水平

钢　厂	工　艺	w(T[O])/ppm	钢　厂	工　艺	w(T[O])/ppm
新日铁君津制铁所	RH + KIP	29	室兰制铁所	LF-RH 或 LF-VOD	10
	V-KIP（碱性钢包）	15	日本其他厂	RH	20

另外，由于耐火材料供氧，钢水在运输和浇注过程中应尽量减少二次氧化。通过改进中间包挡墙和坝结构以及选择良好的中间包覆盖渣和连铸保护渣，可取得较好的效果。

（4）氢。钢中氢是导致白点和发裂的主要原因。管线钢中的氢含量越高，HIC 产生的几率越大，腐蚀率越高，平均裂纹长度增加越显著（见图 8-17）。

利用转炉 CO 气泡沸腾脱氢和炉外精炼脱气过程可很好地控制钢中的氢含量。采用 RH、DH 或吹氩搅拌等均可控制 $w[H]\leqslant 0.00015\%$。鹿岛制铁所使用 RH 脱氢处理，氩气流量为 $3.0m^3/min$ 时，成品中 $w[H]$ 为 0.00011% 左右。

另外，要防止炼钢的其他阶段增氢。采用钢包和中间包预热烘烤可以有效降低钢水的吸氢量。连铸过程中，在钢包和中间包系统中对保护套管加热和同一保护套管的反复使用可明显降低钢液的吸氢量。

（5）磷。由于磷在管线钢中是一种易偏析元素，在偏析区其淬硬性约为碳的 2 倍。由 2 倍磷含量与碳当量 $w(C_{eq}+2P)$ 对管线钢硬度的影响可知：随着 $w(C_{eq}+2P)$ 的增加，含 0.12% ~0.22% 碳的管线钢的硬度呈线性增加；而含 0.02% ~0.03% 碳的管线钢，当 $w(C_{eq}+2P)$ 大于 0.6% 时，管线钢硬度的增加趋势明显减缓（见图 8-18）。

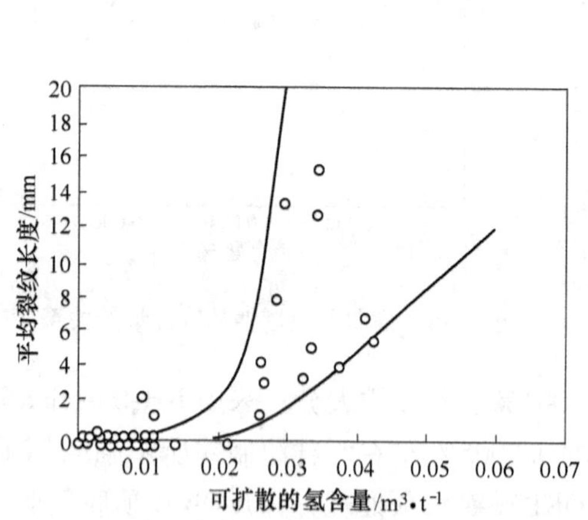

图 8-17　可扩散的氢含量与平均裂纹长度的关系

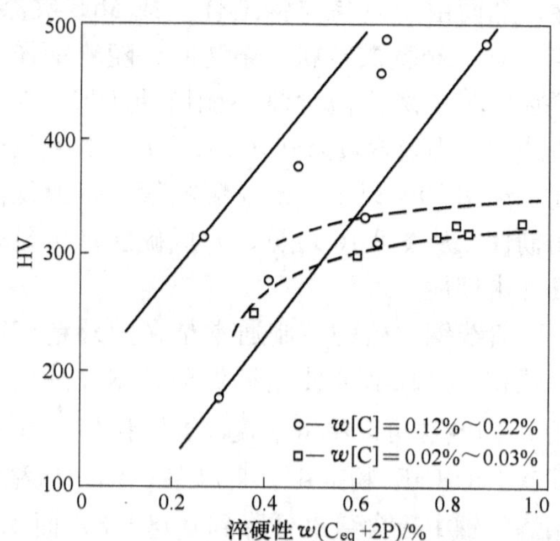

图 8-18　偏析区管线钢硬度和淬硬性的关系

磷还会恶化焊接性能，对于严格要求焊接性能的管线钢，应将磷限制在 0.04% 以下。磷能显著降低钢的低温冲击韧性，提高钢的脆性转变温度，使钢管发生冷脆。而且低温环境用的高级管线钢，当磷含量大于 0.015% 时，磷的偏析也会急剧增加。

在炼钢整个过程中均可脱磷，如铁水预处理、转炉以及炉外精炼，但最终脱磷都是采用炉外精炼来完成。名古屋厂采用 RH-PB 脱磷将 $w[P]$ 降到 0.001%。鹿岛制铁所采用 LF 分段工艺进行精炼，脱磷终了时 $w[P]<0.001\%$，成品中 $w[P]<0.0015\%$。

LF 分段精炼工艺要点如下：1）转炉脱磷出钢后，在 LF 中吹入气体，进行强搅拌脱磷；2）完全去除脱磷渣，防止回磷，然后进行还原精炼；3）喷吹 CaSi 粉剂，获得超低磷钢。

（6）锰。由于高级管线钢要求较低的碳含量，因此通常靠提高锰含量来保证其强度。锰还可以推迟铁素体→珠光体的转变，并降低贝氏体的转变温度，有利于形成细晶粒组织。但锰含量过高会对管线钢的焊接性能造成不利影响。当锰含量超过 1.5% 时，管线钢铸坯会发生锰的偏析，且随着碳含量的增加，这种偏析更显著。

锰对于X40～X70级，厚度为16～25mm管线钢抗HIC性能也有影响，主要分为三种情况（见图8-19）：含0.05%～0.15%碳的热轧管线钢，当锰含量超过1.0%时，HIC敏感性会突然增加。这是由于偏析区形成了硬“带”组织的缘故。对于QT（淬火＋回火）管线钢，当锰含量达到1.6%时，锰含量对钢的抗HIC能力没有明显影响。但在偏析区，碳含量低于0.02%时，由于硬度降到低于300HV，此时即使钢中锰含量超过2.0%，仍具有良好的抗HIC能力。

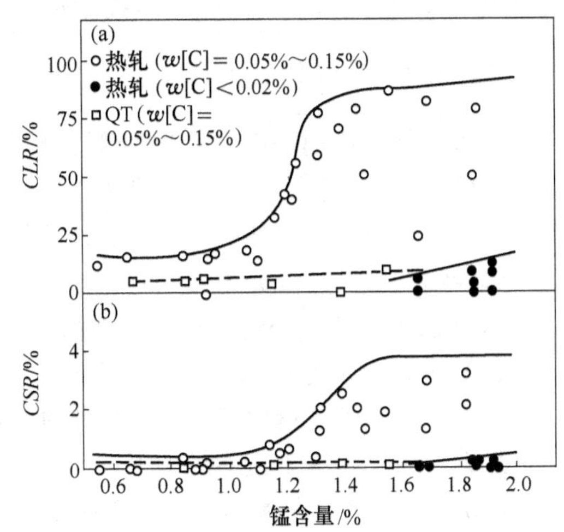

图8-19　锰含量对抗HIC能力的影响

（a）裂纹长度比（*CLR*）；（b）裂纹敏感性比（*CSR*）

（7）铜。加入适量铜，可以显著改善管线钢抗HIC的能力。随着铜含量的增加，可以更有效地防止氢原子渗入钢中，平均裂纹长度明显减少。当铜含量超过0.2%时，能在钢的表面形成致密保护层，HIC会显著降低，钢板的平均腐蚀率明显下降，平均裂纹长度几乎接近于零。

但是，对于耐CO_2腐蚀的管线钢，添加铜会增加腐蚀速度。当钢中不添加铬时，添加0.5%Cu会使腐蚀速度提高2倍。而添加0.5%Cr以后，含铜小于0.2%时，腐蚀速度基本不受影响；当含铜达到0.5%时，腐蚀速度明显加快。

（8）夹杂物。在大多数情况下，HIC都起源于夹杂物，钢中的塑性夹杂物和脆性夹杂物是产生HIC的主要根源。分析表明，HIC端口表面有延伸的MnS和Al_2O_3点链状夹杂，而SSC的形成与HIC的形成密切相关。因此，为了提高抗HIC和抗SSC能力，必须尽量减少钢中的夹杂物，精确控制夹杂物的形态。

钙处理可以很好地控制钢中夹杂物的形态，从而改善管线钢的抗HIC和SSC能力。如图8-20所示，当钢中硫含量为0.002%～0.005%时，随着$w[Ca]/w[S]$的增加，钢的HIC敏感性下降。但是，当$w[Ca]/w[S]$达到一定值时，形成CaS夹杂物，HIC会显著增加。因此，对于低硫钢来说，$w[Ca]/w[S]$应控制在一个极其狭窄的范围内，否则，钢的抗HIC能力明显减弱。而对于硫低于0.002%的超低硫钢，即便形成了CaS夹杂物，由于其

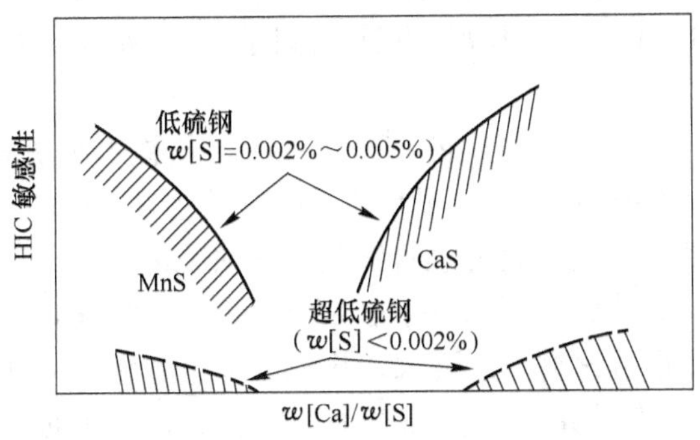

图8-20　$w[Ca]/w[S]$对抗HIC性能的影响

含量相对较少，$w[Ca]/w[S]$可以控制在一个更广的范围内。

8.2.3.2 管线钢的生产工艺

钢水净化，特别是硫含量的降低，是高韧性管线钢不可缺少的前提条件。钢水钙处理，确保夹杂物球化、变性是提高横向冲击韧性的重要保证；微钛处理是保证管线钢晶粒细化、横向冲击值稳定的有效手段；而冶炼工艺的优化是高韧性管线钢生产的关键。

管线钢的生产路线分为两条：

（1）铁水预处理→转炉→炉外精炼→连铸或模铸。

（2）电炉→炉外精炼→连铸或模铸。

下面以武钢管线钢生产工艺为例作具体说明。

武钢管线钢冶炼工艺路线如下：

高炉铁水→铁水脱硫预处理→250t 顶底复合吹炼转炉→钢包吹氩→RH 真空处理→LF 处理→连铸。

武汉钢铁公司管线钢的冶炼成分控制在 $w[C]\pm 0.015\%$，$w[Mn]\pm 0.15\%$ 较窄的范围内，钢中微合金元素钒、铌、钛含量波动值很低。对于钢中有害杂质元素如磷可做到 0.018% 以下，硫可做到 0.003% 以下。其实际熔炼成分见表 8-30。

表 8-30 武钢管线钢实际熔炼成分范围

钢级	板厚/mm	熔炼成分范围 w/%						
		C	Si	Mn	P	S	Nb + V + Ti	其他元素
X52	6 ~ 16	0.07 ~ 0.10	0.15 ~ 0.30	0.9 ~ 1.3	0.01 ~ 0.025	0.01 ~ 0.010	0.01 ~ 0.03	0.02 ~ 0.06
X56	6 ~ 8	0.07 ~ 0.10	0.15 ~ 0.30	1.1 ~ 1.3	0.01 ~ 0.018	0.01 ~ 0.010	0.02 ~ 0.04	0.02 ~ 0.06
X60	6 ~ 11.5	0.05 ~ 0.08	0.15 ~ 0.30	1.1 ~ 1.4	0.005 ~ 0.018	0.01 ~ 0.004	0.03 ~ 0.06	0.03 ~ 0.22
X65	8 ~ 14.5	0.04 ~ 0.08	0.15 ~ 0.30	1.2 ~ 1.4	0.008 ~ 0.018	0.01 ~ 0.003	0.03 ~ 0.08	0.18 ~ 0.20
X70	8 ~ 10	0.02 ~ 0.05	0.15 ~ 0.35	1.4 ~ 1.7	0.01 ~ 0.015	0.01 ~ 0.004	0.03 ~ 0.20	0.10 ~ 0.20
X80	8 ~ 10	0.02 ~ 0.05	0.15 ~ 0.35	1.4 ~ 1.8	0.01 ~ 0.015	0.01 ~ 0.004	0.03 ~ 0.07	0.30 ~ 0.50

工艺要点与质量控制包括：

（1）入炉铁水经过铁水预处理后，$w[S] < 0.0050\%$。

（2）顶底复合吹炼：转炉顶底复吹后挡渣出钢并加入炉渣改质剂。

（3）炉外精炼：RH 真空处理脱氢并净化钢水；LF 处理进行升温，造渣脱硫和钙处理。

1）超深脱硫技术：从原辅材料中的硫含量入手，从铁水脱硫开始加强各个工序的脱硫控制。在 200 多炉超深脱硫炉次中，最低成品硫含量达 0.0005%。

2）钙处理技术：武钢钙处理是处理管线钢的一项关键技术，目的是硫化物球化改性，即变为球状高熔点的 CaS，以提高管线钢抗裂纹性能，使管线钢中成品钙含量平均达到 0.002% 左右，满足管线钢硫化物变形要求，并减少对连铸耐火材料的侵蚀。

管线钢中硫的控制通常是在炉外精炼时采用喷粉、加顶渣或钙处理技术完成。采用 RH-PB 法可以将钢中硫含量控制在 $w[S] \leqslant 0.001\%$。各工序钢中洁净度见表 8-31。

表 8-31　武钢各工序钢中洁净度的变化

项　目	w(T[O])/%(浇次 1)	w(T[O])/%(浇次 2)	显微夹杂个数/个·mm^{-2}	大型夹杂数量/mg·(10kg)$^{-1}$
吹氩后	0.00215	0.00208	7.28	31.52
RH 处理后	0.00205	0.00165	4.74	10.87
LF 处理后	0.00213	0.00173	2.46	32.27
中间包	0.00240	0.00210	3.78	36.56
铸　坯	0.00182	0.00147	2.79	1.13

(4) 精炼结束后钢包经 60t 大容量中间包进行浇注，铸机是双流弧形板坯连铸机。

(5) 按照管线钢专用热轧数学模型轧制。

(6) 精轧机组采用弯辊、窜辊、板形闭环控制技术、卷取机实行弹跳卷钢。

(7) 在精轧机出口处安装 X 射线测厚仪、光电平直度和宽度测量仪进行板形、尺寸监控。

8.2.4　齿轮钢

用于制造齿轮的齿轮钢品种多、用量大，是合金结构钢中一个典型钢种。齿轮在工作时，齿根受弯曲应力作用，易产生疲劳断裂；齿面受接触应力作用，易导致表面金属剥落。因此要求钢质必须具有良好的抗疲劳强度。齿轮一般经机加工成形，为保证表面光洁度，要求齿轮钢具有良好的切削性能。机加工后经淬火和回火处理，为保证齿间啮合精度，减少振动和噪声，又要求钢质具有良好的淬透性和尺寸稳定性。

齿轮钢的钢号和化学成分见表 8-32（GB 5216 标准中纳入了 15 个钢号），其中以 20CrMnTi 钢用量最大，也是许多特钢企业创优质名牌的主导产品，广泛应用于各汽车制造厂、齿轮箱厂。新型汽车齿轮钢分类与代表钢号的化学成分见表 8-33。

表 8-32　齿轮钢的钢号和化学成分　(%)

序号	钢号	C	Mn	Cr	Ni	Mo	Ti	V	B
1	45H	0.42～0.50	0.50～0.85						
2	20CrH	0.17～0.23	0.50～0.85	0.70～1.10					
3	40CrH	0.37～0.44	0.50～0.85	0.70～1.10					
4	45CrH	0.42～0.49	0.50～0.85	0.70～1.10					
5	40MnBH	0.37～0.44	0.95～1.40						0.0005～0.0035
6	45MnBH	0.42～0.49	0.95～1.40						0.0005～0.0035
7	20MnMoBH	0.16～0.22	0.90～1.25			0.20～0.30			0.0005～0.0035
8	20MnVBH	0.16～0.23	1.05～1.50					0.07～0.12	0.0005～0.0035
9	22MnVBH	0.19～0.25	1.25～1.70					0.07～0.12	0.0005～0.0035
10	20MnTiBH	0.17～0.13	1.20～1.55				0.04～0.10		0.0005～0.0035
11	20CrMnMoH	0.17～0.13	0.895～1.240	1.05～1.40		0.20～0.30			
12	20CrMnTiH	0.17～0.13	0.80～1.15	1.00～1.35			0.04～0.10		
13	20CrNi3H	0.17～0.13	0.30～0.65	0.60～0.95	2.70～3.25				
14	20Cr2Ni4H	0.17～0.13	0.30～0.65	1.20～1.75	3.20～3.75				
15	20CrNiMoH	0.17～0.13	0.60～0.95	0.35～0.75	0.35～0.75	0.15～0.2			

注：w[Si]=0.17%～0.37%。

表8-33　新型汽车齿轮分类与代表钢号的化学成分　(%)

钢　类	代表钢号	C	Mn	Si	P	S	Cr
Cr钢	SCr420H	0.17~0.23	0.55~0.90	0.15~0.35	≤0.030	≤0.030	0.85~1.25
MnCr5钢	16MnCr5	0.14~0.19	1.00~1.40	≤0.12	≤0.035	0.020~0.035	0.80~1.20
	25MnCr5	0.23~0.28	0.60~0.80	≤0.12	≤0.035	0.020~0.035	0.80~1.10
B钢	ZF6	0.13~0.18	1.00~1.30	0.15~0.40	≤0.030	0.015~0.035	0.80~1.10
	ZF7	0.15~0.20	1.00~1.30	0.15~0.40	≤0.030	0.015~0.035	1.00~1.30
CrMo钢	SCM420H	0.17~0.23	0.55~0.90	0.17~0.37	≤0.030	≤0.030	0.85~1.25
	SCM822H	0.19~0.25	0.55~0.90	0.15~0.35	≤0.030	≤0.030	0.85~1.25
CrNi钢	14CN5	0.13~0.18	0.70~1.10	≤0.35	≤0.035	≤0.035	0.80~1.10
	19CN5	0.16~0.21	0.70~1.10	0.15~0.35	≤0.035	0.020~0.040	0.80~1.20
CrNiMo钢	SAE8620H	0.17~0.23	0.60~0.95	0.15~0.35	≤0.035	≤0.030	0.35~0.65
CrNiMoNb钢	SNCM420H	0.19~0.25	0.40~0.70	0.20~0.35	≤0.025	≤0.025	0.45~0.75
钢　类	代表钢号	Mo	Ni	B	Al	Ti	Cu
Cr钢	SCr420H						≤0.30
MnCr5钢	16MnCr5						
	25MnCr5						
B钢	ZF6			0.001~0.003			≤0.25
	ZF7			0.001~0.003			≤0.25
CrMo钢	SCM420H	0.15~0.35				0.02~0.05	≤0.25
	SCM822H	0.35~0.45	≤0.25				≤0.25
CrNi钢	14CN5	≤0.10	0.80~1.10			0.02~0.05	≤0.30
	19CN5	≤0.10	0.80~1.10			0.02~0.05	≤0.30
CrNiMo钢	SAE8620H	0.15~0.25	0.35~0.75				≤0.25
CrNiMoNb钢	SNCM420H	0.20~0.30	1.65~2.00	Nb：0.04~0.08			

近年来，随着引进高档轿车生产线钢材的国产化、国外齿轮钢的生产，进一步推动了国内齿轮钢生产工艺的改进和质量的提高，目前齿轮钢已由原来的电炉冶炼，演变为钢包精炼、真空脱气、喂线、连铸、连轧一条优质、高效、低成本的短流程生产线。

8.2.4.1　齿轮钢的质量要求与控制措施

A　齿轮钢的质量要求

齿轮钢材质量对齿轮强度性能和工艺性能的影响见表8-34。

表8-34　齿轮钢材质量对齿轮强度性能和工艺性能的影响

钢材质量			齿轮性能	
项　目	表现因素		工艺性能	强度性能
成　分	元素波动		切削性变化且热变形波动大，杂质元素 $w(\mathrm{Mo})>0.04\%$，即对切削性产生不良影响	有些元素会降低齿轮硬化层表面质量（如硅多时，促使表面层晶界氧化），从而降低齿轮寿命
	杂质元素			
淬透性	高		切削困难且热变形大	易断齿（因齿心部位强度过高）
	低		粗糙度高，去毛刺困难；热处理后心部硬度偏低	易产生齿面硬化层压溃失效现象
	波动大		因齿轮材料硬度波动，而使制齿精度下降，热变形波动增加	
纯净度	氧含量超标			降低齿轮材料接触疲劳强度
	夹杂物			降低齿轮疲劳寿命
	硫含量过低		降低切削性	
	晶粒度	过细	切削性差	
		过粗	热变形大	疲劳寿命低
		混晶	热变形波动大	
高倍组织	魏氏组织超标		切削性差，热变形波动大	
	带状组织超标		切削性差，热变形波动大	
	粒状贝氏体过多		切削性差（料硬），热变形大	
低倍缺陷	偏析		热变形波动大	
	疏松			降低齿轮强度
	发纹			降低齿轮强度
弯冲值(ZF标准)	不足			影响齿轮疲劳寿命

a　淬透性

淬透性是齿轮钢的一个主要特性指标，淬透性和淬透性带宽的控制主要取决于化学成分及其均匀性。淬透性带宽越窄，越有利于提高零件的热处理硬度和组织的一致性、均匀性，减少热处理零件变形，提高啮合精度，降低噪声。在这方面汽车齿轮比其他机械齿轮有更严格的要求，高档轿车用齿轮钢要求淬透性带宽4～8HRC，且同一批料淬透性波动不大于4HRC。我国目前对齿轮的带宽控制情况是：骨干企业是两点控制，J_9一般为6～8HRC，J_{15}一般为6～10HRC；一般企业要求符合GB/T 3077或单点控制。例如，奥迪、桑塔纳、切诺基、捷达轿车用齿轮钢要求单点（J_{10}）控制，淬透性带宽不大于7HRC。国外对齿轮钢淬透性带宽的控制一般是全带控制在4～7HRC。

b　纯净度

纯净度是齿轮钢的一个主要质量指标，齿轮钢的纯净度主要指氧化物夹杂和除了硫以外其他有害元素的含量，齿轮钢有时保持一定的硫含量以改善切削性能（$w[\mathrm{S}]=0.025\%$～

0.040%)。齿轮耐疲劳强度与钢中的氧含量和非金属夹杂物有密切关系。我国目前对齿轮钢的 $w[O]$ 要求是小于0.002%，国外一般要求小于0.0015%。非金属夹杂按JK系标准评级图评级，一般要求级别 $A\leqslant2.5$、$B\leqslant2.5$、$C\leqslant2.0$、$D\leqslant2.5$。过量的钛在钢中易形成大颗粒、带棱角的TiN，是疲劳裂纹的发源地，因此，工业发达国家标准中都没有含钛的齿轮钢。

c 晶粒度

晶粒尺寸的大小是齿轮钢的一项重要指标。细小均匀的奥氏体晶粒可以稳定末端淬透性，减少热处理变形，提高渗碳钢的脆断抗力。齿轮钢一般要求奥氏体晶粒度小于5级，特殊用途要求小于6级，20CrMnTiH钢含有钛，晶粒度7级。晶粒细化主要通过添加一定量的细化晶粒元素如铝（$w[Al]=0.020\%\sim0.040\%$）、钛和铌来达到。但对要求抗疲劳性能高的钢种，不宜用钛来细化晶粒。与精炼钢相比，电炉钢晶粒长大倾向严重。

d 加工性和易切削性

汽车齿轮用钢是热加工用钢，严格地说是热顶锻用钢，故对棒材的表面质量要求很高，许多齿轮厂要求表面无缺陷、端头无毛刺交货。

随着机械加工线的自动化，为了不断提高劳动生产率，适应高速程控机床的需要，要求齿轮钢具有良好的易切削性能。

B 质量控制措施

生产齿轮钢的质量控制措施如下：

（1）运用数理统计和计算机控制技术，确定最佳化学成分控制目标，实现窄淬透性带控制。

抚钢通过对数百炉数据的统计分析，进一步优化后得出20CrMnTiH钢淬透性 J_9 值与合金元素含量关系的回归方程式：

$$J_9 = 5.563 + 56.559w[C]_{\%} + 5.42w[Mn]_{\%} + 7.48w[Si]_{\%} + 8.487w[Cr]_{\%} - 20.186w[Ti]_{\%}$$

此式在生产中应用仍然有一定难度，为此对生产给出合金元素调整目标值，$w[C]_{\%}=0.20$，$w[Mn]_{\%}=0.95$，$w[Cr]_{\%}=1.15$，$w[Ti]_{\%}=0.07$，指导炉前加料。

（2）应用喂线技术，准确控制易氧化元素含量。易氧化元素钛、铝、硼的控制曾经是电炉炼钢的老大难问题，自从使用钢包吹氩、喂线技术以后，此问题被顺利解决。不但提高了化学成分命中率，而且减少了合金加入量，降低了冶炼成本。根据抚钢经验，喂硼铁包芯线时，应注意外包铁皮不能氧化生锈，否则影响硼的收得率。用铝板包硼铁插入包中也是一种有效的加硼方法。电炉冶炼40MnB钢，包中喂钛插硼，硼收得率为20%～48.6%，平均为42.7%。

（3）炉外精炼脱氧、去除非金属夹杂物。20CrMnTiH、40MnBH、20MnVBH等钢种已广泛采用超高功率电炉→偏心底出钢→LF（V）的工艺路线生产。汽车用新型齿轮钢明确要求进行真空脱气处理，因此炉外精炼已成为齿轮钢生产的主导生产工艺。

上钢五厂采用包中吹氩、喂钛铁线后再喂入1.071kg/t硅钙，控制 $w[Ca]=0.005\%$，$w[Al]=0.025\%$，取得了明显效果。

（4）加铌细化晶粒。微合金化技术已得到广泛应用，钢中加入微量铌（0.005%～0.025%），生成Nb(C,N)弥散在钢中，可以同铝一样起到细化晶粒和防止晶粒长大的作用。冶炼新型齿轮钢真空脱气结束前3～5min按0.02%计算加入铌铁，收得率约为100%，晶粒度可达8～9级。

8.2.4.2 齿轮钢的生产工艺

A 齿轮钢生产技术要点

齿轮钢生产技术要点如下：

（1）低氧含量控制。国内外大量研究表明，随着氧含量的降低，齿轮的疲劳寿命大幅度提高。这是由于钢中氧含量的降低，氧化物夹杂随之减少，减轻了夹杂物对疲劳寿命的不利影响。通过LF钢包精炼加RH（或VD）真空脱气后，模铸钢材氧含量可不大于0.0015%。日本采用双真空工艺（真空脱气、真空浇注）可以达到不大于0.001%的超低氧水平。

（2）窄淬透性带的控制。渗碳齿轮钢要求淬透性带必须很窄，且要求批量之间的波动性很小，以使批量生产的齿轮的热处理质量稳定，配对啮合性能提高，延长使用寿命。压窄淬透性带的关键在于化学成分波动范围的严格控制和成分均匀性的提高，可通过建立化学成分与淬透性的相关式、通过计算机辅助预报和补加成分、收得率的精确计算进行控制。

（3）组织控制技术。细小的奥氏体晶粒对钢材及制品的性能稳定有重要意义。日本企标规定晶粒度必须6级以上。带状组织是影响齿轮组织和性能均匀性的重要原因，对钢的冶炼到齿轮的热处理各个环节适当控制，可以显著减小带状组织的影响。

（4）表面强化技术。强力喷丸可焊合齿轮表面的发纹，去除表面黑色氧化物，提高表面硬度和致密度，减少切削加工造成的表面损伤，改善齿轮的内应力分布，是提高齿轮寿命和可靠性的重要措施。

B LF(VD)冶炼齿轮钢工艺

电炉熔化和升温→LF白渣精炼→小方坯连铸的工艺路线，更适合中小钢厂实现低成本、快节奏的市场竞争需要。

LF炉精炼齿轮钢的关键技术包括：

（1）电炉调整钢铁料加入量，保证炉内留钢量达到设计要求，从而确保氧化渣不进入LF精炼钢包；

（2）LF氩气搅拌、白渣精炼，控制$w(FeO + MnO) < 1.0\%$。山东莱芜特殊钢厂采用40t UHP电炉和50t LF设备生产齿轮钢、锚链钢，操作工艺简捷实用。其冶炼过程的化学成分分析结果见表8-35。

表8-35 UHP电炉→LF冶炼过程化学样分析结果 （%）

过程样	样次	C	Mn	Si	S	P	Cr	Ti
UHP电炉全熔		0.05	0.05		0.045	0.006	0.07	
LF全分析Ⅰ	1	0.13	0.84	0.08	0.049	0.010	0.97	
	2	0.13	0.86	0.09	0.051	0.011	0.97	
LF全分析Ⅱ	1	0.18	0.92	0.14	0.033	0.010	1.12	
	2	0.18	0.94	0.14	0.032	0.011	1.14	
成　品		0.21	0.96	0.25	0.016	0.011	1.15	0.062

含硼齿轮钢的配料、电炉、LF 炉操作工艺过程同上述 20CrMnTiH，只是在 LF 精炼后加硼。加硼工艺如下：先加铝 0.5 ~ 0.8kg/t，再按 0.05% 计算加入钛铁，吹氩搅拌 2min，不计损失按规格上限计算插入硼铁，停氩气出钢。硼收得率为 55% ~ 90%，平均为 65%。铝、钛、硼也可以采用喂线方式加入。

新型汽车齿轮钢要求氧含量不大于 0.002%，钢液需经真空脱气处理。因此，LF 精炼后钢包入 VD 罐进行真空脱气。

C　EF→VAD 冶炼齿轮钢工艺

钢包精炼加真空脱气可以达到如下目的：

（1）纯洁钢水。深度脱氧，提高钢液洁净度，提高冷锻及疲劳强度性能，控制 $w(T[O])$ 不大于 0.0015%，甚至在 0.0009%（常规冶炼钢为 0.0025% ~ 0.004%）。

（2）精确控制钢种主要元素的成分。为保证汽车齿轮零件具有均匀的性能，在热处理时不变形，运行时噪声低，除一定的淬透性外，特别要求严格的淬透带。成分微调可使主要元素控制在 ≤ ±0.02% ~ 0.04% 极窄范围内波动，从而获得较窄的淬透带（4 ~ 5HRC），为过去大气冶炼钢规定标准 8 ~ 10HRC 的 1/2。

（3）精确控制硫含量。硫的存在将恶化冷锻疲劳性，但从切削性观点应适当保留，故要求在极窄范围内存在（0.01% ~ 0.015%），使冷锻和切削性兼备。

（4）温度调整以保证连铸机正常操作。精炼汽车齿轮钢的质量与常规大气冶炼法相比，转动疲劳寿命可提高 1.5 ~ 2 倍以上。但欲进一步提高质量，必须采用连铸坯。除了众所周知的可以提高金属收得率（8% ~ 10%）外，连铸在齿轮生产中还有其特殊的地位：

1）因连铸坯冷却凝固快，加上电磁搅拌作用，可使成分更加均匀，它不会产生铸锭法固有的钢锭头部严重的正偏析及底部沉淀晶带的负偏析，尤其是纵向组织、成分波动小（≤ ±0.01% ~ 0.02%），是钢锭法的 1/2。因此，淬透带可控制在 1.5 ~ 2.5HRC 范围内，是钢锭材的 1/2，常规材的 1/4。

2）获得更高的钢液洁净度。因钢包和中间包使夹杂物上浮，加上密封铸造，消除了铸锭时汤道内夹杂物带入的机遇，从而更加减少发纹缺陷，进一步提高使用寿命。

3）可进一步减少 $w(T[O])$ 含量，比铸锭时减少约 0.00025%，具有更高的疲劳寿命。

D　上钢五厂齿轮钢生产

上钢五厂生产齿轮钢的化学成分见表 8-36。

表 8-36　上钢五厂生产齿轮钢的化学成分　　（%）

C	Si	Mn	Cr	Ti	P	S	Ni	Cu	W	Mo
0.18 ~ 0.23	0.17 ~ 0.37	0.80 ~ 1.10	1.00 ~ 1.30	0.04 ~ 0.10	≤0.035	≤0.035	≤0.30	≤0.20	≤0.10	≤0.06

上钢五厂生产齿轮钢的工艺流程如下：

100t 直流电弧炉→100t 钢包精炼炉→100t VD 精炼炉→Concast 五机五流连铸机（140mm × 140mm）→热轧一火成材（≤ϕ50mm）→检验入库。

工艺技术要点如下：

（1）采用 DC 电弧炉初炼，控制终点 $w[C]$ = 0.03% ~ 0.06%；$w[P]$ ≤ 0.012%，保证粗钢水质量。

（2）采用 LF，准确控制碳、锰、硅、铬、钛等主要元素至中上限，确保淬透性及力学性能。

（3）采用VD真空脱气处理，真空度66.7Pa下保持20min，控制$w(T[O]) \leqslant 0.0025\%$，$w[N] \leqslant 0.01\%$，提高钢水纯洁度。

（4）连铸采用钢包保护套管，中间包浸入式水口保护浇注，以防止钢水二次氧化；在结晶器及凝固末端采用电磁搅拌装置，选择0.6L/kg的二冷配水量，保证铸坯及轧材的低倍组织优良。

（5）采用全步进梁三段式加热炉加热，要求钢坯温度均匀，阴阳面温差小，出钢速度均匀。

（6）17机架半连轧机一火成材，轧后缓冷。

（7）控制成品投料压缩比，保证轧材质量。

上钢五厂生产齿轮钢的主要技术指标为：

1）力学性能：$A_k \geqslant 55J$；

2）末端淬透性：$J_9 = 30 \sim 37HRC$，$J_{15} = 22 \sim 34HRC$；

3）低倍组织：一般疏松不大于2.0级，中心疏松不大于2.0级，偏析不大于1.0级；

4）非金属夹杂：塑性不大于2.5级，脆性不大于2.5级，塑性+脆性不大于4.5级。

8.2.5　不锈钢

不锈钢一般是不锈钢和耐酸钢的总称。不锈钢是指耐大气、蒸汽和水等弱介质腐蚀的钢，而耐酸钢则指耐酸、碱、盐等化学浸蚀性介质腐蚀的钢。

不锈钢与耐酸钢在合金化程度上有较大差异。不锈钢虽然具有不锈性，但并不一定耐酸；而耐酸钢一般均具有不锈性。

不锈钢钢种很多，性能又各异，常见的分类方法如下：

（1）按钢的组织结构分类，如马氏体不锈钢（如2Cr13、3Cr13、4Cr13）、铁素体不锈钢（如0Cr13、1Cr17、00Cr17Ti）、奥氏体不锈钢（如1Cr17Ni7、1Cr18Ni9Ti、0Cr18Ni11Nb）和双相不锈钢（如1Cr18Mn10Ni5Mo3N、0Cr17Mn14Mo2N、1Cr21Ni5Ti）等。

（2）按钢中的主要化学成分或钢中一些特征元素来分类，如铬不锈钢、铬镍不锈钢、铬镍钼不锈钢以及超低碳不锈钢、高钼不锈钢、高纯不锈钢等。

（3）按钢的性能特点和用途分类，如耐硝酸（硝酸级）不锈钢、耐硫酸不锈钢、耐点蚀不锈钢、耐应力腐蚀不锈钢、高强度不锈钢等。

（4）按钢的功能特点分类，如低温不锈钢、无磁不锈钢、易切削不锈钢、超塑性不锈钢等。

目前常用的分类方法是按钢的组织结构特点和按钢的化学成分特点以及两者相结合的方法来分类。例如，把目前的不锈钢分为马氏体钢、铁素体钢、奥氏体钢、双相钢和沉淀硬化型钢等五大类，或分为铬不锈钢和铬镍不锈钢两大类，或分为马氏体不锈钢（包括马氏体Cr不锈钢和马氏体Cr-Ni不锈钢）、铁素体不锈钢、奥氏体不锈钢（包括Cr-Ni和Cr-Mn-Ni(-N)奥氏体不锈钢）、$\alpha + \gamma$双相不锈钢等四大类。

8.2.5.1　不锈钢脱碳

碳除了在马氏体不锈钢中有提高硬度的作用外，对耐蚀性大多是有害的，对铬13型和铬17型不锈钢的韧性及冷加工性的有害性也是非常明显的。不锈钢脱碳工艺的合理性不仅决定成品碳含量的水平，而且对铬的回收率、终点温度、硅铁消耗、炉衬寿命和冶炼周期等指标都有明显的影响。

A AOD 炉脱碳工艺的改进

目前，AOD 法的脱碳工艺已经有了很大的发展。基本特征是更加靠近 C-Cr-T 的平衡曲线，工艺更加合理，效果更加明显，因此也称之为高效率精炼法，其工艺要点如下：

（1）钢水 $w[C]$ 在 0.7% 以上时采用全 O_2 吹炼，此时并不会发生铬的氧化。

（2）钢水 $w[C]$ 在 0.7% 以下到 0.11% 之间时，连续降低 $\varphi(O_2)/\varphi(Ar)$ 比，从 4/1 变为 1/2。这个区域 C-O 平衡的碳含量是由 p'_{CO} 决定的，吹入的氧气使钢中的碳不断降低，p'_{CO} 也随之降低，提高了脱碳效率。

（3）钢水 $w[C] \leqslant 0.11\%$ 时，进行全 Ar 吹炼，提高脱碳速度，减少铬的氧化。依靠钢中 [O] 和渣中的铬氧化物脱碳。

（4）以较短的时间还原出钢。这种方法可取得降低精炼成本、缩短精炼时间和延长炉衬寿命的效果。

B 复吹脱碳 AOD 法

为了提高脱碳初期的升温速度和钢水温度，以提高氧效率，日本星崎厂 1978 年在 20t AOD 炉开发了顶底复吹 AOD 法。顶底复吹 AOD 法的特征是在 $w[C] \geqslant 0.5\%$ 的脱碳 Ⅰ 期从底部风枪送一定比例的氧、氩混合气体，从顶部氧枪吹入一定速度的氧气，进行软吹或硬吹，反应生成的 CO（大约 1/4 或更多的 CO）经二次燃烧，其释放的热量约有 75% ~90% 传到熔池，迅速提高钢液温度以利于快速脱碳，脱碳速度从 0.055%/min 提高到 0.087%/min。据报道，按此工艺生产，冶炼时间比原来工艺缩短了 20min，硅铁单耗和 Ar 单耗分别降到了 7.5kg/t 和 11.3m^3/t。

C 真空转炉 VODC 和 AOD-VCR 法

VODC 转炉吹炼工艺有两种方式，一种方式与 VOD 法相似，即在 25kPa 左右的真空下，在底部透气砖吹氩搅拌钢液的同时，用顶吹氧枪吹氧脱碳至 0.15%，接着在最大真空度下依靠渣中氧化物和溶解在钢中的氧进行深脱碳。另一种方式是在大气压下向熔池吹氧到 $w[C]=0.2\%$ 左右，然后在真空下深脱碳。在前一种情况下，吹氧速率受真空泵抽气能力的限制，而后一种方法的吹氧速率只受炉容比的影响。三种方法的比较如图 8-21 所示。

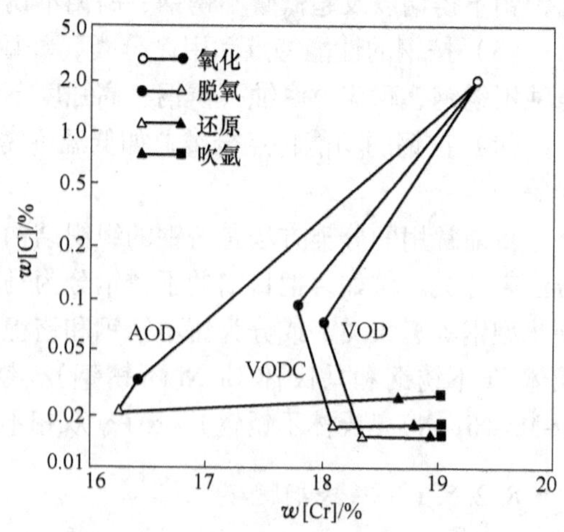

图 8-21 VODC、AOD、VOD 法中铬、碳含量的变化

AOD 法作为大量生产不锈钢的精炼方法具有相当优越的功能，如脱碳能力强、生产率高、设备简单等，目前 70% 以上的不锈钢是用 AOD 法生产的。但是 AOD 法精炼不锈钢存在下述不足：（1）随钢中碳含量降低，铬的氧化量明显增加（见图 8-21），因而还原剂消耗量大大增加；（2）在低碳区精炼阶段，脱碳能力显著下降，而通过吹入大量纯

氩使 CO 分压降低的方法在技术上尽管可以生产出含碳 0.001% ~0.003% 的不锈钢（16% ~20% Cr），但在经济上是没有市场竞争力的。为此，日本大同特殊钢公司开发了 AOD-VCR 转炉工艺。在 AOD 炉上增设了真空装置，一方面采用 AOD 的强搅拌特征，另一方面在减压条件下不吹氧而是利用钢中溶解氧和渣中氧化物，在低碳范围改善脱碳的功能。

AOD-VCR 精炼工艺分两个阶段：第一阶段为 AOD 精炼阶段，在大气压下通过底部风嘴向熔池吹入 O_2-Ar（或 N_2）混合气体，对钢水进行脱碳，Ar 或 N_2 流量为 48 ~52m^3/min，直至钢水碳含量达到 0.1%；第二阶段为 VCR 精炼阶段，当 $w[C]\leqslant 0.1\%$ 时，停止吹氧，扣上真空罩，在 20 ~2.67kPa 的真空下通过底部风嘴往熔池中吹惰性气体，此时 Ar 或 N_2 流量为 20 ~30m^3/min。在真空状态下依靠钢中溶解的氧和渣中的氧化物进一步脱碳，在此过程中添加少量还原剂 Si，将第一阶段氧化的铬还原出来。第二阶段的精炼时间仅为 10 ~20min，熔池温降 50 ~70℃。

与 VODC 相比，VCR 法采用风嘴吹氩，故在超低碳精炼阶段的吹氩流量比 VODC 法的透气砖吹氩能力大得多。如 55t VODC 的底吹氩强度为 9.1L/(min · t)，而 VCR 的底吹氩强度可达 300 ~400L/(min · t)。因此，VCR 强烈的熔池搅拌造成极为有利的脱碳、脱氮动力学条件，在经 10 ~20min VCR 精炼后，可使钢中 $w[C]$、$w[N]$ 达到超低值（见表 8-37）。而 SS-VOD 法要达到同样的超低值，则需要精炼 40min 以上，AOD 法则需要精炼 80min 以上。

表 8-37　AOD-VCR 法达到的[C]、[N]浓度　（%）

钢　种	[C]	[N]	[C]+[N]
13Cr	0.002	0.002 ~0.004	0.004 ~0.006
20Cr	0.002	0.007 ~0.009	0.009 ~0.011
18-8	0.002	0.006 ~0.008	0.008 ~0.01

VODC 法和 AOD-VCR 法是精炼超低碳、氮不锈钢的理想设备。特别是在 AOD 基础上发展起来的 AOD-VCR 精炼法，更适合我国现有 AOD 精炼炉的改造，用于生产成本低廉而性能优良的超纯铁素体不锈钢。

D　VOD 炉脱碳工艺

VOD 炉的脱碳主要由开始吹氧的温度、真空度、供氧速度、终点真空度（真空泵的启动台数）及底吹氩流量进行控制。VOD 炉的操作实例的工艺参数见表 8-38。

表 8-38　VOD 操作实例的工艺参数

生产厂家	容量/t	初始条件		真空脱碳条件			
		温度/℃	$w[C]$/%	吹氧速度/$m^3 \cdot h^{-1}$	CO 效率/%	脱碳时间/min	压力/kPa
A	45	1700	0.3	600	60	25	0.13
B	50	1600	0.4	800 ~1000	35	76	0.03
C	60	1630	0.3	600 ~900	40	40	0.93 ~1.07
D	50	1650	0.2 ~0.3	1000 ~1700	25 ~30	40 ~50	2.67 ~0.07

进入 VOD 炉的钢水条件为 $w[C]\leqslant 0.3\%$，$w[Si]\leqslant 0.3\%$，并扒渣。初期脱碳时，为了减少喷溅量，应适当提高氧枪的高度，在真空度达到 6.7 ~26.7kPa 后开始吹氧，并不断提高真空度。

到脱碳末期，脱碳反应速度的限制环节由氧供给速度转为氧在钢中的扩散，所以供氧速度要减小，氩气搅拌要强化。临近脱碳终点时提前停氧，用氩气搅拌促使真空下[C]与[O]的反应。

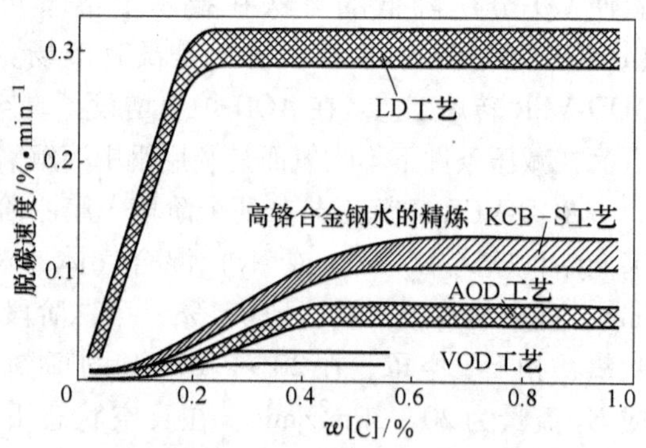

图 8-22 不同冶炼方法脱碳速度的比较

脱碳的终点控制广泛使用监测废气成分变化的方法，也有根据废气成分、废气流量、真空度及耗氧量来判定脱碳的终点。VOD 炉脱碳速度一般约为 0.02%/min，如图 8-22 所示。超低碳不锈钢的精炼要注意在降低终点碳含量的同时抑制成本的增大和精炼时间的延长，为此应加强氩气搅拌和适当控制温度。

E SS-VOD 法

带有强搅拌的 VOD 法称为 SS-VOD 法。传统的 VOD 法的降碳、氮效果均以 0.005%（甚至 0.01%）为界，而强搅拌 VOD 法（SS-VOD）采用多个包底透气砖或 ϕ2 ~ 4mm 不锈钢管吹氩，氩流量可由通常的 40 ~ 150L/min（标态）增大到 1200 ~ 2700L/min（标态）。由于大量用 Ar，碳含量可达到 0.003% ~0.001% 的水平，适于冶炼超低碳不锈钢和超纯铁素体不锈钢。冶炼超纯铁素体不锈钢的 SS-VOD 工艺如图 8-23 所示。

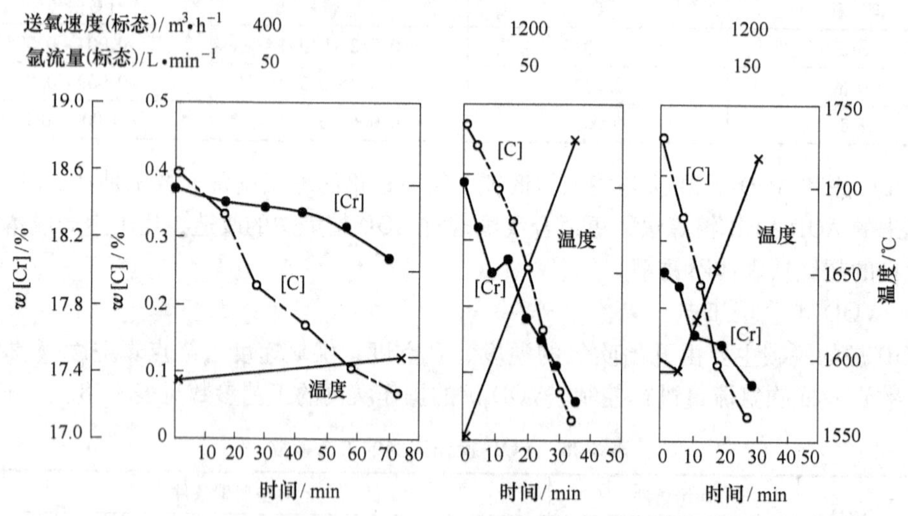

图 8-23 冶炼超纯铁素体不锈钢的 SS-VOD 工艺过程

该 SS-VOD 真空室直径为 5000mm，高为 7953mm，钢包直径为 2868mm，高为 2600mm，钢包耐火材料为镁铬砖，极限真空度为 66.7Pa。采用 2 ~ 6 个直径 130mm 的多孔塞，最大氩气流量为 0.048m³/(min · t)（标态），保持 1300mm 净空以备喷溅。

SS-VOD 法的脱碳行为如图 8-24 所示，SS-VOD 脱碳分作两期。

第Ⅰ期：初始碳含量为 0.8% ~2.0%，在 0.5 ~4kPa 真空度下以 700 ~1500m³/h 的速度吹氧，从底部多孔塞以 0.01 ~0.02m³/(min · t)的速度吹 Ar，促使碳的氧化，使碳含量降至

0.03% ~0.01%。对于 18% Cr ~2% Mo 钢和 26% Cr ~ 1% Mo 钢，铬的氧化量分别为 0.01% ~0.26%。初始温度和吹氧终点温度分别约为 1630℃和 1730℃。吹氧脱碳有利于氮的去除，Ⅰ期终点 $w[N]$ 约为 0.001% ~ 0.004%。

第Ⅱ期：停止吹氧后，进入高真空脱碳期，到达真空极限 66.7Pa，吹 Ar：速度为 0.016 ~0.03m^3/(min · t)，渣中 Cr_2O_3 23% 以下，确保渣良好的流动性，温度约为 1600℃，Ⅱ期最终碳含量可以达到 0.003% 以下。

精炼后钢中氧含量约在 0.015% ~0.02%，所以在真空脱碳后要加入 CaO、CaF_2、FeSi 和 Al 等造渣、还原和脱氧。还原程度取决于熔渣碱度和脱氧剂，使用铝脱氧可使钢中氧含量达到 0.0030% 以下，搅拌也是促进还原和脱氧的重要因素。

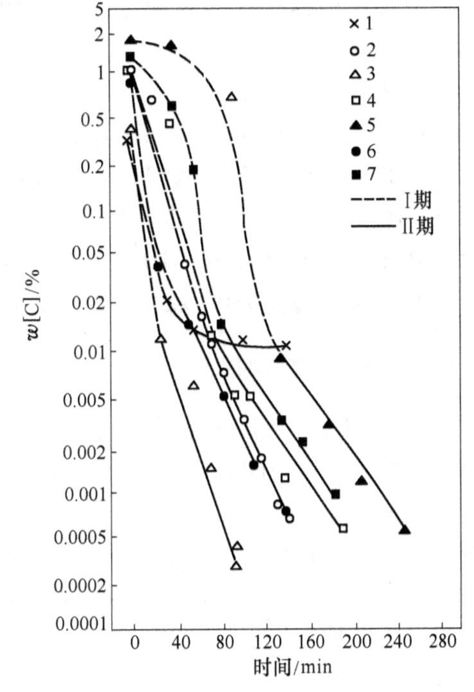

图 8-24 SS-VOD 法的脱碳行为

1—16Cr(原来方法)；2 ~5—16Cr；6—18Cr1Mo；7—18Cr2Mo

Ⅰ期—氧气吹炼；Ⅱ期—不吹氧

8.2.5.2 不锈钢脱硫

除了易切削不锈钢中含有 0.1% ~0.35% 的硫可提高切削性之外，硫在不锈钢中是极为有害的，主要影响钢的热塑性和耐蚀性，特别是耐点蚀性及耐锈性。

A AOD 炉脱硫工艺

AOD 法脱硫的要点是控制炉渣的碱度和提高对钢水的搅拌力。一般炉渣碱度控制在 2.3 ~2.7 左右，脱硫能力明显提高。过高的碱度造成化渣困难，反而使脱硫能力降低。加强钢水搅拌是提高脱硫反应的重要因素，AOD 炉脱硫能力高于 VOD 炉，主要是由于 AOD 炉有较强的搅拌，增大了炉渣与钢水的接触面积。

实际应用的 AOD 炉脱硫工艺主要有以下 3 种：

（1）脱碳期同时脱硫。日本川崎公司开发的脱碳期脱硫工艺对含硫 0.15% 的高硫钢水进行脱硫。该工艺为了实现在脱碳同时进行脱硫，在 $\varphi(O_2):\varphi(Ar) = 1:4$ 的条件下用 10% 钢水重量的造渣剂（60% CaO、20% CaF_2、20% CaSi），分 4 ~5 批加入。在脱碳期内除渣 3 次，钢水温度为 1650 ~1700℃，其结果钢中的碳含量从 0.2% 降至 0.011%，硫从 0.15% 降至 0.010%，硅从 0.15% 升至 0.28%。

（2）还原期双渣法脱硫。还原期双渣法脱硫是在铬还原后除渣，造新渣进行脱硫精炼。由于重新造渣，排除了还原渣中对脱硫有害的 MnO、FeO 低价氧化物，所以该工艺可以冶炼小于 0.001% 的超低硫不锈钢。

（3）快速脱硫。新日本公司光制铁所的快速脱硫工艺是在铬还原期由原工艺添加 CaO、CaF_2、Fe-Si 改为添加 CaO、Al 进行还原和脱硫，该工艺最大脱硫能力是熔渣碱度约为 3 左右时。该工艺采用 CaO-Al_2O_3 系熔渣要比 CaO-SiO_2 渣有更高的脱硫能力。其中，

CaO 的加入量由铝的加入量决定。由于铝的加入，钢水温度得到补偿，有利于双渣法操作。

B　VOD 炉脱硫工艺

VOD 炉由于熔剂加入量的限制和搅拌力较弱的缺点，所以脱硫能力没有 AOD 炉强。为了在 VOD 炉冶炼低硫不锈钢，可以采用强化脱硫工艺。该法是提高熔渣碱度，将粉剂由顶吹氧枪喷入。在钢水温度不高于1780℃、真空压力低于1.33kPa 的条件下吹入粒度为50 目（0.287mm）的 76% CaO-17% CaF_2-7% SiO_2 的粉体，碱度 2.5 以上，每吨钢吹入12kg 粉体，喷入速度为0.8kg/min，硫的分配比达到400 以上，可以冶炼出超低硫不锈钢。

8.2.5.3　不锈钢控氮

氮在铬 13 型和铬 17 型铁素体不锈钢中的固溶度很低，因此，沿晶界析出 CrN 和 Cr_2N。这种氮化铬与同时析出的$(Cr,Fe)_{23}C_6$、$(Cr,Fe)_7C_3$ 的共同作用，造成铁素体不锈钢的韧性及晶间抗腐蚀性能降低。但是，氮在奥氏体不锈钢和双相不锈钢中沿晶界富集，抑制了 $Cr_{23}C_6$ 的析出，对其抗晶间腐蚀性能是有利的。氮可以明显提高钢的屈服强度，所以对抗应力腐蚀性能是有利的。氮是表面活性元素，形成的 Cr_2N 在表面富集，对耐点蚀和缝隙腐蚀也是有利的。

A　AOD 炉生产的氮合金化工艺

由于 AOD 炉没有外加热源，因此采用吹入氮气进行合金化。AOD 炉的氮合金化包括两个内容：一是控制残余氮含量不大于0.07%，以提高产品耐蚀性，同时明显降低镍和氩气的消耗量，降低成本；二是冶炼含氮不锈钢。氮合金化的基本工艺是在脱碳期（或加上还原期）先用氮气进行吹炼，然后再用氩气吹炼，如图 8-25 和图 8-26 所示。

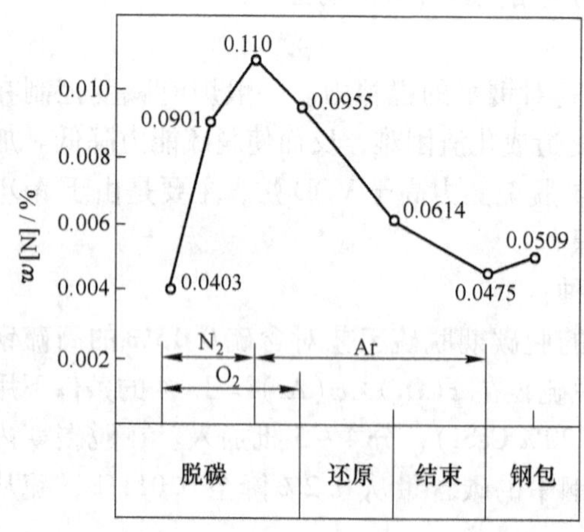

图 8-25　脱碳前Ⅱ期用氮气吹炼与成品氮含量的关系

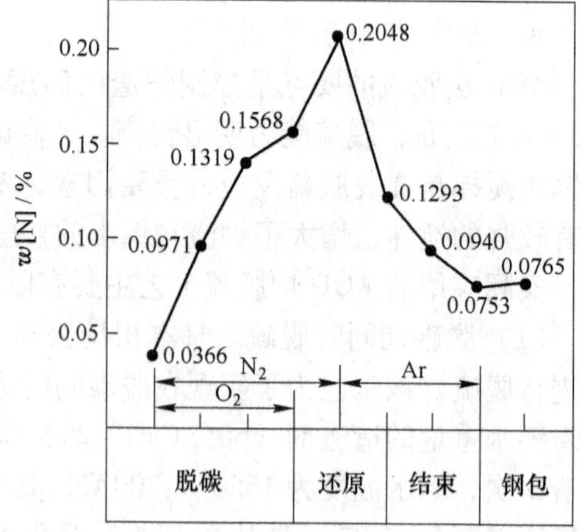

图 8-26　在还原中期以前一直用氮气的情况下氮含量的变化

B　AOD 法超低氮不锈钢的冶炼工艺

AOD 法冶炼氮含量小于0.01%的超低氮不锈钢是十分困难的。在使用纯氩吹炼的条件下，钢中的氮含量最低一般在0.02%，有的可达到0.03%，如图 8-27 所示。日本相模

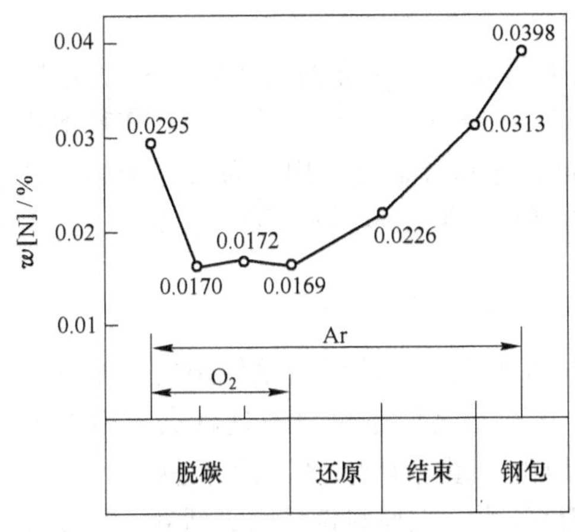

图 8-27 整个阶段全用氩气时钢中含氮量的变化

原厂采取很多措施后，使钢中的氮含量降至0.01%以下。主要措施是：AOD 炉兑入钢水后，因为硫和氧使脱氮速度降低，所以先进行脱硫操作；为了提高脱碳速度，减少增氮，进行氧化脱硅，扒渣后再进行脱碳。这样使钢中的氮含量从入炉的0.02%降低到0.006%以下，为了防止脱碳中期至出钢前增氮，将炉帽由非对称型改为近似对称型，缩小与吸尘罩的间隙，并使吸尘力与排气量相对应，防止从间隙中侵入空气而增氮，同时对加料口封闭。为了防止出钢时和在钢包中增氮，缩短出钢距离，钢包加盖并通氩气密封。

C VOD 炉超低氮不锈钢的冶炼工艺

VOD 炉的脱氮是钢中氮向 CO 气泡中转移进行的，脱氮反应与脱碳反应是同时进行的。确保脱碳量，强化钢水搅拌，适当的温度和防止精炼后的吸气是工艺关键。初始碳0.5%时，成品氮可达到0.050%以下，如图 8-28 所示。为了在初始碳量0.2% ~0.3%实现氮含量小于0.005%的冶炼，采取在脱碳期将氧枪插入钢水中吹入氧气，借助渣-钢界面的强搅拌快速脱氮的措施。VOD 炉在开始真空脱碳后由于真空室漏气，氮含量还有上升。当漏气速度小于 1.6m^3/min（标态）时，可基本防止增氮。为了防止空气的渗入，可在上盖和真空室的密封衬之间通入氩气，出炉和浇注过程中采用炉渣覆盖熔池和注流氩气保护。

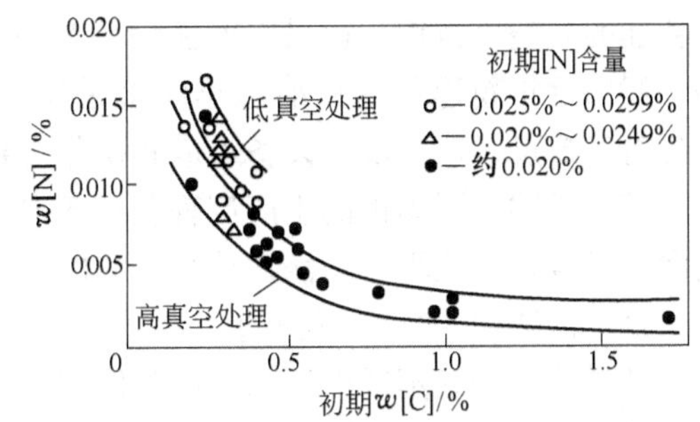

图 8-28 VOD 炉超低氮不锈钢的冶炼工艺

总之，只要严细操作，VOD 法可以比 AOD 法得到更低的[C]、[N]含量，更适宜冶炼超低碳、超低氮不锈钢以及含钛不锈钢。

8.2.5.4 不锈钢冶炼工艺

A 二步法

不锈钢二步法是指初炼炉熔化—精炼炉脱碳的工艺流程。初炼炉可以是电炉，也可以是转炉；精炼炉一般指以脱碳为主要功能的装备，例如 AOD、VOD、RH-OB(KTB)、CLU、K-OBM-S、MRP-L 等。而其他不以脱碳为主要功能的装备，例如 LF 炉、钢包吹氩、喷粉等，在划分二步法或三步法时则不算其中的一步。此外，这里把用专用炉熔化铬铁的操作，例如芬兰 Tormio 厂、巴西 Acesita 厂和我国太钢第二炼钢厂电炉熔化合金的工艺，也不列入其中的一步。

B 三步法

三步法是冶炼不锈钢的先进方法，冶金质量好，有利于初炼炉—精炼炉—连铸机之间的匹配。

不锈钢三步法是在二步法基础上增加深脱碳的装备，通常的三步法有：初炼炉→AOD→VOD→(LF)→CC，初炼炉→MRP-L→VOD→(LF)→CC 等多种形式。其基本步骤是：初炼炉→转炉→VOD（或 RH）。第一步只起熔化和合金化作用，为第二步的转炉冶炼提供液态金属。第二步是快速脱碳并防止铬的氧化。第三步是在 VOD 或 RH-OB、RH-KTB 的真空条件下对钢水进一步脱碳和调整成分。

C　三步法和二步法的工艺特点比较

（1）不锈钢二步法冶炼，多使用 AOD 炉与初炼炉配合，可以大量使用高碳铬铁，效率高、经济可靠、投资少，可以与连铸相配合。其不足之处是风口附近耐火材料的寿命低、深脱碳有困难、钢液易于吸氢、不利于经济地生产超低碳或超低氮不锈钢。

（2）不锈钢三步法冶炼工艺的最大特点是使用铁水，在原料选择的灵活性、节能和工艺优化等方面具有相当的优越性。三步法的品种范围广，氮、氢、氧及夹杂物的含量低。三步法的生产节奏快、转炉炉龄高，整个流程更均衡和易于衔接。但三步法增加了一套精炼设备，投资较高。

（3）三步法适用于生产规模较大的专业性不锈钢厂或联合企业型的转炉特殊钢厂，对产量较少的非专业性电炉特殊钢厂可选用二步法。

新建的不锈钢冶炼车间多采用二步法即电炉—AOD 精炼炉，但考虑到有时 AOD 炉精炼时间较长，跟不上电炉节奏，常设有 LF 炉，必要时作加热保温用，以保证连铸连浇率。如新建的北美不锈钢公司采用电弧炉—AOD—LF；比利时 Carinox 厂采用电弧炉—AOD 炉等。我国近年新建不锈钢冶炼车间多采用三步法，即电炉—AOD—VOD，也设有 LF 炉，虽各有优缺点，但二步法设备组成和操作过程简化，是值得进一步研究探讨的。

综上所述，不锈钢的生产流程各有千秋。采用什么流程生产特殊钢，不应单纯模仿，应深入思考各种流程的内涵，结合企业的实际情况而定。

D　转炉铁水冶炼不锈钢技术

转炉铁水冶炼不锈钢技术可以分作两大类：

第一类：以铁水为原料，不用电弧炉化钢，在转炉内用铁水加铬矿或铬铁合金直接熔融还原、初脱碳，再经真空处理终脱碳精炼。根据使用合金料不同又分为两类：（1）采用高碳铬铁做合金料。（2）采用铬矿砂做合金料。

第二类：采用部分铁水冶炼。先用电炉熔化废钢与合金，然后与三脱处理后的铁水混合后，再倒入转炉进行吹炼。

采用转炉铁水冶炼不锈钢的优点如下：

（1）原料中有害杂质少。

（2）转炉中可实现熔融还原铬矿。

（3）氩气消耗低。

（4）利用廉价热铁水，节约电能，缓解废钢资源紧张。

（5）转炉炉衬寿命长（900～1100 炉）。

（6）有利于连铸匹配。

（7）产品范围广，特别适于生产超低碳、氮和铬不锈钢。

（8）有利于降低成本。

转炉铁水冶炼不锈钢的工艺技术是成熟可靠的。目前世界上采用转炉铁水冶炼不锈钢的厂家有新日铁八幡、川崎千叶、巴西阿赛斯塔和中国太钢等。上述四个厂的原料、工艺、设备、产量品种的对比见表 8-39。

表 8-39　不锈钢生产厂家原料、工艺、设备、产量品种的对比

厂　家	原　料	工艺设备	年产量/万吨	品 种	投产年份
新日铁八蟠厂	全铁水(预处理)加铬铁	2×160t LD-OB + 160t REDA + 160t VOD + 吹 Ar 站	50	400 系	1983
川崎制铁千叶厂	全铁水(预处理)加铬铁	1×160t SR-KCB + 1×160t DC-KCB + 1×160t VOD	70	400 系 300 系	1994
巴西阿赛斯塔厂	40%～50%(预处理)加预熔合金(不锈废钢和铬铁水)	2×35t EAF + 1×75t MRP-L + 1×75t VOD + LF	35	300 系	1996
中国太钢	40%～50%(预处理)加预熔合金(碳素废钢和铬铁、镍)	1×30t EAF + 1×80t K-OBM-S + 1×80t VOD + LF	55	300 系 400 系	2002

工艺设备中，K-OBM-S 由奥钢联公司开发，它在顶吹碱性氧气转炉 BOF 基础上增加了底吹喷嘴或侧吹喷嘴。MRP（metal refining process）转炉精炼工艺是德国曼内斯曼-德马克公司 1983 年开发的，炉衬寿命高（1000 次以上），脱碳速度快（大于 0.1%/min）。MRP 转炉炉底气体喷嘴的数目取决于转炉的几何尺寸；底吹喷嘴是套管式的，通过中心管喷吹精炼用的气体，外管通保护气体，中心管和外管的气流工作压力都是独立的，互不影响；它是在底吹转炉基础上发展起来的，早期通过底吹喷嘴交替喷吹氧气和惰性气体，后来又增加了顶枪，顶部喷吹氧气，底部喷吹惰性气体，形成 MRP-L 型精炼炉。

K-OBM-S→VOD 与 MRP-L→VOD 的比较见表 8-40。

表 8-40　K-OBM-S→VOD 与 MRP-L→VOD 的比较

工艺	EAF→K-OBM-S→VOD(LF)	EAF→MRP-L→VOD	工艺	EAF→K-OBM-S→VOD(LF)	EAF→MRP-L→VOD
产品质量	高	高	冶炼周期	较短	较长
品种	可生产超低碳、氮钢	可生产超低碳、氮钢	连浇次数	较多	较少
成本	较低	较低	投资、运行成本	较高	较高

图 8-29 所示为阿赛斯塔工艺流程。一台 35t 电弧炉生产合金预熔体，然后将其同脱磷铁水一起装入 80t AOD-L 转炉。这里既有二步法工艺，也有三步法工艺。

川崎公司在其千叶厂应用了 KMS-S 技术并停止了电弧炉的使用。其双转炉工艺在第一个外热式 KMS-S 转炉中通过铬矿还原、加 C 和二次燃烧而使铁水合金化，熔体铬含量达到 10%～13% 的水平；第二个自热式 K-OBM-S 转炉将熔体中的[C]从 5.5% 脱至 0.17%（见图 8-30）。通过出钢口出钢时，用气动挡渣塞将渣分离。K-OBM-S 转炉可以不进行最终渣还原。含 Cr 氧化物的渣随后在 KMS-S 转炉中还原，用石灰造渣。在下步 VOD 处理时，调整氮和碳含量至期望值，熔体被精确合金化。

2002 年底，基于铁水的不锈钢工艺路线也开始在太原钢铁公司投入生产。太钢二炼钢

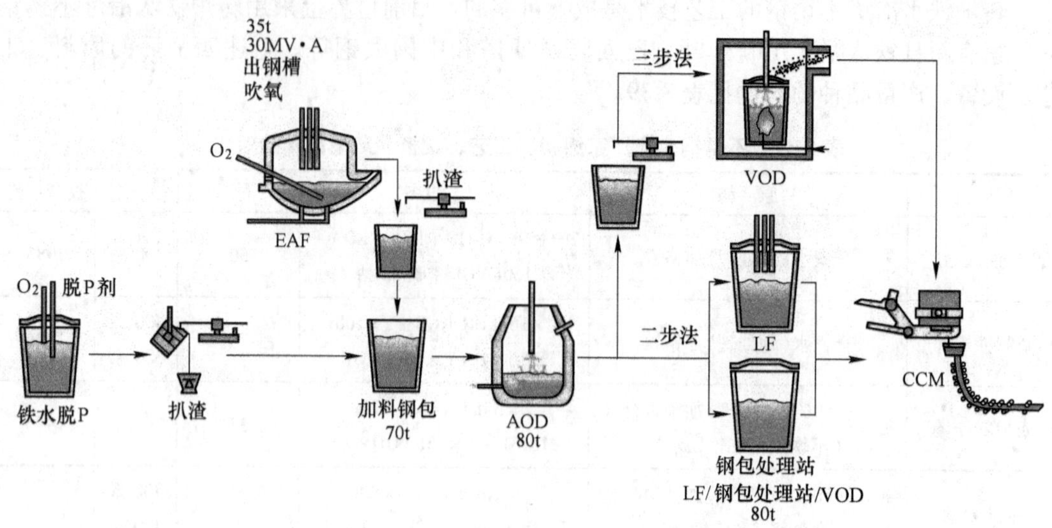

图 8-29　阿赛斯塔新 AOD 钢厂的工艺路线

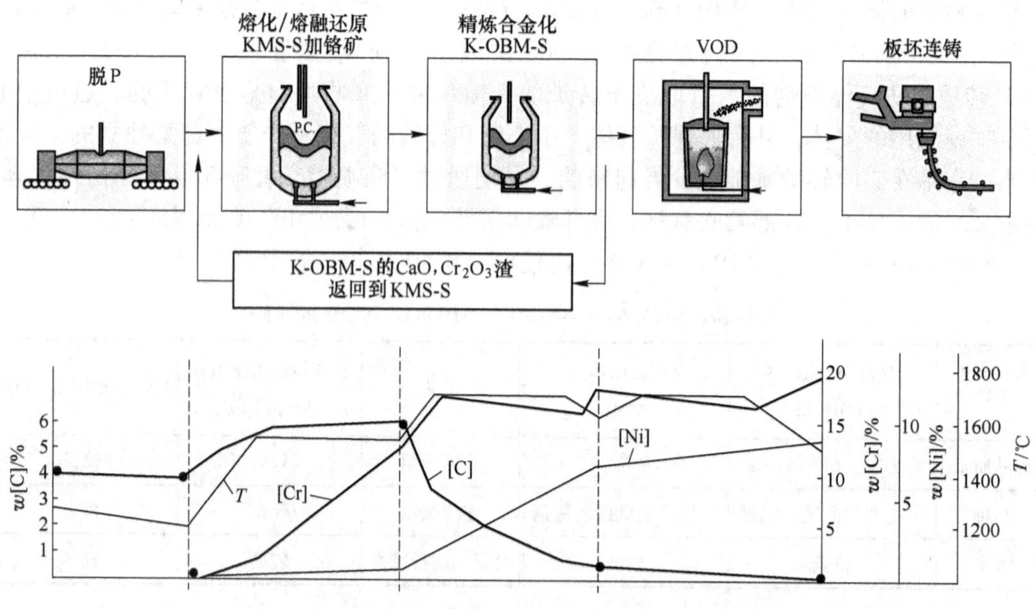

图 8-30　川崎千叶厂的不锈钢生产

厂采用三脱铁水（进行脱 P、脱 S、脱 Si 处理）和 30t 超高功率电弧炉熔化的合金料为主要原料，通过 80t K-OBM-S 转炉快速升温、脱碳及初步合金化后，再经 VOD 炉精炼，之后进入板坯连铸机浇注。为保证连浇率达到 4 炉以上，还设有 LF 钢包炉，必要时不锈钢水在 LF 炉工位保温再送往连铸机。既可以采用二步法，也可以采用三步法。因为安装了一台 VOD 设备，可生产低成本、高质量的 Cr 系和 Ni-Cr 系不锈钢。

太钢第二炼钢厂采用 K-OBM-S 转炉工艺冶炼不锈钢，在实践中解决了以下关键问题：

（1）热量不足与热补偿。不锈钢属于高合金钢，需加入大量的合金冷料，若只以铁水的物理热和化学热在转炉内冶炼不锈钢，其能量是不够的。太钢第二炼钢厂冶炼不锈钢工艺，采用电炉合金预熔液，可补偿上述热量不足。为了节约成本，提高铬、镍的回收率，对于热量不足的钢种，可采用在转炉中补加少量焦炭来达到热平衡。

（2）K-OBM-S 炉龄。主要通过控制吹炼过程渣中 MgO 含量和还原后期炉渣碱度，降低底部风嘴供氧强度，使炉龄已接近 600 次。

（3）铬回收率的控制。为了提高铬回收率，应迅速吹氧提高钢液温度至 1650℃以上，以抑制[Cr]氧化；同时控制转炉终点碳在 0.15% ~0.35% 之间，得到较高的铬回收率。太钢 EAF→K-OBM-S→VOD 工艺中铬回收率可稳定控制在 90% 以上，比 EAF→AOD 工艺约提高 2%。

（4）镍回收率的控制。为提高镍回收率，将全部镍板在转炉氧化期及以后加入，其回收率已接近 96%，与 EAF→AOD 工艺水平基本相当。

（5）氩气消耗。氩气是 K-OBM-S 转炉底部供气的理想气体，但氩气比较昂贵，且资源紧张。为节约氩气消耗，该工艺冶炼不锈钢 304 可以实现全程以氮代氩。冶炼铬不锈钢可比 AOD 工艺节省约 50% 以上的氩气。

（6）硫化物、氧化物。采用 K-OBM-S→VOD 工艺生产的不锈钢冷轧板，硫化物 + 氧化物不大于 1.5 级的达到 100%，比 EAF→AOD 工艺提高约 50%；其中硫化物 + 氧化物不大于 1.0 级的达到 90% 以上，有利于生产高质量的不锈钢。

（7）连浇炉数。在实际生产中，已显出该工艺生产节奏快的优势。随着操作的逐步稳定，及生产组织和设备维护水平的不断提高，平均连浇炉数已达到 4 炉/次，最高连浇炉数已达 10 炉/次。

8.2.6 重轨钢

近年来，随着铁路行车速度的不断提高，重轨的损坏由过去的磨损转变成各种形式的疲劳损坏，尤其铁路高速化以后，行车的安全性及舒适性就显得更为重要。因此，良好的抗疲劳性能和焊接性能是提速和高速铁路用重轨的基本特征。这些特征反映在重轨内部质量上，就是高的纯净度和成分控制精度。

8.2.6.1 重轨钢的质量要求

随着高速铁路的发展，现代铁路运输、重载和高密度的运输方式使重轨的服役条件趋于恶化，对重轨质量提出了更高的要求：

（1）重型化，60kg/m 重轨将逐步成为我国铁路的主要轨型，以保证列车的稳定。

（2）钢质纯净化，重轨钢生产过程中尽可能降低杂质、稳定成分、改善组织性能。

（3）强韧化，通过对钢材材质进行热处理或合金化等提高其强度、韧性，延长重轨使用寿命。

（4）良好的可焊性，以适应超长无缝线路的要求。

（5）重轨表面无缺陷或少缺陷，减少重轨因早期损伤而提前下道；平直度高，以适应高速列车的要求。

（6）重轨定尺化，提高铺设及维护换轨的效率。

国内高速铁路重轨标准对重轨内部质量的要求见表 8-41。

表 8-41 高速铁路、普通铁路用钢轨对内部质量要求的对比

标准	w(T[O])/%	w[P]/%	w[S]/%	$w[Al]_s$/%	w[H]/%	非金属夹杂/级			
						A类	B类	C类	D类
200km/h	≤0.002	≤0.030	≤0.030	≤0.004	≤0.00015	≤2.5	≤1.5	≤1.5	≤1.5
300km/h	≤0.002	≤0.025	0.008～0.025	≤0.004	≤0.00015	≤2.0	≤1.0	≤1.0	≤1.0
GB2585—81	无量化要求	≤0.040	≤0.040	无量化要求	无量化要求	无量化要求			

8.2.6.2 重轨钢的化学成分

重轨钢的化学成分见表 8-42，时速 200km、300km 重轨钢（60kg/m）残留元素含量见表 8-43。

表 8-42 高速铁路、普通铁路用重轨钢的化学成分 （%）

时速	钢号	C	Si	Mn	P	S	V	Al
普通时速	U71Mn	0.65～0.77	0.15～0.35	1.10～1.50	≤0.040	≤0.040		
	PD2	0.74～0.82	0.15～0.35	0.70～1.00	≤0.040	≤0.035		
时速 200km（60kg/m）	U71Mn	0.65～0.77	0.15～0.35	1.10～1.50	≤0.03	≤0.03	残留	≤0.004
	PD3	0.70～0.78	0.50～0.70	0.70～1.25	≤0.03	≤0.3	0.04～0.08	≤0.004
时速 300km（60kg/m）	260	0.65～0.75	0.10～0.50	0.80～1.30	≤0.025	0.08～0.025	残留	≤0.004

表 8-43 时速 200km、300km 重轨钢（60kg/m）残余元素含量 （%）

Cr	Mo	Ni	Cu	Sn	Sb	Ti	Nb	V	Cu + 10Sn	Cr + Mo + Ni + Cu + V
≤0.15	≤0.02	≤0.10	≤0.15	≤0.04	≤0.02	≤0.025	≤0.01	≤0.03	≤0.35	≤0.35

8.2.6.3 重轨钢生产技术

A 重轨生产工艺路线

重轨钢生产典型的工艺路线如下：

铁水预处理→转炉→LF→VD→WF→CC

转炉出钢时必须采用好的挡渣设备严格挡渣出钢，在出钢至 1/3 时，加入部分铁合金和脱氧剂进行脱氧、合金化，出钢至 2/3 时加毕，此时加入部分顶渣料以提前造渣精炼，进行渣洗、混冲、预脱硫，出钢过程中进行吹氩搅拌，出完钢根据钢液面覆盖情况加保温剂，送往 LF。若钢包中转炉渣超量，则炉后不加顶渣料，仅加保温剂，先运至扒渣机工位进行扒渣处理后，再送往 LF 工位加渣料进行精炼处理。

钢包吊到 LF 处理线上的钢包车后，由人工接通钢包底吹氩的快速接头。钢包车启动运行到 LF 处理工位，钢包炉盖下降，进行钢水测温，根据要求的钢水成分及温度确定物料的投入量（含喂线）及电力投入量，电极下降，通电加热，测温取样，根据测温取样的结果进行温度和成分的再调整。测温取样可能进行多次，由温度及成分调整的结果决定。当钢水温度和成分达到目标值后，处理结束，投入保温剂，钢包台车从处理工位开出。在整个处理过程中均进行钢包底吹氩搅拌，但在不同阶段其流量不同。

经过 LF 炉处理后的钢水送往 VD 工序，当钢包吊到 VD 工序时，先由人工接通钢包底吹氩的快速接头，再将钢包吊放到 VD 罐内的钢包座上，进行钢水测温后 VD 盖车启动运行到处理工位，降下 VD 盖并自密封，选择合适的抽真空曲线进行真空处理，需要合金微调时可进行真空加料，处理完毕后破真空，提升 VD 盖并移走盖车，根据需要进行喂线处理（WF），测温取样后吊出钢包并取下吹氩快速接头，将钢包吊往连铸机回转台进行浇注。

重轨钢含碳量较高，因而增碳显得很重要，转炉出钢时钢水含碳量控制为 0.2% ~ 0.3%，炉后增碳至 0.60% ~0.65%，在 LF 处理时再增碳 0.10% ~0.15% 至标准成分的中上限，经 VD 处理后即可达到钢种成分要求，也可在 LF 不做专门增碳而在 VD 工位将碳直接增至钢种要求的范围。

B 包钢重轨钢生产

（1）工艺路线：铁水脱硫扒渣→铁水包内喷粉（镁基脱硫剂）脱硫→80t SRP 法脱磷→80t 复吹转炉半钢冶炼→LF 炉钢水加热、脱硫、合金化成分微调→VD 法真空脱气→挡渣出钢（或扒渣）→大方坯连铸（带电磁搅拌，280mm × 325mm，280mm × 380mm，319mm ×410mm）→铸坯堆垛缓冷→质量检查→缺陷处理→轨梁轧制→余热淬火。80t 顶底复吹转炉冶炼所用的中磷铁水经过铁水包喷粉脱硫及 SRP 法脱磷处理后，半钢含磷量不大于 0.035%，含硫量不大于 0.01%，转炉钢水终点含磷量不大于 0.015%。转炉冶炼周期为 35min，与连铸同步。转炉出钢采用气动挡渣工艺，尽可能减少进入钢包中的渣量。如果挡渣失败，可在钢水进入精炼之前检查扒渣。钢水在 LF 内加热提温及成分微调处理。经过 LF 处理后的钢水随着钢包进入到 VD 工位。在 66.7Pa 真空下处理约 20min，使氢含量降至 0.0002% 以下。在 VD 工位备有双线喂线机，可根据需要继续对钢水进行成分微调、脱氧及夹杂物变性处理。在连铸机和精炼设备之间有过程计算机进行工艺状态通信，及时协调生产节奏，保证连铸机生产顺行。

由于轨梁厂采用余热淬火生产热处理钢轨，所以钢水必须经过真空处理，使 $w[H] \leqslant 0.0002\%$。

（2）重轨钢各个工艺过程的成分。包钢重轨钢各个工艺过程的成分控制见表 8-44。

表 8-44 包钢重轨钢成分的控制 （%）

项 目	C	Si	Mn	P	S	Al_s	H
GB2585—81	0.67 ~0.80	0.13 ~0.28	0.70 ~1.00	≤0.04	≤0.04		
淬火钢	0.75 ~0.82	0.13 ~0.28	0.70 ~1.00	≤0.04	≤0.04		≤0.0002
包钢内控	0.75 ~0.80	0.13 ~0.28	0.70 ~1.00	≤0.02	≤0.01	0.01 ~0.012	≤0.0002
目标值	0.77 ±0.02	0.20 ±0.025	0.853 ±0.05	≤0.02	≤0.01	0.01 ~0.012	≤0.0002
转炉出钢	0.2		0.25	≤0.015	≤0.01	0.01 ~0.012	0.0003 ~0.0005
LF 前	0.65	0.18	0.70	≤0.02	≤0.01	0.01	0.0003 ~0.0005
VD 前	0.65	0.20	0.85	0.02	≤0.01	0.01 ~0.012	0.0003 ~0.0005
VD 后	0.77	0.20	0.85	0.02	<0.01	0.01 ~0.012	≤0.0002

（3）VD 真空脱气。VD 真空处理钢液的目的是完成重轨钢等钢种的钢液脱氢、脱氮和脱氧处理，同时具有真空加料、喂线等功能，及对钢液进行成分微调和夹杂物变性处理。

VD 真空脱气主要设备及工艺参数为：真空罐外径 5.0m，高度 4.6m，罐盖直径 5.2m，高 1.8m，防辐射屏直径 3.4m，盖提升行程 400mm，真空罐抽气管道直径 1.0m，真空泵抽气能力 250kg/h（297K 空气，0.7MPa），极限真空度 0.02～0.04kPa，VD 处理作业周期 35min，VD 处理能力（双工位）60 万吨/年。

VD 炉操作过程为：把钢包用吊车放入真空罐内，连接氩气管，调节氩气流量至 30～50L/min（标态），使钢液表面沸腾，并测温取样（3min）；移动罐盖运输车到处理位置，降下罐盖（各 1min）；选择处理模式，启动真空系统 4min 后达最大真空度 20～40Pa；深真空处理氩气流量为 250～300L/min（标态），真空罐内压力保持在 20～40Pa，处理时间为 15min，并根据钢种成分要求加入备好的合金材料；根据钢液温度降低值计算处理时间，若时间合适泄真空，提升盖并移走真空罐盖（3min）；测温取样后喂线，并对钢液进行软吹氩气去除夹杂，软吹时间为 6min，进行最后一次钢液测温取样，合适后，加入覆盖渣，停止吹氩，用吊车把钢水送去连铸。

（4）重轨钢的质量验收。新的重轨钢生产工艺具有以下特点：

1）钢水质量好，$w[P] \leqslant 0.02\%$，$w[S] \leqslant 0.02\%$（部分钢种小于 0.005%），$w[H] \leqslant 0.0002\%$，化学成分精确控制波动范围小（$w[C] = \pm 0.025\%$），洁净度高，温度可精确控制；

2）连铸坯表面质量好，无缺陷坯可达 98%；

3）铸坯内部组织均匀；

4）金属收得率高，约比模铸提高 10% 以上；

5）重轨的实物质量提高；

6）重轨质量的均匀性可保证重轨线余热淬火的工艺要求；

7）在轧态重轨生产线上取消缓冷工艺，显著提高轧钢厂的重轨生产能力。

8.2.7　弹簧钢

弹簧钢有板弹簧、圆柱弹簧、涡卷弹簧、碟形弹簧、片弹簧、异形弹簧、组合弹簧、橡胶弹簧和空气弹簧等。弹簧工作在周期性的弯曲、扭转等交变力条件下，经受拉、压、冲击、扭、疲劳腐蚀等多种作用，有时还要承受极高的短时突加载荷。鉴于弹簧钢的工作条件比较恶劣，因此对弹簧钢的要求十分严格，必须具有较好的抗疲劳性能和抗弹减性等。

世界各国弹簧用钢一般为优质高碳碳素弹簧钢和 Si-Mn 系、Cr-Mn 系、Cr-V 系合金钢。碳素弹簧钢一般做弹簧钢丝、涡卷弹簧和片弹簧用，大部分弹簧都采用合金弹簧钢。由于 Cr-Mn 系、Cr-V 系合金弹簧钢具有较好的淬透性，且表面脱碳倾向小，故国外大都采用 Cr-Mn 系、Cr-V 系合金钢来制造弹簧，如美国的弹簧钢之王 5160（H）钢就是 Cr-Mn 系合金钢。由于我国铬资源不足，弹簧钢一般采用 Si-Mn 系合金钢。Si-Mn 系合金钢虽脱碳倾向性大、淬透性较差，但抗弹减性优于 Cr-Mn 系合金钢。我国常用弹簧钢主要是 60SiMn 钢。随着各行各业的需求，也相应引进了国外部分钢号。

8.2.7.1 弹簧钢的质量要求

当前用于制造弹簧的钢材包括碳素钢、合金钢以及不锈耐酸钢，通常将后者作为不锈耐酸钢的应用特例不划入弹簧钢系列，因此弹簧钢是指碳素弹簧钢和合金弹簧钢而言。碳素弹簧钢的碳含量一般在0.50%～0.80%范围之间，个别超过0.80%。如制造冷拉碳素弹簧钢丝的T9A。为了保证弹簧的各种使用性能，严格控制碳含量是此类弹簧钢的技术关键。合金弹簧包括Si-Mn（60Si2Mn，相当于美国的SAE9260，日本的SUP6、SUP7）；Cr-Mn系（55CrMnA，类似美国的SAE5155H，日本的SUP9）；Cr-Si系（55CrSiA，美国的SAE9254，日本的SUP12）；Cr-V系（50CrVA，美国的SAE6150，日本的SUP10）；CrMnB系（60CrMnBA，美国的SAE51B60，日本的SUP11A）。在合金弹簧钢中美国有13个牌号，日本有8个牌号，法国有5个牌号，用户可根据使用要求选择。弹簧钢最重要的应用是制造车辆弹簧。弹簧必须具备下述性能：

（1）良好的力学性能，主要是指弹性极限、比例极限、抗拉强度、硬度、塑性、屈强比等。同时追求所有性能都具最高水平是不可能的，可根据具体使用条件和工作环境，某些性能具有高指标，其他指标具有适宜的配合就可以保证弹簧的最佳综合性能。

（2）良好的抗疲劳性能和抗弹减性能。疲劳和弹性减退是弹簧破坏和失效的两种主要形式，抗弹减性能是实现弹簧轻量化的主要障碍。

（3）良好的工艺性能，包括淬透性、热处理工艺性能（淬火变形小）、不易过热、组织和晶粒均匀细小、回火稳定性高、不易脱碳、石墨化和氧化等以及良好的加工成形性能。

为保证上述各项性能，除合理选择钢种外，弹簧钢必须具有良好的内在质量和表面质量。

良好的内在质量是由冶金过程决定的。首先应保证准确的化学成分，这样才能在加工和热处理后得到确保性能的显微组织、良好稳定的淬透性以及各种性能。另外，应有高的纯洁度，磷、硫等杂质元素和氧、氢、氮等要低。不但要求钢中的各种非金属夹杂物含量低，而且要求控制其形状、大小、分布和成分，尤其是要减少尺寸大、硬度高、不易变形的夹杂物数量。这些有害夹杂是应力集中源，易引起裂纹及疲劳破坏。

表面质量是弹簧钢另一重要技术指标，表面质量包括表面脱碳和表面缺陷（裂纹、折叠、结疤、夹杂、分层等）。弹簧钢在承受弯、扭、交变应力等各种载荷时，表面应力最大，各种缺陷是应力集中源，在使用过程中易引起早期破坏和失效。据统计，表面夹杂物引起弹簧破损的比率为40%，表面缺陷和脱碳引起破损的比率为30%。弹簧制品表面除表面喷丸强化外，保留了钢材供货状态的表面，因此钢材的表面状态对弹簧的工作性能和寿命具有很大影响。弹簧钢的尺寸公差和精度是保证成品使用性能和寿命的重要影响因素。对采用圆形截面的钢丝制成的弹簧来说，它的强度和刚度分别与钢丝直径的三次方和四次方成正比，故钢丝截面的微小变化都会对其强度和刚度产生很大影响，对扁钢的厚度和宽度也有相似的影响。

8.2.7.2 超洁净化冶炼技术

A 降低夹杂物含量

降低有害的富Al_2O_3、SiO_2等氧化物夹杂和TiN系夹杂物的含量和细化其尺寸，可显著提高钢的疲劳性能。

过去，为了提高弹簧钢的质量，降低钢中夹杂物的含量，主要采用电炉-电渣重熔或真空重熔法生产。由于生产成本高，限制了推广使用，只能用于高级弹簧上。二次冶金技术的大力发展和逐步完善，为大批量经济生产低夹杂物含量的优质弹簧钢提供了可能。

DH或RH真空脱气是人们熟悉的处理方法，主要目的在于严格限制钢中氧含量、降低夹杂物的含量和减少夹杂物的尺寸。采用脱气工艺生产弹簧钢，具有成本低、产量大的优点。

国外钢厂一般都采用带有钢水再加热的精炼装置，即LF+RH流程。使用这种流程生产超纯洁弹簧钢的厂家有大同特殊钢、爱知钢公司、德国克虏伯等厂家。

B 夹杂物变形处理

目前，越来越多的钢厂改变了过去将ASEA-SKF、VAD主要用来减少夹杂物的做法，而是利用ASEA-SKF，VAD的精炼合成渣来控制夹杂物的组成、形态和分布（变性处理），消除不变形和有害夹杂物。

神户制钢的ASEA-SKF处理工艺是夹杂物变性处理方法的代表。这种工艺用电弧炉使钢水保持适当温度，同时采用电磁搅拌去除夹杂物。另外，为了消除不可避免混入的铝产生的不良影响，控制钢水加热和搅拌时钢包顶部渣的组成。通过调整炉渣碱度，将钢中氧含量控制在最佳值，可使混入的铝产生的夹杂物由高熔点的Al_2O_3、$CaO \cdot Al_2O_3$、$MgO \cdot Al_2O_3$等转变成$CaO \cdot Al_2O_3 \cdot SiO_2 \cdot MnO$这些在热轧时易变形的低熔点复合夹杂物。这种处理方法的关键是调整渣的碱度以控制钢中的氧含量，同时控制混入的铝和Al_2O_3。

控制钢液的脱氧条件，使钢液脱氧产物组成分布在多元塑性夹杂物区是夹杂物形态控制技术的关键。对60Si2CrVA而言，为了获得目标组成范围的塑性夹杂物，钢液中$w[Al]$应小于0.0015%，$w[Ca]<0.0001\%$。为此，必须用含铝尽可能低的硅铁合金化，并用适宜组成的合成渣精炼钢液。

住友金属小仓钢厂开发了一种新的超洁净气门弹簧钢的生产工艺。其工艺特点如下：

（1）用硅代替Si-Al脱氧，以减少富Al_2O_3夹杂物；

（2）改变钢包耐火材料的成分，以减少Al_2O_3夹杂物；

（3）使用碱度严格控制的专用合成渣，以控制夹杂物的化学组成；

（4）为了细化夹杂物，特别是细化线材表面层的夹杂物，连铸工艺必不可少。连铸工艺也可有效地减少表面缺陷。连铸中，除采用电磁搅拌外，也有应用轻压下技术以减轻连铸坯的中心偏析，使材质更均匀。

其生产结果表明，有害不变形Al_2O_3夹杂含量明显降低，而且剩余夹杂物组成是低熔点和易变形的CaO-SiO_2-Al_2O_3复合夹杂，表层和中心的夹杂物尺寸明显减小，夹杂物总量下降。

在小钢包中精炼高级弹簧钢时，由于精炼时小钢包中温降大，一般必须有加热装置，而且大多数精炼时要采用高真空，这就会增加每吨钢的生产成本和投资。为此，日本住友公司（SEI）成功地开发出了一种没有加热装置的小容量钢包精炼工艺。其主要特点是高的搅拌能以及合适的精炼渣。低碱度渣可以将高碱度渣的极限Al_2O_3量降低约一半，明显降低线材中大型夹杂物的数量，比高碱度渣的低1/10；盘条中的夹杂物最大尺寸一般小于

15μm，消除了大夹杂物对疲劳性能的影响。试验表明，采用此工艺，气门弹簧钢丝的疲劳寿命要比以往工艺提高 10 倍。

20 世纪 70 年代，随着我国稀土在钢铁生产中应用的研究和推广，对弹簧钢进行稀土处理，改变硫化物特别是钢中高硬度的刚玉（Al_2O_3）夹杂物的形态、性质和分布，对提高 60Si2Mn、55SiMnVB 等弹簧钢疲劳寿命，取得了明显效果。稀土处理使弹簧钢疲劳寿命提高的主要原因被认为是钢中高硬度的棱角状 Al_2O_3 转变成了硬度较低的铝酸盐（$REAl_{11}O_{18}$ 或 $REAlO_3$）、稀土氧硫化物（RE_2O_2S）和具有较好热变形能力的稀土铝氧化物（$REAlO_2$，$RE(Al,Si)_{11}O_{18}$、$RE(Al,Si)O_3$）；稀土夹杂物的线膨胀系数 α 也比 Al_2O_3 大，如硫氧化铈的 $\alpha = 11.5 \times 10^{-6}/℃$，而 Al_2O_3 的 $\alpha = 6.5 \times 10^{-6}/℃$。

用稀土处理弹簧钢的不足之处是稀土夹杂物密度大、熔点高，不容易上浮，浇钢时容易引起水口堵塞；稀土与各耐火材料都能起化学反应腐蚀钢包内衬，同时使钢中夹杂物总量增加。因此，用稀土来控制弹簧钢夹杂物形态的作用是十分有限的。

8.2.7.3　弹簧钢生产工艺

在现代化的电弧炉炼钢厂，常规弹簧钢的生产工艺是电弧炉熔化废钢、吹氧脱磷降碳，铁合金放入钢包内烘烤，偏心炉底出钢→LF 精炼，成分微调，终脱氧→喂 Si-Ca 线→连铸（模铸）。精炼全过程吹氩。

下面以抚顺特钢弹簧钢生产工艺为例作具体说明。

抚顺特钢生产弹簧钢采用的工艺路线为：（1）UHP（超高功率）电炉→LF（钢包精炼炉）→VD（真空精炼炉）→模铸；（2）EAF 冶炼→钙处理→模铸。

真空精炼工艺特点如下：

（1）超高功率电炉无渣出钢，防止渣对钢水的污染，并减轻后面的脱氧负担；

（2）LF 工位 SiC 粒脱氧，碱性渣精炼，控制最佳炉渣成分、渣量、白渣保持时间，加上包底透气砖吹入氩气搅拌，控制最佳流量，使钢中氧含量明显降低；

（3）VD 真空精炼保证在真空度不大于 100Pa 条件下，处理 15min，控制最佳氩气流量，在最佳热力学和动力学条件下，使钢中氧含量进一步降低。

采用电弧炉冶炼，包中钙处理工艺在精选炉料、加强脱氧、减少夹杂物的同时，向包中喷吹 Ca-Si 粉，改善夹杂物形态呈球状。

钙处理工艺特点：

（1）精选炼钢用原材料、合金料（低钛），降低钢中钛含量，减少氮化钛夹杂；

（2）氧化期加强吹氧去碳，去碳量不小于 0.30%，保证钢中有害气体（氢、氮）及夹杂物的去除；

（3）为降低钢中铝含量，减少 Al_2O_3 夹杂，不用铝脱氧，而采用 Ca-Si 粉，同时增大用量，加强脱氧；

（4）浇注前向包中喷吹 Ca-Si 粉（2.5kg/t），并延长镇静时间，使夹杂物尽可能球化。

其他措施有：

（1）钢材轧制时，钢坯低温加热，减少钢材表面脱碳；

（2）采用辊底式连续退火炉进行钢材退火，单层摆料，确保组织、硬度均匀。

抚顺特钢按美国弹簧实物生产的弹簧钢的化学成分见表 8-45，采用真空精炼、钙处理两种工艺从不同的角度控制冶金质量。精炼工艺以提高洁净度、降低氧含量、减少Al_2O_3夹杂为主；而钙处理工艺以改善夹杂物呈球状形态为主。

表8-45　弹簧钢的化学成分　（%）

工艺	C	Mn	Si	S	P	Ni	Cr	W	V	Mo	Cu	Ti	Al
真空精炼	0.62	0.90	0.25	0.012	0.011	0.11	0.82	0.01	0.05	0.05	0.09	0.003	0.006
钙处理	0.595	0.91	0.29	0.0315	0.017	0.07	0.86	0.01	0.02	0.04	0.02	0.002	0.0001
美国弹簧	0.58	0.96	0.24	0.022	0.013	0.10	0.81	0.02	0.03	0.04	0.22	0.0025	0.003

8.2.7.4　弹簧钢的高强度化

目前弹簧钢的发展趋势是向经济性和高性能化方向发展。国外现有弹簧钢钢号比较齐全，力学性能、淬透性和疲劳性能等基本上可以满足目前的生产和使用要求。当前一方面是充分发挥现有弹簧钢的潜力，如改进生产工艺、采用新技术、对成分进行某些调整等，进一步提高其性能，扩大应用范围，如针对发动机用高性能气门而提出的超纯净弹簧钢；另一方面是进行新钢种的研究开发，由于影响提高弹簧设计应力的两个最主要因素是抗疲劳和抗弹性减退，因而这两个因素成为当今弹簧钢钢种研究开发的主题，如近来开发出UHS1900、UHS2000、ND120S等耐腐蚀疲劳的高强度弹簧钢，和SRS60、ND250S等弹减抗力优良的高强度弹簧钢。表8-46是研究开发高强度弹簧钢时通常采用的手段。值得注意的是，高强度弹簧钢新钢种的开发，必须在提高钢的力学性能和应用性能的同时兼顾其经济性，才能被广大用户所接受。

表8-46　高强度弹簧钢研究开发的主要手段

钢种开发	加工方法的改善
（1）高硬度化：增加碳含量 （2）改善韧性：添加细化晶粒的元素；降低碳含量 （3）提高疲劳性能：减少夹杂物的数量和控制夹杂物的形态；改善钢材表面状况（粗糙度、表面缺陷和脱碳） （4）改善弹减抗力：固溶强化（高硅化）；晶粒细化；析出强化（添加Mo、V等）；提高硬度（低温回火） （5）改善环境敏感性（延迟断裂、腐蚀疲劳等）：添加合金元素 （6）改善加工性能	（1）喷丸处理 （2）表面处理，渗碳及氮化处理 （3）强压处理

8.2.7.5　弹簧钢合金化的研究进展

传统的弹簧钢的强度水平难以满足现代工业发展的要求。解决这一问题的一个重要途径便是如何充分发挥合金元素的作用，达到最佳合金化效果。

A　碳含量的变化

碳是钢中的主要强化元素，对弹簧钢性能的影响往往超过其他合金元素。弹簧钢需要较高的强度和疲劳极限，一般在淬火+中温回火的状态下使用，以获得较高的弹性极限。为保证强度，弹簧钢中必须含有足够的碳。但随钢中碳含量的上升，钢的塑性、韧性会急剧下降。当前世界各国所广泛使用的弹簧钢，碳含量绝大部分在0.45%～0.65%。

为了克服弹簧钢强度提高后韧性和塑性降低的难题，也有把碳含量降低的趋势。当前纳入标准的弹簧钢中含碳较低的有日本的SUP10（0.47%～0.55%）、美国的6150（0.48%～0.53%）等。国内对低碳马氏体弹簧钢进行了深入的研究，并开发出了一系列的低碳弹簧钢，如28SiMnB、35SiMnB、26Si2MnCrV等，其碳含量在0.30%左右。研究结果表明，这些弹簧钢可以在低温回火的板条状马氏体组织下使用，有足够强度和优良的综合力学性能，尤其是塑、韧性极好。

可见，降低弹簧钢中的碳含量是研究开发新一代超高强度弹簧钢的一个重要手段。此时，因碳含量降低所造成的强度和硬度降低可通过优化合金元素和降低回火温度来实现。

B　合金元素的作用

合金元素在弹簧钢中的主要作用是提高力学性能、改善工艺性能及赋予某些特殊性能（如耐高温、耐蚀）等。但随着弹簧钢进一步的高强度化和长寿命化，特别是要满足一些新的性能要求，必须对合金元素的作用有更加深入的了解。

（1）硅。很多弹簧钢以硅为主要合金元素，它是对弹减抗力影响最大的合金元素，这主要是由于硅具有强烈的固溶强化作用；同时，硅能抑制渗碳体在回火过程中的晶核形成和长大，改变回火时析出碳化物的数量、尺寸和形态，提高钢的回火稳定性，从而提高位错运动的阻力，显著提高弹簧钢的弹减抗力。据文献报道，在0.60%C-0.90%Mn-0.20%Mo的钢中，随着硅含量增加，碳化物颗粒数目增加，而碳化物颗粒尺寸和间距则缩小。因此，近年来研制开发的很多高强度弹簧钢均含有较高的硅，如RK360含2.51%Si、ND250S含2.5%Si、ND120S含1.70%Si。

在现有的标准弹簧钢中，SAE9260和SUP7的抗弹减性最好，这两个钢种化学成分相同，含硅为1.8%～2.2%，是现有标准中含硅最高的弹簧钢。但硅含量如果过高，将促进钢在轧制和热处理过程中的脱碳和石墨化倾向，并且使冶炼困难和易形成夹杂物，因此过高硅含量弹簧钢的使用仍需慎重。

（2）铬。由于铬能够显著提高钢的淬透性，阻止Si-Cr钢球化退火时的石墨化倾向，减少脱碳层，因此是弹簧钢中的常用合金元素，以铬为主要强化元素的弹簧钢50CrV4在世界各国有较广泛的应用，美国用量最大的弹簧钢5160属于Mn-Cr系钢。由于资源问题，美国曾研究低铬或无铬的悬挂弹簧用钢。在新研制的高强度弹簧钢中，也总是含有不同数量的铬。然而多数研究者认为铬对提高弹减抗力的作用为负。有文献指出，钢中铬含量在0.35%～0.56%范围内将削弱1.0%Si弹簧钢中Si和C提高弹减抗力的作用；在Si-Cr、Si-Cr-V、Si-Cr-Mo钢中铬对弹减抗力有不好的作用。

（3）镍。由于镍元素较贵，在弹簧钢中应用较少。然而，近年来研究开发的一些超高强度弹簧钢中却有一些含有镍，如日本大同的RK360（ND250S）钢和韩国浦项的Si-Cr-Ni-V钢中，均含有约2%的Ni，ND120S钢中则含有0.5%的Ni。这些钢中加Ni的作用，除保证钢在超高强度下的韧性和提高钢的淬透性外，另外一个重要作用便是抑制腐蚀环境下蚀坑的萌生和扩展。

（4）钼。钼可以提高钢的淬透性，防止回火脆性，改善疲劳性能。现有标准中加钼的弹簧钢不多，加入量一般在0.4%以下。

弹簧钢中加入钼（含量在0.4%以下）能改善抗弹减性，因为钼可以生成细小弥散的碳化物阻止位错运动。

（5）微合金化元素。像 SUP7、SAE9260 这类钢的硅含量已达最高值，再靠提高硅含量来提高弹减抗力很困难。要想开发弹减抗力更好而且综合性能优良的新材料，必须寻找新的途径。一个重要途径便是利用析出强化和晶粒细化强化技术，如加入微合金元素 V 和 Nb。

钒和铌都是强碳化物生成元素，固态下所析出的细小弥散的 MC 型碳化物具有很强的沉淀强化效果，可提高钢的强度和硬度。20 世纪 80 年代初，日本爱知制钢公司开发了以 SUP7 为基础，添加 V 和 Nb 析出强化的新钢种（SUP7-V-Nb）；90 年代初，美国 Rockwell 公司开发出了微合金元素 V 处理的改进型 SAE9259 和 SAE9254 弹簧钢。

硼是强烈提高淬透性的元素，0.001% ~0.003% 的硼的作用分别相当于 0.6% Mn、0.7% Cr、0.15% Mo、1.5% Ni。有文献指出硼能提高钢的抗弹减性，因为硼以间隙原子形式溶入奥氏体、铁素体时，特别容易聚集在位错线附近，阻碍位错运动，抑制变形过程。我国标准中弹簧钢中含硼的钢种有 55Si2MnB、55SiMnVB、60CrMnBA 等。

思考题

（1）何谓纯净钢，纯净钢对钢材性能有何影响？
（2）简述纯净钢生产技术的特点。
（3）影响轴承钢疲劳寿命的主要因素有哪些，提高轴承钢疲劳寿命的技术关键是什么？
（4）按轴承钢炉外精炼的处理工艺，采用的精炼设备主要分为哪几种类型？
（5）生产优质硬线必须满足哪些技术要求？
（6）不锈钢冶炼方法有哪些，各有何特点？
（7）对重轨钢有何质量要求？
（8）对弹簧钢有何质量要求？简述其超洁净化冶炼的技术特点。

参 考 文 献

[1] 知水，等. 特殊钢炉外精炼[M]. 北京：原子能出版社，1996.

[2] 王雅贞，等. 氧气顶吹转炉炼钢工艺及设备[M]. 北京：冶金工业出版社，2001.

[3] 邱绍岐，等. 电炉炼钢原理与工艺[M]. 北京：冶金工业出版社，2001.

[4] 郑沛然. 炼钢学[M]. 北京：冶金工业出版社，2002.

[5] 高泽平，等. 炉外精炼[M]. 北京：冶金工业出版社，2005.

[6] 黄希祜. 钢铁冶金原理[M]. 北京：冶金工业出版社，2002.

[7] 张鉴. 炉外精炼的理论与实践[M]. 北京：冶金工业出版社，1999.

[8] 戴云阁，等. 现代转炉炼钢[M]. 沈阳：东北大学出版社，1998.

[9] 王新华. 冶金研究[M]. 北京：冶金工业出版社，2003.

[10] 李永东. 炼钢辅助材料应用技术[M]. 北京：冶金工业出版社，2003.

参考文献